“十二五”国家重点出版规划项目

高性能纤维技术丛书

超高分子量聚乙烯纤维

赵　莹　王笃金　于俊荣　编著

国防工業出版社

·北京·

内容简介

本书基于作者多年的超高分子量聚乙烯纤维的研究积累，结合超高分子量聚乙烯纤维产业技术和基础研究的最新进展，系统介绍超高分子量聚乙烯纤维的制备技术、纤维的改性技术、纤维的结构和性能、纤维制品的制备和应用以及纤维和纤维应用的知识产权分析等。全书共分九章，主要内容包括超高分子量聚乙烯树脂、超高分子量聚乙烯纤维的制备技术、超高分子量聚乙烯纤维的物理化学性质、超高分子量聚乙烯纤维的微观聚集态结构、超高分子量聚乙烯纤维的结构－性能关系以及超高分子量聚乙烯纤维制品在防弹、绳缆、防切割领域以及网具等领域的应用。

本书可作为从事超高分子量聚乙烯纤维产业的专业技术人员和超高分子量聚乙烯纤维研究的科研人员的参考书。

图书在版编目（CIP）数据

超高分子量聚乙烯纤维/赵莹，王笃金，于俊荣编著. —北京：国防工业出版社，2018.8
（高性能纤维技术丛书）
ISBN 978－7－118－11665－6

Ⅰ.①超…　Ⅱ.①赵…②王…③于…　Ⅲ.①聚乙烯纤维　Ⅳ.①TQ342

中国版本图书馆 CIP 数据核字（2018）第 178673 号

※

国防工业出版社出版发行
（北京市海淀区紫竹院南路 23 号　邮政编码 100048）
国防工业出版社印刷厂印刷
新华书店经售
＊

开本 710×1000　1/16　**印张** 22　**字数** 414 千字
2018 年 8 月第 1 版第 1 次印刷　**印数** 1—2000 册　**定价** 98.00 元

国防书店：（010）88540777　发行邮购：（010）88540776
发行传真：（010）88540755　发行业务：（010）88540717

高性能纤维技术丛书

编审委员会

序

Foreword

从2000年起，我开始关注和推动碳纤维国产化研究工作。究其原因是，高性能碳纤维对于国防和经济建设必不可缺，且其基础研究、工程建设、工艺控制和质量管理等过程所涉及的科学技术、工程研究与应用开发难度非常大。当时，我国高性能碳纤维久攻不破，令人担忧，碳纤维国产化研究工作迫在眉睫。作为材料工作者，我认为我有责任来抓一下。

国家从20世纪70年代中期就开始支持碳纤维国产化技术研发，投入了大量的资源，但效果并不明显，以至于科技界对能否实现碳纤维国产化形成了一些悲观情绪。我意识到，要发展好中国的碳纤维技术，必须首先克服这些悲观情绪。于是，我请老三委（原国家科学技术委员会、原国家计划委员会、原国家国防科学技术工业委员会）的同志们共同研讨碳纤维国产化工作的经验教训和发展设想，并以此为基础，请中国科学院化学所徐坚副所长、北京化工大学徐樑华教授和国家新材料产业战略咨询委员会李克建副秘书长等同志，提出了重启碳纤维国产化技术研究的具体设想。2000年，我向当时的国家领导人建议要加强碳纤维国产化工作，中央前后两任总书记均对此予以高度重视。由此，开启了碳纤维国产化技术研究的一个新阶段。

此后，国家发改委、科技部、国防科工局和解放军总装备部等相关部门相继立项支持国产碳纤维研发。伴随着改革开放后我国经济腾飞带来的科技实力的积累，到“十一五”初期，我国碳纤维技术和产业取得突破性进展。一批有情怀、有闯劲儿的企业家加入到这支队伍中来，他们不断投入巨资开展碳纤维工程技术的产业化研究，成为国产碳纤维产业建设的主力军；来自大专院校、科研院所的众多科研人员，不仅在实验室中专心研究相关基础科学问题，更乐于将所获得的研究成果转化为工程技术应用。正是在国家、企业和科技人员的共同努力下，历经近十五年的奋斗，碳纤维国产化技术研究取得了令人瞩目的成就。其标志：一是我国先进武器用T300碳纤维已经实现了国产化；二是我国碳纤维技术研究已经向最高端产品技术方向迈进并取得关键性突破；三是国产碳纤维的产业化制备与应用基础已初具规模；四是形成了多个知识基础坚实、视野开阔、分工协作、拼搏进取的“产学研用”一体化科研团队。因此，可以说，我国的碳纤维工程技术和产业化建设已经取得了决定性的突破!

同一时期,由于有着与碳纤维国产化取得突破相同的背景与缘由,芳纶、芳杂环纤维、高强高模聚乙烯纤维、聚酰亚胺纤维和聚对苯撑苯并二噁唑(PBO)纤维等高性能纤维的国产化工程技术研究和产业化建设均取得了突破,不仅满足了国防军工急需,而且在民用市场上开始占有一席之地,令人十分欣慰。

在国产高性能纤维基础科学研究、工程技术开发、产业化建设和推广应用等实践活动取得阶段性成就的时候,学者专家们总结他们所积累的研究成果、著书立说、共享知识、教诲后人,这是对我国高性能纤维国产化工作做出的又一项贡献,对此,我非常支持!

感谢国防工业出版社的领导和本套丛书的编辑,正是他们对国产高性能纤维技术的高度关心和对总结我国该领域发展历程中经验教训的执着热忱,才使得丛书的编著能够得到国内本领域最知名学者专家们的支持,才使得他们能从百忙之中静下心来总结著述,才使得全体参与人员和出版社有信心去争取国家出版基金的资助。

最后,我期望我国高性能纤维领域的全体同志们,能够更加努力地去攻克科学技术、工程建设和实际应用中的一个个难关,不断地总结经验、汲取教训,不断地取得突破、积累知识,不断地提高性能、扩大应用,使国产高性能纤维达到世界先进水平。我坚信中国的高性能纤维技术一定能在世界强手的行列中占有一席之地。

师昌绪

2014 年 6 月 8 日于北京

师昌绪先生因病于 2014 年 11 月 10 日逝世。师先生生前对本丛书的立项给予了极大支持,并欣然做此序。时隔三年,丛书的陆续出版也是对先生的最好纪念和感谢。——编者注

前言

Preface

超高分子量聚乙烯(UHMWPE)纤维是继碳纤维和芳纶后实现工业化生产的高性能纤维,其工业化生产成功至今已近三十年。这期间纤维的制造技术、产品性能、下游产品的制造技术和品质不断提升,应用领域不断扩展,现已应用于航空航天、国防军事、海洋工程、生物医用、劳动保护、体育用品等诸多领域。UHMWPE 纤维及其制品在现代社会发展进程中发挥着越来越重要的作用。

我国广大科研工作者和企业工程技术人员经过不懈努力,在长碳链溶剂的湿法纺丝和采用十氢萘的干法纺丝方面开发出了具有自主知识产权的特色制造技术,纤维产品应用于防弹制品、防切割手套、高强绳缆等诸多领域。近些年来,随着 UHMWPE 纤维在军事和民用领域应用的不断扩展,吸引了越来越多的国内企业投入这一领域。但是与国外企业纤维的制造技术水平相比,我国 UHMWPE 纤维产业的技术水平还有待进步,体现在纤维的性能和稳定性、纤维制品的应用水平等都有待提高。

为了推动我国 UHMWPE 纤维产业的可持续创新发展,我们编写了《超高分子量聚乙烯纤维》。本书以 UHMWPE 纤维问世以来国内外公开发表的期刊论文、著作和学位论文,以及作者在这一领域多年的研究积累为主要素材,对 UHMWPE 纤维原料树脂、纤维制造技术、纤维的物理化学性质、纤维的微观结构、纤维制品(防弹制品、绳缆等)以及 UHMWPE 纤维制造技术专利分析进行了较为系统的阐述。

本书由中国科学院化学研究所的王笃金、赵莹、张宝庆、乔昕、刘琛阳、乌皓、王泽凡,北京东方石油化工有限公司助剂二厂的刘琪和陶俭,东华大学材料科学与工程学院的于俊荣,中国水产科学研究院东海水产研究所农业部绳索网具产品质量监督检验测试中心的马海友和李雄,中国科学院宁波材料技术与工程研究所的陈鹏,中国科学院天津工业生物技术研究所的顾群,宁波大学材料科学与化学工程学院的王宗宝,以及宁波工程学院的杨建等人撰写。第 1 章由赵莹和于俊荣撰写,第 2 章由刘琪、陶俭、张宝庆、乔昕和刘琛阳撰写,第 3 章由于俊荣撰写,第 4 章由王笃金、赵莹和王泽凡撰写,第 5 章由王笃金、赵莹、张宝庆、乔昕和刘琛阳撰写,第 6 章由王笃金和赵莹撰写,第 7 章由马海友和李雄撰写,第 8

章由王笃金、赵莹、陈鹏和乌皓撰写，第 9 章由顾群、王宗宝和杨建撰写。

目前，包括 UHMWPE 在内的高性能纤维及其复合材料的发展方兴未艾，需要广大材料科学家、工程技术人员和企业家的共同参与，推动这一领域的技术和产业进步，为国民经济发展和国防建设做出应有的贡献。倘若本书的出版对相关领域的科学研究、技术开发和产业进步起到一点推波助澜的作用，所有作者将倍感自豪。

鉴于作者水平有限，书中内容难免有错漏之处，敬请读者批评指正。

作者
2017 年 10 月

目录

Contents

第 1 章
绪　论

1.1 超高分子量聚乙烯纤维发展历史

1.1.1 国外超高分子量聚乙烯纤维发展历史

为制备高强高模的聚乙烯纤维,20 世纪 70 年代起,研究人员先后开发了多种方法,包括表面结晶生长法[1,2]、高倍热拉伸法[3,4]、区域拉伸法、固态挤出-热拉伸法[5,6]、单晶片高倍热拉伸[7]和增塑熔融纺丝法等来制备高强高模聚乙烯纤维,制得的聚乙烯纤维具有较好的力学性能。1978 年,荷兰 DSM 公司申请了第一个冻胶纺丝-超倍热拉伸技术制备超高分子量聚乙烯纤维的专利,该技术是采用十氢萘作为溶剂的干法纺丝技术。实践证明冻胶纺丝法是工业化制造 UHMWPE 纤维的有效方法。1985 年美国 Allied Signal 公司(现为 Honeywell 公司)获得 DSM 公司的专利许可,并进行技术改进,以矿物油为溶剂开发出新的 UHMWPE 纤维工业化生产技术,形成了湿法纺丝工艺,并于 1989 年正式商业化生产 UHMWPE 纤维,商品名为“Spectra”。1984 年 DSM 公司与日本东洋纺(Toyobo)公司合作实现了十氢萘为溶剂的干法纺丝技术的工业化生产,UHMWPE 纤维的商品名为“Dyneema”。日本 Mitsui 公司于 20 世纪 80 年代开发了石蜡增塑超高分子量聚乙烯纤维纺丝技术,于 1988 年开始商业化生产,商品名为“Tekmilon”,但纤维性能不及 Dyneema 和 Spectra,纤维蠕变较大。随着 UHMWPE 纤维低成本化需求的日益增大,日本帝人公司采用“薄膜切割法”开发了新的 UHMWPE 条带,于 2012 年开始工业化生产,商品名为 Endumax。与标准 UHMWPE 纤维相比,该产品的杨氏模量高出近 50%,尺寸稳定性更好。

1.1.2 我国超高分子量聚乙烯纤维发展历史

我国对超高分子量聚乙烯纤维的研究开发始于 20 世纪 80 年代初期,东华大学（原华东纺织工学院，中国纺织大学）从1984年起开展相关基础研究，在取得超高分子量聚乙烯纤维湿法纺丝工艺中试研究成果的基础上，东华大学相继与宁波大成新材料股份有限公司（简称宁波大成）、湖南中泰特种装备有限责任公司（简称湖南中泰）和中纺投资北京同益中特种纤维技术开发有限公司（简称北京同益中）等企业合作，使UHMWPE纤维走向了产业化。宁波大成发明了高溶解性能的混合溶剂，于2000年在国内率先实现了UHMWPE纤维的产业化生产，之后湖南中泰、北京同益中均实现了产业化。至2014年国内UHMWPE纤维生产企业已发展至近30家。

中国纺织科学研究院自1985年研发十氢萘为溶剂的UHMWPE纤维干法纺丝技术，2003年在中石化仪征化纤股份有限公司（简称仪征化纤）、中石化南化集团研究院与中国纺织科学研究院的共同努力下完成了"30t/a高性能聚乙烯纤维干法纺丝扩大试验研究"，解决了UHMWPE干法纺丝过程中十氢萘溶剂的回收问题，于2008年底在仪征化纤建成300t/a高强聚乙烯纤维干法纺丝生产线，该UHMWPE纤维干法纺丝工艺与DSM公司的工艺流程类似。

1.1.3 纤维特性

UHMWPE纤维具有独特的综合性能，是目前拉伸强度最高的纤维之一，比拉伸强度高，杨氏模量也很高，断裂伸长率较其他特种纤维高，断裂功大。此外，该纤维还具有良好的弯曲性能、耐紫外线辐射、耐化学腐蚀、比能量吸收高、介电常数低、电磁波透射率高、摩擦系数低及突出的抗冲击、抗切割等优异性能。但UHMWPE的耐热性比较差，长期使用温度一般在100 ℃以下。

1.2 超高分子量聚乙烯纤维的制造过程

1.2.1 纺丝级树脂的制备

制备UHMWPE纤维对其原料——UHMWPE树脂，有较多的要求，包括对分子量、分子量分布、树脂颗粒大小及颗粒度分布、色相等的选择。而分子量分布窄、颗粒度小于200μm、颗粒度分布均一的UHMWPE粉料较易制得均一的冻胶纺丝液，可纺性好并且有利于高倍拉伸的进行。分子量也不宜过高，否则由于分子量越大，分子间作用力越大，并且分子链内和分子链间缠结严重极不利于均匀溶解。即使溶解，溶液在较低的浓度下黏度也很高，当然可以通过降低溶液浓度、提高加工温度或延长加工时间来降低体系黏度，但这对工业化生产来说都是不经济的。因此，一般凝胶纺丝用的原料UHMWPE的分子量大于100万，低于500万。分子量分布希望尽可能的小，否则会影响UHMWPE的均匀溶解，难以获得均匀的溶液，甚至会影响工艺的顺利进行。由于分子量不同的聚乙烯具有不同的溶胀、溶解性能，低分子量部分易于溶胀和溶解，率先进入溶解阶段，引起溶液黏度剧增，并占据大量溶剂，阻碍高分子量部分的溶解。分子量分布一般应小于3.5。对UHMWPE颗粒尺寸也要进行控制，因为不同颗粒尺寸的UHMWPE溶胀和溶解行为各不相同。大颗粒溶解时，由于在其表层形成高黏度的溶胀层，阻止溶剂继续向内部渗透，并且未充分溶胀的颗粒还会黏接在其他颗粒表层，造成含有未溶解颗粒的溶液，从而影响纤维性能，甚至加工的顺利进行。颗粒尺寸一般需控制在80~120目。

1.2.2　纺丝液的制备

对于分子量大于100万的UHMWPE，其熔融黏度极高，无法采用熔融纺丝加工成形。因此，需选用合适的溶剂来溶解UHMWPE，解除聚乙烯大分子链间的缠结，制备均匀的纺丝原液，采用冻胶纺丝法经挤出、骤冷后获得大分子解缠结状态的冻胶纤维，为后序超倍拉伸制备高强高模聚乙烯纤维奠定基础[8-10]。

要制备均匀的纺丝原液，首先需选择合适的溶剂。目前依据纺丝工艺中溶剂去除方式的不同而将溶剂主要分为两类：一类是以荷兰DSM公司为代表的干法冻胶纺丝工艺所采用的挥发性溶剂，主要为十氢萘；另一类是以美国Honeywell公司为代表的干-湿法冻胶纺丝工艺（或称为湿法冻胶纺丝工艺）所采用的高沸点溶剂，主要为石蜡油（或矿物油）。其次，需要选择合适的纺丝溶液浓度。溶液浓度越低，聚乙烯大分子间的缠结越易被解开，但工业上太低的浓度会导致生产成本的增加，而且少量大分子之间的缠结也有利于拉伸应力的传递，否则，拉伸时大分子链之间很容易产生滑移，达不到有效拉伸的目的[11]。若溶液浓度偏高，往往会使溶解变得十分困难，并且即使溶解，溶液的流动性能和可纺性也很差，无法实现纺丝成形。随着溶解设备的改进和升级，UHMWPE纺丝溶液浓度逐步得到提高，目前工业上采用的UHMWPE纺丝溶液浓度一般为8%~10%。

与小分子的溶解不同，高聚物的溶解过程要经过两个阶段，首先是溶剂分子渗入高聚物内部，使高聚物体积膨胀，即为“溶胀”，然后才是真正的溶解，即高分子均匀分散在溶剂中，形成完全溶解的分子分散的均相体系。UHMWPE结构极为规整，结晶度很高，因此其溶胀、溶解需要在特定的温度下进行。温度过低则溶胀速率太慢，温度过高又会使UHMWPE颗粒表面形成高黏度层，阻碍溶剂向其内部渗入，从而达不到均匀溶胀、溶解。而溶解过程中，需要进一步提高温度，并在溶解设备机械剪切力的辅助作用下，使UHMWPE分子间逐渐解开缠结，形成均一的纺丝溶液。不同溶剂对UHMWPE的溶胀、溶解温度是不同的。溶剂的溶解能力越强，其对UHMWPE的溶胀、溶解温度越低。如采用十氢萘作溶剂时，溶解温度为

130～150℃，而用白油作溶剂时，溶解温度一般要大于200℃。

1.2.3 纺丝

UHMWPE的冻胶纺丝一般采用干－湿法。UHMWPE纺丝溶液在高温下自喷丝孔挤出后，先经过一段几厘米的空气层，再进入冷却水浴骤冷成冻胶纤维。挤出的纺丝溶液细流在骤冷成形的过程中，逐步发生UHMWPE的结晶相分离，使得冻胶纤维内存在两相结构：一相是由高浓度的聚乙烯溶液组成，由于大分子链互相缠结形成疏松大网络，吸引和包裹着许多溶剂分子；另一相则主要由溶剂组成，聚乙烯浓度极低。在相分离过程中，浓相中的溶剂基本留在丝条内，稀相中的溶剂则逐渐分离出来。因此工业上非连续式冻胶纺丝工艺的断点基本定在冻胶纤维成形之后，放置一定时间待相分离平衡之后再进入后纺工序。

经相分离平衡的UHMWPE冻胶纤维，仍含有约70%以上的溶剂，难以进行稳定的超倍率有效拉伸，因此，在拉伸前必须经过萃取去除冻胶纤维内的溶剂[10]。一般采用与UHMWPE溶剂相容性较好的低沸点挥发性溶剂作萃取剂，对冻胶纤维进行多级连续萃取，在纤维溶剂和萃取剂的双扩散作用下，逐步除去冻胶纤维内的溶剂。扩散进入UHMWPE冻胶纤维的萃取剂，则在随后的干燥过程中挥发去除。

经萃取干燥后的UHMWPE冻胶纤维具有结构疏松的网络结构，需经过超倍拉伸，使纤维获得紧密的具有伸直链结晶结构的高强高模纤维。超拉伸的目的就在于最大限度地使大分子链沿着纤维轴向排列，而伸直链结构的形成难以在瞬间经一道工序就达到；另外若在相同条件下采用多次拉伸也难以获得较高的倍数。一般采用多级拉伸工艺，逐级提高拉伸温度，并且各级拉伸倍数控制在一定范围内，以使纤维获得较高的总拉伸倍数，从而逐步使UHMWPE缠结网络结构在拉伸过程中转变为高度取向的伸直链结晶结构，以使纤维具有高强高模的力学性能。

1.2.4 溶剂回收

在UHMWPE纤维的生产过程中，使用了大量的溶剂和低沸点萃取剂，萃取、干燥工序将有大量的废液和废气产生。为了降低成本，保护环境，必须对所用的溶剂、萃取剂进行分离回收并重新回用于生产。

UHMWPE纤维生产过程中的溶剂回收主要分为三个部分，分别为冻胶纤维放置阶段相分离出的混合液中溶剂的提取回收、萃取阶段萃取废液中溶剂和萃取剂的分离回收以及萃取干燥阶段挥发的气态萃取剂的吸附回收。相分离阶段从冻胶纤维中分离出溶剂与水的混合液经高温破乳后通过油水分层槽进行分离,分离出的油类进一步精制回收。萃取阶段的萃取废液主要为溶剂和萃取剂的混合液,溶剂和萃取剂的分离主要是利用两者的沸点差,通过多级蒸馏进行分离,分离出的萃取剂通过冷凝回收,未冷凝的气态萃取剂进入气体回收设备;未蒸馏出的溶剂含有许多杂质,需进一步精制,主要利用白土吸附与多级过滤相结合的方式实现。萃取干燥阶段挥发的气态萃取剂主要采用活性炭吸附、再生的方式进行回收。

1.2.5　产品安全与职业危害

安全在所有工业生产过程中都处于首要位置,UHMWPE纤维的生产过程也有许多环节涉及安全问题。首先需注意采用溶剂或萃取剂的安全性,溶剂或萃取剂均易燃,大多萃取剂易爆,因此存放、使用过程需严禁火源,萃取剂存放还需远离高温环境;某些溶剂或萃取剂有一定毒性,需做好防护工作。其次,生产车间需做好防火防爆措施,前纺过程由于纺丝温度较高,溶液从喷丝头挤出接触空气时极易发生着火事故,需做好防火措施;萃取阶段需做好封闭措施避免萃取剂的挥发外泄;干燥阶段需注意温度不能过高,且需足够风量带走挥发的萃取剂以避免干燥箱内萃取剂的浓度达到其爆炸极限。此外,萃取、干燥阶段所有涉及的设备电机必须采用防爆电机,以免产生火花,并且注意消除可能产生的静电火花,照明也需采用防爆照明,做好一切防爆防火措施。

1.3 超高分子量聚乙烯纤维技术的发展趋势

提高纤维力学性能、降低生产成本是UHMWPE纤维生产的永恒主题。UHMWPE纤维技术的发展趋势主要集中在改进纤维生产技术,进一步提高纤维力学性能并降低不匀率;开发更经济更环保的生产工艺,进一步降低纤维生产成本;开发差别化UHMWPE纤维品种,如抗蠕变型、高强型、高模型、高表面黏结型、耐热性提高和与复合材料基体有良好亲和性的UHMWPE纤维,以扩大UHMWPE纤维的应用领域。

参考文献

[1] Zwijnenburg A, Pennings A J. Longitudinal growth of polymer crystals from flowing solutions III. Polyethylene crystals in Couette flow[J]. Colloid & Polymer Science, 1976, 10: 868 - 881.

[2] Zwijnenburg A, Pennings A J. Longitudinal growth of polymer crystals from flowing solutions II. Polyethylene crystals in Poiseuille flow[J]. Colloid & Polymer Science, 1975, 6: 452 - 461.

[3] Wu W, Black W B. High-Strength Polyethylene[J]. Polymer Engineeringand Science, 1979, 19: 1163 - 1169.

[4] Capaccio G, Ward I M. Preparation of ultra-high modulus linear polyethylenes; effect of molecular weight and

molecular weight distribution on drawing behaviour and mechanical properties[J]. Polymer, 1974, 15(4): 233 -238.

[5] Southern J H, Porter R S. Polyethylene crystallized under the orientation and pressure of a pressure capillary viscometer[J]. Journal of Macromolecular Science, Part B: Physics, 1970, 4(3): 541 -555.

[6] Pennings A J, Zwijnenburg A, Lageveen R. Longitudinal growth of polymer crystals from solutions subjected to single shear flow[J]. Colloid and Polymer Science, 1973, 251(7): 500 -501.

[7] Furuhata K, Yokokawa T, Miyasaka K. Drawing of Ultrahigh-Molecular-Weight Polyethylene Single-Crystal Mats[J]. Journal of Polymer Science: Polymer Physics Edition, 1984,22:133 -138.

[8] Smith P, Lemstra P J, Kalb B. Ultrahigh-strength polyethylene filaments by solution spinning and hot drawing[J]. PolymerBulletin, 1979, 1(11): 733 -736.

[9] Smith P, Lemstra P J. Ultrahigh-strength polyethylene filaments by solution spinning /drawing, 2. Influence of solvent on the drawability[J]. Die Makromolekulare Chemie, 1979, 180(12): 2983 -2986.

[10] SmithP, LemstraPJ. Ultrahigh-strength polyethylene filaments by solution spinning /drawing. 3. Influence of drawing temperature[J]. Polymer, 1980, 21(11): 1341 -1343.

[11] Smith P, Lemstra P J, Booij H C. Ultradrawing of high-molecular-weight polyethylene cast from solution. II. Influence of initial polymer concentration[J]. Journal of Polymer Science: Polymer Physics Edition, 1981, 19(5): 877 -888.

第2章

超高分子量聚乙烯树脂

2.1 超高分子量聚乙烯树脂聚合用催化剂

2.1.1 多活性中心催化剂

目前,生产 UHMWPE 树脂工艺主要采用低压浆液法,采用镁化合物为载体的 Ziegler(齐格勒)-Natta(纳塔)催化剂在淤浆聚合条件下生产 UHMWPE。

2.1.1.1 Ziegler-Natta 催化剂及其制备方法

Ziegler-Natta 催化剂是目前应用最广泛的聚烯烃催化剂,也是合成 UHMWPE 的首选催化剂,目前正不断向高活性和高综合性能的方向发展[1,2]。自 Ziegler-Natta 催化剂发现以来,科学家采用各种方法来改善催化剂的结构,提高催化剂的活性。在各种制备方法中,所追求的目标就是制得微晶疏松,多孔隙,比表面积大,有利于活性中心暴露和单体传质的催化剂。通常所用高效载体催化剂需由四部分组成:主催化剂(如 $TiCl_3$或 $TiCl_4$等)、助催化剂(如 $A1R_nX_{3-n}$)、第三组分(如给电子体)和载体(如 $MgCl_2$)。它们的作用如下[3]:

(1)助催化剂及其作用。有很多金属有机化合物可作为负载型高效催化剂的助催化剂,起到活化作用,如烷基铝 $A1R_nX_{3-n}$,其中以三乙基铝用得最普遍,烷基铝的活化作用有两个方面:第一个作用是将 Ti^{4+} 还原为 Ti^{3+},这已被众多学者用电子顺磁共振(ESR)和化学方法所证实;第二个作用是使钛基烷基化。除了烷基化合物外,过渡金属有机化合物也可作为助催化剂。采用烷基铝作助催化剂生产 UHMWPE 时最好不要过量,因为过量的烷基铝起链终止剂的作用,不利于分子量的提高[4]。

(2)给电子体(ED)及其作用。制备高活性负载型钛催化剂时,给电子体的加入起了很大作用。研磨法制备 $MgCl_2/TiCl_4$催化剂时,给电子体加速 $MgCl_2$的破碎,加剧 $MgCl_2$微结构的无序度。用化学法制备高效负载型催化剂时,通常也加入给电子体，以控制 $MgCl_2$ 的析出速度，避免生成热力学稳定的立方密排结构，改善催化性能。

（3）载体及其作用。有很多无机化合物如 $MgCl_2$、SiO_2、Al_2O_3 等都可作为催化剂载体，但至今用得最多最有效的是 $MgCl_2$，$MgCl_2$ 作为载体能显著提高催化剂活性的原因主要有两方面：一是经特定方法制备的 $MgCl_2$，具有很大的比表面积，主催化剂 $TiCl_4$ 晶体能很好地分散于其表面，甚至达到单分子分散的程度，所有在载体表面负载的钛都具有潜在活性，使活性中心的分子数增加；二是吸附于 $MgCl_2$，表面上的 $TiCl_4$ 经烷基铝还原成 $TiCl_3$ 后与 $MgCl_2$ 共晶，通过氯桥相互作用，活性中心牢固地与 $MgCl_2$ 络合，这样的催化剂不仅具有高的催化活性，而且具有较好的聚合稳定性。

目前为止，制备 Ziegler-Natta 催化剂的方法大致分为以下四种[5]：

（1）研磨法。将干燥的无水 $MgCl_2$ 与给电子体在振动磨中共研磨（30～70℃，20～25h），再加入 $TiCl_4$ 或 $TiCl_3$ 继续研磨 10～25h。研磨法是早期制备高效载体催化剂的方法，生产方法简单，缺点是所制得的催化剂的活性及立体定向性都不好，催化剂的颗粒形态也难以控制，颗粒尺寸分布宽。

（2）研磨反应法。这种方法是研磨法的改进，一般是将载体（如球形氯化镁）与给电子体一起研磨（30～40℃，30h），再于 80～130℃ 下与过量的 $TiCl_4$ 反应。该方法制备的催化剂活性及定向能力都较高，但物理形态仍然很差。

（3）悬浮浸渍法。悬浮浸渍法是先用一种造粒方法制得球形载体，然后将载体在 $TiCl_4$ 中浸渍，加入给电子体进行反应络合，得到球形催化剂。此法能使负载的 $TiCl_4$ 充分发挥作用，但活性较低。

（4）化学反应法。通过化学反应使 $TiCl_4$ 和给电子体负载到载体上，能使催化剂具有高活性和高定向能力，通过控制温度、搅拌速度、浓度等使催化剂形态规整。化学反应法是制备催化剂的比较好的方法。制备过程基本需要两步：第一步是制备镁化合物的均匀溶液；第二步是在适当条件下析出固体沉淀物到载体上。这种方法制得的催化剂微晶疏松，多孔隙，比表面积大，有利于活性中心暴露和传质，使活性中心浓度和链增长常数增大。此法最大的优点是可以通过控制反应配比和条件，得到具有高活性又有良好颗粒形态的性能良好的催化剂。

UHMWPE 与普通聚乙烯聚合的区别主要在于聚合温度、催化剂浓度不同，以及是否加氢（UHMWPE 聚合时不加或少加氢）。在超高分子量聚烯烃的合成中，固体催化剂有效成分的种类、有机铝化合物的成分种类、第三组分的添加以及预聚合工艺与聚合条件的选择至关重要。

2.1.1.2 国外 UHMWPE 催化剂研究进展

为了改善 UHMWPE 的加工性能，以适应挤出、注塑以及冻胶纺丝等加工工艺的要求,UHMWPE 树脂要求具有较高的堆积密度、较窄的聚合物粒子分布以及较好的溶解性能,UHMWPE 的上述性质与其催化合成技术密切相关。

1. 美国 Ticona 公司

Ticona 公司的 UHMWPE 产量居世界第一。该公司的钛 - 镁催化剂体系一般采用助催化剂三异丁基铝,采用特殊的有机镁化合物为载体,产品粒径 50 ~ 200μm,可通过催化剂颗粒大小来调节产品粒度分布。

专利 EP0575840、EP0645403[6,7]催化剂的基本制备如下:烷基镁卤化物与卤化剂和钛组分反应生成固体物质,进一步与多卤化物和给电子体在一定的温度下反应得到平均粒径为 0.5 ~ 5μm 的固体催化剂组分,这种催化剂组分和有机铝化合物一起制备 UHMWPE,该体系能够制备具有颗粒大小分布窄、颗粒的平均直径为 100 ~ 200μm 的 UHMWPE。

该公司的另一项专利 EP622379[8]通过一种二烷基镁化合物与一种卤化剂、一种钛化合物和与一种给电子体反应,获得了一种催化剂组分,所述给电子体选自羧酸酯、醚、酮、酰胺或含氧的磷或硫化物。这种催化剂组分和一种有机铝化合物一起,可使乙烯聚合,该体系也能够制备具有颗粒大小分布窄、颗粒的平均直径为 100 ~ 200μm 的 UHMWPE。

专利 US6114271[9]则通过化学反应制备载体,方法包括:R^1-Mg-R^2 在惰性溶剂中与 R^3X 反应形成具有结构式$(R^1, R^2, R^3)_n$-Mg-$X_{2-n}$$(0.5 \leqslant n \leqslant 1.5)$的镁化合物,再与 $TiCl_4$、卤化物反应,与 $TiCl_4$ 接触之前还可以引入给电子体参与反应,然后对反应得到的固体进行研磨处理,得到平均粒径为 0.5 ~ 5μm 的固体催化剂组分,这种催化剂组分和有机铝化合物一起制备 UHMWPE,该体系能够制备具有颗粒大小分布窄、颗粒的平均直径为 100 ~ 200μm 的 UHMWPE。

该公司的另一项专利 EP683178[10]则简化了催化剂的制备工艺:通过一种二烷基镁化合物与一种卤化剂、一种钛化合物和与一种给电子体的反应,以及随即把溶解的钛化合物,通过烷基铝化合物的还原作用固定下来,得到一种催化剂组合物,它与有机铝化合物一起,可使乙烯聚合,该体系能够在温度高于 70℃时制备具有颗粒大小分布窄、颗粒的平均直径为 50 ~ 200μm 的 UHMWPE。这种催化剂的合成在一锅内反应完成,不需要中间的分离、清洗和干燥步骤。

UHMWPE 主要以粉末形式使用,所以粉末的形态和由此形成的堆积密度都是重要的性质,其加工性与此性能有关。例如,由粉状 UHMWPE 烧结制得的多孔状模制体的性质以及高模量纤维的生产或装有硅胶作为填料的蓄电池隔板的生产都主要由聚合物颗粒的大小和形状决定,此外还由分子量分布的宽度决定,而且粉末的形态对于生产过程本身和储存而言也是重要的。对于干燥来说,有较窄粒度分布和高堆积密度的粗颗粒只需要较少的能量。而对于储存来说,只

需要较小的空间。该公司的另一项技术表明[11]:通过两步反应可制得钛组分催化剂,在第一步中,钛(Ⅳ)化合物与有机铝化合物在-40~140℃、钛与铝摩尔比为16:0.1~1:0.6下反应,得到钛(Ⅲ)化合物,在第二步中,第一步的反应产物用一种有机铝化合物在-10~150℃、钛与铝摩尔比1:0.01~1:5下进行后处理,钛组分与有机铝化合物生成混合催化剂,其钛与铝摩尔比为1:1~1:15,该催化剂可制备高堆积密度UHMWPE。

2. 巴西Braskem公司

巴西Braskem公司UHMWPE树脂产量仅次于Ticona公司,其催化剂包括Ziegler-Natta催化剂、铬系催化剂和茂金属催化剂。

该公司最初催化剂以Al_2O_3为载体,制备方法是将Al_2O_3和卤化钛浸渍在烃中,80~140℃的条件下制备,以三异丁基铝或者三乙基铝为助催化剂。例如,将25g Al_2O_3和1mL $TiCl_4$浸渍在300mL的已烷中,80~140℃的条件下放置1h,然后洗去已烷。将得到的固体和2.6mL三乙基铝及乙烯一起加入250mL的已烷中搅拌,1h后得到分子量大于400万的UHMWPE[12]。

该公司还采用钒改性的钛系催化剂生产UHMWPE,使用钛、钒化合物为其催化剂的主要成分,与三氯化铝、卤代硅氧烷、硅烷等反应制备催化剂,配合三乙基铝或三异丁基铝制备UHMWPE。在催化剂制备过程中加入少量的水有利于提高树脂性能[13]。另外一种钒改性的钛系催化剂[14],具体制备工艺为先将镁、钛、钒的复合物以及卤化钛加热至70~180℃,然后在2~110℃的条件下用还原剂处理,再将得到的复合物加热至50~300℃保持30min~24h,还原剂至少包括一种烷基铝,同时也是助催化剂。该催化剂需要经过预聚合和聚合两步生产UHMWPE。

该公司另一种催化剂得到的树脂粒度较细且分布较窄,聚合物粒子具有丰富的孔隙率,该催化剂通过钛酸酯化合物与镁化合物载体反应,在给电子体存在下制得[15]。

3. 日本三井化学公司

日本三井化学公司是生产UHMWPE催化剂种类最多的公司,该公司[16]由无水氯化镁47.6g(0.5mol)、250mL萘烷及230mL(1.5mol)2-辛醇在130℃下加热2h,形成均匀溶液后,再添加714mL的苯甲酸乙酯(50mmol),将此溶液保持在-5℃下,一边搅拌一边在1h内滴加1500mL四氯化钛等反应,搅拌速度为950r/min,滴加后升温至90℃,在90℃反应2h,制得了UHMWPE用催化剂,钛质量含量为3.8%。用此催化剂进行乙烯聚合时,采用连续方式,使用两个串联反应器,在第一反应器内加入130L已烷,升温至60℃,已烷以35L/h的速度、三乙基铝以45mmol/h的速度、催化剂以1mg/h原子钛的速度、乙烯气体以413m^3/h的速度连续加入反应器内,反应器压力维持0.47MPa,反应器液体保持130L,用泵将此反应器内浆液送入第二反应器。在第二反应器内已烷以 25L/h 的速度、乙烯气体以 11.2m^3/h 的速度连续加入反应器内，再将适量的氢气加到反应器的气相部分，乙烯与氢气的摩尔比为 100∶3，反应器的液体保持 120L，聚合温度为 85℃，聚合压力为 0.72MPa，从反应器底部出来的产品经离心分离后在氮气流下干燥即可。

三井化学公司还采用 Ziegler-Natta 催化剂生产超细 UHMWPE 粉末[17]，粒径范围为 1～50μm，超细 UHMWPE 粉末易与填料混合，并具有很好的流动性及力学性能等，采用以下两种制备工艺：①在一定条件及特定催化剂的作用下聚合，将聚合得到的 UHMWPE 淤浆高速剪切处理；②将所用催化剂高速剪切处理，在一定条件下聚合得到 UHMWPE，必要时再将聚合得到的 UHMWPE 淤浆高速剪切处理。上述第一种工艺所用催化剂如下[18]：固体催化剂组分（A）由液态镁化合物和液态钛化合物在给电子体作用下反应得到，其中所说镁化合物可以是液态镁化合物，也可以是镁化合物溶液，还可以是镁化合物与给电子体如醇、胺等的反应产物。第二种工艺所用催化剂将第一种工艺所用催化剂经高速剪切处理即可。该公司还申请了超细共聚 UHMWPE 粉末的专利[19]。

最近，该公司又对该工艺进行了完善，具体工艺见文献[20]。

4. 日本三菱化学公司

日本三菱化学公司成功开发了利用传统的四价钛、镁卤化合物做成的催化剂，配合有机铝进行碳三以上烯烃的预聚合，然后再配合烷基铝以及第三组分硅烷、硼烷、磷化合物等进行 UHMWPE 合成的技术。这样可以克服聚合物黏釜、颗粒粗大以及反应难控制的问题。通过预聚合 α-烯烃于 Ti-Mg 催化剂上，得到 A 催化剂组分，助催化剂 B 为烷基铝或者烷氧基铝，C 组分为有机硅氧烷化合物[21]。

日本三菱化学公司还开发了铬系催化剂[22]使用以铬系化合物为主体的催化剂，合成 UHMWPE，可以使聚乙烯分子量进一步提高，重均分子量可达 500 万以上，且产品分子量分布很窄。一般要求反应温度在 70℃以下，以有利于生产粉末状 UHMWPE，反应压力最好在常压至 10MPa。同时他们还发现，搅拌速度对粒径也有影响，搅拌速度快即剪切力大，生成的 UHMWPE 粒径小，搅拌速度慢则粒径大，一般用户希望粒径为 300～1000μm，所以厂家可通过对搅拌系统的改造达到目的，搅拌器形式、搅拌叶数目、搅拌叶角度、搅拌叶高度等都是调节粒径的因素。总之，通过改变聚合工艺条件，可以对聚合物的分子量等加以控制。例如，聚合时，若温度为 40℃，乙烯压力为 3.5MPa，搅拌速度为 400r/min，则产品分子量为 1020 万，粒径为 100～300μm。若反应温度提高到 60℃，其他条件不变，则产品分子量为 850 万，粒径变为 150～300μm。

该公司的另一项发明[23]同样使用铬系化合物、胺或氨化金属以及烷基铝组成的催化剂，在惰性溶剂中进行乙烯聚合，控制产品分子量仍可通过改变聚合温度来实现。1g 铬化合物最好用 5mmol 烷基铝（上限为 50mmol），胺或氨化金属的用量最好为 0.01～100mol，反应介质最好为庚烷。进行反应时，先将反应器加热到 80℃，然后乙烯由催化剂加料口进反应釜，铬化合物与乙烯接触进行反应，反应压力维持 315MPa、反应温度为 80℃，反应进行 1h，之后回收产品，产品分子量约为 330 万，若将温度升高到 100℃，其他条件不变，则产品分子量可减少为 150 万。

5. 日本石油公司

日本石油公司生产 UHMWPE 有许多工艺过程，一般使用由无机镁化合物，如卤化镁、氧化镁或氢氧化镁为载体负载过渡金属化合物（钛或钒化合物制得的催化剂）。不过这些工艺都有一定问题，例如产品表观密度低，粒度分布宽，产品颗粒是原纤状难以溶在溶剂中。为了适应胶纺工艺的发展，生产 UHMWPE 纤维，需要有易于溶在溶剂中形成均匀凝胶的产品。

日本石油公司发明了一项技术[24]可以生产平均粒子细小、粒度分布窄、流动性好并且无原纤物的 UHMWPE。在催化剂制造中，由氯化镁与烷氧基钛化合物于惰性烷烃溶剂里反应，反应温度为 50～200℃，反应时间为 10min～2h，镁与钛摩尔比为 0.1～5，烷氧基钛化合物中的烷基基团应含有 1～8 个碳原子，反应在惰性气体氛围下进行，结果得到产物 A。然后由三卤化铝同四烷氧基硅烷进行反应，四烷氧基硅烷中的烷基基团应含有 1～10 个碳原子，三卤化铝与硅烷的反应物摩尔比应为 0.1～5，其他反应条件与制备 A 时相同，由此得到 B。最后，使反应物 A 与反应物 B 接触，每克 A 需要 0.5～5g 的 B，所得产品即为 UHMWPE 用的催化剂。助催化剂应为烷基铝化合物或烷基锌化合物，最好为三乙基铝与一氯二乙基铝的混合物，这类烷基铝化合物也可与有机酸酯并用，每摩尔烷基铝需用有机酸酯 0.2～0.5mol。使用中，1mol 钛化合物需这种有机金属化合物 0.1～1000mol。进行乙烯聚合时，采用气相法、溶剂法、浆液法都行，但以浆液法为好，氢摩尔分数应为 0～10%，温度为 20～100℃，压力为 0～6MPa。所得产品的分子量为 120 万～500 万。改变催化剂与助催化剂的摩尔比或改变反应温度可以调节产物分子量，加入氢气更易调节。

用卤化镁、氧化镁、氢氧化镁等各种无机镁化合物为载体，过渡多金属钛或钒化合物为活性组分，进行 UHMWPE 的生产有很多缺点，该公司的另一项专利[25]以卤化镁、三烷氧基铝化合物及四价钛化合物为主要成分，经粉碎后在液态给电子体内溶解，再由惰性溶剂使之沉淀、析出，可以制造 UHMWPE 用改性催化剂。使用这种催化剂制备的 UHMWPE，平均粒径小，粒度分布窄，流动性好，催化活性高，溶解性能好，易于进行溶纺操作，也可以解决以往产品表观密度低、粒度分布宽及产品有原纤、不易溶解的问题。

日本石油公司专利[26]中的催化剂由 A 和 B 两部分组成，其中，A 为卤化镁

和通式为 $Ti(OR^1)_4$ 的钛化合物的反应物，B 为卤化铝和通式为 R^2OR^3 化合物的反应物，R^1、R^2、R^3 均为 1～20 个碳原子的碳氢基团，助催化剂采用三氯化烷基铝化合物，可以解决以往产品表观密度低、粒度分布宽等问题。

日本石油公司[27]以镁化合物为载体，钛、钒或其他过渡金属为活性组分，构成主体催化剂，催化剂中镁与过渡金属的原子比为 4～70，卤素与过渡金属的原子比为 6～40。除上述组分外，催化剂主体中还可含有其他元素，使用的助催化剂为烷基铝化合物。

日本石油公司发明的另一种催化剂[28]，制备催化剂时，先由无水氯化镁等无机镁载体化合物与三乙基铝等烷基铝或卤代烷基铝接触，在氮气气氛下室温反应数小时，然后加入四价钛卤化合物或烷氧基钛等，球磨十几小时，制得催化剂，使用的助催化剂为烷基铝化合物，该催化剂制得的 UHMWPE 适合注塑生产。

日本石油公司还发明了一种以二乙氧基镁为载体的催化剂[29]，具体制备过程如下：用二乙氧基镁为载体，与四异丙基钛酸酯或四(2-乙基己氧基）钛进行加热混合，得到均匀溶液，再在 -20～10℃条件下与四氯化硅接触，然后升温至40℃进行反应，得到微粒状固体物，之后再与四氯化钛等接触反应，制得 UHMWPE 用催化剂，助催化剂采用一种或两种以上烷基铝化合物。助催化剂的用量以铝与钛原子摩尔比计，应为 1～1000，聚合温度为 0～150℃，聚合中还可加入给电子体。用该催化剂制得的 UHMWPE 粒径分布窄，表观密度高且产率高。

6. 日本旭化成公司

使用茂金属催化剂制得的 UHMWPE 具有窄的分子量分布，一般低于 3 或者更低，但由于低分子量组分的量少，因此在模塑工艺中通常难以热融，并且熔融的部分不能完全熔合，产生不均匀的制品。该类聚乙烯难以均匀地溶解在增塑剂中，难以在形成纤维时发挥好的拉伸性能。另外，使用 Ziegler-Natta 催化剂得到的 UHMWPE 通常具有宽的分子量分布并且含有大量的低分子量组分，因此其呈现优异的性能如模塑性、增塑剂中的溶解性以及基于分子间缠绕的可拉伸性。然而使用该种催化剂得到的 UHMWPE 含有大量的残留钛和氯，并且当在高温下模塑时容易热降解。

日本旭化成公司发明了一种新的茂金属催化剂[30]，该催化剂至少由两部分组成：含有 η 成键环状阴离子配体的过渡金属化合物；能够与过渡金属化合物反应形成具有催化活性配合物的活化剂。使用时首先让茂金属催化剂与氢化试剂接触然后用于聚合。用该催化剂生产的 UHMWPE 易溶于适当的溶剂或增塑剂，可以生产超高模量的高强度纤维。

7. 三星综合化学株式会社

三星综合化学株式会社[31]提供一种用于制备 UHMWPE 的催化剂、用所述催化剂制备 UHMWPE 的方法。该催化剂是通过包括下列步骤的方法制备：通过使卤化镁化合物和铝或硼化合物的混合物与醇接触反应制成镁化合物溶液；该溶液与具有至少一个羟基的酯化合物和具有烷氧基的硅化合物反应；向其中加入钛化合物和硅化合物的混合物制备固体钛催化剂。本发明制备的催化剂具有优异的催化活性，并且有助于制成具有大堆密度和窄粒子分布的 UHMWPE，同时没有过大和过小的粒子，该催化剂聚合时要进行预聚合。

2.1.1.3 国内 UHMWPE 催化剂研究进展

我国的 UHMWPE 合成研究始于 20 世纪 70 年代，上海化工研究院、北京助剂二厂、中山大学等先后进行了研制。

（1）上海化工研究院共申请了 4 项专利，具体如下：

第一项[32]涉及一种 UHMWPE 催化剂及其制备方法和应用，该催化剂由 A、B 组分组成，其中，A 组分为固体主催化剂，B 组分为助催化剂，所述的 A 组分由含镁化合物负载的含钛组分和含硅组分构成，所述的 B 组分为有机铝化合物。与现有技术相比，本发明在保证 UHMWPE 催化剂催化活性稳定的同时，能改善树脂的形态，减少细粉和粗颗粒生成量，提高堆积密度，扩展分子量范围，实现分子量可调。

第二项[33]涉及一种用于制备 UHMWPE 的催化剂及其制备方法，该催化剂包括含钛的催化剂主体组分和含铝的助催化剂，Ti：Al 的摩尔比为 1：（30～300），其制备方法包括以下步骤：新生态卤化镁的制备；与给电子体接触反应；含钛催化剂主体组分的形成；催化剂制备。与现有技术相比，本发明催化剂的聚合活性高，在 65℃、0.5MPa 总压，聚合 4h，聚合活性可以达到 100 万 g 聚乙烯/g 钛，聚合物的堆密度为 0.35～0.40g/mL，细粉含量少；本发明方法简单可行，适合工业化生产和应用，该方法聚合反应平稳，反应过程容易控制。

第三项[34]公开了一种 UHMWPE 催化剂及其制备方法，该催化剂包含催化剂主体组分和助催化剂，其中催化剂主体组分的制备是通过以下步骤得到的：卤化镁与醇反应形成镁化合物；镁化合物与具有至少一个卤素基团的硅化合物反应形成一中间产物；中间产物与钛化合物反应制备催化剂主体组分。在各反应步骤中可以选择性地添加苯甲酸酯类化合物。该 UHMWPE 催化剂具有活性高并且 UHMWPE 具有堆积密度高的特点。

第四项[35]公开了一种 UHMWPE 催化剂及其制备方法，该催化剂包含催化剂主体组分和助催化剂，其中催化剂主体组分的制备是通过以下步骤得到的：卤化镁化合物与醇类化合物、钛酸酯类化合物反应形成镁化合物溶液；镁化合物溶液与氯化烷基铝化合物反应，得到一中间产物；中间产物再与钛化合物、给电子体反应。该 UHMWPE 催化剂具有活性高并且 UHMWPE 具有堆积密度高的特点。

（2）中山大学专利[36]涉及一种可调节分子量的 UHMWPE 的制备方法。本发明方法采用共研磨－反应法制得的具有颗粒均匀和具有高活性及良好的调节分子量效果的复合型钛系催化剂,其主催化剂为钛化合物、促进剂为硅化合物和酯,复合载体为 $MgCl_2$ 和 $ZnCl_2$,助催化剂为 AlR_3,通过控制催化剂组分的含量,即当主催化剂成分钛化合物的含量确定后,调节 $ZnCl_2$ 的含量可有效地调节 UHMWPE 产品的分子量,当催化剂组分中 Zn 与 Ti 的摩尔比在0.1~10之间选择时,可制得分子量为60万~610万的各种规格的 UHMWPE,其催化效率为(350~810)kg 聚乙烯/g 钛,本发明方法的聚合反应平稳易控制,聚合产物粒度分布良好,无结块,极少有微粒粉尘。

(3) 中国石化催化剂北京奥达分公司与中国石化北京化工研究院共同开发制备了 UHMWPE 专用 CM 催化剂[37]。该催化剂与制备高密度聚乙烯(HDPE)所用催化剂的主要区别:CM 催化剂的乙烯聚合动力学平稳,乙烯聚合反应速率衰减慢,8h 内能保持高活性;CM 催化剂制备的 UHMWPE 性能(如冲击强度、拉伸强度等)有较大提高;CM 催化剂具有较窄的分子量分布和良好的颗粒外貌形态。北京奥达分公司开发的 CM 催化剂在北京助剂二厂进行了工业化应用,通过催化剂和工业装置生产参数的调整提高 UHMWPE 产品的性能。

(4) 北京金鼎科化工科技有限公司[38]发现用丙烯聚合时的外给电子体有机硅氧烷化合物可以制备 UHMWPE,通过调整 Si 与 Ti 比可以调节分子量。根据本发明的催化体系包括活性组分、外给电子体和助催化剂。其中,基于100重量份的催化剂活性组分的总重量,包括:12.0~18.0重量份的镁;4.0~8.0重量份的钛;1.1~11.0重量份的烷氧基;55.0~75.0重量份的卤素。制备上述活性组分的方法包括制备镁醇合物浆液、该浆液与 R_nSi 给电子体反应、预载钛反应和载钛反应的步骤。采用本发明的活性组分与 $R^{1}R^{11}Si(OR^{111})_2$ 和有机铝化合物 $R_{(3-n)}AlXn$ 的协同作用可制备 UHMWPE。本发明的催化体系催化活性高、动力学稳定性好、制得的 UHMWPE 产品形态好、颗粒分布均匀、堆密度高、分子量可在200万~700万之间可调。

(5) 中国科学院化学研究所、南开大学[39]公开了一种用于合成高分子量聚乙烯的金属茂催化剂及其制法,主催化剂是由过渡金属卤化物在四氢呋喃中生成带有两分子四氢呋喃的复合物与1,3-二(1-茚基)二硅氧撑的双锂盐反应而成。采用本发明的催化剂进行乙烯聚合或乙烯-α-烯烃(含3-12碳的-α-烯烃)共聚合具有高活性,聚合物为具有超高分子量、高熔点120~140℃的低密度聚乙烯。

(6) 河北工业大学研制了一种复合载体型 Ziegler-Natta 催化剂[40],用来制备 UHMWPE,制备了3种镁硅比不同的复合载体型 Ziegler-Natta 催化剂,并催化乙烯均聚和乙烯/己烯-1共聚合,考察了复合载体中镁与硅比不同对催化剂活性以及产品结晶性能的影响。在一定镁与硅比下,考察了路易斯酸三氯化铝加入量对乙烯均聚产品分子量和分子量分布的影响。研究结果表明,在镁与硅比为1:1,三氯化铝加入量为 $\omega(AlCl_3):\omega(MgCl_2)=1:5$ 时,所得聚合物的分子量为 26.84×10^5 g/mol,分子量分布最宽为10.36,且随三氯化铝含量的增加,分子量向高分子量部分移动。

(7) 中国科学院上海有机化学研究所同一天申请了3项关于一种烯烃聚合催化剂及超低支化度UHMWPE的专利:

第一项[41]涉及一种负载型非茂金属聚烯烃催化剂制备方法及其应用,可以用于制备超低支化度UHMWPE。所述的一种负载型非茂金属聚烯烃催化剂是金属配合物直接负载于镁化合物上,可用于催化乙烯的均聚合得到易加工的超低支化度的UHMWPE树脂。所述的超低支化度的UHMWPE聚合物中每100000个骨架碳原子的支链含量为0~2个,聚合物的多分散性指数范围2~10。

第二项[42]涉及两类负载型非茂金属聚烯烃催化剂制备方法及其应用以及一种超低支化度UHMWPE。所述的一类负载型非茂金属聚烯烃催化剂通过原位负载化方法使一类多齿配体与负载于载体上的过渡金属化合物发生化学反应得到,可用于催化乙烯的均聚合得到易加工的UHMWPE树脂。所述的另一类负载型非茂金属聚烯烃催化剂是金属配合物直接负载于镁化合物上;催化烯烃的均聚/共聚时,助催化剂用量少,得到的乙烯共聚物和均聚物分子量分布窄、共聚单体和聚合物粒径分布均匀、聚合物粒子为球形或类球形。所述的超低支化度UHMWPE聚合物中每100000个骨架碳原子的支链含量为0~2个,聚合物的多分散性指数范围2~10。

第三项[43]涉及一类负载型非茂金属聚烯烃催化剂制备方法及其应用,用于制备超低支化度UHMWPE。所述的负载型非茂金属聚烯烃催化剂是通过原位负载化方法使一类多齿配体与负载于载体上的过渡金属化合物发生化学反应得到,催化烯烃的均聚/共聚时,助催化剂用量少,得到的乙烯共聚物和均聚物分子量分布窄、共聚单体和聚合物粒径分布均匀、聚合物粒子为球形或类球形。所述的超低支化度UHMWPE聚合物中每100000个骨架碳原子的支链含量为0~2个,聚合物的多分散性指数范围2~10。

经以上调研可知:UHMWPE用催化剂主要包括Ziegler-Natta催化剂、铬系催化剂、FI催化剂和茂金属催化剂4种,以Ziegler-Natta催化剂为主。在UHMWPE的合成中,固体催化剂有效成分的种类、有机铝化合物的成分种类、第三组分的添加以及预聚合工艺与聚合条件的选择至关重要。UHMWPE与普通聚乙烯聚合区别主要在于聚合温度、催化剂浓度不同,以及是否加氢(UHMWPE聚合时不加或少加氢)。

2.1.2 单活性中心催化剂

2.1.2.1 茂金属催化剂

茂金属催化剂是近年来聚烯烃工业生产中应用的一种新型催化剂。这种催化剂在一套聚烯烃装置中不需对原装置进行改动就可生产UHMWPE、HDPE、

LLDPE 等，日本三井化学公司也申请了茂金属催化剂生产 UHMWPE 的专利[44]，含有的茂化合物通式为（Ⅰ）或（Ⅱ），通式如图 2－1 所示。

巴西 Braskem 公司开发了一种单活性中心铬系催化剂，可以生产 UHMWPE，该催化剂以三氮杂环己烷（TAC）和取代的环戊二烯基为配体[45]。

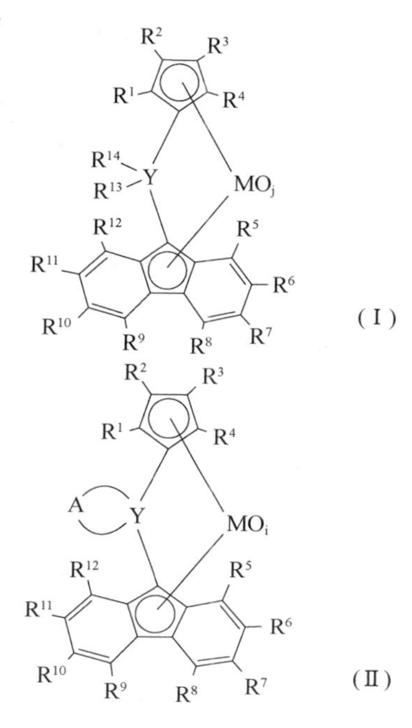

图 2－1　茂金属催化剂中所含茂金属化合物通式

茂金属催化剂作为新一代聚烯烃催化剂变得越来越重要，文献中有大量茂金属催化剂制备聚烯烃的记载，但是采用负载型茂金属催化剂生产 UHMWPE 的文献不多见，巴西 Braskem 公司采用负载型金属茂催化剂制备了 UHMWPE，可用于气相或液相聚合法生产。其载体的制备工艺如下：①使用周期表中第 2 族或者第 13 族有机金属化合物在惰性有机溶剂中的溶液，浸渍热活化二氧化硅；②使用极性溶剂制备一种或多种镁基化合物的溶液，浸渍步骤①得到的二氧化硅，抽真空除去极性溶剂；③将步骤②得到的固体与周期表中第 2 族或者第 13 族的一种或多种有机金属化合物在惰性有机溶剂中的溶液进行反应。

2.1.2.2　FI 催化剂

近几年，烯烃配位聚合催化剂研究的热点之一是非茂前过渡金属催化剂，其中以酚亚胺或者酚酮胺为配体的前过渡金属催化剂（一般称为 FI 催化剂）为主。该类催化剂具有高的活性，乙烯均聚的活性可比一般的茂金属催化剂高出 1 个数量级。调控催化剂的配体结构可以在很宽的范围内控制聚乙烯的分子量，还可以催化乙烯和丙烯的活性聚合，制备出嵌段共聚物。

日本三井化学公司开发的 FI 催化剂，是一类新型非茂催化剂，FI 催化剂是指用于烯烃聚合的一类催化剂体系。

1. FI 主催化剂的组成和结构

主催化剂的通式示于图 2－2，其中 R^1、R^2 和 R^3 配体为烷基、芳基、硅烷基或含杂原子基团。两个苯氧基亚胺配体以双齿螯合于中心原子。M 为 Ti、Zr、Hf 或 V 等金属原子[46]。

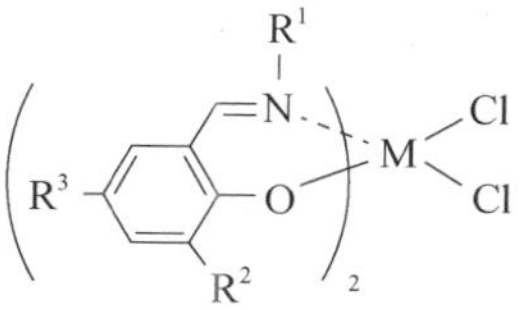

图 2－2　FI 主催化剂的通式

合成苯氧基亚胺配合物的路线通常按三步进行。取代苯酚和多聚甲醛在碱性条件下缩合生成取代水杨醛[47]，然后与一级胺反应得到取代苯氧基亚胺化合物，最后与烷基锂和锆，钛、铪[48]的氯化合物反应生成相应的苯氧基亚胺配合物。一个代表性的锆配合物的合成路线见图2－3。

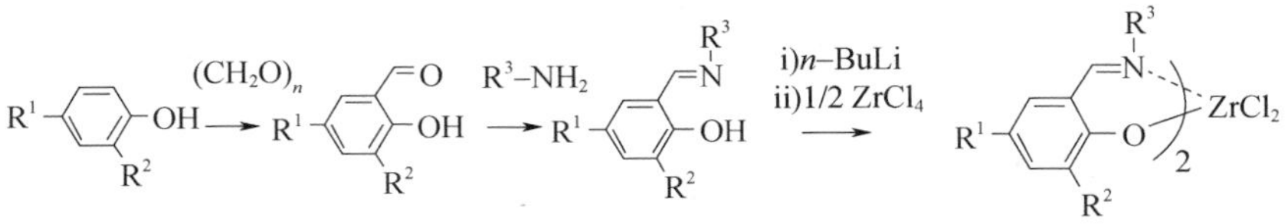

$$R^1\text{-}C_6H_3(R^2)\text{-}OH \xrightarrow{(CH_2O)_n} R^1\text{-}C_6H_2(R^2)(CHO)\text{-}OH \xrightarrow{R^3\text{-}NH_2} R^1\text{-}C_6H_2(R^2)(CH{=}NR^3)\text{-}OH \xrightarrow[\text{ii)}1/2\ ZrCl_4]{\text{i)}n\text{-}BuLi} [R^1\text{-}C_6H_2(R^2)(CH{=}NR^3)\text{-}O]_2ZrCl_2$$

图2－3　2-(取代苯氧基亚胺基)二氯化锆配合物的合成路线

2. 助催化剂与单体及聚合

主要采用MAO，$^iBu_3Al/Ph_3CB(C_6F_5)_4$（$^iBu_3Al$ 可用 Et_3Al、Et_2AlCl 等烷基铝代替）或 $MgCl_2/^iBu_mAl(OR)_n$ 三种助催化剂。通常先将MAO加入单体和溶剂的混合溶液中，然后加入主催化剂进行聚合。第二种助催化剂条件下，一般先将$^iBu_3Al$ 分别加入单体和溶剂及 $Ph_3CB(C_6F_5)_4$ 的混合溶液与主催化剂溶液中，然后把后者加入前者中进行聚合。第三种条件下，首先通过无水 $MgCl_2$ 和 $^iBu_mAl(OR)_n$ 合成 $MgCl_2$ 加合物。在单体和溶剂的混合溶液中，加入$^iBu_3Al$ 和加合物，使其产生 $MgCl_2/^iBu_mAl(OR)_n$，然后加入主催化剂进行聚合。

到目前研究的单体除乙烯和丙烯之外还有4-甲基-1-戊烯、1-癸烯、1-辛烯和1-己烯等，并研究了这些单体的均聚和共聚反应。

当以$^iBu_3Al/Ph_3CB(C_6F_5)_4$ 为助催化剂时，可获得分子量为500万以上的HMWPE，且聚合活性较高[49]。不同助催化剂聚合得到的产品见图2－4。

FI催化剂无疑是一类烯烃聚合高性能催化剂。与其他烯烃聚合均相催化剂相比，FI催化剂合成方法简便，合成反应收率高，并容易通过配体结构的修饰来获得空间性能和电性能独特的各种催化剂。考察FI催化剂配体结构对乙烯聚合性能关系，结果表明：苯氧基邻位大的烃取代基团和苯亚胺N邻位强吸电子的F或CF^3等基团能增加催化聚合活性。特别是含多个或CF^3取代基的FI催化剂，在MAO、$MgC1_2$等合适的助催化剂作用下，不仅能高活性催化乙烯活性聚合，而且可以催化乙烯与丙烯、1-己烯等α-烯烃共聚，可以制得从低分子量到超高分子量，从单分散性到多峰分布聚乙烯，以及超高分子量乙烯和α-烯烃的共聚物。其中的许多聚合物材料是通过常规Ziegler-Natta催化剂难以制备或不可能获得的[50]。

三井石化公司还发现，在带有茚基的过渡金属化合物中茚基的特定位置导入特定的取代基，可以得到高活性催化剂，制备高分子量烯烃聚合物[51]，该发明的烯烃聚合催化剂是由式（Ⅰ）表示的ⅣB族过渡金属化合物和有机铝氧化合物或与过渡金属化合物反应生成离子对的化合物形成的。使用该催化剂或由式（Ⅱ）表示的ⅣB族过渡金属化合物和有机铝氧化合物或与过渡金属化合物反

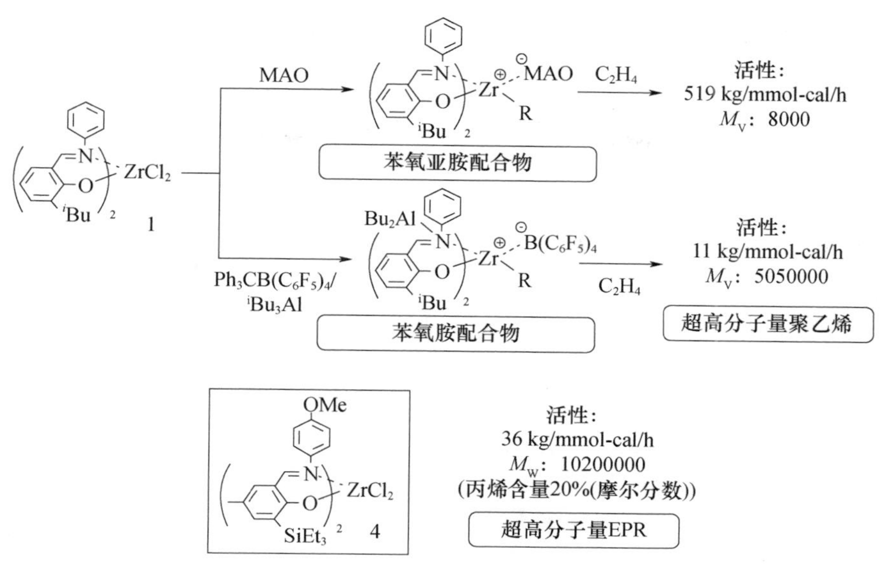

图 2-4　以 $^iBu_3Al/Ph_3CB(C_6F_5)_4$
为助催化剂的乙烯均聚与乙烯-丙烯共聚结果

应生成离子对的化合物形成的催化剂的烯烃聚合方法,可以高聚合活性地得到高分子量的(共)聚合物,而且,即使使用少量的共聚单体也能得到高共聚单体含量的烯烃聚合物。

(Ⅰ)

(Ⅱ)

图 2－5 和图 2－6 分别为两种聚合催化剂的制备步骤。

(A) 过渡金属化合物

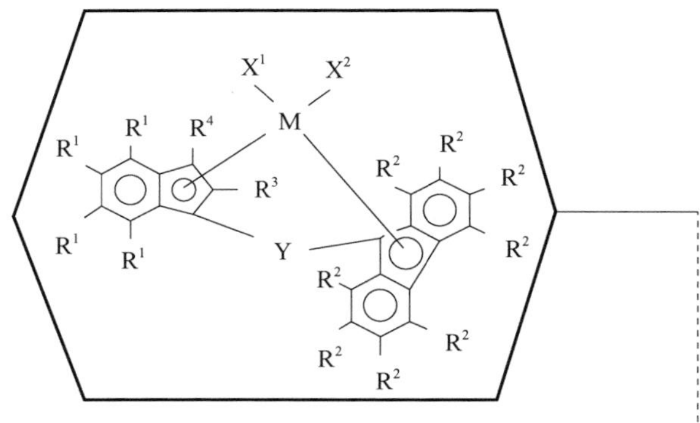

M：过渡金属

R^1：至少一个芳基，烷基，氢等

R^2：烷基，氢等

R^3，R^4：烷基，氢等

X^1，X^2：卤素，烃基等

(B) 有机金属组分

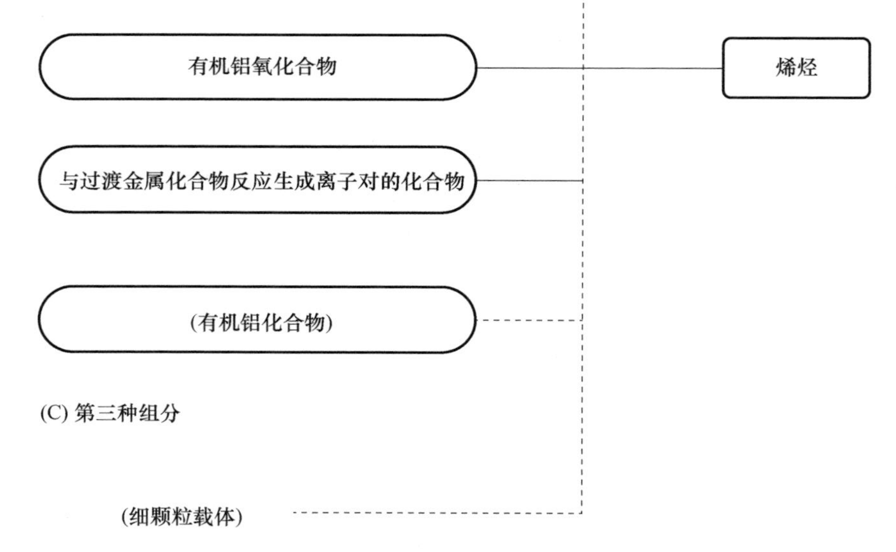

图 2－5　式(Ⅰ)对应催化剂的制备步骤

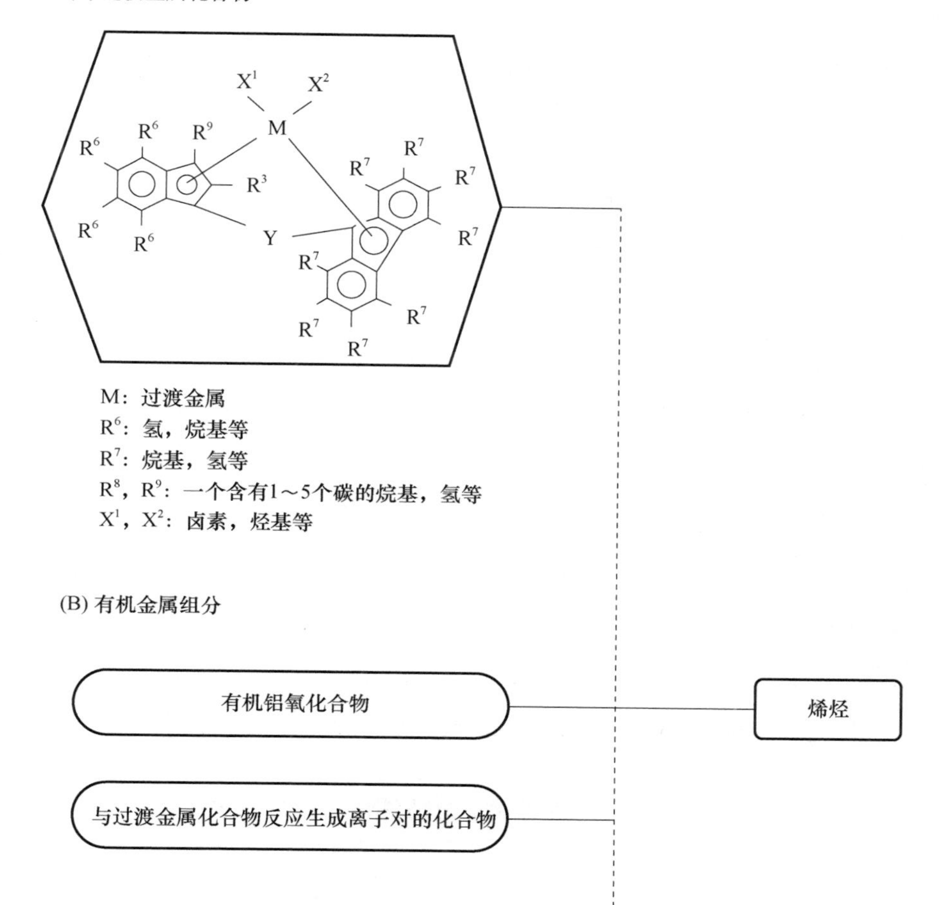

图 2－6 式(Ⅱ)对应催化剂的制备步骤

2.2 超高分子量聚乙烯树脂的聚合工艺

UHMWPE 的生产工艺与低压淤浆法高密度聚乙烯的生产工艺基本相似。不同之处，仅仅在后阶段工艺上，UHMWPE 生产工艺没有造粒工序，产品呈粉末状。

原辅料质量标准：

1. 乙烯

产品质量应符合 GB/T 7715—2014 工业用乙烯的要求，其质量标准见表 2-1。

表 2-1　乙烯质量标准

项目		指标	
		优等品	一等品
乙烯 含量/%	≥	99.95	99.90
甲烷和乙烷含量/(mL/m^3)	≤	500	1000
C_3 和 C_3 以上含量/(mL/m^3)	≤	10	50
一氧化碳含量/(mL/m^3)	≤	1	3
二氧化碳含量/(mL/m^3)	≤	5	10
氢含量/(mL/m^3)	≤	5	10
氧气含量/(mL/m^3)	≤	2	5
乙炔含量/(mL/m^3)	≤	3	6
硫含量/(mg/kg)	≤	1	1
水含量/(mL/m^3)	≤	5	10
甲醇含量/(mg/kg)	≤	5	5
二甲醚含量/(mg/kg)	≤	1	2

乙烯的自燃点 450℃，在空气中的爆炸极限为 2.7% ~36%（体积分数）。

2. 三乙基铝

三乙基铝($Al(C_2H_5)_3$)：外观为无色澄清液体。指标见表 2-2。

表 2-2　三乙基铝质量标准

密度	0.835g/mL(25℃)
沸点	186.6℃(760mmHg)
三乙基铝	92.0%（质量分数） max
三正丙基铝	0.7%（质量分数） max
三异丁基铝	6.0%（质量分数） max
氢化物	2.0%（质量分数） max
甲烷	0.3%（质量分数） max
乙烯	0.3%（质量分数） max
异丁烯	0.1%（质量分数） max
铝	22.5%（质量分数） min
氯化物	无

3. 己烷

正己烷含量：60% ~86%，密度 D_4^{15}：663 ~683kg/m^3；蒸馏试验：5% ~95% 的馏出物须在(66 ~70℃)间隔 2℃ 范围内蒸馏得到；溴值：≤0.1Br/100g，苯：≤100mL/m^3，水：≤200 mL/m^3。

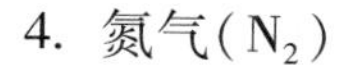

4. 氮气（N_2）

$N_2 \geq 99.99\%$（V/V 体积分数），$O_2 \leq 10mL/m^3$（V/V 体积分数）。

N_2为无色、无嗅的气体，分子量为28，熔点为63K、沸点为77K、临界温度为126K，是难以液化的气体，在水中的溶解度很小。它在高温时不但能与某些金属或非金属化合成氮化物，也能与氧、氢直接化合。

2.2.1　连续聚合工艺

本装置主要特点有：装置采用分布式控制系统（DCS）控制，采用催化剂计量供给，使生产工艺更平稳，产品质量更稳定。利用离心机将物料固液分离，母液回收，节约物耗。连续聚合，产品的批次量大，一个牌号的产品可以连续生产，并能够降低能耗。

工艺流程主要为淤浆法聚合，其流程如图2-7所示，主要分为以下几步：

（1）催化剂配置：负载型齐格勒催化剂（例如氯化镁或乙氧基镁上载四氯化钛）和烷基铝（三乙基铝）用己烷溶剂配置一定浓度，经过络合等工序后用计量泵输入聚合釜内，且在聚合过程中用计量泵连续不断地将络合后的催化剂加入聚合釜。

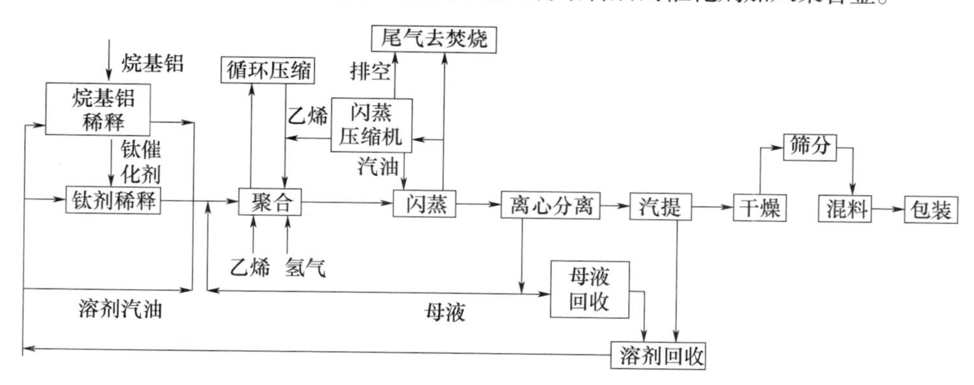

图2-7　连续聚合工艺流程简图

（2）聚合：高纯度的乙烯、催化剂连续不断地输送至聚合釜内，在60～90℃、0.4～0.9MPa条件下进行淤浆聚合，聚合热采用聚合釜夹套冷却及母液利用等方式除去。聚合物分子量是由催化剂加入量、聚合温度、压力等条件控制。

（3）分离、干燥：将聚合反应得到浆液通过压差输送到闪蒸釜，脱除未反应的乙烯，未反应的乙烯通过闪蒸压缩机重回聚合釜利用，脱气后的浆液，经於浆泵输送到离心机，离心机将聚乙烯和母液进行分离，分离出的聚乙烯滤饼通过螺旋输送器输送到汽提釜，而分离出的母液经过母液泵重新返回聚合釜，母液返回聚合釜，可减少溶剂和烷基铝的用量。

输送来的滤饼和母液进入汽提釜中，物料在汽提釜下部通入蒸汽直接作用，将溶剂蒸馏出去,并送至溶剂精馏部分,而汽提后湿的 UHMWPE 被风送至螺旋脱水器,脱除大部分水分,而后被送至沸腾床进行干燥。

(4) 分筛、掺混和包装:干燥后的物料经振动筛进行筛分,超高粉末用氮气输送料仓,超高粉末从料仓进行掺混,掺混后的粉末经过包装机包装。

(5) 溶剂回收:从分离干燥工段来的溶剂,先用水洗去杂质,再通过汽提塔分离成低分子量聚合物和溶剂,低聚物在熔融状态下,从塔底排出。从塔顶出来的溶剂再经过精馏塔除去水分,直至溶剂指标合格进入精溶剂罐,重复使用。

2.2.2 间歇式聚合工艺

间歇式聚合工艺主要有以下特点:催化剂定量供给,通过控制工艺参数,能够使分子量的控制更加灵活。间歇式聚合生产的批次量较少,适用于生产需求量较少的牌号的客户群体,同时也适用于试验。同样的装置,间歇式聚合的能耗、物耗要远高于连续聚合装置。

此间歇式聚合工艺也采用淤浆法聚合,其工艺与连续聚合基本相似,流程如图 2-8 所示,具体分为以下步骤:

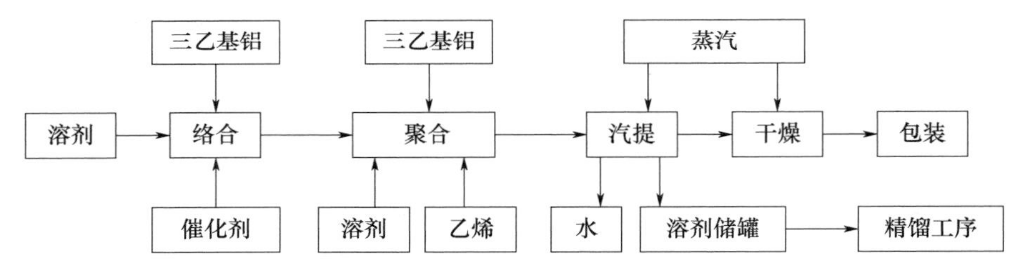

图 2-8 间歇聚合工艺流程图

(1) 催化剂配置:根据产品的分子量确定每釜加入不同量的催化剂;负载型齐格勒催化剂和烷基铝(三乙基铝)用溶剂配置一定浓度,经过络合等工序后直接压入聚合釜内。

(2) 聚合:加入聚合釜总体积的 65% 的纯净、干燥的溶剂;对聚合釜在氮气条件下进行置换 2~3 次,使聚合釜内氧含量达到指标;利用夹套对聚合釜进行升温至 50~60℃;将络合后的催化剂加入聚合釜内;当釜温达到规定温度时,将高纯度的乙烯不断地加入聚合釜内,使聚合釜温度在 60~90℃、压力在 0.4~0.9MPa 的条件下进行淤浆聚合,聚合时间 4h,聚合热采用聚合釜夹套冷方式除去。聚合物分子量是由催化剂加入量、聚合温度、压力等条件控制。

(3) 汽提、干燥、包装:将聚合浆液直接压入汽提釜,通过汽提釜升温,达到规定温度范围,将溶剂蒸汽通过汽提釜上方管道进入冷凝器至溶剂沉降罐,得到含有水分的溶剂。当釜内的溶剂完全蒸馏出去之后,用工艺水对聚合粉料进行清洗,除去极少量催化剂残渣;用引风机将汽提釜内的粉料吸入抽料管,通过抽料管顶部的旋风分离器的汽固分离粉料落入湿粉料罐，直至釜内粉料全部转移至湿粉料罐；开翅片加热器、鼓风机，进行物料的干燥，干燥后的物料进入干分管；根据客户需求，可采用不同包装。

2.3 超高分子量聚乙烯纺丝级树脂

2.3.1 分子量和分子量分布

分子量大小决定了树脂的最基本性能，随着反应温度的降低，平均分子量变大，而反应温度上升链转移反应的速度增加高于链增长反应速度时，平均分子量降低。在反应系统中，催化剂浓度的增加，使催化剂活性中心的数量随之增大，造成链转移反应的速度和链终止反应的速度增加高于链增长反应速度，平均分子量降低。

UHMWPE 的各种性能直接与其分子量及其分布有关。UHMWPE 分子量增大，不同链段偶然位移相互抵消的机会增多，分子链中心转移减慢，要完成流动过程就需要更长时间和更多的能量，所以其黏度随分子量的增大而增加，黏度过高又致使加工变得十分困难。

研究分子量及其分布对于 UHMWPE 的应用和加工具有关键意义。在实际应用中，分子量及其分布也是定义 UHMWPE 树脂作为挤出专用料或纤维专用料的重要技术指标。高分子材料分子量的测定一般是利用其性质与分子量之间存在一定的数学关系。高聚物分子量及其分布测定的方法很多，目前使用的有直接法和间接法。直接法有端基分析法、沸点上升法、冰点下降法、渗透压法、光散射法、超速离心沉降及扩散法，间接法比较常用，目前有凝胶渗透色谱(GPC)法、流变法和黏度法。目前，国内学术界及工业界缺乏对于 UHMWPE 树脂的分子结构参数，特别是分子量分布的准确表征方法。

1. GPC 法

GPC 法是利用聚合物溶液通过填充有特种多孔性填料的柱子，在柱子上按照分子尺寸大小进行分离并自动检测其浓度的方法。采用 GPC 方法测试 UHMWPE的分子量及其分布在技术上存在局限性。因为在实践过程中，常常需要高温条件才能出现溶解成 UHMWPE 稀溶液，而由于高温高剪切导致热降解和剪切降解，另外，如何建立聚乙烯标定曲线，在过滤时高分子量的聚乙烯未被过滤等都影响最终的表征结果。

图 2-9 是几种不同测试方法对比图，其中高温 GPC 的测试结果几乎看不到 100 万以上的分子量，不能很好地反映出 UHMEPE 分子量的特点，因此多数情况下只能作为一种参考。

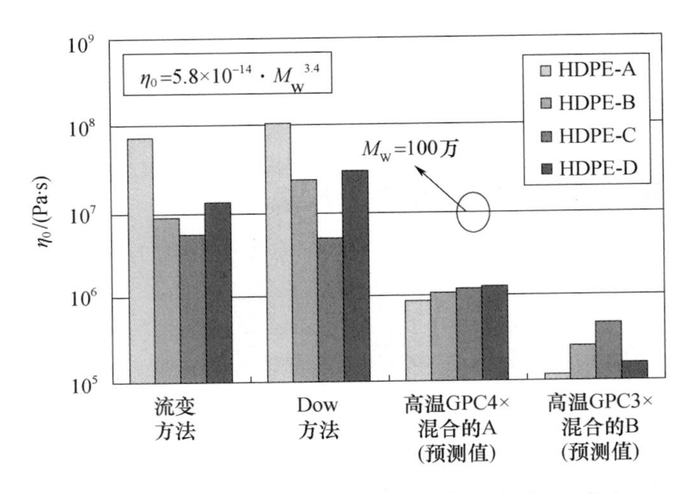

图 2-9 不同 UHMWPE 分子量测试方法对比

美国 ASTM 标准[52]和欧洲的 ISO 标准[53]中,对 UHMWPE 分子量的表征主要是采用稀溶液黏度法,得到的是黏均分子量;此外,还可通过拉伸应力测量法测定 150℃下,一定的拉伸应力值来表征平均分子量。但是上述单一数值方法都是建立在系列样品平均效应(黏度或应力)的经验关系之上,不能测定分子量分布,而且对于比较不同公司采用不同催化剂生产的样品往往无效。通常用于测定分子量及其分布的 GPC 法对 UHMWPE 而言,由于分子链接触浓度低、流场中强烈变形、高温下极易剪切降解,测定结果的准确性(特别是对高分子量组分)存在严重偏差。

2. 稀溶液黏度法

对于稀溶液黏度法,聚合物的黏均分子量(M_v)通过 Mark - Houwink 公式与其特性黏度($[\eta]$)进行关联($M_v = K[\eta]^\alpha$)。ASTM D4020 标准就 UHMWPE 的特性黏度测定给出了详细描述。添加适量抗氧剂的 UHMWPE 粉料在 150℃下溶解于十氢萘中,十氢萘的用量(以 mL 计)约为聚合物质量(以 mg 计)的 4.5 倍。在 150℃下溶解 1h 后,所得溶液转移至放置于 135℃油浴中的乌式黏度计,并在此温度下达到热平衡。测量溶液的流出时间(t_s),并与溶剂十氢萘的流出时间(t_0)作比较。所测样品的相对黏度(η_r)、增比黏度(η_{sp})、特性黏度($[\eta]$)和 M_v可以通过以下公式进行计算:

$$\eta_r = \frac{t_s - k/t_s}{t_0 - k/t_0} = \eta_{sp} + 1 \tag{2-1}$$

$$[\eta] = \left[2\eta_{sp} - 2\ln\left(\frac{\eta_{sp}}{c}\right)\right]^{1/2} \Big/ c \tag{2-2}$$

$$M_v = 5.37 \times 10^4 [\eta]^{1.37} \tag{2-3}$$

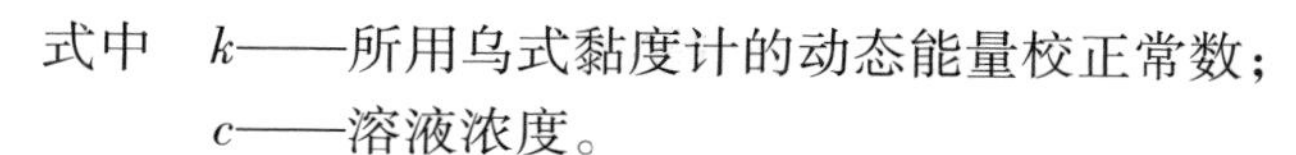

式中　k——所用乌式黏度计的动态能量校正常数；

c——溶液浓度。

ASTM D4020 推荐使用的 Mark - Houwink 式(2 - 3)仅是常用的关于 UHMWPE 的 $M_v \sim [\eta]$关系式之一，此标准也明确指出一种关系式可能只对一种工业生产过程有效。例如，Ticona 公司目前使用的关系式(Margolies 关系式)为

$$M_v = 5.37 \times 10^4 [\eta]^{1.49} \tag{2-4}$$

对相同的特性黏度$[\eta]$值，式(2 - 3)、式(2 - 4)计算得到的M_v值将存在较大的差别。图 2 - 10 中给出了目前工业界常用的几种用于拟合 UHMWPE 黏均分子量与特性黏度的关系式曲线，由图中曲线可以看出各关系式之间的巨大差别，也说明利用稀溶液黏度法测定 UHMWPE 分子量信息的不确定性。

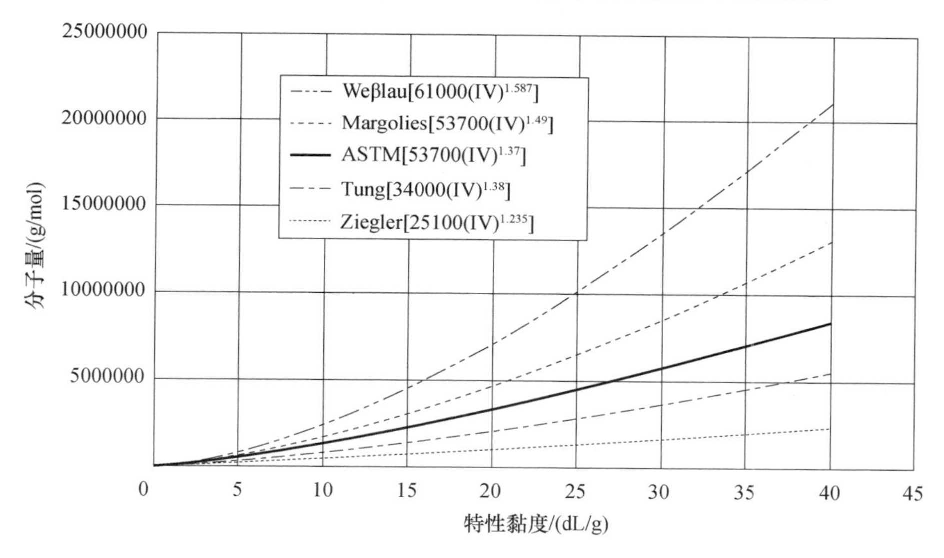

图 2 - 10　工业界常用的五种用于拟合 UHMWPE 黏均分子量与特性黏度的 Mark - Houwink 关系式曲线[52]

除了使用乌式黏度计法，也可利用旋转流变仪测得溶剂和不同浓度聚合物稀溶液的绝对黏度，利用关系式 $[\eta] = \lim_{C \to 0}(\eta_{sp}/C) = \lim_{C \to 0}(\ln\eta_r/C)$ 得到其特性黏度$[\eta]$，同样使用 Mark-Houwink 公式来得到材料的 M_v。对于多个 UHMWPE 的商品样品，首先利用 ASTM D4020 推荐的方法，以十氢萘作为溶剂测得其相应的 M_v。然后以白油(A360B，法国道达尔公司)为溶剂配制 UHMWPE 的稀溶液；在旋转流变仪上，使用同心圆筒夹具，135℃下测定白油和 UHMWPE 溶液的绝对黏度，用于计算各个试样在白油中的$[\eta]$。利用测得的多个样品的 M_v 及其白油中$[\eta]$数据，就可以拟合得到白油作为溶剂，UHMWPE 的 $M_v \sim [\eta]$关系(拟合曲线见图 2 - 11)。在后续研究中，使用旋转流变仪测量 UHMWPE 样品在白油

中的[η],利用拟合所得下面的关系式,即可求算新样品的黏均分子量 M_v。

$$M_v = 12.2 \times 10^4 [\eta]^{1.391} \qquad (2-5)$$

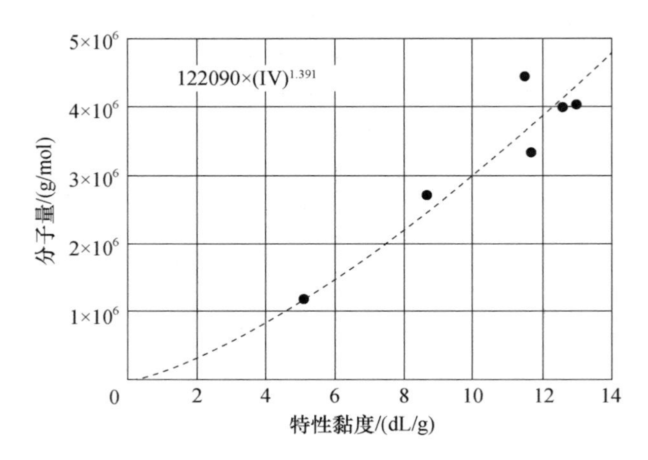

图 2-11 利用测得的 UHMWPE 商品样品在十氢萘溶剂中的 M_v 和在白油中的[η]拟合得到白油中 M_v ~ [η]关系

3. 定伸应力法

ASTM 标准[52]和 ISO 标准[53]中引入的定伸应力法,仅是利用聚合物熔体的拉伸响应行为来表征 UHMWPE 的分子量大小,它甚至不能给出一个具体的分子量数值。图 2-12 中给出了 ASTM 4020 建议的定伸应力测试仪器中样品固定装置的结构示意图和哑铃型样品的尺寸。测试时,夹具和样条需要在 150℃硅油中恒温 5min;选择六个适当质量的砝码(质量在 100 ~ 700g 之间),使得浸入在 150℃ 硅油中的 UHMWPE 哑铃型样条分别在约 1 ~ 20min 内延伸率达到 600%;然后以时间对拉伸应力(砝码质量除以样条起始截面积)以对数-对数坐标作图,在所得直线上插值读取 10min 时使样品延伸率达到 600% 所对应的应力值(图 2-13),称为定伸应力 F(150/10),用以表征 UHMWPE 的分子量大小。对于 Ticona 公司不同等级的 GUR® UHMWPE 产品,它们的 F(150/10)值落于 0.1 ~ 0.7MPa 之间[54]。目前,燕山石化树脂应用研究所与承德金建检测仪器有限公司联合开发了用于 UHMWPE 定伸应力测试的商品仪器。

与定伸应力法相对应,可利用旋转流变仪平台对轴向运动的精准控制和对轴向力的准确测试能力,使用拉伸夹具,同样在 150℃ 加热条件下,采用施加恒定的指数应变速率$\left(\dot{\varepsilon} = \dfrac{1}{L_0}\dfrac{dL(t)}{t}\right)$,通过记录所得的应力-应变关系曲线,得到 UHMWPE 熔体的稳态拉伸黏度,也可用于表征 UHMWPE 的分子量大小。对于已知黏均分子量的系列样品,它们的恒指数应变拉伸的曲线($\dot{\varepsilon} = 0.0001 s^{-1}$)

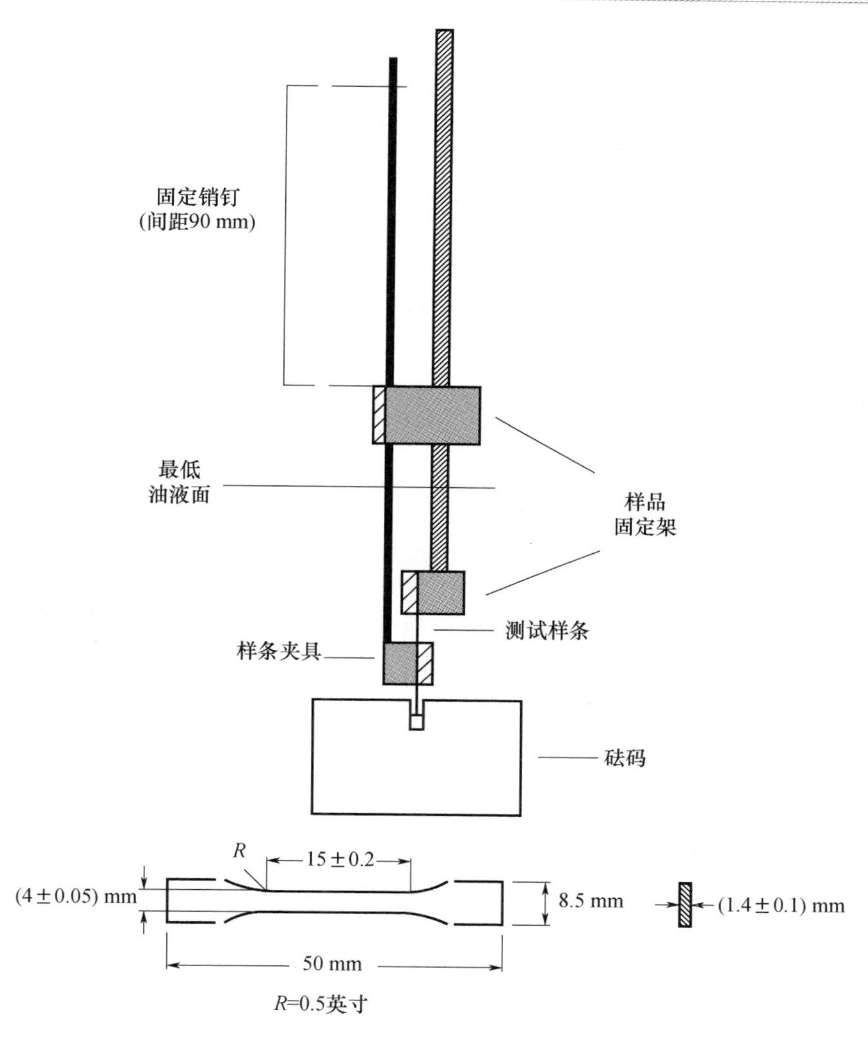

图 2-12　定伸应力测试仪器中样品固定装置的结构示意图和建议的哑铃型样品的尺寸[52,53]

如图 2-14(a)所示，图 2-14(b)中给出了相应的拉伸黏度的计算结果。

4. 聚合物熔体动态流变法

聚合物的分子结构特性(包括分子量与分子量分布)，对于材料的加工性能具有显著作用，并最终影响所形成制品的物理与力学性能。同时，对聚合物动力学的理解也需要清楚了解研究对象所具有的分子结构特性。对长链分子之间拓扑缠结的平均场化处理，即“管状”模型是研究聚合物熔体链动力学和流变性质的物理基础[55,56]。拓扑缠结源于分子链内部的连接性和分子链之间的不可互穿性。作为一种平均场理论，管状模型认为，聚合物熔体中的任意一条直链，其

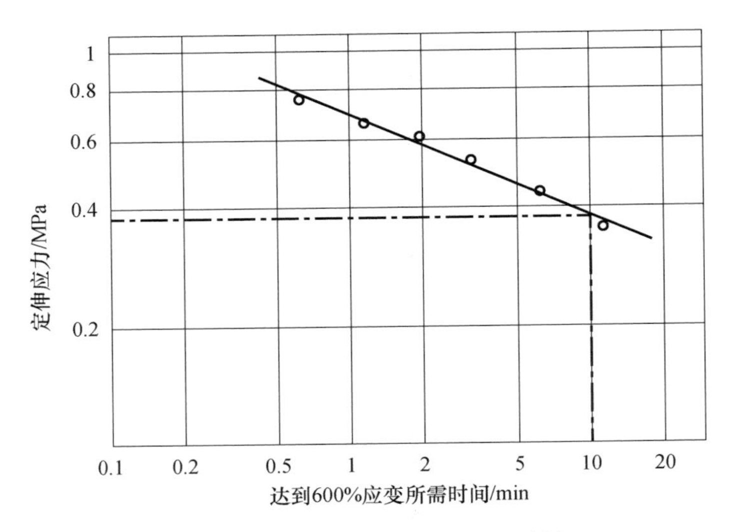

图 2-13　典型的定伸应力测定曲线(根据标准[53]中数据重新绘制)

周围链的缠结限制效应可以考虑为围绕测试链的管状限制,从而把复杂的高分子多链缠结问题简化为测试链受限于管道中的自由曲线扩散问题。管道直径 a 与缠结点间的平均分子量 M_e 相关而不依赖于分子量 M,管道长度 L 与聚合物分子量成正比。de Gennes 把直链大分子受限于管道内的构象松弛运动称为蛇行[57]。随后的研究发现管状模型对黏度或松弛时间的预测值偏大,松弛时间分布也偏窄[58]。因此必须考虑两个次级松弛过程:①测试链末端波动效应(Contour Length Fluctuations,CLF)导致自身松弛加速;②由于构成管状限制的周围链与测试链是等同的,在测试链运动的同时,周围链运动的累计效应,导致解束缚效应(Constraint Release,CR),也加速了测试链的松弛[59]。很明显,前者为单链效应,而后者是多链效应,在多分散体系中更为重要。商品聚合物都有一定分散度,所以对于多分散聚合物熔体,必须构造以上三种松弛模式的相互复杂耦合。流变学方法表征聚合物分子结构的基本原理是聚合物熔体的松弛时间和松驰时间分布与聚合物的分子量和分子量分布直接相关。多分散聚合物的应力松弛函数 $G(t)$ 通常表达为下式的形式:

$$G(t) = G_N^0\left(\int_{\ln(M_e)}^{\infty} F^{1/\beta}(t,M)\,w(M)\,\mathrm{d}(\ln M)\right)^{\beta} \tag{2-6}$$

其中:G_N^0 是聚合物的平台模量,对特定聚合物是一个常数;$F(t,M)$ 是描述分子量为 M 的单分散组分松弛行为的内核函数,根据不同的松弛机理具有不同的形式;$w(M)$ 等于 $\mathrm{d}w(M)/\mathrm{dlog}(M)$,是分子量低于 M 的聚合物的质量分数;β 决定了不同长度分子链对总松弛应力的加合率,其常用理论值为 2,代表经典的双蛇行理论。不同研究者通常采用不同的单链松弛函数 $F(t,M)$,以及不同的 β

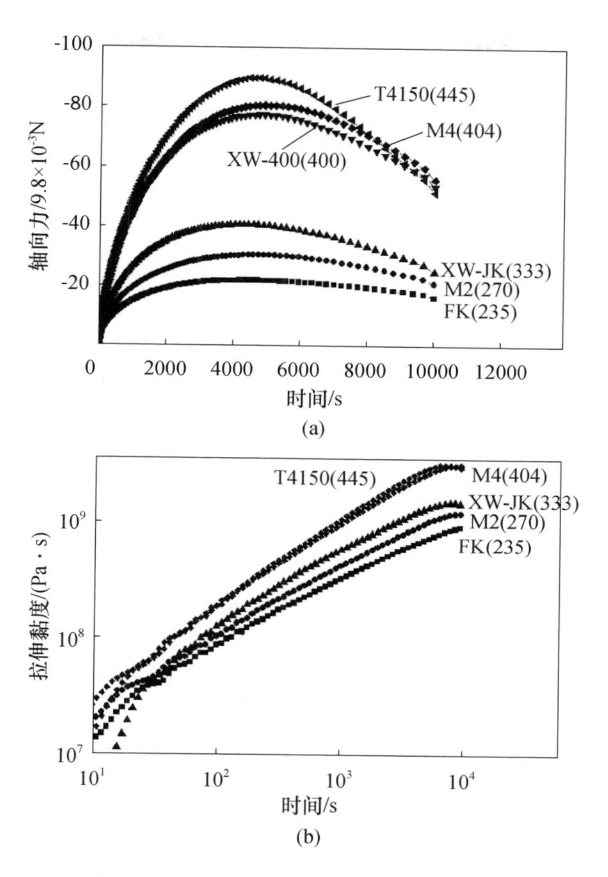

图2-14 系列样品的恒指数应变速率($\dot{\varepsilon}=0.0001s^{-1}$)拉伸曲线与相应的拉伸黏度曲线

(a)恒指数应变速率拉伸曲线;(b)恒指数应变速率拉伸黏度曲线。

(图中各样品的来源和用途在表2-3中进行了说明;图中各样品代码后括号内的数字代表其黏均分子量,单位:万)

数值[59]。这些经验规则的不定性意味着准确的分子机理还不清楚。以上过程是从聚合物分子结构预测其线性黏弹性。反之,为建立流变学表征方法,需要解“逆问题”,也就是设定聚合物分子结构参数为模型拟合参数,所得模型预测结果与流变实验结果相比较,再改变拟合参数数值进行迭代运算达到模型预测结果与流变实验结果一致,最终得到分子量和分子量分布等结构参数。Mead[60]发展了一种预测单分散、多分散以及双峰分布的聚合物熔体的分子量与分子量分布的算法,计算中采用双蛇行理论($\beta=2$)和单指数内核函数($F(t,M)=e^{-t/\tau_0(M)}$)。Mead的算法已经被一些商业软件所采用,如美国TA公司的流变仪控制软件TRIOS就集成了利用Mead算法计算常见聚合物分子量与分子量分布的功能。实际过程中，仅仅需要测得聚合物的动态流变曲线（G'，$G'' \sim \omega$），即可用于求算其分子量与分子量分布信息。当然，对于 UHMWPE 这种分子量极高的样品，需要对应的动态测试频率 ω 足够低，才能用于准确拟合计算其高分子量部分[61]。

在实际测试中，可以通过蠕变或者应力松弛的方法来扩展得到所需的低振荡剪切频率数据[62-64]。图 2-15 中就给出了结合振荡剪切和应力松弛两种测试模式得到的分子量和分子量分布具有较大差别的两种 UHMWPE（PE3600（$M_w = 3.60 \times 10^6$，$M_w/M_n = 2.9$）；PE4500（$M_w = 4.50 \times 10^6$，$M_w/M_n = 10.0$））在 190℃下的扩展动态流变曲线。样品 PE4500 分子量分布较宽，具有较宽的黏弹性响应，对应于较宽的松弛时间谱和较长的应力松弛时间。由于分子链具有极大的缠结数（$N_e = M_w/M_e$），两个聚合物在动态流变曲线的高频区域显示出相同的平台区。实验得到的平台模量 G_N^0 为 2.0MPa，因而可以利用关系式

$$M_e = \frac{4\rho RT}{5G_N^0} \tag{2-7}$$

得到 UHMWPE 的缠结分子量 M_e 为 1200g/mol（190℃，$\rho = 0.760\text{g/cm}^3$）。

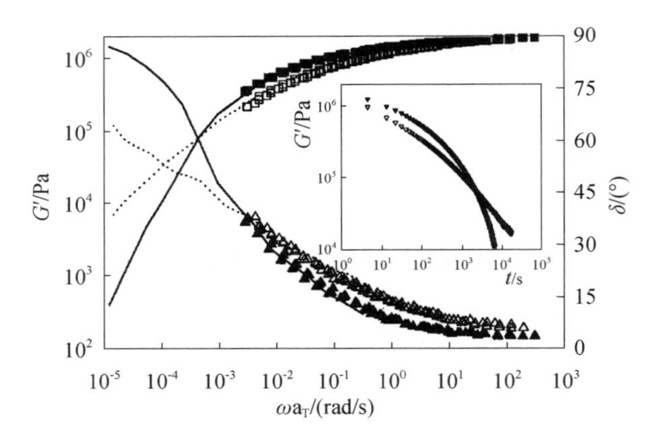

图 2-15　结合振荡剪切和应力松弛两种测试模式得到的 UHMWPE 的扩展动态流变曲线，测试温度 190℃

（样品 PE3600（$M_w = 3.60 \times 10^6$，$M_w/M_n = 2.9$），G'（■），δ（▲）；样品 PE4500（$M_w = 4.50 \times 10^6$，$M_w/M_n = 10.0$）G'（□），δ（Δ））；插图为两个样品的应力松弛曲线[63]。

图 2-16 中给出了北京助剂二厂生产的纤维专用料 XW-400（$M_v \approx 4.0 \times 10^6$）的动态频率测试数据（$G'$（▲），$G''$（Δ））和使用 Mead 算法迭代拟合得到的流变曲线（G'（—），G''（—）），两者很好地吻合，进而能够得到其重均分子量 $M_w = 4.72 \times 10^6$，分子量分布 $M_w/M_n = 10.0$。

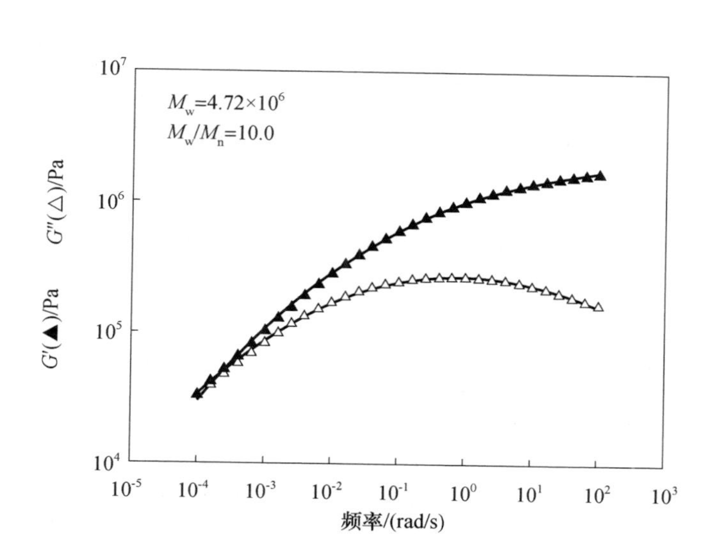

图 2 - 16　北京助剂二厂生产的纤维专用料 XW-400($M_v \approx 4.0\times10^6$)的动态频率测试数据[$G'$(▲),$G''$(Δ)]

(测试过程中,使用应力松弛测试得到聚合物的松弛模量 $G(t)$,经由数学变换扩展得到动态测试频率 $\omega=10^{-2}\sim10^{-4}$之间的 G',G''数据,然后使用 Mead 算法对其进行拟合得到其分子量与分子量分布结果)

利用前面提出的稀溶液黏度法、恒指数应变速率法和熔体动态流变法,对具有不同分子量的系列 UHMWPE 商品原料进行了测试。表 2 - 3 中给出了系列样品通过熔体流变法得到的 M_w 和 M_w/M_n,表中还列出了白油做溶剂测得的[η]和使用恒指数应变速率法得到的拉伸黏度(η_E^+)结果与之进行对比,可以看出几种方法的一致性。这里,可以看到国产纤维料和进口纤维专用树脂的差别主要在于分子量分布的不同,进口料分子量分布明显要窄,这也满足溶液纺丝对聚合物的一般要求。

表 2 - 3　系列 UHMWPE 商品样品分子量与分子量分布的测试结果

样品编号	代码	说明	黏均分子量/10^4 十氢萘	特性黏度/(dL/g) 白油	拉伸黏度(150℃)	熔体动态流变法	
						$M_w/10^4$	M_w/M_n
1	M1	北京助剂二厂	118	5.1	黏度低无法测试	122	5.7
2	M2	北京助剂二厂	270	8.7	1.2×10^9	247	6.0
3	M3	北京助剂二厂	—	10.6	1.7×10^9	345	9.9
4	M4	北京助剂二厂	404	13.0	3.0×10^9	401	5.8

（续）

样品编号	代码	说明	黏均分子量/10^4 十氢萘	特性黏度/（dL/g）白油	拉伸黏度（150℃）	熔体动态流变法	
						M_w/10^4	M_w/M_n
5	T4150	Ticona 4150	445	11.5	3.2×10^9	573	10.0
6	XW-400	北京助剂二厂纤维料	400	12.8	3.0×10^9	472	10.0
7	XW-JK	进口纤维料	333	11.8	1.5×10^9	318	5.8
8	FK	无锡富坤管材料	235	8.0	9.4×10^8	231	7.2

2.3.2 树脂颗粒表现形貌

受催化剂体系和聚合工艺参数影响，聚合得到 UHMWPE 树脂为不规则的颗粒形貌，树脂颗粒尺寸也存在尺寸分布。不同公司生产的牌号存在差别，如采用美国 Fisher RX-29 自动振动筛，使树脂样品通过一组不同筛孔尺寸的筛子被筛分，对 UHMWPE 树脂进行了粒径分级，xw-350（北京助剂二厂）与国外样品（GW）的测试结果如表 2－4 和图 2－17 所示。

表 2－4　XW-350 与对比样品的粒径分布及平均粒径结果

筛子尺寸/mm	XW－350		GW	
	粒径分布/%	试样平均粒径/mm	粒径分布/%	试样平均粒径/mm
≥0.850	0	0.192	0	0.154
0.850～0.355	2.5		0	
0.355～0.180	43.25		18.25	
0.180～0.106	42		61.75	
0.106～0.075	9.75		16	
0.075～0.045	2.5		3.75	
≤45	0.5		0.5	

从图 2－17 中可以明显看出，2 个样品的粒度主要都集中在 75～355μm 之间，其中 XW-350 的粒度集中在 355～180μm 之间，对比样品的粒度主要在 180～160μm，平均粒径 XW-350 比对比样品的大，XW-350 的粒径分布略比对比样品的宽。

粒径分布对纺丝有着一定的影响，尤其影响纺丝原料的制备。粒径分布宽，颗粒过大，延长溶解溶胀时间，且 UHMWPE 树脂分子链不能很好地打开，影响后拉伸性能；颗粒过小，颗粒团聚，不能很好地溶解。在实际纺丝过程中，对比样品的溶解溶胀性能比 XW-350 好，这与以上分析的结果一致。

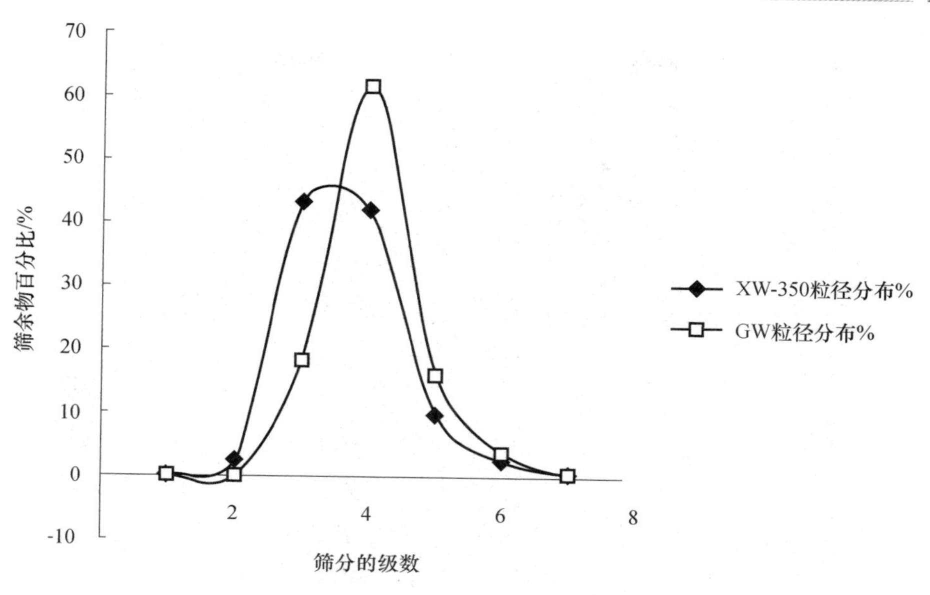

图 2-17　XW-350 与对比样品的粒径分布

图 2-18 中的 SEM 观察结果表明:不同公司生产树脂的颗粒形状、尺寸及尺寸分布存在差别。Ticona 公司和北京助剂二厂的树脂为类球形颗粒,尺寸在几十到一百多微米,每个初生态粒子又是由许多个十几到几十微米的尺寸更小的次级类球体粒子组成,部分的类球体间存在长度为几微米的微纤,进一步放大可观察到次级粒子仍由更小的 1μm 左右的类球体结构组成。大韩油化树脂呈扁圆体,平均粒径小于 Ticona 和大成的纺丝用树脂,其表面的微纤结构更多,微纤间连接的也是尺寸为 1μm 左右的类球体。中国科学院上海有机化学研究所的树脂也是由次级类球体粒子组成,但粒子表面的微纤结构相对较少。树脂颗粒切面照片显示各种树脂颗粒内部存在一定孔隙,Ticona 的 GUR4022 树脂内部存在尺寸为微米级的大孔隙,各种树脂的初生态颗粒均是由几百纳米的初级粒子聚集形成的。中国科学院上海有机化学研究所的树脂颗粒表面相对"平坦"一些。文献报道,催化剂颗粒表层聚合的聚乙烯受颗粒破碎产生的拉力形成纤维状结构。树脂颗粒的形貌、尺寸及其分布、分子量和分子量分布与催化剂、聚合工艺和聚合工艺条件(聚合温度、压力等)等直接相关,以上不同树脂的微观形貌差异正反映了这一点。

UHMWPE 初生态的粒子形貌是由催化剂和聚合工艺等诸多因素导致的。中山大学林尚安等[65]曾提出,乙烯单体是在催化剂颗粒的微晶上聚合并形成聚乙烯结晶,聚合过程中,催化剂内部形成的聚乙烯受到应力挤压作用形成单斜晶型,而在催化剂颗粒表层聚合的聚乙烯受颗粒破碎后的拉伸作用形成纤维状结构。

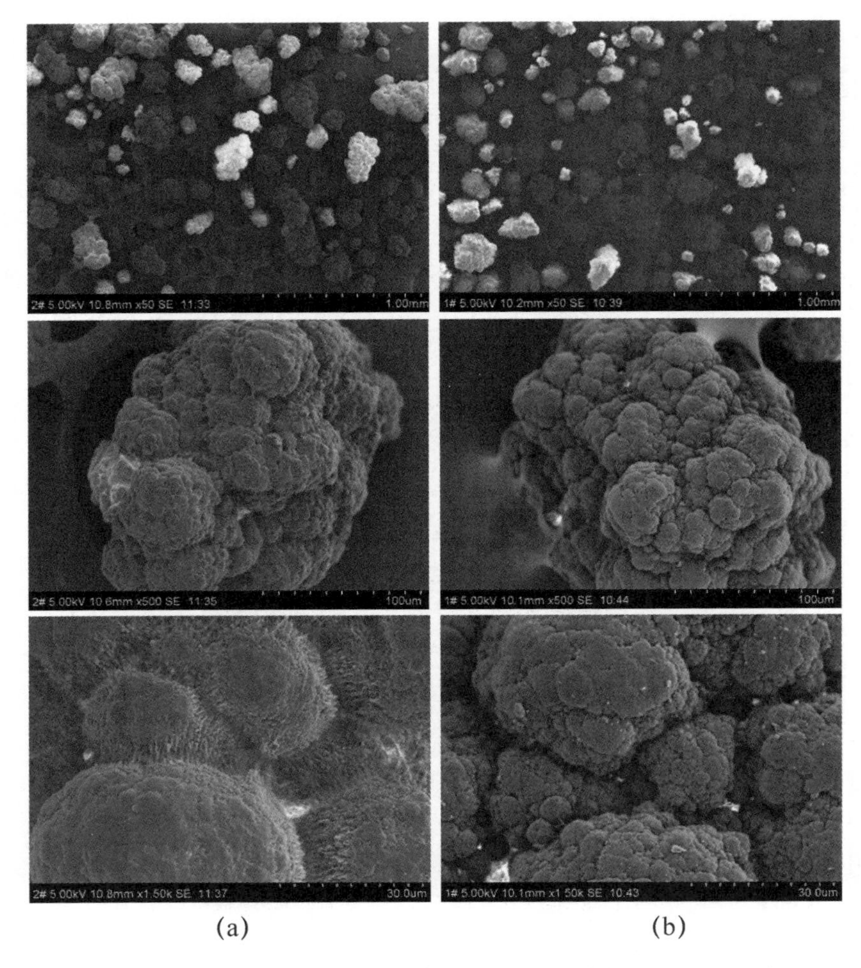

(a) (b)

图 2-18 XW-350 与 GW 样品不同放大倍数的 SEM 照片

(a)XW-350 样品;(b)GW 样品。

2.3.3 树脂的热性能

UHMWPE 比低分子量聚乙烯具有更高的耐热性,例如一根用 UHMWPE 做的管子放在 150℃的炉子上可以保留它的形状很长时间,而同样尺寸的用低分子量聚乙烯做的管子很快就塌陷了。在低机械应力的水平下,超高分子量材料的可应用范围在 80~100℃内无发生很大的变形。如在短期内超越这些温度范围也不会有严重的后果。即使温度在 200℃左右。超高分子量材料在热作用下,由于它的黏弹性而显示出相当高的尺寸稳定性,尽管如此,长时间热应力必须避免,因为有热降解和导致发脆的危险。

2.3.3.1　线性热膨胀系数

在设计公差要求并且暴露在温度波动的环境条件下时的超高分子量材料，热膨胀必须考虑在一定温度下半结晶模塑件的膨胀不但取决于聚合物的性能，而且取决于转换的条件和由塑料件的几何形状和它的受热历史所产生的内应力，退火可以很大程度消除内应力。图2－19显示的是未经退火的UHMWPE及在90℃下退火3h的UHMWPE的线性膨胀系数和温度的函数关系。在特殊的情况下，塑料件的热膨胀应该在实际的测试条件下确定。在50～80℃的温度范围内，退火可以很好地解决降低线性热膨胀系数。

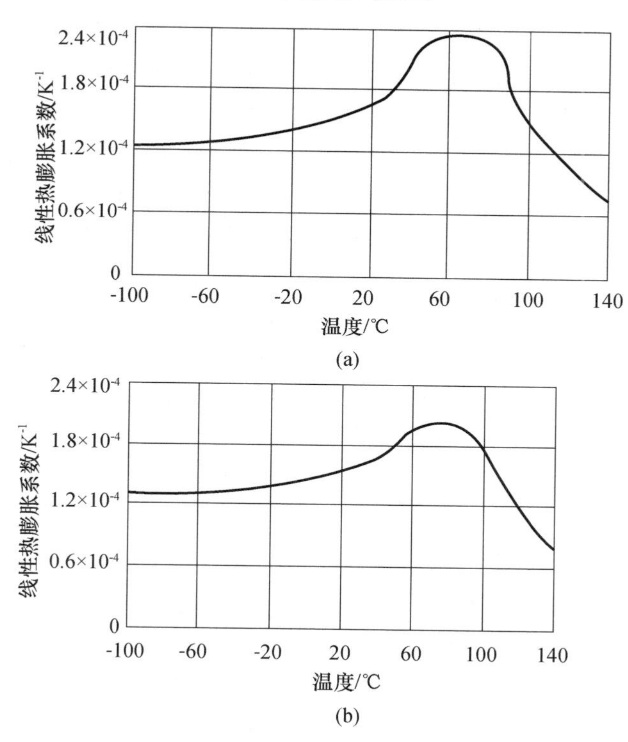

图2－19　未经退火的UHMWPE及在90℃下退火3h的UHMWPE的线性膨胀系数和温度的函数关系

(a)未经退火的UHMWPE；(b)在90℃下退火3h的UHMWPE。

2.3.3.2　热传导

UHMWPE的热传导系数和其他所有热塑性塑料一样非常低(对基本牌号，在23℃时是0.41W/(m·K))。但是在许多应用中，摩擦热的快速散失是很重要的，通过添加热传导添加剂，UHMWPE的热传导性可以相当大地提高。如23℃时，UHMWPE的热传导系数可以提高至1.6W/(m·K)。

2.3.4 树脂的结晶结构

UHMWPE树脂与高密度聚乙烯相同，在通常条件下形成正交晶，但是XRD、FT-IR和固体NMR的测试结果表明初生态UHMWPE树脂粒子含有少量的单斜晶，单斜晶的含量与聚合工艺参数相关。有关UHMWPE初生态的结晶形态，已有很多人做了大量研究，虽然结论不同，但都认为初生态到熔融再结晶，UHMWPE的结晶形态发生了变化。陈寿羲等[66]认为初生态聚合体生成的是纤维状晶体，熔体再结晶生成的由片晶组成的球晶结构。王一任等[67]则认为初生态UHMWPE的大分子凝聚态是一种独特的无相互贯穿的多链凝聚态。熔融时，初生态UHPE的凝聚态转化为向列型结构；在熔体结晶时，向列型结构转化为伸直链晶体。在熔融时，熔点的降低是源于伸直链束中晶区链长度的降低。这种特殊凝聚态结构，赋予熔融后初生态结构可恢复的特性。当UHMWPE熔体在120～130℃下长时间等温结晶后，伸直链束中晶区逐渐增厚，并恢复到初生态的结构。前人曾报道初生态UHMWPE是一个由完全伸展链构成的大分子结晶凝聚态，并认为熔融后重结晶使伸展链晶变成折叠链片晶，使熔点下降[68,69]。Chanzy等[70]也曾提出气态乙烯在Ziegler-Natta催化剂上聚合后结晶成伸展链晶的机理；也有人认为大分子凝聚态结构主要取决于聚合温度等不同的观点。

2.3.5 超高分子量聚乙烯纤维及树脂的力学性能

UHMWPE的分子结构与通常高密度聚乙烯相似，呈线性结构。常规高密度聚乙烯的分子量在5万～30万，而UHMWPE的分子量在100万以上，甚至高达300万～600万。因而，在性能上UHMWPE与高密度聚乙烯有所不同，尤其在抗张强度方面，明显优于高密度聚乙烯。

不同分子量UHMWPE的力学性能不同，UHMWPE的力学性能与其分子量之间的对应关系如表2－5所列。通常分子量越高，分子缠绕性越大，结晶度就越低，密度也随之降低。另一方面随着分子量的增加，UHMWPE的抗张强度、热变形温度、磨耗性能也随之增加。此外，UHMWPE还有一个特性，即当分子量增加大到150万时，大多数的物理性质达到一个最大值或最小值。分子量在继续增大，物理性能不再产生明显的变化，但冲击性能是一个例外，分子量为100万～200万时为最大，此后随着分子量的进一步增大而逐渐降低，并且冲击强度与温度有一定的依赖关系。

UHMWPE纤维树脂通过实践得到以下几点特殊要求：拉伸断裂应力，UHMWPE纤维树脂要比UHMWPE通用树脂的拉伸断裂应力高；断裂拉伸应力，UHMWPE纤维树脂要比UHMWPE通用树脂的断裂拉伸应力要高。

原因主要如下：高的拉伸断裂应力的超高树脂有利于制备出更高强度的超

高纤维；高的断裂拉伸应变表明树脂的分子链比较柔顺，更利于拉伸取向，同时分子量之间的缠结点比较少。由此在制备纤维产品时的断丝率和毛丝率比较低。

表 2－5　国内超高纤维专用树脂一览表

序号	项目	测试方法	样品 1	样品 2	样品 3	样品 4	样品 5	样品 6
1	黏均分子量/10^4	GB/T 1632. 3—2010	150	250	350	450	550	650
2	定伸应力/MPa	GB/T 21461. 2—2008	0. 15 ~ 0. 30	0. 20 ~ 0. 40	0. 28 ~ 0. 45	0. 30 ~ 0. 50	0. 40 ~ 0. 60	0. 50 ~ 0. 70
3	简支梁双缺口冲击强度/(kJ/m^2)	GB/T 21461. 2—2008	100	≥100	≥70	≥100	≥90	≥40
4	密度/(g/cm^3)	GB/T 21843—2008	≥0. 93	≥0. 93	≥0. 93	≥0. 93	≥0. 93	≥0. 93
5	拉伸断裂应力/MPa	GB/T 1040. 2—2006	≥25	≥25	≥30	≥25	≥25	≥33
6	断裂拉伸应变/%	GB/T 1040. 2—2006	≥280	≥280	≥280	≥280	≥280	≥260
7	负荷变形温度/℃	GB/T 1634. 2—2006	≥50	≥50	≥50	≥50	≥50	≥50

参 考 文 献

[1] Sudhakar Padmanabhan. Synthesis of Ultra high molecular Weight Polyethylene Using Traditional Heterogeneous Ziegler – Natta Catalyst Systems[J]. Ind. Eng. Chem. Res,2009,48,4866 – 4871.
[2] 肖士镜，余赋生．烯烃配位聚合催化剂及聚烯烃[M]．北京：北京工业大学出版社，2002：1 – 5.
[3] 刘萍．Z – F 催化剂的研制及其在超高分子量聚乙烯聚合中的应用[D]．北京：北京化工大学，2000.
[4] Soga K，Shiono K. Ziegler – Natta catalysts for olefin polymerizations[J]. Prog. Polym. Sci. ，1997，22. 1503.
[5] 杨泽．Ti – Mg 催化剂的活性及载体研究[D]．杭州：浙江大学，2008.
[6] Bilda Dieter，Boehm Ludwig. Process for the production of a catalyst system for the (co) polymerization of ethylene into ultrahigh molecular weight ethylene polymers：EP0575840 A1[P]. 1993.
[7] Ehlers Jens Dipl – Chem. Process for preparing ultrahigh molecular weight polyethylene with high bulk density：EP0645403[P]. 1995.
[8] Bilda Dieter，Boehm Ludwig. Production of catalysts for (co) polymerization of ethylene to ultrahigh – molecular weight (co) polymers：EP622379[P]. 1994.
[9] Boehm Ludwig，Bilda Dieter. Method for producing catalysts and their use for polymerization of ethylene to ultrahigh – molecular – weight polyethylene：US6114271[P]. 1998.
[10] Bilda Dieter，Boehm Ludwig. Process for the preparation of a catalyst component for the polymerization of

ethylene with olefins into ultrahigh - molecular - weight polyethylene:EP683178[P]. 1995.

[11] Ehlers Jens Dr Dipl - Chem. Process for preparing ultrahigh molecular weight polyethylene with high bulk density:EP0645403[P]. 1995.

[12] Correia da Silva Jaime, Haag Roberto B. Ziegler catalysts for high - molecular weight polyethylene: DE3837524[P]. 1989.

[13] Cuffiani Illaro,Zucchini Umberto. Components and catalysts for the polymerization of ethylene: US5300470 (A)[P]. 1994.

[14] Kardec do Nascimento Alan,Da Siilva Gomes Fernando. Preparation of catalyst and polymerization process for production of ultra - high molecular weight polyethylene:BR2005003371[P]. 2007.

[15] Cuffiani Illaro,Zucchini Umberto. Components and catalysts for the polymerization of ethylene: US5500397 [P]. 1996.

[16] Process of Preparation of Catalytic Support and Supported Metallocene Catalysts for Production of Homopolymers and Copolymers of Ethylene with Alfa - Olefins, of High and Ultra High molecular Weight and with Broad molecular Weight Distribution in Slurry, Bulk and Gas Phase Processes and Products Thereof: US2009163682[P]. 2009.

[17] Suga Michiharu [JP],Kika Mamoru [JP] . Process for preparing ultra - high - molecular - weight polyolefin fine powder:US 4972035[P]. 1990.

[18] Kioka Mamoru, Kitani Hiroaki, Kashiwa Norio. Process for producing olefin polymers or copolymers: US4401589[P]. 1983.

[19] Hayashi Takashi, Shiraki Takeshi. Ultra - high - molecular - weight ethylenic copolymer fine powder: JP62057407[P]. 1987.

[20] Yasuda Kazuaki,Matsumoto Tetsuhiro,Mizumoto Kunihiko. Super high molecular weight polyolefin fine particle,method for producing the same and molded body of the same:WO2009011231[P]. 2009.

[21] Matsuura Mitsuyuki, Fujita Takashi, Matsui Ryuhel. Production of Ultrahigh - molecular Weight Polyethylene:JP61266414[P]. 1985.

[22] Kawashima Riichiro, Iwade Shinji, Katsuki Shunji. Ultrahigh - molecular - weight polyethylene: JP7118324 [P]. 1995.

[23] Kawasima Riichiro, Iwade Sshinji, Katsuki Shunji. Ultrahigh - molecular - weight polyethylene: JP7118325 [P]. 1995.

[24] Shiraishi Takeichi,Uchida Wateru,Mmtsuura Kazuo. Process for preparing ultrathigh molecular weight polyethylene:EP0317200A1[P]. 1989.

[25] 超高分子量聚乙烯催化剂的生产方法:JP08013854B[P]. 1996.

[26] Shiraishi Takeichi. Process for preparing ultra - high molecular weight polyethylene: EP0574153 (A1) [P]. 1993.

[27] 超高分子量聚乙烯粉末:JP07021026B[P]. 1995.

[28] 超高分子量聚乙烯:JP08 -026182B[P]. 1996.

[29] Kataoka Takuo, Maruyama. Solid catalyst component for producing ultra - high molecular polyethylene. JP7041514A,1995

[30] Akio Miyamoto Koichi Nozaki Ta. Ultrahigh - molecular ethylene polymer:P20030063653[P]. 2003.

[31] Chun - Byung Yang, Ho - Sik Chang. Catalyst for producing ultra high molecular weight polyethylene and method for producing ultra high molecular weight polyethylene using same:US6559249[P]. 2003.

[32] 曹育才,张长远. 一种超高分子量聚乙烯催化剂及其制备方法及应用:CN1746197[P]. 2004.

[33] 肖明威,余世炯,叶晓峰. 一种用于制备超高分子量聚乙烯的催化剂及其制备方法:CN101161690[P]. 2006.

[34] 张长远,肖明威,李阳阳. 一种超高分子量聚乙烯催化剂及其制备方法:CN101096389[P]. 2007.

[35] 肖明威,余世炯,张长远. 超高分子量聚乙烯催化剂及其制备方法:CN101074275[P]. 2007.

[36] 王海华,林尚安,张启兴. 可调节分子量的超高分子量聚乙烯制备方法:CN1076456[P]. 1993.

[37] 杜宏斌,王子强. 高效 CM 催化剂在 UHMWPE 生产中的应用[J]. 合成树脂及塑料,2011,28(1):40.

[38] 徐江. 一种用于制备超高分子量聚乙烯的催化体系:CN101245116[P]. 2007.

[39] 贺大为,周秀中,谢光华. 一种用于合成高分子量聚乙烯的金属茂催化剂及其制备方法:CN1149060[P]. 1995.

[40] 陈克文. 复合载体型 Z－N 催化剂制备超高分子量聚乙烯的研究[J]. 河北工业大学学报,2011,40(1):68－71.

[41] 唐勇. 一种烯烃聚合催化剂及超低支化度超高分子量聚乙烯:CN 102219869A[P]. 2010.

[42] 唐勇,卫兵. 烯烃聚合催化剂及超低支化度超高分子量聚乙烯:CN102030844A[P]. 2010.

[43] 唐勇,卫兵. 一类烯烃聚合催化剂及超低支化度超高分子量聚乙烯:CN102219870A[P]. 2010.

[44] Nishijima Shigetoshi, Saito Junji, Doi Yasushi. Method for producing ultra high molecular weight olefin－based polymer:JP2005008711[P]. 2005.

[45] Mihan Shahram, Kohn Randolph. New chromium single－site catalysts for controlled olefin polymerization. 223rd ACS National Meeting, Orlando, FL, United States, April 7－11, 2002.

[46] Matsui S, Mitani M, Saito J, et al. A family of zirconium complexes having two phenoxy－imine chelate ligands for olefin polymerization[J]. J Am Chem Soc, 2001, 123(28):6847－6856.

[47] Wang R X, You X Z, Merg Q J, et al. , A modified synthesis of o－hydroxyaryl aldehydes, Synth. Commun. , 1994, 24(12): 1757, Matsui S, Tohi Y, Mitani M, et al. New bis(salicylaldiminato) titanium complexes for ethylene polymerization. Chem Lett, 1999, (10):1065－1066.

[48] Saito J, Onda M, Matsui S, et al. Macromolecular Rapid Communications, 2002, 23(18):1118－1123.

[49] Matsui S, Mitani M, Saito J, et al. A family of zirconium complexes having two phenoxy－imine chelate ligands for olefin polymerization[J]. J Am Chem Soc, 2001, 123(28):6847－6856.

[50] 程正载. 桥连茂金属和 FI 型钛化合物催化烯烃聚合研究[D]. 杭州:浙江大学,2006.

[51] 伊牟田淳一,吉田昌靖. 烯烃聚合催化剂,制备烯烃聚合物的方法和烯烃聚合物:CN1156728[P]. 1997.

[52] ASTM D4020: Standard specification for UHMWPE molding and extrusion materials.

[53] ISO 11542－2: Plastics －Ultra－high－molecular－weight polyethylene (PE－UHMW) moulding and extrusion materials －Part 2: Preparation of test specimens and determination of properties.

[54] Ticona B 245 E BR－04. 2004, GUR® ultra－high molecular weight polyethylene (PE－UHMW) brochure, 2007.

[55] de Gennes P G. Scaling concepts in polymer physics[M]. Ithaca: Cornell University Press, 1979.

[56] Doi M, Edwards S F. The theory of polymer dynamics[M]. Oxford: Clarendon Press, 1986.

[57] de Gennes P G. Reptation of a polymer chain in the presence of fixed obstacles[J]. J Chem Phys, 1971, 55(2): 572－579.

[58] Graessley W W. Entangled linear, branched and network polymer systems－molecular theories[J]. Adv Polym Sci 1982, 47:67－117.

[59] van Ruymbeke E, Liu C Y, Bailly C. Quantitative tube model predictions for the linear viscoelasticity of line-

ar polymers[C]. Binding D M, Walters K (Eds.). Rheology Reviews British Society of Rheology, 2007: 53 - 134.

[60] Mead D W. Determination of molecular weight distributions of linear flexible polymers from linear viscoelastic material functions[J]. J Rheol, 1994, 38(6): 1797 - 1828.

[61] Talebi S, Duchateau R, Rastogi S, et al. molar mass and molecular weight distribution determination of UHMWPE synthesized using a living homogeneous catalyst[J]. Macro molecules, 2010, 43(6): 2780 - 2788.

[62] Vega J F, Rastogi S, Peters G W M, et al. Rheology and reptation of linear polymers. Ultrahigh molecular weight chain dynamics in the melt[J]. J Rheol, 2004, 48(3): 663 - 678.

[63] He C X, Wood - Adams P, Dealy J M. Broad frequency range characterization of molten polymers[J]. J Rheol, 2004, 48(4): 711 - 724.

[64] Wu Q, Wang H H, Lin S G. Homo - and copolymerization of ethylene with prepolymerized Ti - Mg supported catalyst[J]. Die Makro molekulare Chemie, Rapid Communications, 1992, 13: 357 - 361.

[65] 伍青,张启兴,林尚安,等. 聚合所得初生聚乙烯的晶型[J]. 高等学校化学学报,1995,16:823 - 825.

[66] 陈寿羲,金永泽. 超高分子量聚乙烯的结晶形态[J]. 高分子材料科学与工程,1993,(2):81 - 85.

[67] 王一任,范仲勇,等. 初生态超高分子量聚乙烯凝聚态研究[J]. 复旦学报,2002,41(4):365 - 368.

[68] Wunderlich B, Hellmuth E, Jaffe M, et al. Crystallization of linear high polymers from the monomer[J]. Koll ZZ Polym, 1965, 204: 125 - 125.

[69] Chanzy H D, Day A, Marchessault R H. Polymerization on glass - supported vanadium trichloride: Morphology of nascentpolyethylene[J]. Polymer, 1967, 8: 5672588.

[70] Chanzy H D, Revol J F, Marchessault R H, et al. Nascent structure during the polymerization of ethylene I: Morphology and model of growth [J]. Kolloid Z. u. Z. Polymer, 1973, 251: 5632576.

第 3 章

超高分子量聚乙烯纤维制备技术

3.1 超高分子量聚乙烯纤维发展概况

20 世纪 70 年代后期，荷兰 DSM 公司以白色粉末状 UHMWPE 为原料，采用全新的冻胶纺丝及超拉伸技术[1-3]，制得了 UHMWPE 纤维，并将其所生产的 UHMWPE 产品命名为“高强度高模量聚乙烯纤维”，使得世界化学纤维工业开始了新的飞跃。

UHMWPE 纤维于 20 世纪 80 年代末进入市场，与碳纤维、芳纶并称为当今世界三大高性能纤维。UHMWPE 纤维具有优异的力学性能，还具有密度小、耐候性好、耐化学腐蚀、耐低温性好、耐磨、耐弯曲性能好、抗切割性能好、比能量吸收高、低导电性，可透过 X 射线及一定的防水性等特性，广泛应用于国防军需装备、航空航天、海洋工程、安全防护、交通运输、体育运动器材、生物医用材料等众多领域。迄今 30 多年的发展过程中，UHMWPE 纤维的生产技术不断改进，性能、产量均有长足的进步。如今，世界范围内 UHMWPE 纤维生产能力已接近 3 万 t/a，商业化 UHMWPE 纤维产品的拉伸强度已达到 40cN/dtex 以上。

3.1.1 国外超高分子量聚乙烯纤维技术进展

对于 UHMWPE 纤维的研究源于 H. Staudinger 教授提出的高强高模高分子纤维的结构模型[4]，见图 3-1。这种结构模型只有在两种极端情况下才能实现，即刚性的分子和非常柔性的分子。刚性分子链节呈平面刚性伸直状，分子不易折叠，加工过程中易呈平行排列，若分子间作用力很强时，易形成液晶单元，则可通过液晶纺丝使分子沿作用力方向择优取向和结晶，获得高强高模纤维，如美国杜邦公司的聚对苯二甲酰对苯二胺（PPTA）纤维（商品名为 Kevlar）和日本东洋纺公司的聚对苯撑苯并二噁唑（PBO）纤维（商品名为 Zylon）等；另一个极端是非极性的柔性链高分子，由于分子间作用力非常小，也很容易伸展并取向，从而形成这种结构。

图 3-1 H. Staudinger 教授提出的高强高模高分子纤维必须具备的结构模型

3.1.1.1 国外超高分子量聚乙烯纤维的研究起源

根据 H. Staudinger 教授提出的高强高模高分子纤维的结构模型，由高分子量聚乙烯这样的完全柔性链高分子应该也可以制得高强高模纤维。为此，人们做了长时期的努力，在这发展过程中出现过很多种技术，如界面结晶生长法、高倍热拉伸法、区域拉伸法、高压固态挤出法、单晶片高倍热拉伸法、增塑熔融纺丝法等，来制备高强高模高分子纤维（各制备方法将在后序详细描述），制得的聚乙烯纤维也具有非常不错的性能。

荷兰 DSM 公司对所有这些有工业化实用价值的方法进行了系列探讨，于 1975 年开始投入研发，Pennings 教授的界面结晶生长法[5,6]和 Smith 教授的凝胶纺丝法[1-3]得到充分的支持，而最终真正走向产业化的是凝胶纺丝法。

荷兰 DSM 公司中心实验室的 Smith 与 Lemstra 于 1978 年发明了第一份关于凝胶纺丝法制备高强高模聚乙烯纤维的专利，并于 1979 年获得授权[7]。该专利关键是将重均分子量大于 150 万的 UHMWPE 在 130℃ 下溶解在十氢萘溶剂中，形成浓度为 1% ~5% 的聚乙烯溶液，并加入聚乙烯重量 0.5% 的抗氧剂。将该溶液在 130℃ 下经由喷丝头挤出，进入室温冷却水浴发生凝胶化，然后将凝胶化的纤维送入加热室，逐渐升温以脱去溶剂，同时对纤维进行多次拉伸，制得拉伸强度达 3GPa、模量达 60GPa 的高强高模聚乙烯纤维。之后 Smith 与 Lemstra 又发表多篇相关专利并相应申请了美国专利保护[8-11]。

3.1.1.2 国外超高分子量聚乙烯纤维的产业化试验

高强高模聚乙烯纤维具有优异的性能和广泛的用途，由于其原材料取得容易，生产成本低廉，立即引起世界工业强国的注意。

美国联合信号公司（简称美国联信公司）率先购买了荷兰 DSM 公司关于凝胶纺丝法制备高强高模聚乙烯纤维的专利权，并将荷兰 DSM 公司的十氢萘溶剂改为自创的石蜡油溶剂，开发了自己的专利技术[12]。该公司专利技术的关键在于，采用非挥发性石蜡油溶剂代替挥发性溶剂十氢萘，在 200 ~240℃ 溶解 UHMWPE，在约 220℃ 下纺丝挤出后，进入冷却水浴冷凝成橡胶状弹性凝胶，然后将凝胶纤维置于挥发性溶剂三氯三氟乙烷中萃取除去纤维中的溶剂，随后在 20 ~50℃ 下干燥，脱去挥发溶剂，最后再在 120 ~160℃ 下进行多级拉伸，达到不同拉伸倍数,获得强度为20~37.6g/den①、模量为600~1460g/den的高强高模聚乙烯纤维。美国联信公司在获得制备UHMWPE纤维的专利技术后,率先开展了UHMWPE纤维的工业化实验。1984年美国联信公司发布制得了适用于游艇绳索的1330dtex的粗旦高强聚乙烯纤维,商品名为Spectra900。1985年起该公司又开发了强度更高的聚乙烯纤维——Spectra1000,并公布该纤维适用于制作高性能帆布,这种帆布具有可最大限度地发挥质轻、高强与抗伸缩的特点,并使其耐紫外线与耐海水性能得以改善[13]。美国联信公司的Spectra系列产品在1985年在美国曾获两个工业奖。该纤维的起始售价为49~61美元/kg,约相当于当时碳纤维和聚芳酰胺纤维的价格,其医用级产品的价格更高一些。随着纤维应用领域的不断扩大,产品售价才不断下降。

1984年,在美国联信公司发布制成高强聚乙烯纤维的同时,荷兰DSM公司开始与日本东洋纺(Toyobo)公司合作,在东洋纺公司建立了UHMWPE纤维的中试线,取得的成果分别在荷兰DSM公司的研究所和设在日本的中试工厂试用。在取得初步成果的基础上,双方决定将在日本的中试厂改建成正式工业生产的规模,并为此建立合资经营的机构,以促进该纤维的销售。1986年5月,由荷兰DSM公司(51%)和日本东洋纺公司(49%)合资成立Dyneema VOF公司,将超强聚乙烯纤维投入工业化生产,在日本大阪附近的东洋纺公司建设一套年生产能力为60t的中试装置,产品牌号定为Dyneema SK60,产品主要用来探索市场的需求和开拓应用领域。Dyneema的生产能耗相对较低,生产过程不使用有害化学物质,溶剂具有可回收性,符合时代对环境保护的要求,纤维成本相对较低。最初在日本生产的Dyneema售价为700~800日元/kg,仅为当时聚芳酰胺纤维的1/10,故很有吸引力,使得该纤维的需求量剧增。为此,荷兰DSM公司决定分别在荷兰的黑尔伦(Heerlen)和日本东洋纺建立年产规模分别为400t和200t的高强聚乙烯纤维工业化生产线,两工程均于1988年动工建设,于1990年竣工投产。Dyneema的原料质量对纤维的质量至关重要,因此荷兰DSM公司决定自己制造并供应原料UHMWPE,工厂建在荷兰黑尔伦,年产量约5000t。制造原料的工艺是由DSM公司设在黑尔伦的研究所在中试工厂开发成功的,这种特殊的聚乙烯除用作Dyneema纤维的原料外,还是DSM公司的高性能塑料产品品种之一。

在荷兰DSM公司和美国联信公司开发UHMWPE纤维的同时,日本三井(Mitsui)石油化工公司(简称日本三井石化)也对高性能聚乙烯纤维产生了兴趣,他们采用增塑熔融纺丝法制备出了高强高模聚乙烯纤维,所用原料聚乙烯分子量较低,约为100万,溶剂为石蜡,聚合物浓度高达20%~40%。被挤出的冻胶原丝在癸烷中边萃取,边在130℃下进行高倍热拉伸,这样所制得的纤维力学

① $1\text{den} = 0.111112 \times 10^{-6}\text{kg/m}$。

性能较 Dyneema 和 Spectra 性能低，并且由于纤维中残余石蜡不易除净，因此它们纺出的纤维抗蠕变性能也差。之后技术有一定改进，商品名 Tekmilon。

由此，荷兰 DSM 公司与日本东洋纺的合资公司、美国联信公司和日本三井石化三家公司几乎同时促进了高强聚乙烯纤维的商业化生产，三家公司生产高强聚乙烯纤维的比较见表 3－1[14]。1986 年三家公司均已有一定数量产品上市，其应用面涉及军事、民用和其他领域，商品销售额达数百万美元。1990 年各公司制得 UHMWPE 纤维的性能见表 3－2[15]，其中美国联信公司的 Spectra1000 性能最佳，自 Spectra1000 问世后，美国 UHMWPE 纤维产量的年增长率为 26%，而同期 Kevlar 纤维的年增长率仅为 9%，从而对杜邦公司的 Kevlar 纤维形成有力的竞争。UHMWPE 纤维具有良好的发展势头，当时化纤专家预言在不久的将来该纤维将与碳纤维和芳纶竞争特种纤维的国际市场。

表 3－1　不同公司高强聚乙烯纤维的比较[14]

公司	荷兰 DSM + 日本东洋纺	美国联信	日本三井石化
商品名	Dyneema SK60	Spectra	Tekmilon
M_w	约 2×10^6	约 2×10^6	$\leqslant1\times10^6$
溶剂	十氢萘	石蜡油	石蜡
浓度/%	<10	<10	<25
冻胶丝成形	空气冷却	先空气，后水冷却	先空气，后水冷却
萃取和拉伸	不萃取，直接拉伸	先萃取，后拉伸	在萃取剂中拉伸
抗蠕变性	好	好	差

表 3－2　国外工业化初期生产 UHMWPE 纤维的性能[15]

生产厂商	商品牌号	产能/(t/a)	规格/(dtex/f)	强度/(cN/dtex)	模量/(cN/dtex)	断裂伸长/%
荷兰 DSM + 日本东洋纺	Dyneema SK60	60(1986 年) 600(1990 年)	36～154/－	26.5	882.3～1650	3.5
美国联信	Spectra900	450(1987 年)	1333/98	26.5	1235.2	3.5
	Spectra1000		722/120	30.9	1764.6	2.7
三井石化	Tekmilon Ⅰ	300～500(1989 年)	1111/200	29.1	997.0	4～6
	Tekmilon Ⅱ		555/60	25.0	897.3	4～6

3.1.1.3　国外超高分子量聚乙烯纤维的产业化技术进展

在 UHMWPE 纤维商业化生产成功以来，各公司都加紧研发，使各自的 UHMWPE 纤维的生产技术得以提升。

荷兰 DSM 公司改进原有的凝胶纺丝生产工艺，改进了喷丝板的设计，并调整了纺丝液的冷却速率和溶剂的脱除速率，使凝胶纤维的形态结构均匀性得到较大提高。1992年荷兰DSM公司宣传通过改进生产工艺,成功推出新产品Dyneema SK65,产品强度达31cN/dtex,比Dyneema SK60(28cN/dtex)提高了10%。这种优化的生产工艺不仅使纤维强度得到进一步提高,在经济上也更趋合理。随着生产工艺的改进和稳定,Dyneema纤维产品的力学性能不断提升,市场对该纤维的需求也不断增长。为此,1995年3月,荷兰DSM公司开始在荷兰建设第二条Dyneema纤维生产线,1996年初完工投产,使Dyneema纤维的产能达到1000t/a。在纤维生产工艺改进过程中,公司试验成功一种新型的Dyneema纤维,强度达到40cN/dtex。在荷兰DSM公司公布了这种新型Dyneema纤维的第一批中试结果后,进一步激发了市场对Dyneema纤维的需求,因而DSM公司决定在第二条生产线投入生产前就开始建设第三条生产线。第三条生产线以最快的速度进行建设,其生产能力大约500t/a,到1996年年底竣工并开始运行,使Dyneema纤维总的生产能力达1500t/a。荷兰DSM公司第二、第三条生产线用以生产新的强度更高的Dyneema SK75和Dyneema SK76。Dyneema SK75用于制造高强绳索,如风筝线、快艇用绳、钓鱼线以及大型拖网用绳等。Dyneema SK76则主要用于制造防弹制品,用在插入式防弹板、防弹片和防弹背心。至2000年,荷兰DSM公司开始投资改造其已有3条生产线上游的瓶颈部分,通过改造,使其原有产能提高30%,同时建造其第四条产能600t/a的生产线,至2001年改造及扩建完工,使Dyneema纤维总的生产能力达2600t/a。自"美国9·11事件"之后,由于具有优异防弹性能,可用来制造防弹衣或座舱防弹门,美国对Dyneema纤维的需求格外旺盛。由此,荷兰DSM公司除在荷兰扩建第5条Dyneema生产线之外,在美国北卡罗来纳州格林维尔建设两条生产线,产能总计为1300~1600t/a,两条生产线于2004年建成运行。之后又于2006年在美国格林维尔建成第三条生产线,使荷兰DSM公司在美国的纤维产能提高到了2000t/a。至此,荷兰DSM公司成为美国乃至全球最大的高强聚乙烯纤维生产商。2009年荷兰DSM公司的总产能已超过10000t/a,2010年日本Dyneema的产能提高至2400t/a,2012年日本Dyneema产能扩至3200t/a,2011年荷兰DSM公司兼并我国最大的UHMWPE纤维企业山东爱地高分子材料有限公司,因此一直引领世界UHMWPE纤维的发展[16]。

随着UHMWPE纤维新应用领域的进一步开拓,伴随着Dyneema纤维产能逐渐扩大,荷兰DSM公司不断开发出新的Dyneema纤维品牌。2003年开发出强度同Dyneema SK75,但抗蠕变性能更优异的Dyneema SK78,更适宜用作高强绳索。2005年,荷兰DSM公司成功开发出强度更高的用于帆船绳索的Dyneema SK90,强度比SK75提高了20%。2008年,荷兰DSM公司开发了适合医疗用途的高纯Dyneema Purity纤维新产品,并在美国格林维尔建设第一条Dyneema Purity生产线,生产较细的Dyneema Purity R TG和高植入强度、长寿命的Dyneema

Purity UG 等制品，于 2010 年建成投产。2013 年，荷兰 DSM 公司采用 Dyneema Max 技术成功开发出几乎无蠕变的 DM20，预测由其加工的绳缆经受标准条件下 25 年的蠕变伸长率小于 0.5%，是 Dyneema SK78 的 2%，并保持了 SK78 原有优异性能，适合用作深水作业永久系泊绳缆。自开发成功以来，荷兰 DSM 公司及日本与东洋纺的合资公司生产的几种常规 Dyneema 产品的力学性能见表 3-3[17]。由于生产技术改进使纤维总体性能得到提高，早期开发的纤维产品已不再生产。

表 3-3 荷兰 DSM 公司及日本东洋纺公司生产 Dyneema 的产品性能[17]

商品牌号	规格/D	单丝纤度/den	强度/GPa	模量/GPa	断裂伸长/%
荷兰 DSM 公司					
Dyneema SK25	675	1.7	2.2	52	3.5
Dyneema SK60	400～600	1.0	2.4～3.0	65～93	3.5
Dyneema SK62	400～2400	2.0～3.0	2.8～3.0	83～100	3.5
Dyneema SK65	100～1200	1.0	3.0～3.3	93～100	3.5
Dyneema SK75	100～2400	2.0～3.0	3.3～3.9	109～132	3.5
Dyneema SK78	1600～2400	2.0～3.0	3.3～3.4	109～113	3.5
Dyneema Purity SGX	50～400	2.0	3.1～3.2	97～107	3.5
Dyneema Purity TG	23	0.9	3.7	120	3.4
Dyneema Purity UG	100～400	0.5	3.8～4.0	126	3.3
荷兰 DSM + 日本东洋纺公司					
Dyneema SK60	50～1600	1.0	2.6	79	3～5
Dyneema SK71	50～400	1.0	3.5	110	3～5

虽然美国联信公司分别于 1984 年和 1985 年发布制成了商品名分别为 Spectra900 和 Spectra1000 的高强聚乙烯纤维。但该公司高强聚乙烯纤维的商业化进程相对缓慢，1989 年才开始正式商业化生产高强聚乙烯纤维。1998 年美国联信公司将高强聚乙烯纤维产能由原来的 500t/a 扩大至 900t/a，生产工艺选用以石蜡油为溶剂的 UHMWPE（分子量约 400 万以上）稀溶液的凝胶纺丝 - 高倍拉伸技术，生产模量较高的高强聚乙烯纤维。2000 年美国联信公司被美国霍尼韦尔公司并购。2001 年美国霍尼韦尔公司宣布扩大其高模量聚乙烯纤维生产线的产能，纤维商品名仍为 Spectra，以满足当时市场对于 Spectra 纤维和 Spectra 复合材料日益增长的需求。虽然美国霍尼韦尔公司的高强聚乙烯纤维断裂强度比不上荷兰 DSM 公司的同类产品，但其在模量上却超过了后者。在下游应用方面，美国霍尼韦尔公司在防弹领域的研究居于领先地位，目前广泛用于防弹衣和防弹头盔方面的高强聚乙烯纤维无纬布，就是由美国霍尼韦尔公司率先研制成

功的。由于美国霍尼韦尔公司高强聚乙烯纤维生产工艺路线中使用的萃取剂为三氯三氟乙烷(氟利昂),其对大气层有破坏作用而面临禁用的问题,因此美国霍尼韦尔公司高强聚乙烯纤维的扩产受到限制,产能不及荷兰 DSM 公司在美国投产的 Dyneema。2009 年,美国霍尼韦尔公司高强聚乙烯纤维产能为 1000t/a,2012 年约为 2000t/a。目前美国霍尼韦尔公司生产的 Spectra 产品的力学性能见表 3-4。

表 3-4 部分美国霍尼韦尔公司产品的力学性能

商品牌号	规格/D	单丝纤度/den	强度/GPa	模量/GPa	断裂伸长/%
Spectra900	650~926	10.8	2.61	79	3.6
	1200	10.0	2.57	73	3.9
	2400	10.0	2.53	78	3.9
	4800	10.0	2.27	76	3.6
	5600	11.7	2.18	66	3.5
Spectra1000	75	1.9	3.68	133	2.9
	100	2.5	3.47	135	2.9
	180	3.0	3.25	112	3.3
	1600~180	4.4	3.25	118	3.3
	2600	5.4	2.91	97	3.5
注:摘自美国霍尼韦尔公司技术资料					

几乎与荷兰 DSM 公司和美国联信公司同时发布制成高强聚乙烯纤维的日本三井石油化工公司于 1988 年开始商业化生产高强聚乙烯纤维,商品名 Tekmilon。虽然在产业化初期有一定发展,但由于该纤维性能不及 Dyneema 和 Spectra,在 1998 年三井石油化工公司更名为三井化学公司之后,该产品逐渐淡出市场。

随着高强聚乙烯纤维低成本化需求的日益增大,日本帝人公司于 2011 年 6 月宣布采用"薄膜切割法"开发了新的 UHMWPE 条带,该条带厚度为 55μm,宽度根据应用需求可为 2~133mm,于 2012 年开始产业化,商品名定为 Endumax。与标准 UHMWPE 纤维相比,该产品的特点是抗拉伸模量高出近 50%,密度更低,尺寸稳定性更好,而且在制造过程中不使用溶剂,更节能环保。该产品 2mm 宽、55μm 厚的条带 TA23 相当于复丝线密度 1067dtex,其强度可达 23cN/dtex,模量为 1850cN/dtex,断裂伸长为 1.7%。

3.1.2 国内超高分子量聚乙烯纤维生产现状

荷兰 DSM 公司、美国霍尼韦尔公司、日本东洋纺公司是国外 UHMWPE 纤维的主要生产厂商。20 世纪 80 年代,美国与荷兰生产的 Spectra 和 Dyneema 产品仅限于北美市场销售,对亚洲等广大发展中国家实行技术封锁。日本生产 Dyneema 产品的销售也仅限于日本和中国台湾。西方这几家公司采用封锁技术、操纵价格等手段,相对垄断了 UHMWPE 纤维的国际销售市场,并在相当长时期内将此类产品列为“巴黎统筹协议”中禁止向社会主义国家出口的军事用品。

由于 UHMWPE 纤维在国防工业具有重要的应用,发达国家对中国实现技术和产品封锁,因此我国必须自主研发 UHMWPE 纤维。

3.1.2.1 国内超高分子量聚乙烯纤维的研究起源

在国外高强聚乙烯纤维中试刚起步的时候,东华大学(原华东纺织工学院、中国纺织大学)钱宝钧教授在东华大学化学纤维研究所建立冻胶纺丝课题组,从 1984 年起开始进行冻胶纺聚乙烯纤维的研究[18]。1985 年起承担了中石化项目“高强高模聚乙烯纤维”的研究,于 1989 年 4 月鉴定。同期于 1986 年底获国家自然科学基金立项开展“聚乙烯冻胶纺”研究,系统研究了聚乙烯冻胶纺丝成形理论,为聚乙烯纤维工业化提供了经验与理论支持。同时,东华大学又在上海市科委立项开展“改性聚乙烯纤维”研究工作,1991 年 11 月鉴定。经过近 5 年的研究,东华大学冻胶纺丝课题组历经挫折和失败,初步掌握了聚乙烯冻胶纺丝技术,建立了工业化小试规模的冻胶纺丝实验室,研制得到的高强高模聚乙烯纤维的主要性能与 Dyneema SK60 相近,强度 25 ~ 26cN/dtex,模量 900cN/dtex[19],并发表了十余篇相关论文[18,20-25]。

东华大学研究 UHMWPE 冻胶纺丝所用的聚乙烯原料为北京助剂二厂及上海化工研究院生产的 UHMWPE,分子量为 150 万 ~ 450 万,研究初期采用的溶剂为十氢萘[18]。但当时国内十氢萘尚无工业生产,只能依赖进口,1985 年十氢萘进口价格为 100 元/kg,这对高强聚乙烯纤维的工业化是极为不利的。因此,课题组开始探索其他的溶剂,包括煤油、石蜡油等。虽然研究发现煤油对 UHMWPE 纤维的溶解性能不及十氢萘[23],但当时煤油价格仅 1 元/kg 左右,而且当时煤油的回收技术是成熟的,对聚乙烯纤维的工业化是有利的。因此,从 1986 年起改用国产煤油做溶剂、汽油做萃取剂,探索高强聚乙烯纤维的中试[19]。

东华大学在高强聚乙烯纤维小试研究基础上,取得了高强高模聚乙烯纤维制备理论和技术成果,1992 年承担了上海市“八五”攻关项目“3 吨/年改性高强高模聚乙烯纤维研究”项目,并于 1995 年通过省部级鉴定。1994 年 8 月开始,东华大学与无锡华燕化纤有限公司(隶属于中纺投资发展股份有限公司)合作进行高强聚乙烯纤维的中试研究,逐步形成了适宜我国国情的工艺路线。研究过程中发明了 UHMWPE 均匀溶液的连续制备方法,将双螺杆挤出机引进 UHMWPE 的冻胶纺丝并发明了超高强聚乙烯纤维纺丝装置,研制了二级超拉伸装置,喂入速度达 1m/min,使拉伸能力获得了很大的提高,由此形成了具有知识创新的高强高模聚乙烯纤维的工艺路线[26-30],为高强高模聚乙烯纤维走向产业化提供了坚实的基础。然而，由于煤油不属于UHMWPE的优良溶剂，并且当时国产煤油馏分极不稳定，使得UHMWPE纤维性能很不稳定，强度也很难突破26cN/dtex，因而后序的产业化开发过程中选用了石蜡油或白油作为UHMWPE溶剂。

除东华大学之外，中国纺织科学研究院也从1985年开始以十氢萘为溶剂对高强聚乙烯纤维进行开拓研究，取得了一定的进展，建成1t/a规模的高强聚乙烯纤维试验线并于1996年通过验收。他们的研究表明，以十氢萘作溶剂制得的聚乙烯纤维具有力学性能高、蠕变小、耐冲击性能优异等诸多特性，是获取高级纤维增强复合材料的最佳工艺途径[31]。

3.1.2.2 国内超高分子量聚乙烯纤维的工业化开发

在取得高强聚乙烯纤维中试研究成果的基础上，东华大学相继与宁波大成、湖南中泰和北京同益中等企业合作，使高强高模聚乙烯纤维走向了产业化。

东华大学与宁波大成新材料股份有限公司（原宁波大成化纤集团公司）于1996年4月签署"联合开发协议"，共同进行"高强高模聚乙烯纤维中试工业化及其市场开发"。双方合作取得了一定的成效，在合作期间建成了年产60t规模的高强高模聚乙烯纤维中试工业线。之后，宁波大成于1999年起承担了国家攻关地方重大科技项目"高强高模聚乙烯纤维"，宁波大成发明了高溶解性能的混合溶剂，申请了发明专利[32]，并于2000年国内率先实现了高强高模聚乙烯纤维的产业化生产。宁波大成比较注重高强聚乙烯纤维后序应用产品的开发，于2000年相应开发了高强聚乙烯纤维复合无纬布[33]、防弹头盔[34]、防弹板材[35]、防弹衣[36]等，并相应申请了国家发明专利保护。由此，宁波大成获得国家计委下达的"高技术产业化推进项目"，2000年宁波大成又获科技部批准资助建设国家新材料成果转化及产业化基地，实现高强高模聚乙烯纤维、轻质防弹头盔、高强度缆绳通信光缆及高性能复合防弹板材的产业化。2004年宁波大成的高性能聚乙烯无纬布获得国家重点新产品称号，2005年宁波大成的防弹头盔获批成为公安部"第三批警用头盔生产企业"。由于高强聚乙烯纤维下游产品开发较全面，使宁波大成成为产业化初期高强聚乙烯纤维生产规模最大、产品品种最全的企业。

同期，湖南中泰（原湖南昇鑫高新材料股份有限公司）也与东华大学合作进行高强聚乙烯纤维的工业化开发，2000年建成100吨级的高强聚乙烯纤维生产线，2001年底建成连续式宽幅高强聚乙烯纤维无纬布生产线，使无纬布均匀性及防弹能力获得较大提高，并相应开发了较高防弹级别的防弹衣和防弹板。由此，湖南中泰成为全国首个具备连续式高强聚乙烯纤维无纬布生产能力的单位，并相应形成了自主知识产权[37]。湖南中泰于2002年被认定为国家火炬计划重点高新技术企业，2003年被公安部批准成为警用头盔和警用防弹衣生产企业，在很长时间内一直处于国内高强聚乙烯纤维防弹无纬布生产行业的领先地位。

中纺投资公司在其子公司无锡华燕化纤有限公司与东华大学合作研究高强聚乙烯纤维中试的基础上，1997 年上市募集资金，通过产、学、研合作方式兴建百吨级 UHMWPE 纤维项目，并成立了北京同益中特种纤维技术开发有限公司，在东华大学的技术支持下，开始踏上高强聚乙烯纤维的产业化进程，于 2002 年初建成投产，建立了年产 250t 规模的工业化生产线，成功地解决了产业化进程中遇到的设备、工艺问题，形成了双螺杆挤出机溶解纺丝、连续萃取干燥、多级多段拉伸的全套工艺，并形成了多项专利，对各工艺阶段进行了知识产权保护[38-42]。由于地处北京，该公司汇集了一批高级科研人才和管理骨干，建立了相应的研究开发队伍，使公司生产的 UHMWPE 纤维性能较为优异，并开发了绳缆、防弹防刺材料、防割手套等。北京同益中生产的细旦（≤400D）UHMWPE 纤维性能特别出色，特别适合用于防割手套、鱼线等，在国外市场特别受欢迎，一度取得国外客户的连续订单。

至 2005 年之前，国内规模化生产 UHMWPE 纤维的企业只有宁波大成、湖南中泰和北京同益中三家公司，三家公司纤维产能都在 500t/a 左右，纤维性能见表 3－5[43]。虽然国产 UHMWPE 纤维性能已超过 Dyneema SK65，但纤维产品稳定性较差，纤维耐蠕变性能也相对较低。

表 3－5　国内工业化 UHMWPE 纤维的性能[43]

生产厂家	商品牌号	强度/(cN/dtex)	模量/(cN/dtex)	断裂伸长/%
宁波大成	强纶 DC80/85/88	28～32	1100	3～4
湖南中泰	ZTX 97/98/99	32～35	1200	<3
北京同益中	孚泰 T113/123/133	32～35	1200	<3

上述三家企业采用的都是以高沸点石蜡油或白油为溶剂、以低沸点汽油为萃取剂的湿法冻胶纺丝－超倍拉伸工艺。纤维生产不是完全连续的，工艺断点在冻胶丝成形之后，由此将 UHMWPE 纤维生产分为前纺和后纺工段。前纺为 UHMWPE 的溶胀溶解、冻胶纺丝工段，而后纺主要为冻胶纤维萃取干燥、超倍拉伸及卷绕工段，超倍拉伸工序一般采用三级热拉伸。生产工艺流程与美国霍尼韦尔公司 UHMWPE 纤维工艺基本相同。纤维生产前纺与后纺工艺流程图如图 3－2、图 3－3 所示[44]。该工艺的优点是冻胶纤维成形之后，在进入后纺之前的平衡放置过程中会逐渐分离部分溶剂，从而减轻了后纺萃取工序的萃取压力。

中国纺织科学研究院初始研究高强聚乙烯纤维采用的是以十氢萘为溶剂的湿法冻胶纺丝工艺，自 2000 年开始立项开发以十氢萘为溶剂的干法冻胶纺丝工艺[45]，并于 2002 年鉴定。但由于国内十氢萘一直没有生产，只能依赖进口，从

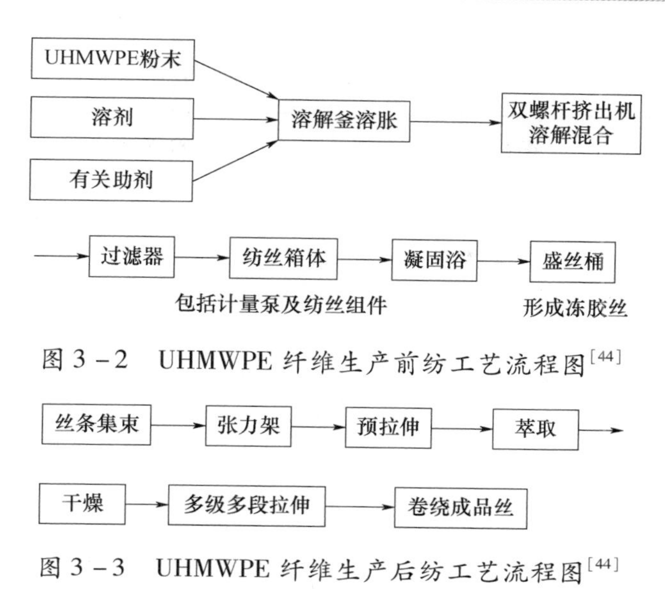

图3-2　UHMWPE纤维生产前纺工艺流程图[44]

图3-3　UHMWPE纤维生产后纺工艺流程图[44]

而使该工艺路线国内产业化发展较为缓慢。此外,干法路线中挥发的十氢萘气体回收问题也一直未能解决,成为制约国内十氢萘干法路线发展的主要瓶颈。后中石化南化集团研究院与中国纺织科学研究院联合开发UHMWPE纤维生产过程中十氢萘溶剂的回收工艺,在中石化立项开展UHMWPE纤维干法工艺研究,2005年完成30t/a高强聚乙烯纤维干法纺丝中试,成功开发出一系列高强聚乙烯纤维产品。开发的UHMWPE纤维干法纺丝工艺基本与荷兰DSM公司纤维制备工艺流程类似。

3.1.2.3　国内超高分子量聚乙烯纤维的产业化技术进展

自"美国9·11事件"之后,国际局势极不太平,国际上对防弹材料的需求急剧增长,美国国防局曾一度规定美国产UHMWPE纤维1kg也不能流出美国。因此其他国家特别是阿拉伯国家及非洲国家的防弹用品只能转向中国采购,同时,UHMWPE纤维在缆绳、防割手套等领域的应用也逐渐变得活跃,使得国产UHMWPE纤维供不应求。因此,宁波大成、湖南中泰和北京同益中都在抓紧扩大产能。如宁波大成2007年时产能约为860t/a,至2011年时扩建为1500t/a,其防弹用品已取得德国的认证并出口47家企业。湖南中泰2007年时产能为1000t/a,至2011年时也扩建为1500t/a,其主要规格为600D,用于本公司制作防弹无纬布。北京同益中2009年产能扩为600t/a,主要生产细旦纤维,用于防割手套及鱼线等的制作,并取得了欧共体和韩国的专利。后又建设北京同益中公司无锡分公司,主要生产用于绳索的粗旦纤维,产能为350t/a左右。在扩大UHMWPE纤维产能的同时,三家企业也逐步改进原有生产技术,提高纤维总体性能,并达到了适合不同用途的多种规格UHMWPE纤维的生产。三家企业生产 UHMWPE 纤维的规格性能见表 3－6～表 3－8。

表 3－6　湖南中泰特种装备有限责任公司生产 UHMWPE 纤维的主要性能

商品牌号	规格/D	单丝纤度/D	强度/(cN/dtex)	模量/(cN/dtex)	断裂伸长/%
ZTX99	200	2.5	≥35.3	≥1230	约 2.8
	400	1.67	≥33.5	≥1140	约 2.8
	600	2.5	≥33.5	≥1140	约 2.8
ZTX98	600	2.5	≥32.6	≥1050	约 3.0
	1200	3.0	≥30.9	≥970	约 3.2
	1600	3.6	≥30.9	≥970	约 3.2
ZTX97	1800	3.75	≥29.1	≥880	约 3.5
	2000	32	≥29.1	≥830	约 3.5
	2400	3.87	≥29.1	≥830	约 3.5
注:摘自湖南中泰特种装备有限责任公司产品宣传资料					

表 3－7　北京同益中特种纤维技术开发有限公司生产 UHMWPE 纤维的主要性能

商品牌号	规格/D	强度/(cN/dtex)	模量/(cN/dtex)	断裂伸长/%
FT－093	400、800	25	1300	≤3
FT－103	200、400、800	28	1300	≤3
FT－113	200、400、800	30	1300	≤3
FT－123	200、400	32	1300	≤3
FT－133	200	35	1500	≤3
注:摘自北京同益中特种纤维技术开发有限公司产品宣传资料				

表 3－8　宁波大成新材料股份有限公司生产 UHMWPE 纤维的主要性能

商品牌号	强度/(cN/dtex)	模量/(cN/dtex)	断裂伸长/%
DC－88	35	1240	2.8
	37	1160	3.0
	35	1160	3.2
DC－85	34	1160	3.3
	33	1070	3.4
	31	1070	3.5
	28	800	3.6
DC－80	26	710	3.8
	23	620	4.0
注:摘自宁波大成新材料股份有限公司产品宣传资料			

在国内UHMWPE纤维产业化规模化成功之后，东华大学的高性能纤维研究课题组从未停止对高强聚乙烯纤维的研究，逐步推出了新一代UHMWPE纤维生产技术及工艺。几家从事化纤纺丝设备生产加工的企业也加入研发，包括邵阳纺织机械有限责任公司（原邵阳第二纺织机械厂）、江西东华机械有限责任公司（原江西纺织机械厂）等，均具备了UHMWPE纤维成套设备工程开发、设计和生产安装能力。原从事纤维加热设备的江苏神泰科技发展有限公司（原盐城宏达纺织器材有限公司），还为此成立了盐城超强高分子材料工程技术研究所，专门从事高性能纤维工艺及成套装备的研究、开发、推广，并与东华大学联合成立东华大学宏达超强高分子材料工程技术研发中心，一起向有关企业推广高强聚乙烯纤维工程技术。此外，从事有机废气治理回收的企业——青岛华世洁环保科技有限公司也逐渐具备了部分UHMWPE纤维工程设备生产和设计能力。

2005年之后，UHMWPE纤维行业巨大的经济效益吸引了多家企业投资，成功新建了数十条UHMWPE纤维生产线，形成了较为完善的规模化生产能力[46]。据不完全统计，至2014年国内UHMWPE纤维生产企业已发展至近30家。目前国内生产UHMWPE纤维的企业除宁波大成、湖南中泰和北京同益中之外，其他主要有北京特斯顿新材料技术发展有限公司、北京同益中公司无锡分公司、山东爱地高分子材料有限公司、上海斯瑞聚合体科技有限公司、中国石化仪征化纤股份有限公司、杭州东南化纤有限公司、杭州翔盛高强纤维材料股份有限公司、常熟绣珀纤维有限公司、浙江金昊特种纤维有限公司、江苏奥神集团、山东泰丰矿业集团有限公司新材料分公司、浙江千禧龙特种纤维有限公司等。

在国内UHMWPE纤维大规模产业化的同时，在UHMWPE纤维研究单位与相关企业的共同努力下，纤维生产工艺技术也不断推陈出新。常熟绣珀纤维有限公司于2006年采用了东华大学开发的新一代高强聚乙烯纤维工艺技术，摒弃了原有的预溶胀工艺，直接由双螺杆挤出机完成UHMWPE的溶胀、溶解及输送，大大降低了UHMWPE在高温下的停留时间，使UHMWPE纤维力学性能和均匀性得到进一步提高。

北京特斯顿新材料技术发展有限公司在2005年建设UHMWPE纤维生产线的时候，为避免与北京同益中纤维生产工艺类同，将纤维生产的工艺断点改在了一级拉伸之后。纺丝后络筒和一级拉伸后络筒表面上看仅仅是断点不同而已，但其本质上也存在着较大的区别。前者在冻胶纤维的放置过程中会分离出部分溶剂，有利于减轻后序萃取工序的负担，有利于减少混合液的产生量，但由于冻胶丝刚纺出时很脆弱而在络筒和后纺集束时容易受到损伤，且在放置过程中冻胶纤维容易发生不均匀收缩而影响纤维力学性能的均匀性；后者有利于纤维线密度的均匀性，避免了冻胶丝刚纺出时由于很脆弱而受到损伤，但由于萃取时冻胶丝中溶剂很多而给萃取工段带来比较大的负担，并且萃取时纤维速度比原有工艺较大提高,致使萃取工序变长。

山东爱地在北京特斯顿新材料技术发展有限公司的基础上又进一步发展,大胆采用了无断点的 UHMWPE 纤维生产工艺。通过集成创新,实现了从投料到成品的无间断连续化、自动化运行。在工艺上进行了许多改进,突破了高速萃取和高速高倍热拉伸等量产技术瓶颈,最终使生产线全长达到 270m。从 2005 年 8 月开始该纤维的产业化研发,经过两年半技术攻关,陆续建成了 7 条 UHMWPE 纤维生产线,总产能达到 2000t/a。在 2010 年该公司所有生产线投产后,总产能达到了 5000t/a,由此山东爱地成为亚洲第一、世界第二大 UHMWPE 纤维生产商。山东爱地在发展过程中比较注重知识产权,将涉及的 UHMWPE 纤维生产工艺及生产设备改进均申请了国家知识产权保护。山东爱地对知识产权的重视及其全国唯一的独特的 UHMWPE 纤维生产路线,得到了全球最大 UHMWPE 纤维制造商荷兰 DSM 公司的青睐,于 2011 年被荷兰 DSM 公司并购,成为其在中国的合资公司,并作为荷兰 DSM 公司一个全球独立的事业部运营。

除了产能上的进步,我国的 UHMWPE 纤维在生产技术上也突破了以往全部采用湿法冻胶纺丝路线的局面,以十氢萘为溶剂的干法纺丝技术也在中石化仪征化纤股份有限公司(简称仪征化纤)、中石化南化集团研究院与中国纺织科学研究院的共同努力下得到了产业化突破。三家企业联合开发,解决了 UHMWPE 干法纺丝过程中十氢萘溶剂的回收问题,于 2008 年底在仪征化纤建成 300t/a 高强聚乙烯纤维干法纺丝生产线。2009 年 11 月,该干法纺丝工业化成套技术通过了中石化组织的技术鉴定,填补了国内高性能聚乙烯纤维干法生产工艺的空白[47]。2013 年仪征化纤进一步将 UHMWPE 纤维产能扩至 1300t/a[48],产品主要用于防割手套和绳缆。

3.1.2.4 国内超高分子量聚乙烯纤维的产业化现状

通过十几年的努力,我国 UHMWPE 纤维总产能已跃居世界第一。据报道[49],2011 年世界 UHMWPE 纤维的总生产能力约 29.2kt/a,其中荷兰 DSM 公司和美国霍尼韦尔公司约占 42%,而中国近 30 家 UHMWPE 纤维生产企业的总生产能力近 17kt/a,约占世界总生产能力的 58%。显然中国已列入 UHMWPE 纤维的生产大国行列,但还不是强国。无论生产的工艺技术和设备,还是纤维产品的品质和性能,都与国外有较大的差距。荷兰 DSM 公司 UHMWPE 纤维单线生产规模在 500t/a 以上,国内还未见报道。同样,国外商品纤维的强度已经高达 40cN/dtex,国内也未见报道有这样高强度的纤维产品。

国内 UHMWPE 纤维生产企业采取的工艺方式和设备路线不尽相同,导致产品质量和单机产量差距较大。部分生产企业具备强大的技术力量,也比较重视研发和技术创新,使纤维品质不断提高,已能满足国内外的高端市场。但也有部分生产企业只是低水平的重复建设,致使生产 UHMWPE 纤维质量一直较低,只能用于低端市场。另外，目前国内还没有完全形成稳定的UHMWPE纤维原料生产工艺，国产原料质量不太稳定，尚没有形成适合UHMWPE纤维生产工艺的原料标准，严重制约了下游纤维产品质量的提升。相对于荷兰DSM公司和美国霍尼韦尔公司，国内UHMWPE纤维生产无论原料成本还是设备成本均较低，但部分生产企业由于种种原因，致使纤维生产成本居高不下，在全球经济危机的影响下，已基本处于关停状态。

针对国内UHMWPE纤维产能过剩、纤维总体性能偏低的现状，结合纤维生产企业的特点及分布情况，需要国家或者行业协会积极引导部分企业做大做强，形成能代表国内发展水平的龙头企业，不仅要在纤维生产方面加大投入，在纤维应用技术和市场拓展方面更要加大投入，通过自主创新或与高等院校、科研院所技术合作，不断开发新的应用领域，并形成一整套纤维应用技术指导体系，引导下游企业生产，带动整个行业良性发展。

提高纤维性能、降低生产成本是UHMWPE纤维生产的永恒主题。国内UHMWPE行业的发展应注重提升纤维专用料的品质质量，进一步改进纤维生产技术提高纤维性能、降低性能不匀率，开发更经济、更环保的生产技术以进一步降低纤维生产成本，开发UHMWPE纤维差别化品种，如抗蠕变型、高表面黏结型UHMWPE纤维品种，以适应高端应用领域如航母绊索、航空航天领域对UH-MWPE纤维的需求。

3.2 超高分子量聚乙烯纤维的制备技术

3.2.1 纤维高强化基本原理

从理论上来说，具有高强高模的UHMWPE纤维的理想结构，是大分子链无限长而且纤维中仅含伸直链结晶，其结构模型如图3-4所示[50]。

图3-4 超高强高模纤维完全伸直链结晶的理想结构模型[50]

根据此理想结构模型，超高强高模纤维中无限长的大分子链完全伸展，按照分子链断裂机理，纤维的抗张强度相当于大分子链的极限强度，而分子链的极限强度可由分子主链上碳-碳共价键的强度(6.1×10^{-4}dyn①)[51]和分子链截面

① $1\text{dyn}=10^{-5}\text{N}$。

积计算求得,结果见表3-9[52]。

$$\text{极限强度}=\frac{6.1\times10^{-4}(\text{dyn})}{\text{分子截面积}(\text{nm}^2)}=\frac{69.0}{\text{密度}(\text{g/cm}^2)\times\text{分子截面积}(\text{nm}^2)}(\text{g/den}) \tag{3-1}$$

表3-9 各种成纤聚合物分子的极限强度[52]

聚合物	密度/(g/cm^3)	分子截面积/nm^2	极限强度/(g/den)	常规纤维强度/(g/den)
聚乙烯(PE)	0.96	0.193	372	9.0
聚酰胺6(PA6)	1.14	0.192	316	9.5
聚乙烯醇(PVA)	1.28	0.228	236	9.5
聚对苯二甲酸乙二酯(PET)	1.37	0.217	232	9.5
聚对苯二甲酰对苯二胺(PPTA)	1.43	0.205	235	25.0
聚丙烯(PP)	0.91	0.348	218	9.0
聚氯乙烯(PVC)	1.39	0.294	169	4.0
聚丙烯腈(PAN)	1.16	0.304	196	5.0

由表3-9可知,极限强度最高的是聚乙烯分子链,它揭示了人们探索的方向。同时可以看出,对于柔性链成纤聚合物,由常规熔融纺丝或湿法纺丝制得纤维产品的实际强度与其极限强度之间存在着很大的差距,最多只能达到其极限强度的3%左右。这是因为只有纤维中所有分子链呈伸直链排列且所有分子链同时断裂时,纤维强度才能达到其理论值。而实际由常规熔融纺丝或湿法纺丝制得的纤维中分子链的排列有序程度远比其理想结构低得多。刚性链的PPTA由于采用的是液晶纺丝,纤维分子链排列较为规整,因此制得纤维实际强度较高,可达其理论值的10%左右。

对于由常规法纺制的纤维,经过结构分析,发现纤维中存在着晶区和非晶区相互交叉并存的复杂结构。根据Peterlin的纤维形态结构模型[53,54],在常规法纺制的聚乙烯纤维中,微原纤是由厚约10nm的折叠链片晶和非晶区交替排列呈串联的连接方式,且非晶区缠结相当紧密,通过常规的热拉伸尚不能解开缠结。图3-5就是这种常规纺丝纤维的结构模型[55]。从图3-5可以很明显地看到:常规纤维的微纤结构中折叠链片晶和非晶区交替排列。当纤维被拉伸时,张力都集中在片晶之间包含很多薄弱部分的非晶区部分,并且主要由连接相邻折叠链片晶的缚结分子承担,而模量很高的片晶部分却对纤维的力学性能几乎没有什么贡献。因此,具有这种结构的纤维,即使结晶度很高,其力学性能仍为非晶区所支配。由于常规纤维非晶区中大分子缠结较多,无法形成规整的结晶结构,因此其力学性能较差。

常规纤维的力学结构和超高强高模纤维的理想结构之间存在着很大的差

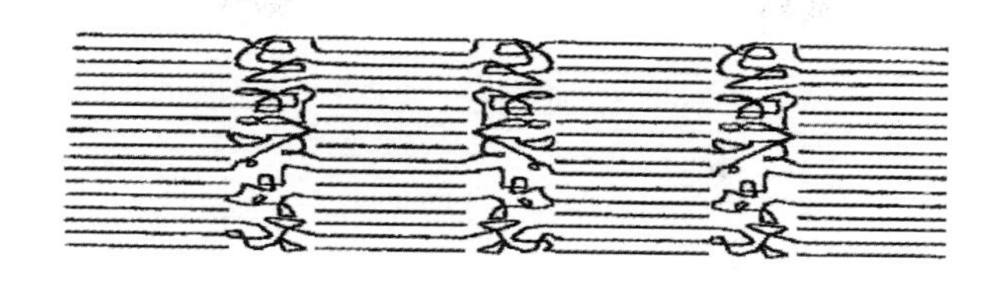

图3－5 常规纤维的微纤结构模型示意图[55]

距，仔细分析造成这种差距的原因主要有以下几个方面：

（1）各种常规纺丝用的聚合体分子量往往较小，即大分子链的长度十分有限。使纤维中的分子末端增多，那么由分子末端造成纤维结构上的微小缺陷也必然增多。当纤维受到较大张力作用时，微原纤之间总是会产生相对滑移，大分子端部微小缺陷会不断扩大而最后导致断裂。因此，分子量大小是影响纤维强度的重要因素之一。同样道理，若提高聚合体大分子的分子量，减少末端造成的微小缺陷，必然会有助于纤维强度的增加。但目前常规纺丝法限制了聚合体分子量的大幅度增加。因为分子量一增加，纺丝用熔体或聚合体浓溶液的黏度将随之剧增，使溶解、纺丝变得十分困难，甚至无法进行。

（2）各种常规纺丝法的最大拉伸倍数较小，无法使大分子链，特别是柔性链，沿轴向充分伸展。而要提高拉伸倍数，就必须设法大幅度降低大分子之间的缠结点密度。而要做到这一点，对于采用熔体或浓溶液作纺丝原液的常规纺丝法就十分困难，目前难以做到。

因此，要尽可能地提高纤维的强度和模量，就必须采用高分子量的聚合体，并且设法大幅度降低大分子之间的缠结点密度。即大分子链的长度要尽可能长，并且可以通过超倍拉伸，使大分子链沿轴向充分伸展，使其超分子结构向理想结构靠近。

实际生产过程中，采用聚合体的分子量不可能无限增大，纤维也不可能无限地超拉伸。即纤维中的折叠链片晶不可能被拉直成伸直链结晶，连接相邻折叠链晶区的非晶区缚结分子也不可能完全被拉直。因此，人们设想能否形成非晶区缚结分子和晶区分子并联后再与晶区串联的结构。具有这种结构的纤维，当纤维经受拉伸时，非晶区缚结分子与晶区并联的那个区域就能承受较大的张力，在较大的张力作用下，越来越多的含有很少缠结点的非晶区缚结分子先后被拉直靠拢而形成新的晶区，使纤维最终形成伸直链结晶、折叠链结晶与非晶区缚结分子并存的结构，其结构模型[55]见图3－6。这样一来，微观上，纤维结构向仅含伸直链的均一结晶区过渡，宏观上，纤维的强度和模量也会向其理论值方向靠拢。因此，柔性链成纤聚合体纤维的超高强化必须从以下四个方面去努力：

（1）尽可能提高聚合体大分子的分子量，以使纤维非晶区中含有更多的缚结分子；

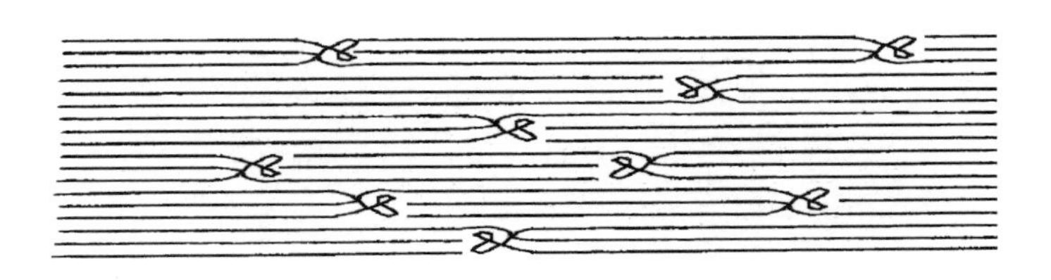

图3-6　高强高模纤维的结构模型[55]

(2)尽可能减少非晶区大分子之间的缠结,使纤维拉伸时非晶区中部分缚结分子可被拉直靠拢而形成伸直链结晶;

(3)尽可能减少初生纤维中折叠链结晶的含量,增加非晶区缚结分子的含量,使拉伸后成品纤维中含有更多的伸直链结晶;

(4)尽可能将非晶区均匀分散到连续的结晶基质中去。

3.2.2　超高分子量聚乙烯纤维的主要制备方法

遵从纤维高强化原理,人们研究出了许多制备高强高模聚乙烯纤维的方法,主要包括固体挤出法、超拉伸或局部拉伸法、增塑熔融纺丝法、表面结晶生长法和冻胶纺丝-超拉伸法。

遵从纤维高强化原理,要想制得高强高模的聚乙烯纤维,首先要设法使聚乙烯分子沿纤维轴向取向和伸展。自20世纪70年代初以来,研究者发现了很多制备高强高模聚乙烯纤维的途径,使纤维强度和其理论值的差距逐渐缩小。表3-10[56]列出了有关高强高模聚乙烯纤维的制备方法研究进展(以发表学术论文的时间排序)。

表3-10　高强高模聚乙烯纤维制备方法[56]

发表时间	研究者	方法	文献
1970年	Porter等	固相挤出法	[57]
1973年	Pennings等	表面结晶生长法	[5]
1974年	Ward等	静水压挤出法	[58]
1974年	Ward等	超拉伸法	[59]
1978年	Porter等	固相共挤出法	[60]
1978年	Keller等	熔融高压挤出法	[61]
1979年	Ward等	塑模拉伸法	[62]
1979年	Wu等	超拉伸法	[63]
1979年	Keller等	表面生长法	[64]
1979年	Smith等	冻胶纺丝-超拉伸法	[1]
1981年	Smith等	冻胶薄膜拉伸法	[65]
1984年	Furuhata等	SCM热水拉伸法	[66]

（续）

发表时间	研究者	方法	文献
1984年	Savitsky等	区域拉伸法	[67]
1986年	太田利彦等	冻胶挤压超拉伸法	[68]
1987年	Kanamoto等	粉状物料二次拉伸法	[69]
1987年	Smith等	初生态聚合物热拉伸法	[70]
1987年	原添博文等	增塑熔融纺丝拉伸法	[71]

1970年，麻省理工大学Porter的固相挤出技术研究[57]是以高聚物熔体在毛细管黏度计中高压取向结晶开始的，“固相挤出”是起因于将高聚物物料直接加热，用柱塞强制使高聚物从孔道中挤出而得名。该技术也可应用于除聚乙烯以外的其他聚合物，但以聚乙烯的模量(70GPa)为最高。英国里兹大学Ward教授的静水压固相挤出法[58]是用油压将高聚物物料挤出，采用该方法挤出的聚乙烯在进行25倍拉伸后获得模量为5GPa的纤维。而将熔融挤出的聚乙烯在结晶分散温度以上进行拉伸，拉伸30倍以上即可制得模量达70GPa左右的纤维[59]。荷兰DSM公司的Pennings等将UHMWPE制成稀溶液使其流动结晶[5]，可成功地制得模量接近22GPa的高模量纤维，该法的特点为处于稀溶液中的分子链缠结少。英国普林斯顿大学的Keller等分析了流动结晶化机理及所得纤维的形态[64]，对该方法的发展起了很大的推动作用。以缠结作为网络点的冻胶可以进行连续超拉伸，从而促进了冻胶纺丝方法[1,2]、冻胶薄膜热拉伸方法[65]的进展，使纤维模量和强度得到极大的提高。在此期间，Porter又开发了固相共挤出法[60]、Ward开发了塑模拉伸法[62]，从而开拓了连续加工的途径。另外，Kanamoto等[69]提出不用溶剂，由合成粉状聚乙烯直接进行二次拉伸的方法是值得引起注意的加工技术。Smith等[70]也开发出不用溶剂而是将特殊方法聚合而成的初生态聚乙烯直接热拉伸的方法，此法制得的聚乙烯纤维强度可达3GPa以上。

综上，自20世纪70年代以来，人们进行了大量的研究工作，开发了多种高强高模聚乙烯纤维的制备方法，尝试了多种工艺路线。归纳一下，主要有以下几种方法：固相挤出法、表面结晶生长法、超拉伸法、区域拉伸法、冻胶挤压超拉伸法、增塑熔融纺丝法和冻胶纺丝－超拉伸法。各种指标方法详细介绍如下。

3.2.2.1　固相挤出法[57,58,60,61]

此法是将一定超高分子量的聚乙烯置于挤出装置内加热至其结晶分散温度(α_c)或其熔融温度(T_m)附近，以每平方厘米几千千克的压力将聚乙烯熔体从锥形喷孔挤出(示意图见图3－7)，随即进行高倍拉伸，在高剪切力和拉伸张力的作用下，使聚乙烯大分子链充分伸展，以此来提高纤维的强度。由于选用的聚乙烯分子量受到工艺装备的限制，在固相取向过程中难以形成贯穿于结晶间的分子链束，因此制得纤维的强度在 8g/den 以下（表 3－11），且固相挤出法难以实现工业化生产。

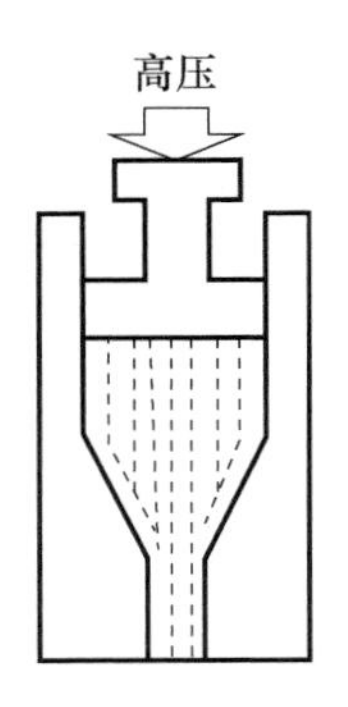

图 3－7　固体挤出法示意图

表 3－11　不同分子量的聚乙烯由固相挤出法制得纤维的力学性能[52]

$\bar{M}_w/10^4$	挤出温度/℃	挤出压力/GPa	拉伸倍数	强度/(g/den)	模量/(g/den)
14.7	$134 = T_m$	0.24	52	7.2	778
20	$120 = \alpha_c$	0.23	25	6.5	530
15.2	$134 = T_m$	0.06	10	5.3	198

3.2.2.2　表面结晶生长法[5,6,64,72－75]

表面结晶生长法是将聚乙烯以浓度为 0.4%～0.6% 之间溶解在二甲苯溶剂中，然后将溶液置于由两个同心圆柱所构成的结晶装置内，转动在纺丝液中的转子，使转子表面生成聚乙烯的冻胶皮膜。接着在均匀流动的纺丝液中放入晶种，使晶种与在转子表面形成的冻胶皮膜接触，在 100～125℃下可生长成纤维状晶体。从接触部分连续将纤维取出，取出速度与沿流动方向增长的纤维状晶体的生长速度相同。由于纤维的引出与内圆柱的旋转方向相反，故纤维状结晶生长受到沿纤维轴向的力，所得纤维呈羊肉串结晶结构，由主干上为伸直链的大分子（脊纤维）串着一串折叠链的片晶形成，因此该纤维具有高强高模的特性。表面结晶生长法示意图见图 3－8。若进一步实施热拉伸，附着的折叠片晶向伸直链转化，纤维的强度和模量将达到很高的数值，强度可达 55g/den，模量达 1600g/den（表 3－12）。虽然表面结晶生长法制得纤维的力学性能很高，但结晶纤维的生长速度很慢，难以实现工业化生产。

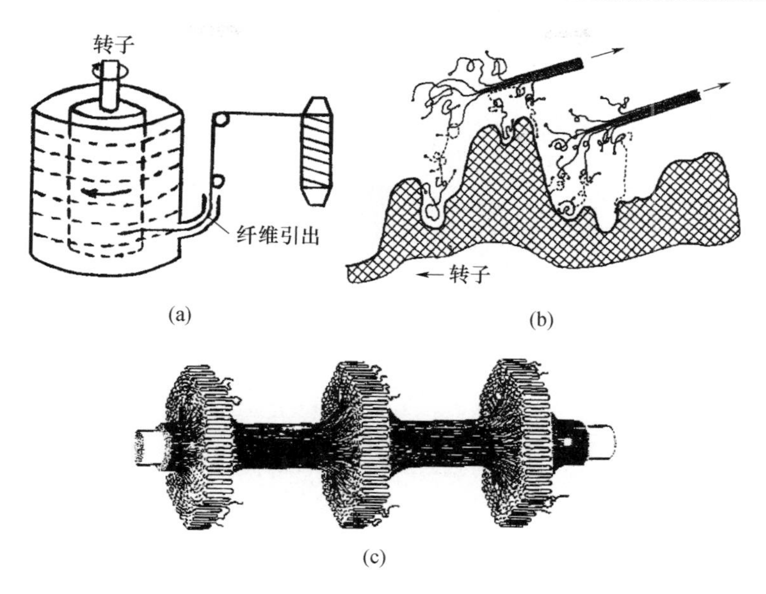

图3-8 表面结晶生长法示意图

(a)同心圆柱结晶装置;(b)转子表面纤维状结晶生长[6];(c)羊肉串结晶结构示意图[76]。

表3-12 不同分子量的聚乙烯由表面结晶生长法制得纤维的力学性能[52]

$\bar{M}_w/10^4$	生长工艺	强度/(g/den)	模量/(g/den)
9	106℃生长	10	189
150	120℃生长	34	1159
150	123℃生长	47	1600
400	结晶生长纤维在150℃下拉伸5倍	55	1400

3.2.2.3 超拉伸法[59,63,77,78]

该方法是将熔融挤出制得的初生纤维加热到其结晶分散温度 α_c(聚乙烯熔纺纤维 $\alpha_c \approx 127$℃)以上进行拉伸(图3-9),可使纤维拉伸20倍以上,使纤维中处于折叠链结晶中的大分子链重排,形成伸直链结构,从而获得高强高模聚乙烯纤维。各研究学者由超拉伸法制得聚乙烯纤维的性能对比见表3-13[52],可见,超拉伸法应用于熔纺聚乙烯纤维,聚乙烯分子量适宜时拉伸倍数可达30倍以上,获得的聚乙烯纤维强度最高,达19.4g/den,模量达854g/den。

图3-9 超拉伸法示意图

表 3-13　不同拉伸法制得高强高模聚乙烯纤维的性能比较[52]

拉伸方法	$\bar{M}_w/10^4$	拉伸倍数	拉伸温度/℃	强度/(g/den)	模量/(g/den)
超拉伸法	8.4	23.8	$127=\alpha_c$	16.7	581
	11.5	31.7		19.4	854
	11.5	26.5	$127=\alpha_c$	15.8	1142
	—	—	—	17.3	809~1156
	—	20	—	16.4	—
	10.15	34	75,80	—	706
	10.15	30	75	—	789
区域拉伸法	14.5	30	$110=\alpha_c$	9.8	880
	—	18	—	13	—
冻胶纺丝-超拉伸法	110	55	106	33	1071
	150	32	120	35	1059
	400	16	100~148	35	1248
	400	>16	100~148	44	1413

3.2.2.4　区域拉伸法[67]

主要应用于熔融纺丝制得初生纤维的拉伸，在拉伸线上安装一狭窄的加热装置，使拉伸主要发生在此加热区内。拉伸过程中使丝条在受到一定张力作用下通过长度仅数毫米的加热区，在此加热区两端装有冷却装置，从而保证了纤维的张力形变仅在极小范围内进行，故称为区域拉伸法。由于加热被局部化，可以防止较大范围内的大分子链滑移，加热区内加热时纤维受到更大的张力，因而在该区域内容易产生塑性变形，形成强迫细颈拉伸过程。该过程可用图 3-10 加以形象地描述。经区域拉伸法制得纤维的力学性能见表 3-13。

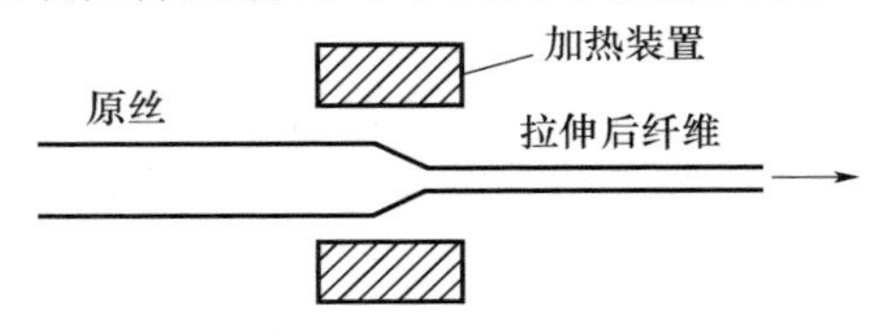

图 3-10　区域拉伸法示意图

只经区域拉伸后的纤维虽然具有很高的取向度，但结晶度仍然很低，结晶缺陷也多，这主要是由于其拉伸过程短暂且区域很窄，因此得到的纤维虽然模量较高，但其强度较低，在实际试验中往往配之以区域热处理。区域热处理装置与区域拉伸基本相同，只是在拉伸过程中不加张力。整个工艺过程中，纤维结构发生如下变化：区域拉伸过程中，初生纤维中非结晶链伸长，折叠链分割细化，一部分折叠链被拉直，大分子链沿拉伸方向高度取向；区域热处理过程中，折叠链进一步伸直，结晶缺陷减少，大分子伸直链结晶生成并生长，成为高度取向具有伸直链结晶结构的纤维。纤维经区域热拉伸和区域热处理以后，由于其具有高度取向的伸直链结晶结构，因此具有优良的物理力学性能。

3.2.2.5 冻胶挤压－超拉伸法[68]

此法是日本东洋纺织公司发明的制备高强度聚乙烯纤维的方法，可通过两种方式实施。一种是将UHMWPE粉末溶于石蜡油或二甲苯中，加热至100℃以上，然后冷却至常温，析出直径为0.1mm的凝胶状小球，收集和压紧小球形成凝胶膜，其分子链按单向呈直线排列，拉伸后便成超高强度的超粗纤维。另一种方式是将UHMWPE溶液通过缝隙式纺丝头挤压成薄膜，将此薄膜迅速冷却，并通过三对27℃的辊轴挤压，部分溶剂被挤压出，制成0.32mm厚的薄片（含聚合物71%），将此薄片切割成条带，先在120℃圆形拉伸机上拉伸，然后在150℃拉伸辊上拉伸，总拉伸倍数为92，这样制成的单丝的强度为23g/den，模量为760g/den。

3.2.2.6 增塑熔融纺丝法[71,79]

加入适量流动改性剂或稀释剂将高分子量聚合物纺成纤维的方法一般称为增塑熔融纺丝方法。此法在聚乙烯中加入稀释剂，聚乙烯与稀释剂的混合比为20：80～60：40，经双螺杆熔融混合，再挤出纺丝。该稀释剂可以是聚乙烯的溶剂，其沸点要比聚乙烯的熔点高出20℃左右；也可以是能与聚乙烯相配伍的蜡质物质，最好是常温下为固态的蜡。混合物经熔融挤出成形后，可以在加热介质中直接进行多级拉伸，此种热介质是一种能够去除稀释剂的溶剂，即萃取剂；也可以先在萃取剂中浸泡一定时间，除去稀释剂后再进行多级热拉伸，从而制得具有较高力学性能的聚乙烯纤维，见表3－14[79]。

表3－14 增塑熔融拉伸法制得高强高模聚乙烯纤维的性能比较[79]

$\bar{M}_w/10^4$	拉伸倍数	强度/(g/den)	模量/(g/den)	断裂伸长/%
25	30	11.7	342	6.3
	40	14.5	473	4.3
	50	16.3	593	3.8
47	40	37.6	1256	3.8
55	20	29.8	754	4.7
	30	34.1	941	4.6
	40	37.8	1162	4.3

注：1. 聚乙烯与石蜡混合重量比为30：70，熔融挤出温度为190℃；
2. 分别在110℃正葵烷、120℃正葵烷和143℃三甘醇中进行三级拉伸

3.2.2.7 冻胶纺丝－超拉伸法[1-3,80-82]

冻胶纺丝－超拉伸法是荷兰DSM公司中心实验室的Smith等人发明的，是

将 UHMWPE 粉末($\bar{M}_w$ 一般为 1×10^6 以上)溶解在十氢萘溶剂中制成浓度为1% ~ 5%的半稀溶液,将该溶液在高温下经喷丝孔挤出后进入冷却水浴骤冷成冻胶丝条,人们根据这种初生的冻胶纤维的外貌特征,取名为冻胶纺丝。然后将冻胶纤维送入拉伸槽,升温以脱去溶剂,同时对纤维超倍拉伸,制得高强高模的 UHMWPE 纤维。所以,这种方法又称为冻胶纺丝 - 超拉伸法,示意图见图 3 - 11。由冻胶纺丝 - 超拉伸法制得的不同分子量 UHMWPE 纤维的力学性能见表 3 - 13。

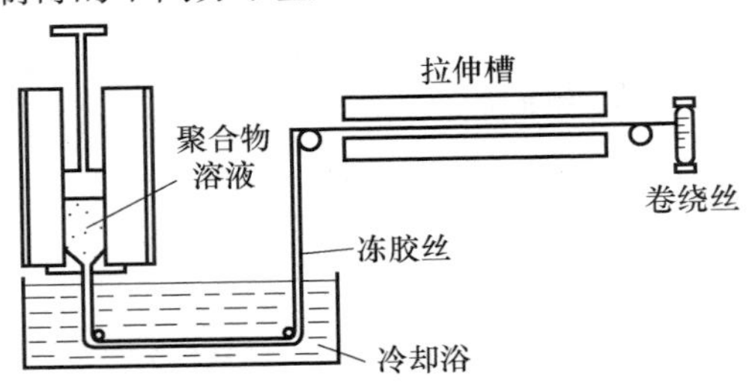

图 3 - 11　冻胶纺丝 - 超拉伸法示意图

与其他制备方法相比,冻胶纺丝 - 超拉伸法有许多优点,如制得的纤维性能很好,纺丝工艺易于控制等。目前,工业化纺制 UHMWPE 纤维最为成熟并已广泛工业化的仅冻胶纺丝 - 超拉伸法一种。

3.3 超高分子量聚乙烯的冻胶纺丝

冻胶纺丝法是以柔性链聚合物为原料纺制高强高模纤维的制备方法,而超高分子量聚乙烯是典型的柔性链聚合物的代表。从纺丝方法角度,冻胶纺丝法属于溶液纺丝的范畴,但与常规的溶液纺丝又存在着本质的区别。根据冻胶纺丝法所用溶剂挥发性的高低,冻胶纺丝法又可分为湿法冻胶纺丝和干法冻胶纺丝。表 3 - 15 是湿法冻胶纺丝及常规溶液纺丝方法的比较。

表 3 - 15　湿法冻胶纺丝与常规湿法纺丝和干法纺丝的比较

纺丝方法	湿法纺丝	干法纺丝	湿法冻胶纺丝
聚合物分子量	一般为几万至十几万,依纤维品种而不同	一般为几万至十几万,依纤维品种而不同	超高分子量柔性链聚合物,分子量一般为 100 万以上
溶剂	聚合物相应的溶剂	易挥发溶剂	聚合物相应的溶剂
纺丝溶液浓度	一般为 12% ~25%,依纤维品种而不同	略高于湿法纺丝	半稀溶液,浓度一般为2% ~ 10%,溶液温度较高
纺丝形式	采用喷丝帽组合喷丝头,喷丝头浸没在凝固浴中	无凝固浴,纺丝必须采用密闭的甬道	采用类似熔融纺丝的喷丝板,喷丝板与凝固浴保持 3 ~20mm 距离

（续）

纺丝方法	湿法纺丝	干法纺丝	湿法冻胶纺丝
喷头拉伸	采用负拉伸	采用正拉伸	可正拉伸也可负拉伸
凝固过程	挤出喷孔的原液与凝固浴发生质交换，纤维中溶剂与凝固浴中凝固剂发生双扩散，改变丝条的化学组成，使高分子析出	挤出喷孔的原液在密闭的甬道中挥发，溶剂被冷凝回收，高聚物析出成丝	进入凝固浴的纺丝原液与凝固浴只发生热交换，凝固过程几乎没有质交换
初生丝特征	初生丝有皮芯层结构，结构比较疏松，含凝固浴溶液和大量孔洞	初生丝中也有孔洞	初生丝皮芯层差异较小，与纺丝原液的组成基本相同，为冻胶状
除溶剂	采用水洗，除去初生丝中的残留溶剂	无	采用萃取方法除去初生丝中的溶剂，萃取剂在随后的干燥、拉伸过程中除去
拉伸	在加热状态下进行拉伸，拉伸 3 ~ 8 倍，分多级完成	在加热状态下进行拉伸，拉伸 3 ~ 8 倍，分多级完成	在加热状态下进行超倍拉伸，拉伸 30 ~ 60 倍，拉伸分成多级完成
产品特征	一般为短丝，纤维横截面为不规则形状	可为长丝或短丝，纤维截面形状比较规则	一般为长丝，纤维截面基本上为圆形，纤维强度比较高
代表产品	黏胶纤维、腈纶、维纶	氨纶、腈氯纶	UHMWPE 纤维，高强 PVA

冻胶纺丝法自开发成功以来，依据所用溶剂挥发性的不同，主要以十氢萘或石蜡油为溶剂选用两种工艺路线实施了 UHMWPE 纤维的产业化。

以十氢萘为溶剂的干法冻胶纺丝工艺，是荷兰 DSM 公司实验室的 Smith 等人发明的，最初由 DSM 公司以该工艺实施了 UHMWPE 纤维的工业化。十氢萘有较强的挥发性，去溶剂化时不需要萃取步骤，仅通过加热即能将其除去，一般在纺丝甬道内通入惰性气体将挥发溶剂带走。该种方法的工艺路线如图 3 – 12 所示。中石化仪征化纤股份有限公司的 UHMWPE 纤维生产采用的也是以十氢萘为溶剂的干法工艺。

用石蜡油为溶剂的湿法冻胶纺丝工艺路线，是美国联信公司在荷兰 DSM 专利基础上发展起来的，最初由美国联信公司以该工艺实施了 UHMWPE 纤维的工业化。石蜡油难挥发，需要增加萃取步骤将其萃取出来。该种方法的工艺路线如图 3 – 13 所示。国内除仪征化纤之外的 UHMWPE 纤维生产厂家基本上都是采用湿法冻胶纺丝路线，只是细节上稍有所区别。

因此，冻胶纺丝 – 超拉伸法生产 UHMWPE 纤维的关键工艺过程包括 UHM-

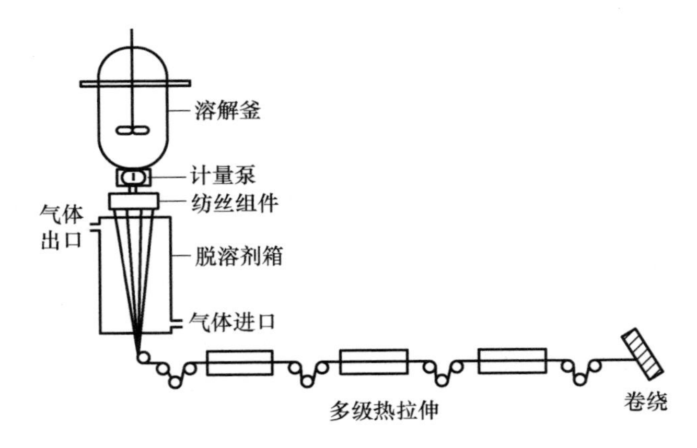

图 3-12　干法冻胶纺丝工艺流程示意图

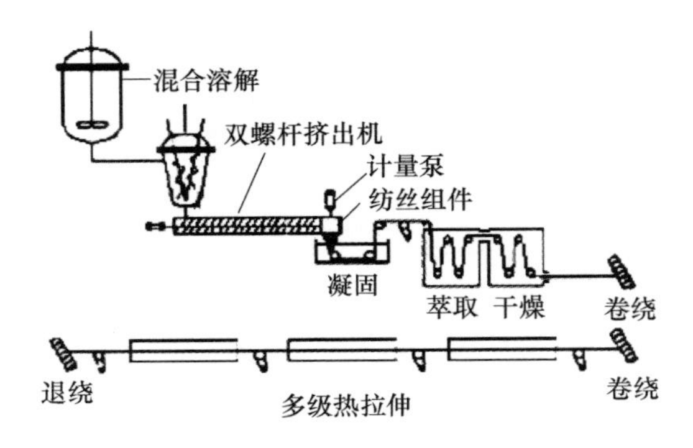

图 3-13　湿法冻胶纺丝工艺流程示意图

WPE 溶液制备、冻胶纺丝成形、冻胶纤维除溶剂以及干冻胶纤维的超倍热拉伸。

3.3.1　原料的选择

UHMWPE 的冻胶纺丝的主要原料包括 UHMWPE 聚合体、溶剂及抗氧剂等纺丝助剂。

3.3.1.1　UHMWPE 聚合体的选择

冻胶纺丝技术对 UHMWPE 原料的要求主要包括聚合体分子量、分子量分布、颗粒大小、颗粒度分布、堆砌密度等，这些指标对纤维的成形工艺和纤维性能影响显著。

基于纤维高强化原理，要制备高强高模聚乙烯纤维必须选用分子量尽可能高的聚合体。因为聚乙烯分子量越大，纤维中由分子末端造成的结构缺陷就越少，从而有助于增加大分子链之间的相互作用力，使成品纤维的力学性能大幅度提高。由前人通过不同方法制备的高强聚乙烯纤维的力学性能结果可以看出，无论是表面结晶生长法、超拉伸法或冻胶纺丝—超拉伸法，还是增塑熔融纺丝法，最终制得纤维的力学强度均随纤维分子量的增大而增大（表3－12～表3－14）。因此，要获得超高强度的UHMWPE纤维，必须采用分子量较高的UHMWPE原料。

除了末端缺陷的影响外，大幅度提高分子量还有助于超倍拉伸的实现。B. Kalb和Pennings等[81]在1980年研究了聚乙烯分子量对纤维最大拉伸倍数的影响。假设可以忽略拉伸过程中的分子滑移，并且在结晶时的回转半径保持恒定，推导出大分子的完全拉伸倍数（λ_{max}）与聚乙烯平均分子量M间的关系可以近似地表示为

$$\lambda_{max}=\frac{M^{\frac{1}{2}}}{20.8} \tag{3-2}$$

因此聚乙烯分子量越大，凝胶丝条可承受的最大拉伸倍数就越大，所得到的成品纤维的强度就越高。

但是，UHMWPE分子量也不宜过高，这是由于随聚乙烯分子量的增大，分子间作用力增大，分子链内和分子链间缠结严重，极不利于均匀溶解。即使溶解，溶液在较低的浓度下黏度也很高，必须通过降低溶液浓度以降低体系黏度使溶液具备可纺性，但这对工业化生产来说是不可取的。因此，工业上冻胶纺丝采用的原料UHMWPE原料的分子量一般要大于350万，而低于600万。

适当地控制UHMWPE的分子量分布也是必要的。分布过宽，会影响UHMWPE的均匀溶解，难以获得均匀的纺丝溶液，甚至会影响纺丝工艺的顺利进行。这是由于分子量不同的聚乙烯具有不同的溶胀、溶解温度和速率，低分子量部分易于溶胀和溶解，率先进入溶解阶段，引起溶液黏度剧增，并占据大量溶剂，阻碍了高分子量部分的溶解，这种溶解不均匀性在制备较高浓度纺丝溶液时尤为突出。Hoogsteen等[83]研究了两种分子量相差不大而分子量分布有显著差异的两种UHMWPE冻胶纺丝制得纤维的力学性能，发现分子量分布对UHMWPE纤维的力学性能有着显著的影响（图3－14），因此，纺丝级UHMWPE树脂的分子量分布一般应小于3.5。

此外，用以冻胶纺丝的UHMWPE粉末颗粒的形态也需进行控制。因为纤维生产过程中首先要将UHMWPE粉料在特定溶剂中充分溶解，不同颗粒尺寸和堆砌密度的UHMWPE粉料在溶剂中的溶胀、溶解程度不同。

由图3－15[84]可以看出，粗颗粒比细颗粒的UHMWPE具有大的溶胀率，在较高温度下表现更为明显。从而影响生产效率，甚至直接影响最终制品的性能。如果在纤维生产时UHMWPE粉体存在粗颗粒，粗颗粒溶解时易在其表层形成高黏度的溶胀层，阻止溶剂继续向颗粒内部渗透，并将未充分溶胀的颗粒粘接在其表层，使纺丝原液中含有未溶解的颗粒，造成原液不均匀。纺丝时这种未溶解

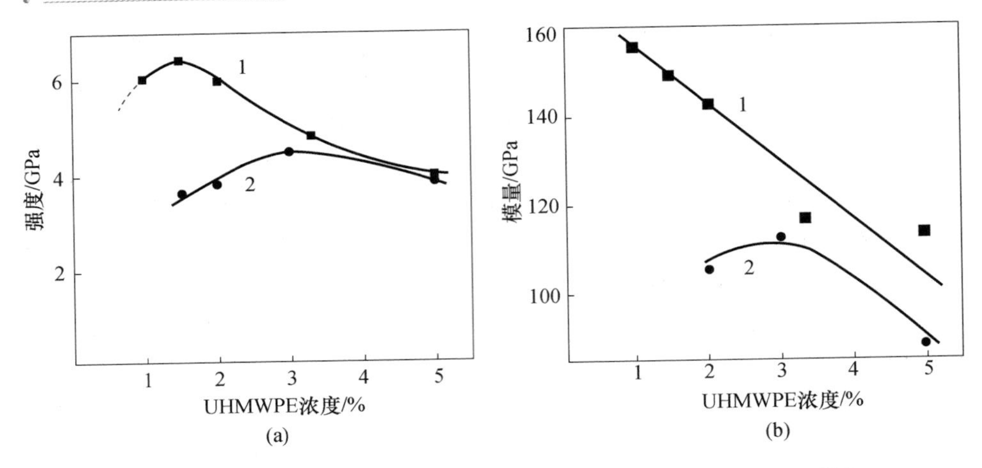

图 3-14 分子量分布对 UHMWPE 纤维力学性能的影响[83]

(a)纤维强度;(b)纤维模量。

1—$\overline{M}_w=5.5\times10^6$,$\overline{M}_w/\overline{M}_n\approx3$;2—$\overline{M}_w=4\times10^6$,$\overline{M}_w/\overline{M}_n=20$。

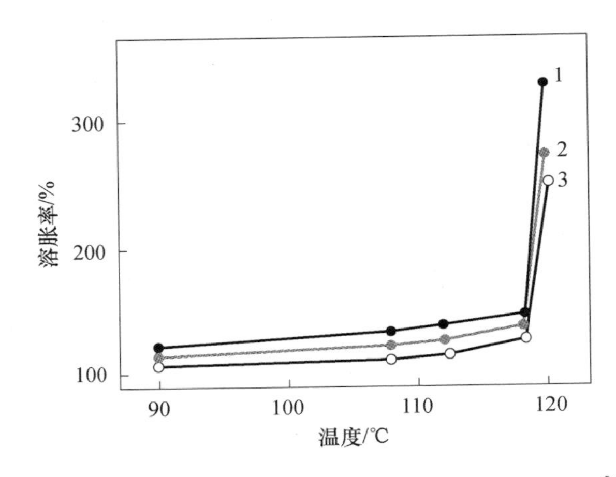

图 3-15 UHMWPE 颗粒大小与溶胀曲线的关系[84]

1—大于 32 目;2—60~70 目;3—小于 120 目。

的颗粒就是一个缺陷点,拉伸时要么形成扭结不能充分拉伸,要么在此处发生断裂。因此,适当地控制 UHMWPE 颗粒尺寸是十分必要的。一般需将聚合所得 UHMWPE 粉末进行筛分,将颗粒控制在 80~100 目。由于粗颗粒具有疏松的堆积密度,一般需控制 UHMWPE 粉末堆砌密度在 0.4g/cm^{3}以上为宜。

3.3.1.2 溶剂的选择

由于高分子的溶解过程不同于小分子,一般都比较缓慢。小分子物质与溶剂接触时,表面的分子可以迅速转移到溶剂中,继而迅速全部溶解;而高分子,特别是如 UHMWPE 大分子链中某个结构单元被溶剂化后,它仍是大分子链的一部分，牵制整条大分子的运动。只有当整条高分子所有单元全部被溶剂化后，才有可能作为一个整体从固体表面脱落下来而进入溶剂。由于超长聚乙烯分子，其扩散速度很慢，因此即使在良溶剂中，UHMWPE 的溶解过程还是相当缓慢。UHMWPE 溶解过程实质上是溶剂分子进入聚乙烯颗粒中，拆散聚乙烯分子间作用力并将聚乙烯分子拉入溶剂中的过程。因此，聚乙烯大分子间、溶剂分子间及聚乙烯和溶剂分子间的作用力及其相对大小是影响溶解过程的重要因素。选择合适的溶剂对快速拆散聚乙烯分子间的作用力使之变成均匀的溶液对冻胶纺丝的顺利实施非常重要。

对于非晶态非极性与极性聚合物，一般按照“极性相似相容”和“溶度参数相近相溶”的双重原则进行选取。对于结晶性极性聚合物，若能与稀释剂间形成氢键，在较低温度下也可溶解；而对于结晶性非极性聚合物，溶剂的选择最为困难，其溶解分为两个过程：一是结晶部分熔融，二是熔融后的聚合物与溶剂均匀混合，故对于该类聚合物，只有在其熔点附近才可采用“极性相似相容”和“溶度参数相近相溶”的原则。UHMWPE 为非极性结晶聚合物，需在高温下溶解，因此稀释剂的沸点必须要高于混合温度，通常要比纯聚合物的熔点高出 25 ~ 100℃，表 3 – 16 中列出了聚乙烯及几种常用试剂的溶度参数及沸点。

表 3 – 16 聚乙烯及几种常用试剂的溶度参数及沸点

聚合物/试剂	溶度参数/$(J \cdot cm^{-3})^{1/2}$	沸点/℃
聚乙烯	16.3	—
四氢呋喃	19.1	66.0
十氢萘	18.0	186.7
四氯化碳	17.6	76.7
环己烷	16.7	80.7
乙醇	26.4	78.3
苯	18.7	80.1
甲苯	18.3	110.6
二甲苯	17.8 ~ 18.4	138.4 ~ 144.4

由表 3 – 16 可以看出，列出的几种试剂中，溶度参数与聚乙烯相近且沸点高出聚乙烯溶点 25℃以上的只有十氢萘等。因此，最初 UHMWPE 冻胶纺丝的发明者采用的溶剂即为十氢萘，十氢萘也成为荷兰 DSM 公司 UHMWPE 纤维工业化生产采用的溶剂。而随着美国联信公司的深入研究，将 UHMWPE 的溶剂改为石蜡油，并实施了 UHMWPE 纤维的工业化生产。石蜡油为烷烃类溶剂，属于石油的特定馏分，国内相同类别的烷烃类溶剂有煤油、石蜡油（或白油）、石蜡等。杨年慈等[23]曾研究对比了十氢萘和烷烃类溶剂（包括不同馏分煤油和石蜡

油溶剂）对 UHMWPE 的溶解性能，发现十氢萘对 UHMWPE 的溶胀温度最低，溶胀速率最快。随着馏分的提高，烷烃类溶剂对 UHMWPE 的溶胀温度提高，溶胀速率变小。由于使用烷烃类溶剂时需增加萃取工艺，为了提高溶剂对 UHMWPE 的溶解性、稳定纺丝工艺和有利于溶剂的萃取，对烷烃类溶剂的要求如下：

（1）应去除烷烃类溶剂中的高馏分，馏程宜在 230℃ 以下，并通过加氢反应，消除萘和二联苯，使 UHMWPE 能在溶剂中均匀溶解；

（2）控制石蜡油在 175℃ 时的蒸汽压不超过 20kPa[12]，防止纺丝过程中，因溶剂的挥发而引起冻胶原丝中 UHMWPE 浓度的变化，以稳定纺丝工艺过程；

（3）控制石蜡分子量在 30～1000，目的是确保 UHMWPE 能均匀地溶于石蜡中，使溶液浓度稳定。

3.3.1.3　抗氧剂及其他助剂的选择

要想制得高强度的 UHMWPE 纤维，首先要保证最终纤维具有足够高的分子量。由于 UHMWPE 纺丝原液的制备及纺丝成形等加工过程都需在持续的较高温度环境下进行，UHMWPE 很容易发生热裂解和氧化降解。图 3－16 是 UHMWPE 溶解过程中其分子量随加热时间的变化[85]。可以看出，若不加抗氧剂，UHMWPE 的分子量随受热时间的延长急剧下降，受热 80min 后降为原来的 1/3 左右。而加入 2% 的混合抗氧剂（含有 50% 亚磷酸酯类抗氧剂及 50% 酚类抗氧剂）后就能明显改善聚乙烯的降解。

聚乙烯的降解一般是按自由基连锁反应机理进行的。在氧或外界能量作用下，大分子链断裂形成活泼的自由基，自由基又进一步引发大分子链裂解。自由基自动催化生成过氧化自由基和大分子过氧化物，过氧化物又生成自由基，使连锁反应延续。与此同时，聚乙烯分子量及溶液黏度不断降低，导致最后加工出的纤维品质劣化。

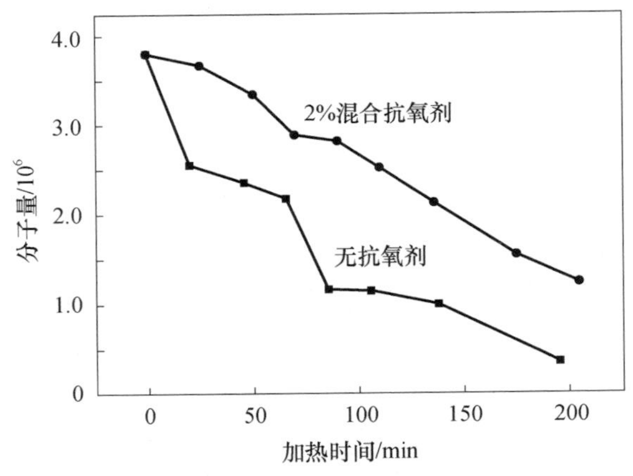

图 3－16　UHMWPE 溶解过程中其分子量随加热时间的变化[85]

肖长发等[86]研究对比了酚类抗氧剂1,2,3-三(2-甲基-4-羟基-5-叔丁基苯基)丁烷(CA)、β-(3,5-二叔丁基-4-羟基苯基)丙酸十八碳醇酯(1076)和四(β-(3,5-二叔丁基-4-羟基苯基)丙酸)季戊四醇酯(1010)以及辅助抗氧剂硫代二丙酸二月桂酯(DLTP)对UHMWPE在十氢萘溶液中降解行为的抑制作用。发现由于抗氧剂1076、1010和CA中苯环上三个取代基的不同,抗降解的能力不同。三种抗氧剂对UHMWPE降解的抑制作用大小依次为1076 > 1010 > CA。三种酚类抗氧剂都是自由基反应终止剂,会阻止聚合物的自动氧化链式反应,即通过供给氢以使降解过程中生成的自由基R·和RCOO·失去活性,从而终止聚合物分子链的降解。若将过氧化物分解剂(辅助抗氧剂)DLTP并用,对三种酚类抗氧剂都具有协同抗氧作用。

实践证明,抗氧剂1076对UHMWPE的热降解具有较好的抑制行为,因此被广泛应用于UHMWPE纤维的生产。但抗氧剂的加入量不易过多,一般控制为UHMWPE重量的0.5% ~1%。此外,在制备UHMWPE溶液时,应尽量隔绝空气,比如可在UHMWPE与溶剂混合时通入氮气,以减少混合体系中的氧气。

除抗氧剂之外,还可以在UHMWPE溶液中加入聚乙烯重量1%左右的硬脂酸铝助剂[20,87,88],以改善UHMWPE溶液的挤出性能。因为UHMWPE溶液易黏附在不锈钢器壁上,当纺丝原液经喷丝孔挤出时,由于这种黏附作用,纺丝原液在喷丝孔中易产生毛细破裂,还会伴随着破坏冻胶原丝中的大分子网络结构,引起成品UHMWPE纤维力学性能下降。在纺丝原液中添加适量硬脂酸铝,利用金属离子与金属的相互作用,可在器壁表面形成硬脂酸铝的吸附层,以缓解金属器壁对UHMWPE溶液的黏附作用。添加适量的硬脂酸铝在一定程度上还可提高纺丝速度,改善冻胶原丝的内在质量。

3.3.2 超高分子量聚乙烯纺丝溶液的制备

冻胶纺丝法的第一要务是制备均匀的UHMWPE纺丝溶液,UHMWPE具有超长的柔性链结构,存在着严重的分子链间及分子链内缠结,溶解过程实质上就是大分子间的缠结逐渐被溶剂分子拆散并解开缠结的过程。

UHMWPE的溶解与一般低分子的溶解不同,首先是溶剂分子由外层逐渐扩散到聚乙烯的内层,即先发生体积的溶胀,然后再进行聚乙烯的溶解,使聚乙烯大分子逐渐扩散到溶剂中去,形成均匀的溶液。

3.3.2.1 UHMWPE的溶胀

由热台显微镜可以观察到UHMWPE从开始溶胀到完全溶胀的直观过程,见图3-17[89]。

UHMWPE颗粒表面极不规整,溶胀开始时溶剂先渗透进颗粒表层的沟槽和孔

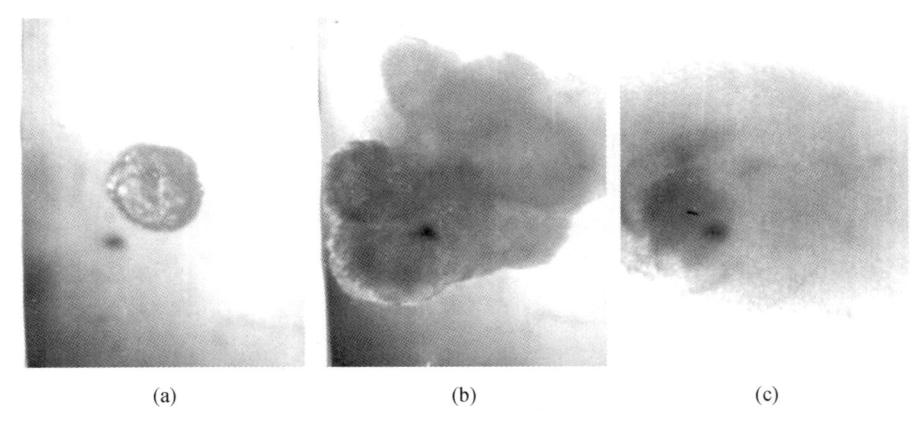

(a) (b) (c)

图 3-17 UHMWPE 颗粒在 133℃白油中的溶胀过程($\bar{M}_w=1.7\times10^6$,放大 160 倍)[89]

(a)未溶胀;(b) 溶胀 319s;(c) 溶胀 652s。

洞内,随着溶胀过程的进行,溶剂沿着沟槽逐渐向颗粒内部渗入或向孔洞四周扩散,溶剂化使 UHMWPE 颗粒得以膨胀,颗粒的外层成为半透明状态(图 3-17(b)),而颗粒内部仍较为密实。随着时间的延长,溶剂逐渐渗入内部,整个粒子胀大,并且变得透明。这是由于高聚物分子与溶剂分子大小相差悬殊,两者在高聚物-溶剂界面上的扩散速率不同,高聚物分子的扩散溶解过程较缓慢,使得溶剂分子在高分子还未迁移到溶剂中之前有充分的时间渗透到高聚物内部,使高聚物体积膨胀。

聚乙烯虽是非极性高聚物,但其结构极为规整,结晶度很高,分子间有很强的晶格作用,因此聚乙烯的溶胀、溶解需要在特定的温度下进行。温度过低则溶胀速率太慢,温度过高又会使 UHMWPE 颗粒表面形成高黏度层,阻碍溶剂向其内部渗入,并且高黏度的表层极易黏结周围的聚乙烯颗粒,使颗粒互相聚集成块,从而达不到均匀溶胀、溶解。溶胀温度的高低取决于溶剂分子对高聚物分子溶剂化作用的高低,决定 UHMWPE 溶胀温度的主要因素是溶剂的种类,还与 UHMWPE 的分子量大小有关。十氢萘是 UHMWPE 的良溶剂,可以在较低温度下拆散大分子链间的相互作用,使 UHMWPE 得以溶胀,因此十氢萘对 UHMWPE 的溶胀温度最低。采用烷烃类溶剂时,最佳溶胀温度随溶剂馏程的升高而升高,并且随 UHMWPE 分子量的提高而升高[23]。

在特定的溶胀温度下,UHMWPE 溶胀完全是需要一定时间的。图 3-18 是以煤油为溶剂在三颈瓶中溶解分子量为 170 万的 UHMWPE 时,在最佳溶胀温度(122℃)溶胀不同时间,然后温度升至 175℃或 185℃溶解 1h 后,测得溶液的落球黏度随溶胀时间的变化[44]。由图 3-18 可以看出,溶胀需要一定的时间,经过充分溶胀后，溶剂分子才会充分渗透进入聚合体颗粒中心，从而溶解后大分子链才会在溶剂中充分的舒展和扩张，因而使溶液具有较高的黏度[90]。对 UHMWPE 而言，若溶胀时间较短，溶胀程度不够充分，溶解后溶液中可能会有微观的团块状聚乙烯聚合体区域。在该微观区域中，聚乙烯浓度较高，分子间作用力较强，而在微观区域间聚乙烯浓度较低，没有形成足够数量的大分子缠结点，则此溶液的黏度就会较低。由图 3-18 可以看出，随着溶胀时间的增加，溶液的黏度逐渐增大，溶胀 40min 之后溶液黏度增加的程度开始变缓，并逐渐趋向一恒定值。则在此实验条件下 UHMWPE 的最佳溶胀时间为 40min 左右。

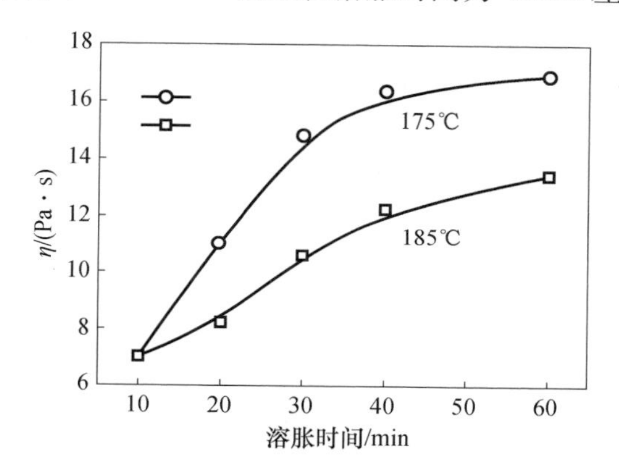

图 3-18　UHMWPE 溶液黏度随溶胀时间的变化(溶液浓度为 5.5%)[44]

王新威等[91]从达到最大溶胀比的角度考察了不同分子量 UHMWPE 达到完全溶胀所需的时间，见表 3-17。可见 UHMWPE 的溶胀时间随其分子量的增大而增大。

表 3-17　不同分子量 UHMWPE 树脂的溶胀性能对比[91]

$\overline{M}_w/10^6$	溶液浓度/%	溶胀温度/℃	溶胀时间/min
2.5	8	118.7	7
3.1	8	119.2	17
3.5	8	119.3	20
3.8	8	119.3	26
4.0	8	119.3	27

对比图 3-18 和表 3-17 结果，UHMWPE 的溶胀时间相差较大，这说明 UHMWPE 充分溶胀所需的时间除与溶剂、UHMWPE 分子量、溶液浓度有关之外，还与所选的溶胀设备有很大关系，确切地说与体系中传质及传热速率有很大关系。一般情况下采用溶解釜完成 UHMWPE 的溶胀时，所需的溶胀时间较长。由于 UHMWPE 粉末与溶剂白油混合后形成一种悬浮液，UHMWPE 的密度为

0.93g/cm^{3}左右，而溶剂白油的密度只有0.86g/cm^{3}左右，因此悬浮液中UHMWPE颗粒较易沉降。则采用溶解釜进行UHMWPE的溶胀时，需对釜式搅拌器进行特殊设计，使搅拌器位置尽量靠近容器底部，从而防止悬浊液中UHMWPE颗粒的沉降。另外，最好在溶解釜壁设置挡板，以增加溶液搅拌强度，使悬浮液上下翻腾，有效避免产生涡流和漩涡，从而最大限度地加快UHMWPE与溶剂间的传质与传热速率，以缩短溶胀时间。

若采用混合效率较高的装置，比如双螺杆挤出机，可大大提高UHMWPE与溶剂间的传质与传热速率，使溶胀时间大大缩短。应用双螺杆挤出机参与UHMWPE的溶胀时，只需将UHMWPE粉末与溶剂混合均匀喂入双螺杆挤出机，在双螺杆的强剪切作用下，UHMWPE的溶胀仅需2～3min即可完成。

3.3.2.2 UHMWPE的溶解

在经历足够时间的溶胀，UHMWPE大分子链间的相互作用完全被溶剂化之后，若使分子向溶剂中自由分散，还需要进一步升高温度。这是因为UHMWPE分子量较高，溶胀后的UHMWPE分子链间仍保持着一定数量的瞬间缠结点。欲使大分子以整体线团形式向溶液中分散，必须同时解除这些缠结点。换言之，在溶胀温度下，溶剂对UHMWPE溶剂化的作用还不足以同时解除上述的缠结点，摆脱因局部缠结而使大分子向溶剂分散，为此，必须提高温度增强溶剂对UHMWPE的溶剂化作用。虽然温度升高可以加快UHMWPE分子向溶剂中的扩散速率，但溶解温度也不能太高，否则会加速UHMWPE的降解。不同溶剂对UHMWPE的溶剂化作用能力不同，溶解温度也随之改变。十氢萘作为UHMWPE的良溶剂，溶解温度较低，为145～150℃，而采用白油作为溶剂时，溶解温度需提高至180～250℃。一般情况下，溶解温度高时可适当缩短溶解时间。

UHMWPE的溶解时间依据所选溶解设备而不同。传统采用溶解釜进行UHMWPE的溶解，溶解时间较长，溶液浓度也有限。这是由于UHMWPE在溶胀至溶解阶段以及在溶解阶段时易出现“絮片”或“冻胶块”，使溶液黏度急剧增大，由于韦森堡效应或法向应力效应，会产生黏稠溶液沿搅拌轴爬杆等现象。溶液浓度较高时溶液爬杆现象过于严重，会影响纺丝液的均匀性。釜式搅拌传质与传热效率较低，需较长时间才能达到UHMWPE的完全溶解，高温停留时间过长会致使UHMWPE分子降解严重，影响制得纤维的性能。目前工业化生产聚乙烯纤维主要采取双螺杆挤出机完成UHMWPE的溶解，由于双螺杆的强剪切作用，使得混合物料的传质与传热速率较高，可大大缩短UHMWPE的溶解时间，制得均匀的UHMWPE纺丝溶液。在由双螺杆挤出机进行UHMWPE的溶解时，可同时完成溶液的脱泡和输送，经过滤、计量泵和喷丝组件，纺出纤维。

物料进入双螺杆挤出机前的状态又可以分为两种：一种釜式溶胀－双螺杆挤出机溶解工艺，即UHMWPE与溶剂混合后在溶解釜内完成UHMWPE的预溶胀或完全溶胀，然后再进入双螺杆挤出机完成UHMWPE的溶解；另一种双螺杆挤出机溶胀溶解工艺，是将UHMWPE粉末与溶剂混合均匀后直接进入双螺杆挤出机，UHMWPE的溶胀、溶解均在双螺杆挤出机中进行。前者双螺杆的负担较轻，螺杆各段温度可稍低。而后者双螺杆负担较重，螺杆各区温度应严格控制，分为溶胀区和溶解区并使各区温度逐步递增，从而使混合物料在双螺杆挤出机内完成溶胀和溶解。相比于釜式溶胀－双螺杆溶解工艺，采用双螺杆挤出机溶胀溶解工艺时溶解区的温度应较高，在较短的时间内完成UHMWPE的溶解，制成均匀的纺丝溶液。

3.3.2.3 UHMWPE溶液浓度的选择

为了得到高强高模纤维，除了要用超高分子量的UHMWPE为原料之外，还要使纤维中的大分子链最大限度地伸直。因此，在制备纺丝溶液时，就要使溶液浓度变低，大分子之间缠结被溶剂分子拆散，折叠的分子链尽可能伸直。这样，纺丝成形之后，纤维中大分子链在超倍拉伸过程中才有可能形成伸直链结晶。同时，由于采用超高分子量的聚合物，若浓度偏高，往往会使溶解变得十分困难，并且即使溶解，溶液的流动性能和可纺性也很差，无法实现纺丝成形。进一步了解凝胶纺丝过程中溶解的本质是要利用溶剂分子的热运动达到体系中大部分大分子之间的缠结被解开的目的。在溶剂中UHMWPE大分子链间的缠结与解缠处于动态平衡，UHMWPE半稀溶液可视为瞬间缠结网络结构。纺丝液的浓度决定了大分子链之间缠结点的数量，而缠结点数量的多少是决定拉伸倍数和拉伸效果的主要因素。溶剂越多，浓度越低，大分子间缠结点越少，则缠结点之间的统计链节数(N_c)越大，因而最大拉伸倍数(λ_{max})就越大。因为根据经典橡胶弹性理论：

$$\lambda_{max} = N_c^{1/2} \tag{3-3}$$

当然，溶液浓度也不能太低，少量大分子之间的缠结有利于拉伸应力的传递，否则，大分子间的缠结点过少，拉伸时大分子链之间很容易产生滑移，达不到有效拉伸的目的[92]。图3－19是UHMWPE溶液浓度与冻胶化形成的片晶形态及拉伸情况的示意图[93]。图3－19(a)说明溶液浓度过低，大分子间的缠结点过少，冻胶化形成堆砌的单片晶，拉伸时分子链产生滑移，造成拉伸不良。图3－19(c)是高浓度溶液，分子间的缠结点过多，拉伸时阻力过大，不能实现大倍数的拉伸。只有在最佳浓度时，大分子具有适量的缠结点，拉伸时才能顺利传递应力，使片晶充分拆解，获得最大倍率的拉伸，见图3－19(b)。

溶液的最佳浓度取决于UHMWPE分子量的大小，见图3－20[93]，UHMWPE分子量越高，最佳浓度值越低。由图可以看出，当采用分子量400万以上的UHMWPE时，其最佳浓度仅0.5%左右，这比实际工业上冻胶纺丝所采用的UHMWPE溶液浓度要低得多。这是因为图3－20的关系只是考虑了能使UHMWPE获得最大倍率的拉伸，采用如此低的UHMWPE浓度虽然可获得力学性能最优

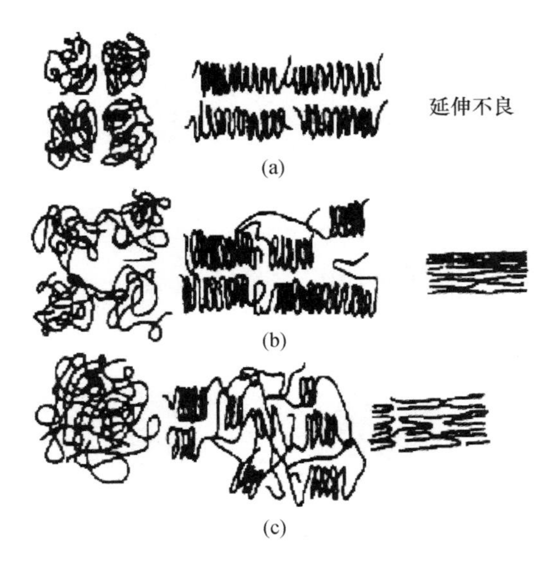

图 3-19 溶液中分子链的形态及冻胶化时的片晶及其延伸后的形态示意图[93]

(a)溶液浓度过低;(b)溶液浓度合适;(c)溶液浓度过高。

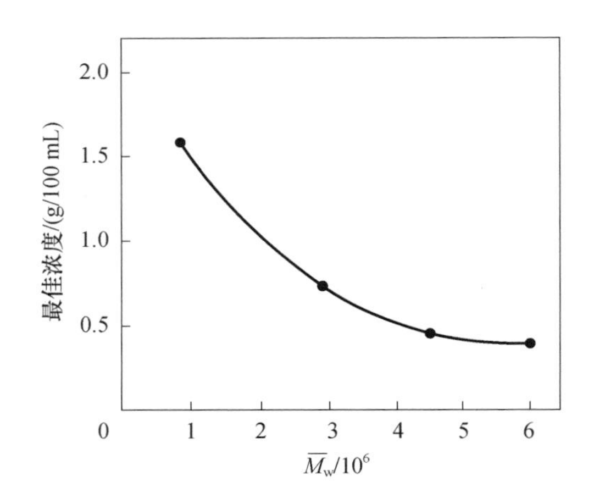

图 3-20 UHMWPE 分子量与冻胶纺丝液最佳浓度的关系[93]

的 UHMWPE 纤维,但从经济角度考虑是不利的。

工业上,为了降低生产成本,总是尽量提高聚乙烯溶液的浓度。将双螺杆挤出机应用于 UHMWPE 的溶解可在一定程度促进 UHMWPE 分子间的解缠结,有助于制备较高浓度的均质纺丝溶液,但溶液浓度也不能过高。目前工业上冻胶纺丝采用的 UHMWPE 分子量在 350 万 ~600 万,溶液浓度为 7% ~10%。

3.3.2.4 UHMWPE 溶液的流变性能

对 UHMWPE 溶液流变性能的研究将有助于对溶液的流动性及纺丝工艺的

选择等作出判断。依据高聚物流体的拟网络结构理论[94]，溶液中大分子链之间存在着瞬时缠结点，缠结点不断地拆散和重建，可以视为一个瞬变的缠结网络结构。这种瞬变网络结构除与流体内在因素包括聚合物分子量和溶液浓度有关之外，还与切应力、溶液温度等外界因素有关，并在某一特定的条件下达到动态平衡从而表现出一定的黏度，因此溶液黏度会随溶液浓度、切应力及溶液温度等有关。

图3－21和图3－22为溶液温度和UHMWPE浓度对UHMWPE－石蜡油溶液流变性能的影响[20]。由图可见，UHMWPE溶液具有典型假塑性流体的切力变稀行为。随剪切速率的增大，溶液中部分缠结点被拆除，使缠结点密度下降，溶液黏度急剧降低。此外，随溶液温度的升高，溶液中的自由体积增加，链段的活动能力增加，从而使溶液黏度降低。

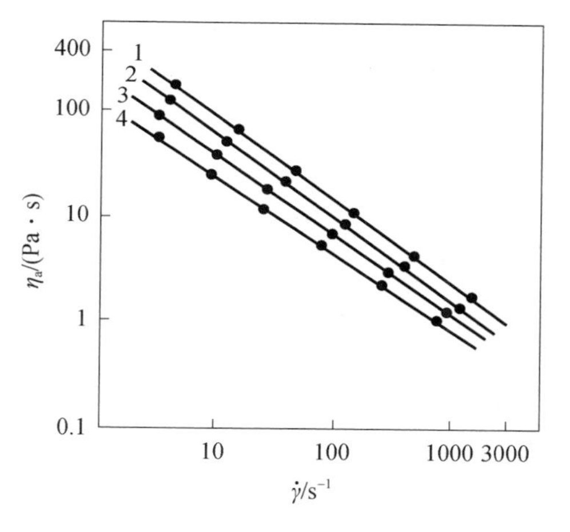

图3－21　不同温度下5%（质量分数）UHMWPE－石蜡油溶液的流变曲线（含1%（质量分数）硬脂酸铝）[20]

1—150℃；2—160℃；3—170℃；4—185℃。

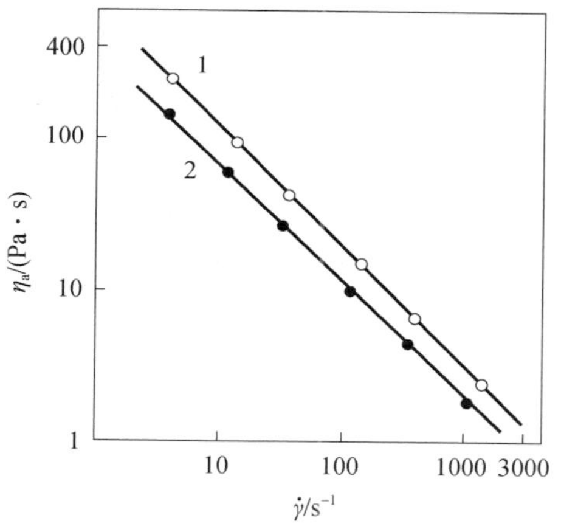

图3－22　UHMWPE浓度对溶液流动曲线的影响[20]

1—10%（质量分数）UHMWPE＋2%（质量分数）硬脂酸铝；

2—5%（质量分数）UHMWPE＋1%（质量分数）硬脂酸铝。

3.3.3　超高分子量聚乙烯冻胶纤维的成形

均匀溶解后的UHMWPE纺丝液，其大分子保持着解缠后的低缠结状态，纺丝液经计量泵和喷丝孔定量挤出后，先经过一段几厘米的空气层，再进入凝固浴骤冷，使纺丝液快速凝固，使之成为类似冻胶状的纤维，即冻胶原丝。在骤冷降温的过程中，UHMWPE纺丝原液中的热力学平衡状态被打破，则在冻胶纤维中会发生相分离现象。这是由于UHMWPE纺丝原液的制备采用了高温先溶胀后溶解的方法，在热力学上其溶解过程满足 $\Delta H_{m} < T \cdot \Delta S_{m}$。纺丝后溶液温度急剧下降形成了冻胶态，此时在热力学上不再是平衡状态。温度 T 的下降使得 ΔH_{m} 大于 $T \cdot \Delta S_{m}$，因而在此条件下必将发生相分离以期达到热力学上新的平衡状态。一般认为只要温度低于聚合体的溶胀温度，整个体系呈冻胶状，那么聚乙烯大分子链和溶剂分子相互混合的比例和程度必定比溶液状态要低，亦即要发生相分离现象。在微观上由于要达到新的热力学平衡状态，势必存在两相结构：一相是由高浓度的聚乙烯溶液组成，聚乙烯大分子链互相聚集形成疏松大网络，吸引和包裹着许多溶剂分子，该相聚乙烯浓度约为 20% ~30%；另一相则主要是由溶剂组成，聚乙烯浓度极低。在冻胶纤维成形之后的放置过程中，稀相中的溶剂则逐渐分离出来，浓相中的溶剂基本留在丝条内。

Smook 等[87]观察到除去溶剂后的 UHMWPE 初生冻胶丝中存在着类似于羊肉串的结构，这是由于低缠结的 UHMWPE 纺丝原液经由喷丝孔挤出的过程中，喷丝孔对溶液产生挤压和剪切作用，使溶液在喷丝孔中形成较长的流动单元，这种流动单元由伸长的分子束串着高度解缠结的无取向的分子链簇组成。在进入凝固浴骤冷后，这种较长的流动单元结构被固定下来，而且由于温度的降低，高度解缠结的无取向的分子链发生折叠结晶。也就是说，经喷丝孔挤出骤冷后，形成了由伸长的分子束串着一些解缠状态的折叠链片晶的结构，这为后工序的超拉伸奠定了基础。

制备低缠结的冻胶原丝与纺丝成形条件密切相关，纺丝成形条件包括纺丝温度、喷头拉伸、纺丝速度、喷丝板的几何形状及骤冷速度等都对冻胶原丝的成形有很大影响。

3.3.3.1 纺丝温度的影响

温度高有利于大分子链缠结的解除以及增加从解缠到再缠结的时间，同时又有利于大分子链的解取向。低缠结、低取向无疑有利于以后的超倍拉伸，并且温度高又能改善纺丝液的流动性能。

图 3 -23[95]为不同纺丝温度下制得 UHMWPE 冻胶纤维的拉伸应力 - 应变曲线。在同样的挤出速度和纺丝速度下，250℃下纺丝制得的冻胶原丝经萃取除去溶剂后具有良好的拉伸性（图 3 -23 曲线 3），可冷拉至近 10 倍，而 170℃下纺丝时冻胶原丝仅能拉伸 3 倍左右（图 3 -23 曲线 2）。其原因在于高温状态下增加了大分子缠结网络破坏至再形成所需要的时间，在纺丝切应力作用下，有利于大分子链缠结的解除，又在解缠之前不产生大分子取向。冻胶原丝的低缠结、低取向为超拉伸奠定了基础，因此纤维强度会随纺丝温度的提高而提高（图 3 -24）。然而过高的纺丝温度会引起大分子的降解，影响纤维的力学性能，并且温度较高时也易引起着火事故，对安全生产不利，因此纺丝温度不宜太高。

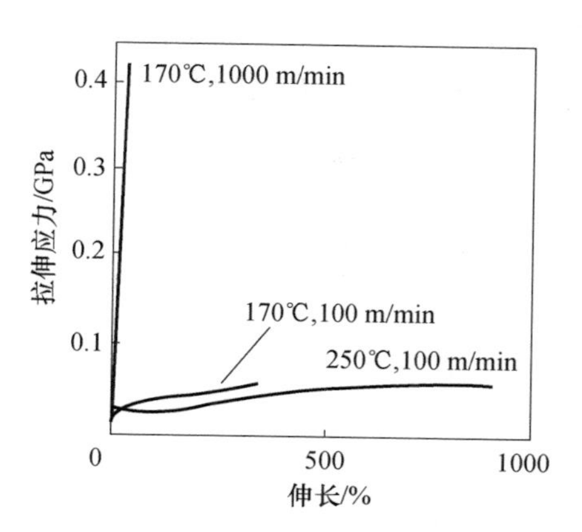

图3-23 不同纺丝条件制得冻胶原丝的应力-应变曲线[95]
(溶液挤出速度为100m/min)

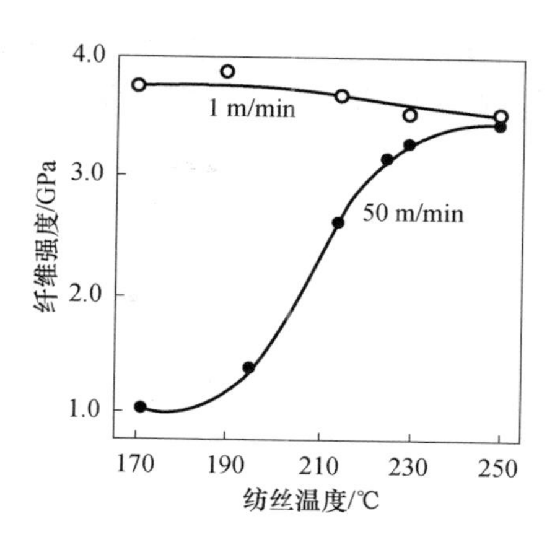

图3-24 不同纺丝速度制得纤维强度与纺丝温度的关系[95]
(溶液挤出速度为1m/min)

3.3.3.2 喷头拉伸的影响

UHMWPE冻胶纺丝时应适当控制喷头拉伸,因UHMWPE溶液的流动变形能力相对较差,过大的喷头拉伸会引起冻胶原丝网络结构的破坏,影响以后的超拉伸进行。如图3-23中曲线1纤维即为170℃下喷头拉伸10倍所得,可见其拉伸性能明显较差,不能进行超倍后拉伸。

纺丝速度是引起喷头拉伸的主要原因,纺丝速度提高则冻胶原丝可拉伸性下降,使所得UHMWPE纤维的强度降低。若提高纺丝温度,在一定程度上可获得改善。如图3-24所示[95],170℃喷头拉伸50倍时最终制得UHMWPE纤维的强度仅1GPa左右,随着纺丝温度的提高,喷头拉伸50倍纤维的强度逐渐提高,说明提高纺丝温度可获得较大的喷头拉伸。

3.3.3.3 纺丝速度的影响

UHMWPE冻胶纺丝时,提高纺丝速度可在一定程度上提高UHMWPE纤维的生产效率。然而高的纺丝速度会引起纺丝流体在喷丝孔内流动的不稳定,会破坏冻胶原丝的有序网络结构,影响以后超拉伸的进行,致使UHMWPE纤维的力学性能降低。此外,纺丝原液与喷丝孔壁也易相互黏连,易使纺丝流体产生毛细破裂,从而限制了纺丝速度的提高。

为此,人们在UHMWPE纺丝原液中添加适量硬脂酸铝来改善溶液的挤出性能,并获得了显著的效果[87],在纺丝原液中添加适量硬脂酸铝,利用金属离子与金属的相互作用,可在喷丝孔壁表面形成硬脂酸铝的吸附层,以缓解金属器壁对UHMWPE溶液的黏附作用。在溶液中添加UHMWPE浓度1%左右的硬脂酸铝可使纺丝速度大大提高，纺丝速度达 300m/min 时对纤维强度仍基本没有影响，见图 3－25[88]。但添加过量的硬脂酸铝无疑对制备高性能纤维是不利的。

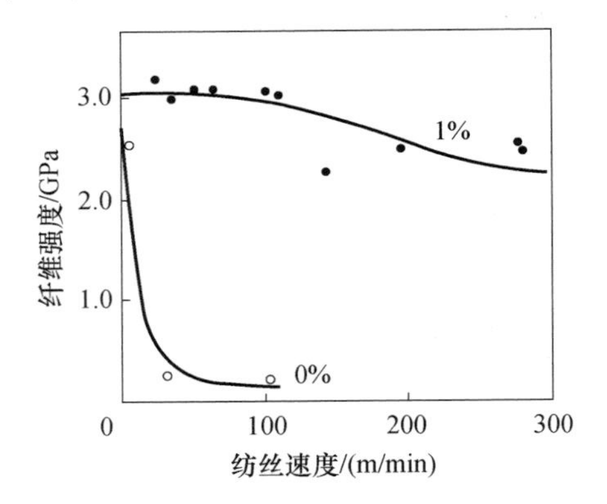

图 3－25　加入 1% 硬脂酸铝后纺丝速度对超拉伸后纤维强度的影响[88]

提高纺丝速度还可以通过提高纺丝温度来实现，由图 3－26[95] 可见，较低的纺丝温度下制得 UHMWPE 纤维的断裂强度随纺丝速度的提高而下降，提高纺丝温度后，这种纺丝速度对纤维力学性能的影响得到缓解。

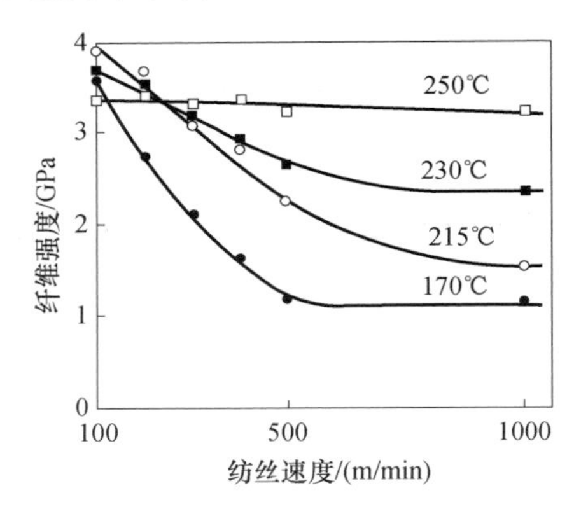

图 3－26　不同纺丝温度下纤维强度－纺丝速度关系曲线（挤出速度 100m/min）[95]

3.3.3.4　喷丝板几何形状的影响

工业化冻胶纺丝采用的喷丝板设计包括喷丝孔孔数、孔径及喷丝孔间的几何排布等。喷丝孔数依据 UHMWPE 纤维规格进行分类，多可达数百孔。喷丝板上喷丝孔排布不能过密以保证挤出冻胶丝条的均匀冷却，一般情况下每块喷丝板分小区排列，每小区喷丝孔数可根据生产品种的不同分别采用 60 孔、80 孔或 90 孔。纺丝时依据所需纤维规格可将各小区的冻胶纤维分开，以纺制细旦丝，或一块喷丝板合并成一束以纺制粗旦丝。一般 UHMWPE 冻胶纺丝所用喷丝孔孔径为0.6～1.0mm，可根据所生产纤维单丝纤度的需要，选择不同的喷丝板孔径，并可根据所生产纤维的纤度、产量进行调整。

喷丝孔的几何尺寸包括喷丝孔长径比(L/D)及入口角度等。陈克权等[20]采用气压式毛细管来模拟喷丝孔研究UHMWPE溶液的挤出性能，采用各种不同长径比和入口角的毛细管，得到UHMWPE溶液挤出速度W和毛细管压力P的关系，见图3－27[20]。

显然，毛细管长径比L/D增大后相当于加大了流动阻力，使流动性能变差。但是，L/D增大后有助于松弛过程的发展，利于消除出口区由于弹性引起的不稳定流动现象，减少流体出喷丝孔后的弹性表现。

在考虑入口角对流动性能的影响时应注意两个方面的因素：①入口角小相当于加长了喷丝孔(在直径收缩比相同的条件下)，这样就增加了流动阻力，使流动性能变差；②入口角小可以减小入口区流场内的混乱流动，从而改善流动性能。这一对矛盾因素的相互作用使入口角与流动性能的关系上出现极值，在入口角$\alpha=7.5°$时流动性能最差。可以定性地说，在$\alpha\leqslant7.5°$时，降低α的角度对减少混乱流动的因素起主要作用，结果使流动性能得到了改善。而在$\alpha>7.5°$时，则以降低α的角度后增加了流动阻力的因素为主，因而恶化了溶液的流动性能。

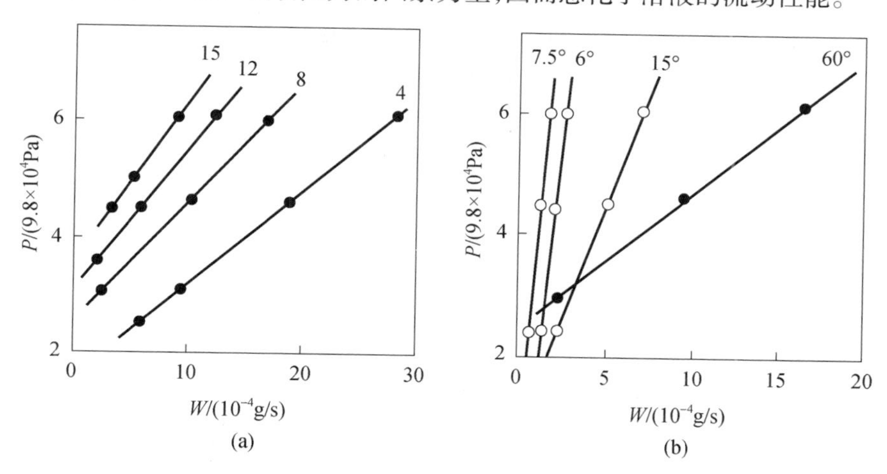

图3－27 毛细管长径比及入口角对UHMWPE溶液挤出速度W－压力P关系的影响[20]

(5%(质量分数)UHMWPE/1%(质量分数)硬脂酸铝/石蜡油溶液，挤出温度170℃。)

(a)不同毛细管长径比，入口角$\alpha=60°$；(b)不同毛细管入口角，

长径比$L/D=8$ 一般情况下要求喷丝孔长径比$L/D\geqslant10$，喷丝孔入口角以30°为宜。

3.3.3.5 骤冷速度的影响

骤冷的目的是使挤出喷丝孔的纺丝液流尽快凝固，以保持大分子低缠结的状态。冷却速度和温度(冻胶化温度)随纺丝工艺的不同而不同。在采用湿法

冻胶纺丝时,凝固浴温度应控制尽量低为好,在5℃左右,并采用冷冻机进行制冷循环,以保证足够的热交换容量。喷丝板距离凝固浴越近越好,尽量控制在3~20mm。当然距离太近的话容易造成由于液面波动影响板面温度,继而影响纺丝液的流变行为;丝条垂直浸入骤冷液要有足够的深度,使丝条的冷却速度在50℃/min以上,以保证冻胶原丝的低缠结形态并防止丝条之间的粘连。

3.3.4 冻胶纤维的脱溶剂(萃取干燥)及溶剂回收

在UHMWPE纺丝溶液经喷丝孔挤出并进入凝固浴骤冷成冻胶纤维之后,随即发生相分离,由均一的溶液分成聚乙烯浓相和聚乙烯稀相组成的两相结构。浓相中聚乙烯大分子链互相聚集形成疏松大网络,吸引和包裹着许多溶剂分子,稀相则主要由溶剂组成,聚乙烯浓度极低。在冻胶纤维成形之后的放置过程中,稀相中的溶剂则逐渐分离出来,浓相中的溶剂则基本留在丝条内。由于聚乙烯的玻璃化转变温度远低于零度,因此冻胶纤维中的相分离过程较为缓慢。

相分离过程结束之后,冻胶纤维内仍含有大量的溶剂,其网络结构极其疏松,网络中聚乙烯大分子间作用力已被溶剂分子拆散而变得很小,在承受张力时,尤其在高温下拉伸时,由于溶剂的增塑作用,极易产生大分子间的相对滑移,导致拉伸应力下降,致使难以进行稳定的超倍率有效拉伸,也难以达到高强高模[3]。因此,在拉伸前必须去除大量的溶剂。

3.3.4.1 初生冻胶纤维的相分离过程

将刚纺丝凝固成形的UHMWPE初生冻胶纤维置于自然松弛状态下,纤维随即开始收缩,同时部分溶剂逐渐从冻胶纤维中分离出来,即为相分离过程。冻胶纤维含油率随放置时间的变化见图3-28[96]。

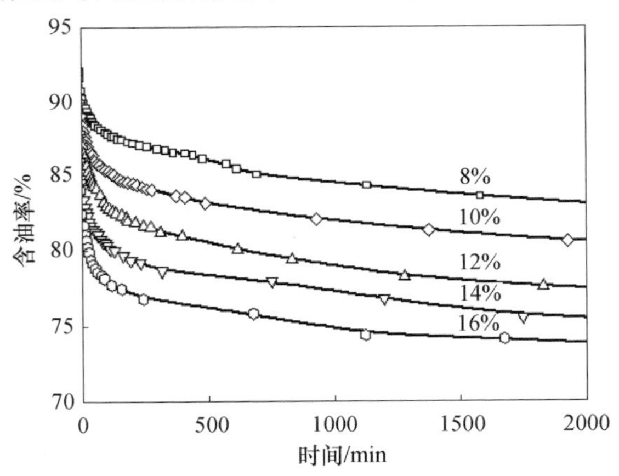

图3-28 不同浓度UHMWPE纺丝溶液制得初生冻胶纤维含油率随放置时间的变化[96]

从图3－28可以看出冻胶纤维含油率在最初的60min内下降迅速，随后缓慢下降并在大约2000min后趋于平衡，表明冻胶纤维的相分离过程在最初1h内非常剧烈然后在约两天之后达到相分离平衡。通过相分离过程，许多溶剂从冻胶纤维中分离出来，这可大大减少之后萃取工序的压力，节省一定的萃取剂。因此在工业生产中应该先将初生冻胶纤维在盛丝桶中放置一定时间，使其进行充分相分离后再进入之后的萃取工序。

当然，初生冻胶纤维相分离程度及分离出溶剂的多少，与纺丝原液浓度和纺丝工艺等许多因素有关。

3.3.4.2　萃取剂的选择

萃取是一个十分重要的环节。在拉伸前经萃取脱除冻胶纤维中所含的溶剂既有利于拉伸过程的稳定性，又能提高拉伸的有效性。美国联信公司采用的萃取剂是三氯三氟乙烷，鉴于三氯三氟乙烷对大气臭氧层造成的破坏，已被国际蒙特利尔会议列入禁用行列，其改用卡必醇或其衍生物取代原有的三氯三氟乙烷，以此来解决其萃取工艺的污染问题。日本三井公司采用癸烷为萃取剂。荷兰DSM公司采用十氢萘为溶剂，该溶剂沸点低，易挥发，易在拉伸过程中挥发而去除，故不需萃取。

萃取的机制主要是纺丝溶剂与萃取剂之间的相互扩散机制，即萃取剂扩散入冻胶纤维中，减弱了UHMWPE大分子与纺丝溶剂间的溶剂化效应，使溶剂分子扩散出来。根据萃取的目的、萃取的本质及纺丝用溶剂的性质，一般选择沸点低，易挥发且不易燃的试剂作为萃取剂。随着科技的发展和对环保的要求，萃取剂已经不像以往那样单一，很多性能优良的萃取可供选择。可选择的萃取剂主要有：碳氢化合物、氯代碳氢化合物、氯代氟代碳氢化合物、二甲苯等。萃取剂不同，对冻胶纤维的萃取能力也不同，即在该萃取体系中，纤维中溶剂扩散出来的速度不同。将冻胶纤维置于不同萃取剂中萃取一定时间后分析冻胶纤维及萃取浴中的溶剂组分，可计算出不同萃取剂萃取冻胶纤维时纤维中溶剂的扩散系数，见表3－18[97]。

表3－18　各种萃取剂的物理性质及萃取扩散系数 D[97]

萃取剂	$D/(10^{-4}cm^2/s)$		黏度/(10^{-4} Pa·s)	沸点/℃	$\rho/(g/cm^3)$
	静置萃取	超声萃取			
四氯化碳	1.260	1.310	9.78	76.5	1.593
1,2-二氯乙烷	1.276	1.324	8.38	83.4	1.253
汽油200	1.289	1.344	—	145	0.780
二甲苯	1.328	1.390	6.89	140.6	0.873
二氯甲烷	1.362	1.410	4.26	39.8	1.326
正己烷	1.380	1.441	3.06	68.7	0.657

注：萃取浴比为20mL/g纤维，萃取浴温度为20℃，萃取时间为2s

由表3-18可知，超声萃取时由于超声波加快了扩散分子的运动，则溶剂扩散系数均比静置萃取时扩散系数大，因此目前工业上均采用超声萃取。六种萃取剂中正己烷的萃取能力最好，由于正己烷挥发性较大并且易燃，危险性较大，因此不宜作为萃取剂。汽油和二甲苯因价格便宜，曾一度被国内UHMWPE纤维生产厂家用作萃取剂，但汽油馏程宽，不易与白油溶剂完全分离回收，二甲苯有毒，对环境危害性大，从而均被摒弃。二氯甲烷沸点较低，并且其密度比水大，萃取时可在萃取液面上封一层水以防止萃取时萃取剂的挥发，因此是一种优选的萃取剂。此外，一种新型的碳氢萃取剂由于其萃取能力较好，易于挥发并且危险性相对较低，成为目前国内UHMWPE纤维生产厂家广泛采用的萃取剂。

3.3.4.3 UHMWPE冻胶纤维的萃取

将冻胶纤维置于萃取剂中时，由于冻胶纤维内外的萃取剂与纺丝溶剂的浓度差，萃取剂逐渐扩散进入冻胶纤维，而纤维中的溶剂则逐渐扩散出来，达到萃取平衡是需要一定时间的。另外，采用不同萃取浴比的萃取液来提高萃取体系中的浓度梯度，也可以达到增大萃取扩散动力，提高纤维除油率的目的。图3-29[96]是不同浓度UHMWPE溶液制得冻胶纤维在二甲苯中萃取时除油率随萃取浴比及萃取时间的变化。由图3-29可见，随萃取浴比的增大或萃取时间的延长，冻胶纤维萃取除油率均呈现开始迅速增大然后逐渐变缓并趋于平衡的趋势，两条曲线均有一个转折点即临界值存在，萃取浴比临界值为10mL/g纤维左右，而临界萃取时间则为1~2min。此萃取动力学的研究，将有助于工业化萃取工艺的制定。合适的萃取浴比，有利于节省原料和萃取时间，而合适的萃取时间，则决定了萃取时的工艺速度大小。

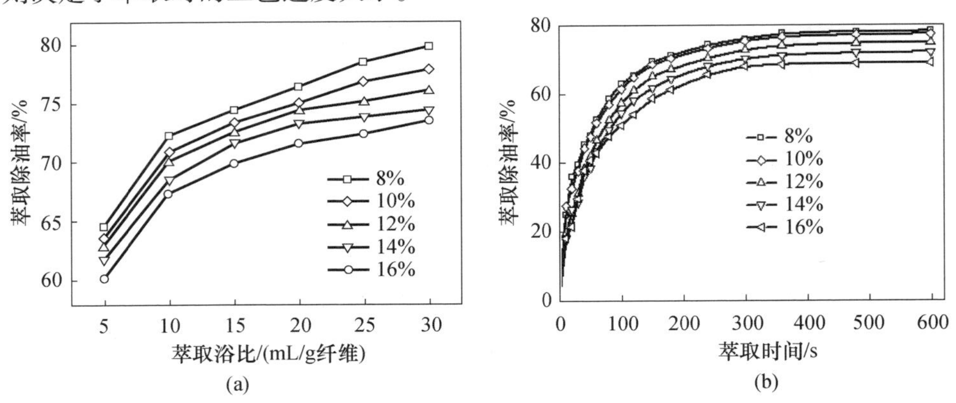

图3-29 不同浓度UHMWPE冻胶纤维在二甲苯中超声萃取时的萃取动力学曲线[96]

(a) 萃取除油率随萃取浴比的变化，固定萃取时间为600s，萃取浴温度20℃；
(b) 萃取除油率随萃取时间的变化，固定萃取浴比为20mL/g纤维，萃取浴温度20℃。

将图3－28和图3－29中曲线的平衡值列于表3－19[96]中，通过对比可以发现，萃取平衡后仍然有少部分的溶剂残留在UHMWPE冻胶纤维中，残留的溶剂将影响到随后纤维的超倍拉伸，因此需要继续对冻胶纤维进行萃取。有效的方法是冻胶纤维在浴比为10mL/g纤维的萃取剂中时进行1～2min的多次萃取，以尽可能除去纤维内的溶剂。

表3－19 UHMWPE冻胶纤维的相分离及萃取平衡时的数据[96]

溶液浓度/%	图3－28平衡含油率/%	平衡除油率/%	
		图3－29(a)	图3－29(b)
8	82.92	79.89	78.26
10	79.71	77.92	77.34
12	76.88	76.04	74.90
14	74.68	74.40	72.09
16	73.16	73.56	69.12

但是纤维内的萃取剂也不能全部除去，实践证明，适当的溶剂残留利于拉伸的进行[98]，若冻胶纤维中的残存溶剂少于一定量时，保持解缠结状态的UHMWPE大分子难以充分伸展，使其拉伸性能受到影响。

3.3.4.4 萃取后UHMWPE冻胶纤维的干燥

经萃取后的冻胶纤维中包含着大量萃取剂，若不经干燥直接进行拉伸，萃取剂的存在会降低拉伸的有效性，并且热拉伸时萃取剂的大量挥发会污染工作环境。因此需对萃取后冻胶纤维进行一定时间、一定温度条件下的干燥处理。

将萃取后的纤维置于自然干燥状态下，随着纤维中萃取剂的挥发去除，纤维会发生明显收缩。图3－30为冻胶纤维分别经二氯甲烷和二甲苯萃取后室温干燥时纤维收缩率随干燥时间的变化[99]。可以看出，纤维刚从萃取剂内取出时收缩很快，纤维收缩率几乎呈直线上升，但一定时间后上升趋势变缓并逐渐趋于平稳。纤维的收缩主要是由两个方面引起的：一方面是在萃取过程中由于萃取剂与溶剂相互作用，部分萃取剂替代了纤维中的原溶剂，由于萃取剂分子能量小，与PE大分子难以发生溶剂化效应，则随着萃取过程的进行，冻胶纤维中PE大分子与原溶剂分子间溶剂化效应逐步减弱，使纤维发生各向收缩（该收缩主要发生在萃取过程中）；另一方面由于萃取剂替代了纤维中的原溶剂，萃取剂在自然干燥状态下迅速挥发，使得大网络体系存在大量孔穴，导致纤维发生明显收缩（该收缩发生在干燥过程中）。由图3－31可见，二氯甲烷萃取纤维的起始干燥收缩速度远大于二甲苯萃取的纤维，干燥收缩很快达到平衡，这是由于二氯甲烷的挥发性远比二甲苯挥发性强所致。以二氯甲烷为萃取剂时萃取纤维的最佳干燥时间为3min左右，而以二甲苯为萃取剂时萃取纤维的最佳干燥时间为12min左右。因此，工业化萃取时纤维通过干燥箱时的速度是由所采用的萃取剂的性质决定的，采用挥发性强的萃取剂易于工业化干燥速度的提高。

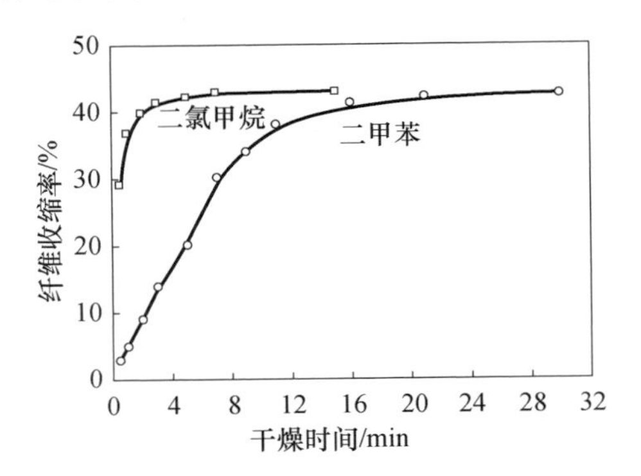

图 3-30　不同萃取剂萃取纤维收缩率随干燥时间的变化[99]

然而，若在 UHMWPE 冻胶纤维萃取干燥过程中任由其收缩，会导致冻胶纤维继续结晶，使其结晶度提高，可拉伸性能变差，见图 3-31[100]。

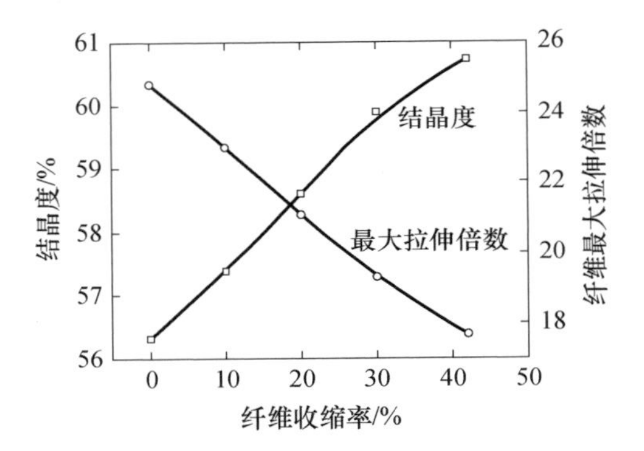

图 3-31　萃取干燥收缩率对冻胶纤维结晶度和最大拉伸倍数的影响[100]

这是由于聚乙烯玻璃化转变温度极低，在溶剂交换及萃取剂挥发的增塑作用下，会使得聚乙烯大分子活动性增强，处于片晶边缘的缠结较少的一部分大分子会进一步参与结晶，一部分相互靠近的微小片晶容易聚集形成相对较大的折叠链片晶，从而使得冻胶纤维的结晶度有所上升。由收缩和未收缩冻胶纤维的内部形态结构变化也可以看出聚乙烯结晶骨架的聚集程度，见图 3-32[100]。由图可见，萃取干燥后纤维内部存在大分子网络结构。正是这种网络骨架的存在，才使聚乙烯纤维具有一定的超拉伸性。若控制纤维不使其发生轴向收缩，则纤维仅发生径向收缩，因此纤维内网络骨架较细，也较为均匀，见图 3-32(a)。随纤维轴向收缩率的增大，大分子链的聚集程度变高，部分网络骨架变粗，见图 3-32(b)，这种较粗的网络骨架，限制了纤维拉伸倍数的提高。因此，冻胶纤维在萃取干燥过程中应尽量限制其收缩，需在张力下进行萃取干燥。

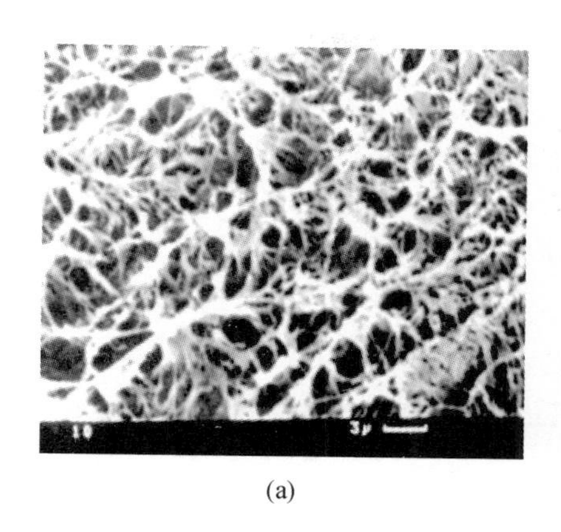

(a)

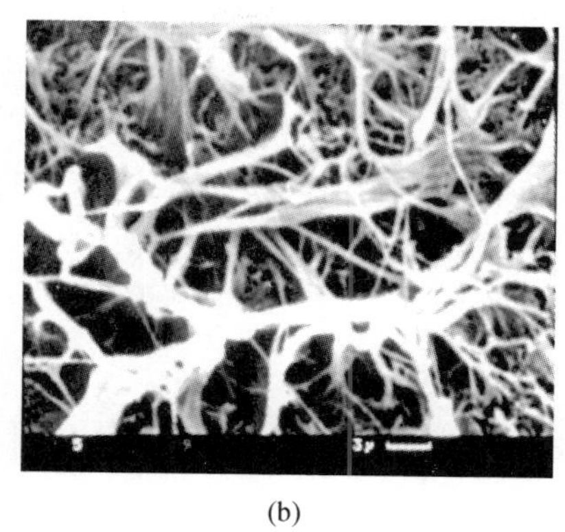

(b)

图3－32 萃取干燥收缩率对冻胶纤维的截面形态结构的影响[100]

(a)收缩率为0%;(b) 收缩率为20%。

此外,工业化干燥时需尽快除去纤维内的萃取剂,以提高工艺速度。可以适当提高干燥温度,以加速萃取剂的挥发去除。适当的干燥温度下可使得聚乙烯大分子网络因发生收缩,而在分子链聚集比较集中的网络骨架上形成一些结构较松散的晶区—准晶区[101]。这些准晶区内缺陷很多,含有许多非晶间隙,可称为非晶与晶区的中间态,能承受一定外力,但随拉伸的进行较易被拉开,因而这些准晶区的存在可以提高丝条的拉伸稳定性,提高丝条的有效拉伸倍数。但干燥温度也不能太高,否则会导致纤维结晶度提高,影响冻胶纤维的拉伸性能[99,41]。

从安全性角度考虑,干燥箱的温度也不能太高,可通过加大风量把干燥箱内的气态萃取剂带走,以加速萃取剂的挥发,以防引起着火甚至爆炸事故。

3.3.4.5 溶剂回收

在UHMWPE纤维的生产过程中,使用了大量的溶剂和萃取剂,这些溶剂和萃取剂必须进行回收回用。溶剂回收主要有两个目的:一是为了减少溶剂和萃取剂的消耗,以降低成本;二是尽可能减少萃取剂挥发后的排放,降低对环境的污染。UHMWPE纤维生产过程中的溶剂回收主要分为三个部分,分别为冻胶纤维放置阶段相分离出的混合液中溶剂的提取回收、萃取阶段萃取废液中溶剂和萃取剂的分离回收以及萃取干燥阶段挥发的气态萃取剂的吸附回收。

冻胶纤维放置阶段从冻胶纤维中分离出来的主要为溶剂与水的混合液,还可能会包含部分表面活性剂。这部分混合液中溶剂的提取回收较为简单,可经收集后集中进行高温破乳处理,然后通过油水分层槽进行分离,分离出的油类进一步精制回收。

萃取阶段萃取废液中溶剂和萃取剂的分离回收,其工艺流程图如图3－33所示。溶剂和萃取剂的分离主要是利用溶剂和萃取剂的沸点差,通过多级蒸馏,在真空度较高的状态下将两者分离。冷凝后的萃取剂纯度较高,不需再处理,即可直接进入萃取剂接收罐用于萃取工序;未冷凝的气态萃取剂及其他未冷凝气体由真空泵入气体回收设备。未蒸馏出的部分泵入下一级回收釜,其主要成分基本为溶剂白油,但杂质含量较高,必须进行再处理后才能回用,主要包括白土吸附脱色、沉降分离、粗滤、精滤等几道工序。此部分通过温度控制及蒸馏次数的把握,保证分离回用的溶剂里面不能含有低沸点萃取剂。

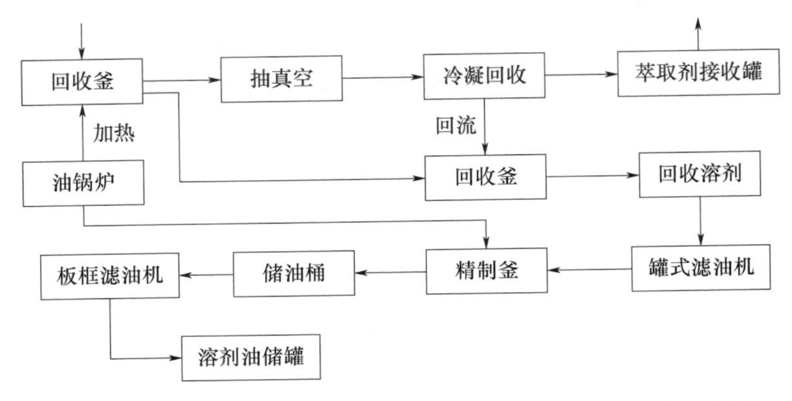

图 3-33　萃取废液中溶剂和萃取剂的分离回收工艺流程图

萃取干燥阶段萃取剂的回收主要是气态萃取剂的回收,回收工艺流程如图 3-34所示,此阶段主要包括萃取工段挥发的萃取剂及干燥工段挥发的萃取剂的回收利用,还涉及少量液态萃取剂的回收。根据萃取剂的物态不同,采用两种办法进行回收处理:一是在萃取后丝条出萃取浴的阶段,丝条表面所带的液态萃取剂较多,一般在此处加一负压抽吸装置,将其抽吸后进入缓冲冷凝,冷凝液收集回用,未能冷凝下来的气态萃取剂进入排气系统,由活性炭吸附;二是干燥阶段干燥箱内排出的气态萃取剂,此阶段所排放的混和气体中萃取剂浓度较高,在低温状态下将其冷凝后直接进入冷凝液储罐进行收集回用,未能冷凝下来的气态萃取剂经活性炭吸附。

活性炭吸附装置需配置三厢六芯吸附器,两级吸附,达标排放。生产过程中,未能冷凝下来的气态萃取剂首先进入第一吸附器通过活性炭纤维进行一级吸附,一级吸附后的尾气再串联送入第二吸附器进行吸附、干燥两个过程,经两级吸附后部分达标排放的尾气经干燥后由风机送至干燥箱作为干燥介质。以上过程均由自动控制程序进行控制,自动切换交替进行一级吸附、二级吸附、解吸和干燥三个工艺过程的操作。吸附一定数量萃取剂气体的活性炭纤维,用水蒸气进行解吸。解吸出的萃取剂和水蒸气一起进入冷凝器进行冷凝,冷凝液进入分层槽,经重力分层;上层的萃取剂自动溢流至萃取剂回收槽,下层的冷凝水排入废水处理系统。

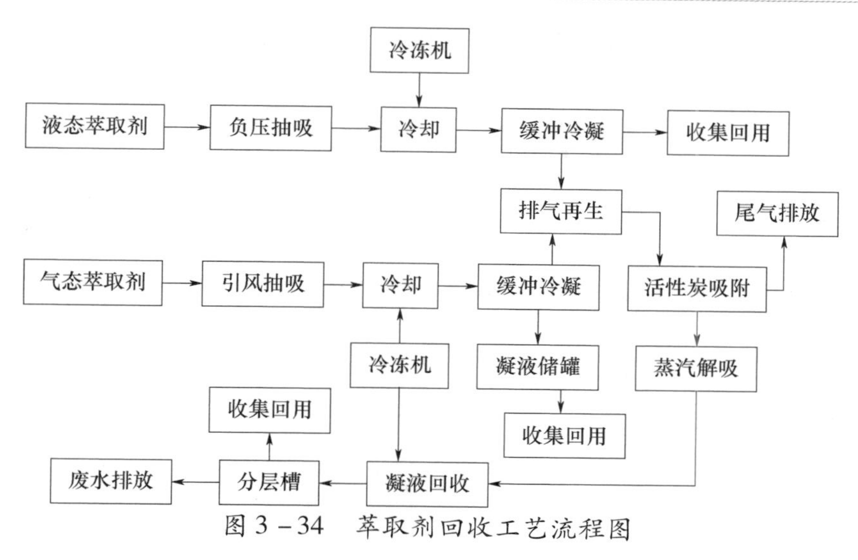

图3-34 萃取剂回收工艺流程图

3.3.5 纤维的高倍热拉伸

一般常规纺丝法所得的初生纤维都要经过拉伸才能成为成品纤维。不同品种的纤维在不同的工艺条件下拉伸倍数不一,但一般都在10倍左右,唯有冻胶纤维要经过几十甚至上百倍的拉伸才能成为超高强高模纤维,因此人们常把冻胶丝的拉伸称为高倍拉伸,或称为超拉伸。

Smith和Lemstra对以十氢萘为溶剂的UHMWPE冻胶原丝的拉伸性能进行了深入研究,发现冻胶原丝经过适当的拉伸后,所得纤维的力学性能随拉伸倍数的提高而提高,见表3-20[80]。

表3-20 拉伸倍数对UHMWPE纤维力学性能的影响[80]

拉伸倍数	纤维强度/GPa	模量/GPa	断裂伸长/%
1.0	0.06	2.4	77.2
2.8	0.27	5.4	10.8
7.2	0.73	17.0	7.6
8.6	1.17	25.1	9.0
9.8	1.39	27.5	7.0
10.4	1.27	28.1	6.5
11.3	1.32	33.9	7.1
12.1	1.65	37.5	7.4
13.1	1.72	40.9	6.3
15.7	1.80	41.2	6.8
25.5	2.87	68.3	5.9
31.7	3.04	90.2	6.0

可见,UHMWPE 纤维强度和模量均随拉伸倍数的提高而提高,在拉伸倍数达 30 倍以上时,纤维强度达 3GPa,纤维模量达 90GPa,而纤维断裂伸长稳定在 6% 左右。因此,冻胶纺丝之后对纤维进行高倍拉伸是使 UHMWPE 纤维获得高强高模力学性能的有效途径。高倍拉伸的目的就是要最大限度地将冻胶纤维中半结晶的微纤大网络转变为高度取向、高度结晶并具有伸直链结构的高强高模纤维。

3.3.5.1 拉伸速度对纤维拉伸性能的影响

拉伸速度是一重要的拉伸工艺参数,与一般的熔纺或湿纺纤维相比,冻胶纺聚乙烯纤维的拉伸速度要低得多。固定拉伸温度为 110℃,热管长度为 1m,采用静拉法测得纤维的最大拉伸倍数与拉伸速度的关系见图 3-35[100]。随拉伸速度的增加,纤维的最大拉伸倍数几乎呈直线下降,拉伸速度每增加 1m/min,最大拉伸倍数就要减少 7 倍。冻胶纺聚乙烯纤维拉伸速度难以提高的主要原因:一方面在于冻胶纤维结构比较疏松,抗张能力较低,无法承受高速拉伸带来的高的张应力;另一方面由于冻胶纤维中聚乙烯分子链较长且相互缠结,要使这些大分子解开缠结而被拉伸变形,必然要有足够能量,而聚乙烯大分子要获得此能量除要有能源(高温提供)外,还需要有一定时间。由于聚乙烯的熔点较低,通过提高温度来缩短该时间非常有限,因而只能牺牲拉伸速度来达到这一目的。

确切地说,影响纤维拉伸性能的应该是纤维在拉伸甬道内停留时间,此停留时间与拉伸速度和拉伸甬道长度有关。工业上,合理调节甬道长度和拉伸速度的匹配关系,可使聚乙烯纤维具有较好的可拉伸性,以达到较高的拉伸倍数。

3.3.5.2 拉伸温度对纤维拉伸性能的影响

拉伸温度的控制是超倍热拉伸工艺中最重要的参数之一,然而准确选择并控制最佳拉伸温度在实践中却比较复杂,因而是拉伸工艺难点之一。

图 3-36 为萃取干燥后冻胶纤维在不同温度下的最大拉伸倍数[100],采用静拉法,拉伸速度为 1m/min。由图可见在较低温度时,随温度的上升,纤维最大拉伸倍数也上升。这是因为聚乙烯大分子要实现大形变,除要受到一定张应力作用外,还需获得足够的能量使大分子的运动能力能满足大形变的要求。但温度继续上升,最大拉伸倍数有下降趋势。这是由于随温度的再度提高,具有疏松网络结构的聚乙烯大分子热运动剧烈,在应力下易使纤维内部结构产生不均匀,晶区抵抗外应力的能力越趋增强,而非晶区相反越趋减弱,使得纤维容易产生断裂,导致最大拉伸倍数下降。若继续升高温度,纤维已接近于黏流态,大分子间极易产生相对滑移,导致纤维熔断,致使拉伸不能正常进行。因此,纤维拉伸时存在一最佳温度。当然,此拉伸温度为纤维实际温度,工业上拉伸速度较快时,工艺设置温度要明显高于纤维实际温度。

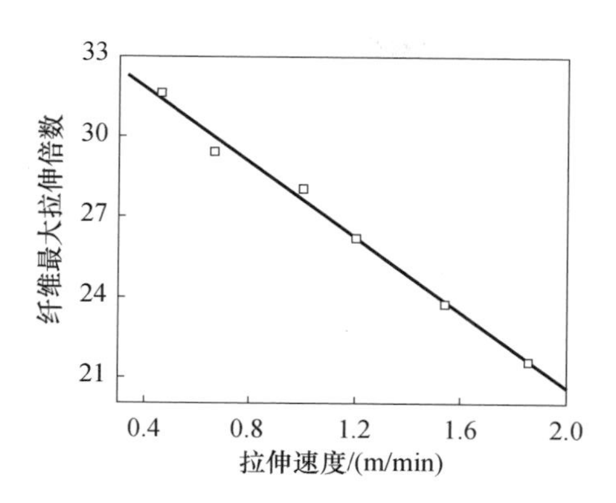

图3-35 拉伸速度对最大拉伸倍数的影响[100]

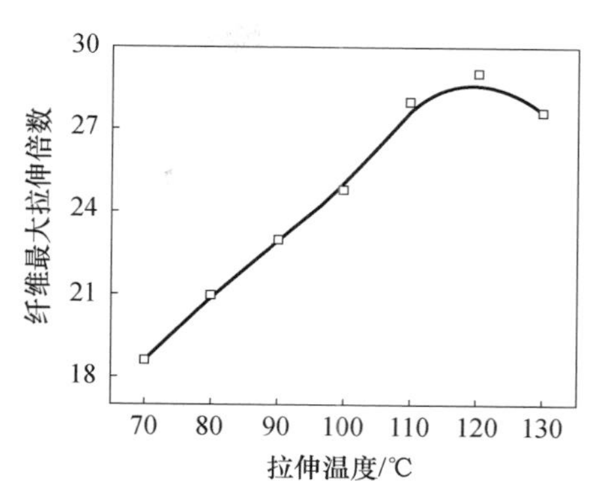

图3-36 拉伸温度对最大拉伸倍数的影响[100]

3.3.5.3 UHMWPE冻胶纤维的多级拉伸工艺

由于聚乙烯纤维的超分子结构随拉伸的进行而进一步致密化,使纤维的熔点随拉伸倍数的增加而增加[102]。因此采用多级拉伸时,各级最佳拉伸温度应该逐级上升。

经过一级拉伸之后,纤维已经具有一定的结构规整性。使这些结构已较为规整的纤维发生拉伸变形需要更多的能量,因此要进一步提高拉伸温度。工业上进行连续拉伸时,二级拉伸的喂入罗拉速度应该等于一级拉伸的拉伸罗拉速度,因此二级拉伸的拉伸速度远大于一级拉伸的拉伸速度。若拉伸甬道长度不变,则纤维在二级拉伸甬道内停留时间变小,则需进一步提高拉伸温度以使纤维获得足够的产生拉伸变形所需要的能量,因此二级拉伸温度要高于一级拉伸温度。据专利报道[103],采用多级拉伸时,各级拉伸温度之间应遵循下述几个关系式:

$$\theta_n = (T_{n-1} - 30) \sim T_{n-1} \quad (3-4)$$

$$\theta_{n-1} - 10 \leqslant \theta_n \leqslant \theta_{n-1} + 30 \quad (3-5)$$

$$3 \leqslant n \leqslant 20 \quad (3-6)$$

式中 n——拉伸级数;

θ_{n-1}——第$(n-1)$级拉伸温度(℃);

θ_n——第n级拉伸温度(℃);

T_{n-1}——第$(n-1)$级拉伸丝的熔点(℃)。

由此可以得出,在进行多级连续拉伸时,每一级的拉伸温度应在比上一级拉伸纤维熔点低30℃的范围内选择,且应选择一适当的温度上升梯度,以使拉伸温度与有效的最佳稳定拉伸温度相近。

多级多段拉伸是UHMWPE冻胶纤维超拉伸的主要手段,采用多级拉伸时各级拉伸比允许的范围较大,但只有合适的分配各级拉伸比,才能获得较大的总拉伸倍数。图 3－37 为采用二级拉伸时总拉伸倍数 $R_{总}$ 随一级拉伸倍数 R_1 的变化。

固定一级拉伸温度为 110℃，喂入罗拉速度为 0.5m/min，将萃取后冻胶纤维以不同拉伸倍数（R_1）进行拉伸。然后再采用静拉法对不同拉伸倍数 R_1 的一级拉伸纤维进行二级拉伸至最大拉伸倍数（R_{2m}），二级拉伸温度为 115℃，拉伸速度为 1m/min，测得纤维最大总拉伸倍数 $R_{总}$（即 R_1R_{2m}）随一级拉伸倍数 R_1 的变化如图 3－37（a）所示。由图可知，当 R_1 控制在一定范围（5～15 倍）时，可获得较高的 $R_{总}$ 值，R_1 太低或太高都不利于 $R_{总}$ 的提高。

对比二级拉伸和一级拉伸（图 3－36）可以看出，控制一级拉伸 R_1 为 1 时经二级拉伸所获得的最大拉伸倍数 $R_{总}$ 为 35.2 倍，这比单独进行一级拉伸的最大拉伸倍数 R_m（28 倍）要高得多。据有关文献报道[104,105]，UHMWPE 冻胶纤维经过一定温度、一定时间的热处理后，纤维的拉伸性能会有所提高。纤维在一级拉伸甬道中通过但不拉伸，相当于对纤维进行了一定温度、一定时间的张紧热处理，则再进入二级拉伸时，其拉伸性能会有所提高。因此，二级拉伸时最大拉伸倍数的提高，除拉伸温度提高的贡献外，还有热处理的贡献。

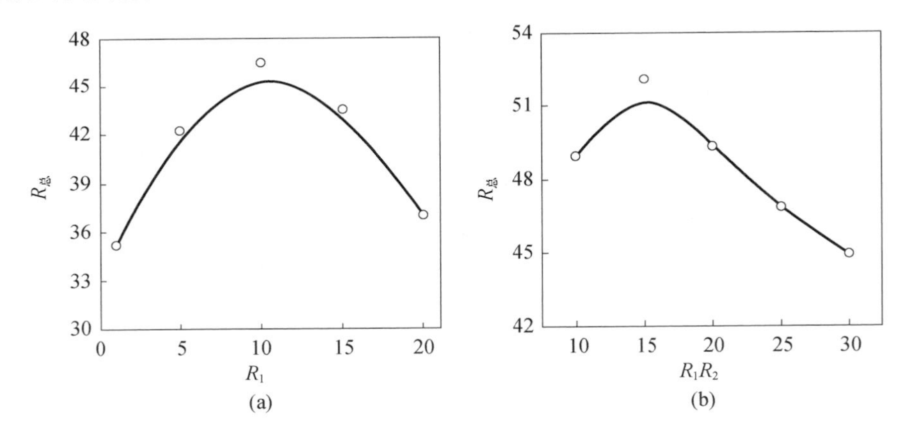

图 3－37　多级拉伸时最大总拉伸倍数随各级拉伸倍数的变化
（a）二级拉伸；（b）三级拉伸。

若采用三级拉伸，固定一级拉伸温度为 110℃，R_1 为 10 倍；二级拉伸温度为 115℃，将经一级拉伸后纤维拉伸至不同的 R_2，一、二级拉伸喂入罗拉速度均为 0.5m/min；然后再采用静拉法对经过不同倍数二级拉伸的纤维进行三级拉伸至最大拉伸倍数 R_{3m}，三级拉伸温度为 120℃。测得纤维总拉伸倍数 $R_{总}$（即 $R_1R_2R_{3m}$）随 R_1R_2 的变化如图 3－37（b）所示。可以看出，三级拉伸最大拉伸倍数的变化规律与二级拉伸曲线变化规律基本相同。这说明在采用多级拉伸时，各级拉伸倍数不宜太高，应控制在一定范围内。并且采用多级拉伸时，才能使 UHMWPE 纤维拉伸至尽可能高的拉伸倍数，从而提高纤维的力学性能。

3.3.5.4 高倍热拉伸过程中UHMWPE纤维的超分子结构变化

以北京某UHMWPE纤维生产厂家生产的UHMWPE纤维为研究对象，跟踪研究UHMWPE纤维拉伸过程中各阶段纤维的结构性能变化。UHMWPE纤维制备工艺如下：以UHMWPE浓度为12%配置纺丝原液进行冻胶纺丝，冻胶纤维放置2天进行相分离。经相分离平衡的冻胶纤维集束后进行4倍左右的预拉伸，然后以张紧状态下进行多级超声萃取和干燥。预拉伸在室温下进行，其目的是把不均匀收缩的冻胶纤维冷拉平整，以增加后序拉伸的稳定性，并且冻胶纤维拉伸变细后也利于加快后序萃取速率。冻胶纤维经萃取干燥后直接进行三级连续热拉伸，拉伸热管长度均为4m，三级拉伸之后再在低速下进行二段拉伸，拉伸约1.3倍，获得各不同拉伸倍数的纤维，用以研究拉伸过程中纤维结构性能变化。

1. 拉伸过程中纤维的力学性能变化

表3-21为拉伸各阶段UHMWPE纤维的力学性能及声速取向变化[44]。可以看出，预拉伸对纤维的强度和模量基本没有什么贡献，这是由于预拉伸时纤维内含有大量溶剂，此时的拉伸基本是聚乙烯大分子网络间的滑移。萃取干燥之后的三级拉伸对纤维的力学性能贡献较大，随拉伸倍数的增大，纤维力学强度迅速上升。至三级拉伸时由于拉伸速度较快，降低拉伸倍数以保证拉伸的稳定性，因此纤维由二级拉伸至三级拉伸后纤维强度上升幅度也不大。最后的二段拉伸由于是在低速下进行，可适当提高拉伸倍数，纤维强度增大也比较明显。

表3-21 拉伸纤维力学性能及声速取向因子变化[44]

拉伸工艺	拉伸倍数	强度/(cN/dtex)	模量/(cN/dtex)	断裂伸长/%	声速取向因子f_s
未拉伸	0	1.41	15.08	—	0.5691
预拉伸	4.35	1.49	24.92	63.11	0.7676
一级拉伸	23.55	18.29	231.96	4.13	0.9645
二级拉伸	31.61	23.24	717.66	3.98	0.9781
三级拉伸	33.06	24.76	905.92	3.87	0.9882
二段拉伸	42.98	27.31	922.68	3.6	0.9889

注：未拉伸和预拉伸纤维分别是由未经预拉伸和经过预拉伸的冻胶纤维直接在张紧状态下萃取干燥制得

2. 拉伸过程中纤维取向度的变化

纤维取向度是反映纤维内部超分子结构规整性的重要参数，也是表征纤维力学性能的重要参数。由声速法测得的纤维取向因子f_s列于表3-21中。声速取向反映的是纤维中大分子链的整体取向，经张紧萃取干燥后的冻胶纤维的声速取向因子为0.5691，说明冻胶纤维中纤维大分子已有较高程度的取向。这是由于UHMWPE纺丝原液经由喷丝孔挤出时，喷丝孔对溶液产生较大的挤压和剪切作用，并在喷头拉伸应力的作用下，使得 UHMWPE 分子沿纤维轴向定向排列。在冻胶纤维的相分离过程中，部分非晶态大分子会随冻胶纤维相分离的进行而产生回缩，导致冻胶纤维取向程度有所减小。在预拉伸过程中，这部分回缩的非晶大分子又会随拉伸应力而沿纤维轴向取向排列，因此，预拉伸纤维取向度较未拉伸纤维有较大提高。在萃取干燥之后，纤维具有疏松的网络结构，随拉伸的进行，在纤维大分子迅速沿拉伸应力方向取向排列，致使拉伸初期纤维声速取向因子 f_s 随拉伸倍数的增大急剧增大，而在拉伸后期，纤维结构已变得较为紧密规整，纤维 f_s 上升趋势开始变缓，并逐渐趋于一恒定值（约为 0.989）。

3. 拉伸过程中纤维结晶结构的变化

图 3－38 为由广角 X 射线衍射法（WAXD）测得的各级拉伸纤维的结晶度及各晶面法线方向晶粒平均尺寸变化和由小角 X 射线散射法（SAXS）测得的各纤维结晶长周期的变化[106]。可以看出，纤维结晶长周期随拉伸的变化呈现三个阶段，第一阶段基本不变（约为 35nm），第二阶段迅速增加，第三阶段逐渐趋于平衡（约为 50nm）。

根据纤维模型[107]，纤维由微原纤组成，沿着原纤是交替出现的晶区和非晶区，而纤维结晶长周期是相邻晶区和非晶区长度之和。对于未拉伸冻胶纤维，其结晶长周期约为 35nm，由于聚乙烯折叠链结晶厚度一般为 10～15nm[108]，则纤维非晶区平均长度约为 20～25nm。由于冻胶纺丝聚乙烯分子链较长，则在冻胶纤维的超分子结构中，聚乙烯分子链可以穿越几个相邻的晶区和非晶区，在晶区规整折叠，在非晶区松散缠结，成为缚结分子。

拉伸的第一阶段为预拉伸和萃取干燥阶段，此阶段纤维内含有大量溶剂或萃取剂，则此时的拉伸基本为聚乙烯大分子链间的滑移，纤维的结晶长周期基本保持不变。进入拉伸的第二阶段后，松散缠结的非晶部分逐渐被拉长，连接片晶的一部分缠结较少的缚结分子先后被拉直张紧，并且在拉伸应力和拉伸温度的双重作用下，与部分张紧缚结分子相连的折叠链片晶逐渐发生解折叠，同相邻的张紧缚结分子一起形成新的晶区－伸直链结晶，因而此阶段纤维结晶长周期迅速增加。在拉伸的第三阶段，纤维已经高度致密化，随拉伸温度和拉伸倍数的再度提高，部分与张紧缚结分子相连的折叠链分子继续获得能量而解折叠，参与到缚结分子的行列，并且其中一部分也可能与相邻的张紧缚结分子一起形成新的伸直链晶区，但这对于纤维的结晶长周期已无多大贡献，因而此阶段纤维结晶长周期只稍有增加并逐渐趋于平衡。

由图 3－38 中纤维的 WAXD 结晶度变化可以看出，经萃取干燥后的冻胶纤维已经具有相当高的结晶度（约为 56%），这是由于聚乙烯分子链柔顺性极好，极易结晶，在纺丝原液经喷丝孔喷出后的骤冷过程中极易产生大量的折叠结晶。

同纤维结晶长周期随拉伸倍数的变化规律基本相似，纤维的 WAXD 结晶度随拉伸倍数的变化呈现三个阶段：预拉伸和萃取干燥拉伸阶段，纤维结晶度基本

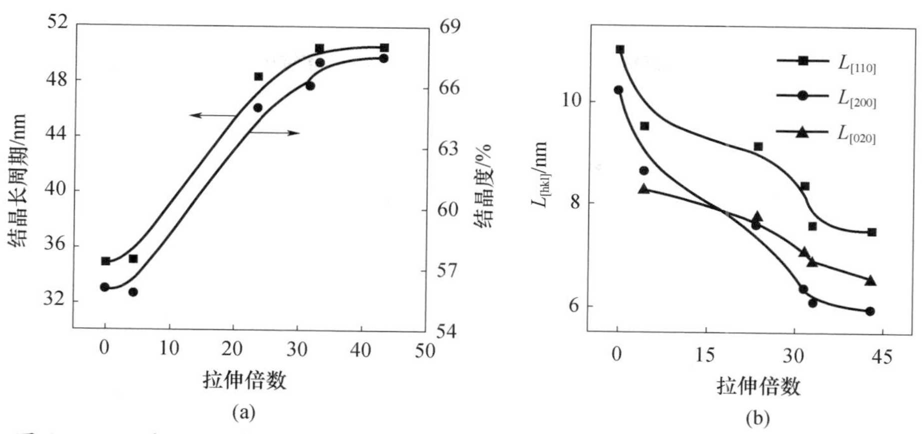

图 3－38　各级拉伸纤维的结晶度、结晶长周期及晶粒平均尺寸的变化[106]

(a)纤维结晶长周期及结晶度变化；(b)纤维各晶面法线方向晶粒尺寸 $L_{[hkl]}$ 变化。

不变；第二阶段，随拉伸倍数的增加，纤维中逐渐形成一部分伸直链结晶，另外，处于折叠链结晶边缘的非晶区大分子得到能量而逐渐砌入晶格，使纤维结晶度迅速增加；第三阶段，拉伸倍数大于 30 倍以后，纤维结晶度上升幅度很小，基本上趋于一平衡值(约为 67.5%)。

同纤维结晶长周期随拉伸倍数的变化规律相反，纤维[110]晶面、[200]晶面和[020]晶面法线方向上的晶粒平均尺寸均随拉伸倍数的提高而下降，且其下降幅度逐渐变小，至高倍拉伸后趋于平衡，见图 3－38(b)。三晶粒尺寸反映的是晶胞 a、b 轴组成平面内的"横向晶粒尺寸"，拉伸初期，在拉伸应力的作用下，垂直于拉伸方向的晶粒沿拉伸方向倾斜并在其较大结晶缺陷部分断裂，导致其横向晶粒尺寸急剧下降。之后，随拉伸的进行，一方面垂直于拉伸方向的晶粒继续沿拉伸方向倾斜并在其结晶缺陷处断裂，另一方面，在拉伸应力和温度的作用下，晶区分子得到能量而使其晶粒结构更加紧密、规整，因此横向晶粒表观尺寸继续下降。随着拉伸进入高倍阶段，纤维结构已较为紧密，其结晶缺陷部分已很少，因而横向晶粒尺寸也基本不再变化。

对于纤维轴向晶粒尺寸 $L_{[0,0,h]}$ 来说，用 WAXD 法基本测不出来。而由纤维 SAXS 测试结果可得知，纤维在拉伸过程中形成了一部分伸直链结晶，因此晶粒 c 轴方向的"轴向晶粒尺寸"随拉伸倍数的增加是在增大的。

研究者曾用模型来描述拉伸过程中纤维内结晶结构变化[109]，将拉伸过程分为 4 个阶段。第一阶段为萃取干燥阶段，大分子链和网络相互靠近，增强了相互作用力，微小片晶粒相互靠近形成大片晶块；第二阶段是拉伸预备阶段，在预拉伸应力的作用下，大片晶块发生倾斜破裂，形成微晶粒，同时产生许多连接相邻晶粒的缚结分子；然后是第三阶段为拉伸进行期，缚结分子被拉伸伸直形成张紧缚结分子，从而形成串晶结构；最后是拉伸完成期，在进一步拉伸应力和温度的双重作用下，串晶结构逐渐转变成伸直链结构，纤维具有高度取向的连续结晶结构，从而使 UHMWPE 纤维获得超高强度和超高模量。

4. 拉伸过程中纤维分子运动变化规律

拉曼光谱可以研究聚乙烯纤维分子结构的变化和链取向的变化，Wong W. F. 和 Marie P. 等研究了聚乙烯纤维的拉曼光谱并对所观察到的谱带进行了归属[110,111]：在 1063cm^{-1}附近的光谱峰代表了纤维中 C—C 旁式构象的非对称伸缩振动；而在 1129cm^{-1}附近的光谱峰则代表了纤维中 C—C 反式构象的对称伸缩振动。图 3－39 为各级拉伸 UHMWPE 纤维在 1000～1200cm^{-1}范围内的拉曼光谱图[106]，表 3－22 为由图 3－39 获得的各拉伸倍数 UHMWPE 纤维 1063 cm^{-1}峰与 1129 cm^{-1}峰的峰强 H。

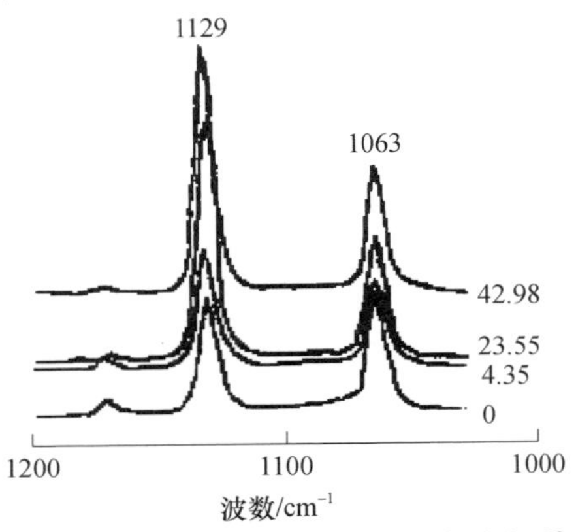

图 3－39　不同拉伸倍数 UHMWPE 纤维的拉曼光谱图[106]

由表 3－22，发现纤维 1129cm^{-1}谱带峰强与 1063cm^{-1}谱带峰强之比随拉伸倍数的上升而上升，说明在拉伸过程中，纤维 C—C 反式构象相对于其旁式构象的数目大大增加。根据聚乙烯分子在结晶中的链构象[108]可知，聚乙烯分子链在结晶中呈锯齿状反式构象，而在结晶的两边或折叠链结晶的折叠部分分子链呈旁式结构，并且非晶区中 C—C 分子链呈反式构象与呈旁式构象的概率相等。则纤维中 C—C 反式构象相对于其旁式构象的数目随拉伸倍数的增加而增加，说明随拉伸的进行，纤维非晶区中分子链参与了结晶，纤维结晶度随拉伸倍数的上升而增加。这与纤维的 WAXD 测试结果相一致。

表 3－22　不同拉伸倍数 UHMWPE 纤维的特征峰峰强 H 变化

拉伸倍数	H_{1063}	H_{1129}	H_{1129}/H_{1063}
0	0. 2414	0. 2353	0. 9747
4. 35	0. 2441	0. 3082	1. 2626
23. 55	0. 2545	0. 4738	1. 8617
42. 98	0. 2511	0. 4849	1. 9311

5. 拉伸过程中纤维热性能变化

将拉伸各阶段纤维分别剪成粉末或将纤维张紧缠绕在坩埚铝片上，分别测试纤维松弛状态和张紧状态下的热性能，所得DSC图谱见图3-40[44]。可以看出，松弛状态各纤维DSC图谱都仅有一个熔融吸热峰，而在张紧状态下高倍拉伸纤维DSC图谱上则出现三个吸热峰。纤维DSC图谱上各吸热峰温度列于表3-23[44]中。

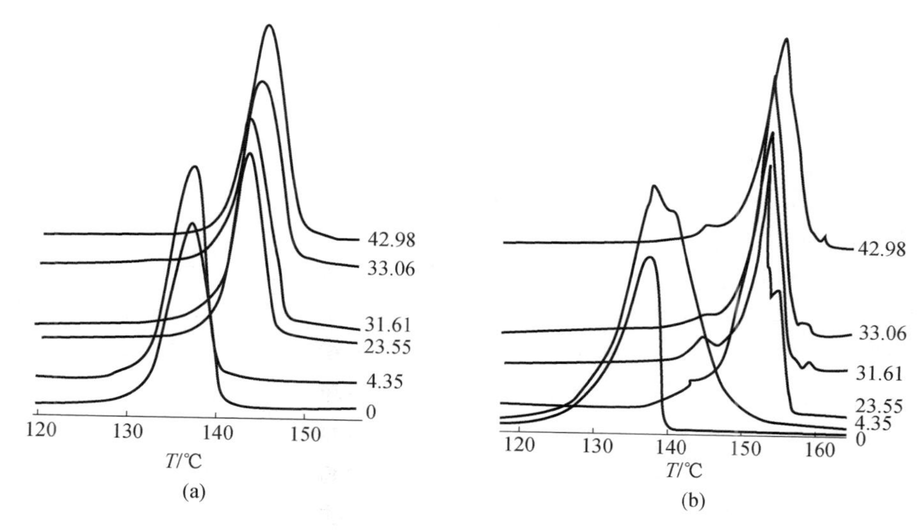

图3-40 拉伸各阶段UHMWPE纤维的升温DSC图谱[44]

(a)纤维松弛状态DSC图谱；(b)纤维张紧状态DSC图谱。

表3-23 松弛及张紧状态下的纤维DSC吸热峰温度[44]

拉伸倍数	松弛状态	张紧状态		
	T_m/℃	T_{m1}/℃	T_{m2}/℃	T_{m3}/℃
0	137.05	137.45	—	—
4.35	136.77	138.03	140.62	—
23.55	141.58	143.45	152.99	154.54
31.61	143.05	144.84	153.85	157.96
33.06	144.21	144.25	154.16	157.59
42.98	145.36	144.91	155.39	160.32

由表3-23中松弛状态下的吸热峰温度变化可以看出，随拉伸倍数的增加，在刚开始阶段纤维熔融峰温T_m略有下降，随后则迅速上升，高倍拉伸后T_m上升幅度才稍有变缓。在开始时T_m的下降可能是拉伸应力使纤维中的较大片晶块发生破裂所致。而后随拉伸倍数的增加，一方面片晶迅速取向，结晶缺陷逐渐变

少;但更重要的是纤维非晶区内缠结较少的缚结分子被拉直靠拢形成新的更为紧密的晶区,因而纤维熔融峰温迅速上升。到一定程度后纤维内部结晶规整度的提高变得平稳,因而 T_m 的增加也逐渐变缓。

而在张紧状态下,随拉伸倍数的增加,纤维 DSC 图谱上的吸热峰逐渐由单峰变成三峰。未拉伸纤维只有单一熔融峰,稍拉伸后在第一熔融峰之后出现一个小的肩峰,即第二熔融峰,经高倍拉伸后纤维第一熔融峰变小,第二熔融峰变大,且在第二熔融峰之后出现第三熔融峰。各纤维仅第一个吸热峰峰温与其松弛状态近似,或略高于其松弛状态熔融峰温。研究者认为 UHMWPE 纤维在张紧状态下的加热过程中,其结晶结构发生了由正交晶相向六方晶相的相转变[112],此结晶相转变是在一定的温度和抗收缩应力的作用下才出现的。因此纤维 DSC 图谱上的第二熔融峰为聚乙烯正交晶相向六方晶相的相转变峰,而第三熔融峰则为六方晶相的熔融峰。

未拉伸冻胶纤维内部存在着较为疏松的网络结构,在张紧状态下纤维受热收缩产生的应力很小,不足以导致纤维结晶相转变的发生,在纤维 DSC 图谱上只表现为单一的熔融峰。由于此时纤维结晶结构也较为疏松,其熔融峰温较低。纤维稍拉伸后其结构变得稍为紧密,张紧受热时在纤维中产生了一定的应力,此应力导致很少一部分结晶由正交晶相转变为六方晶相,因此在纤维张紧 DSC 图谱上的第一熔融峰之后出现了一个很小的肩峰(相转变峰)。由于纤维中发生结晶相转变的部分很少,故其六方晶相的熔融在 DSC 图谱上尚表现不出来。高倍拉伸后纤维结晶和非晶结构均变得较为紧密,则纤维第一熔融峰温有较大提高,并且在张紧状态下受热时在纤维内部产生了较大的应力,此应力阻止了纤维正交晶相的熔融,导致其结晶结构发生了由正交晶相向六方晶相的相转变,则在纤维张紧 DSC 图谱上第一熔融峰(正交晶相熔融峰)变小,第二熔融峰(相转变峰)变大,并且在第二熔融峰之后出现了一较小的第三熔融峰(六方晶相熔融峰)。由于 PE 纤维中不存在六方晶相的结晶,其六方晶相的结晶只是纤维样品在一定的温度和抗收缩应力的作用下才出现的,此应力阻止了纤维正交晶相的熔融,导致其晶区发生了相转变。因此在纤维完全松弛状态(剪成粉末)下的 DSC 图谱上均不出现第二熔融峰和第三熔融峰。

3.4 我国超高分子量聚乙烯冻胶纺丝技术进展

我国 UHMWPE 纤维产业发展迅速,由 21 世纪初的 3 家生产企业发展到近 30 家仅用了不到 10 年的时间,但采用的基本都是以湿法冻胶纺丝工艺为主。在国内 UHMWPE 纤维大规模产业化的同时,在相关研究单位与企业的共同努

力下，UHMWPE 纤维的生产工艺技术也不断推陈出新。

3.4.1 干法纺丝

国内有关 UHMWPE 纤维干法冻胶纺丝的研究较晚，由中国纺织科学研究院从 2000 年开始立项开发以十氢萘为溶剂的干法冻胶纺丝工艺[45]，取得了一定的进展。但由于选用的溶剂十氢萘只能依赖进口，价格昂贵，且干法路线中的十氢萘气体回收问题也一直未能解决，从而使该工艺路线在国内发展较为缓慢。后由中石化南化集团研究院参与开发干法路线中十氢萘的回收技术，与中国纺织科学研究院联合在中石化立项开展 UHMWPE 纤维干法工艺研究，2005 年完成 30t/a 高强聚乙烯纤维干法纺丝中试，2008 年底在中国石化仪征化纤股份有限公司建成 300t/a 高强聚乙烯纤维干法纺丝生产线，正式宣告 UHMWPE 纤维干法冻胶纺丝生产工艺的成功。

UHMWPE 干法冻胶纺丝工艺流程图见图 3－12，其与湿法冻胶纺丝工艺在溶液配制和多级热拉伸工序是基本相同的。两者的主要区别在于，干法纺丝溶液经由喷丝孔挤出后，经过一较长的热甬道，在热甬道内纺丝液流内溶剂逐渐挥发并冷却固化成干态的冻胶原丝；而湿法冻胶纺丝溶液出喷丝孔后只经过一段很狭小的空气层随即进入凝固浴骤冷成冻胶纤维，此冻胶纤维需经萃取和干燥工序除去纤维内的溶剂而成为干态冻胶纤维。干法冻胶纺丝路线溶剂可直接回收，无需使用萃取剂，省去了溶剂与萃取剂的分离回收工序，大大缩短了纤维生产工艺流程，且干法工艺中 UHMWPE 的溶解－挤出－溶剂挥发－纤维热拉伸过程连续进行，生产速率也较高，有助于降低纤维生产成本。

UHMWPE 纤维干法冻胶纺丝路线的技术关键是如何控制纺丝甬道内的温度和拉伸应力，以形成适度解缠结状态的干态冻胶纤维。在 UHMWPE 溶液干法纺丝溶液挤出喷丝孔之后，既不能像湿法冻胶纺丝那样将溶液中大分子的低缠结状态通过低温凝固浴的“冻胶化”固定下来，以利于随后的超倍拉伸；又不能采用过高的纺程温度，以免使溶液成纤的应变性能与熔融成纤相同而失去后拉伸性。针对此难点，中国纺织科学研究院的孙玉山等人提出了“纺程解缠”的概念并设计了相应的半封闭式温度控制区，与纺丝工艺相匹配，制备出细旦、高强、单丝之间无黏连的高强聚乙烯纤维，并于 2001 年申报了相应的发明专利[113]。其关键在于在喷丝板下方设置一定长度的半封闭式温度控制区（热套），并与原料分子量、纺丝原液浓度、喷丝孔孔径、长径比和溶液挤出速率相匹配，通过设置热套中心温度和溶液细流的喷头拉伸倍数，调节纺丝原液挤出后的纵向拉伸流变，在纺程上解除部分大分子缠结点并使原液细流细化后溶剂得以顺利并充分挥发，从而得到具有适宜解缠结状态的干态冻胶纤维。2003 年，研究人员又对干法纺丝喷丝板下方的温度控制区设置进行了细化并申请了新的发明专利[114]，其关键在于合理控制温度控制区的温度梯度、控制区长度及纤维喷头拉伸倍数，将控制区分为两段，连接喷丝组件的第一温控区长度约20～40cm，中心温度约130～240℃，下方的第二温控区长约3～5m，温度采用2～4段控制，中心温度为50～120℃并沿丝束逐段下降10～30℃，或逐段升高0～30℃。溶液细流在第一温控区内进行一定程度的纵向拉伸，其主要目的是利用纺程中纤维轴向固化前的拉伸流动变形来解除部分大分子缠结点，即通过纺丝溶液挤出后的纵向拉伸流变解除部分大分子的贯穿结构，减少缠结点，从而得到具有适度大分子缠结点同时延伸和细化了的串晶结构原丝；然后在第二温控区内冷却固化并形成干态冻胶原丝。固化的目的是为了使在纵向拉伸流变时形成的适度大分子缠结点结构随着溶液黏度达到流动的极限值而固定，由于固化采用了溶剂挥发和冷却同步进行的方法，因此既可以使溶剂在纺丝过程中充分挥发，又可以保证溶液细流充分冷却，避免大分子回缠形成新的缠结点。该工艺采用纵向拉伸流变和固化相结合的技术，使纺丝溶液细流变成含有适度大分子缠结点的干态冻胶原丝。经研究，此干态冻胶原丝呈现较为明显的串晶结构[45]，可有效保证经热拉伸得到具有伸直链结构的高强聚乙烯纤维。

针对干法工艺中纺丝溶液挤出后的纵向拉伸流变过程，孙玉山课题组建立了拉伸应力熵变-黏滞二元组合模型[115]，将宏观拉伸应力与分子间的微观缠结量联系起来，分析了UHMWPE溶液干法纺丝过程中的大分子缠结与解缠情况，揭示了UHMWPE溶液干法纺丝过程中“纺程解缠”的分子运动机理。李方全等具体研究了分子量500万、浓度为8%的UHMWPE溶液干法纺丝时在第一温控区的喷头拉伸对纤维后续拉伸的影响[116]，得出喷头拉伸在13倍时，纤维后续拉伸时可达到最大拉伸倍率，获得最高的纤维强度和模量。

UHMWPE干法纺丝工艺中所用溶剂十氢萘价格昂贵，且有毒并易燃易爆，因此合理高效的溶剂回收技术也是UHMWPE纤维干法冻胶纺丝工艺成败的关键。针对UHMWPE干法纺丝工艺中的溶剂回收效率问题，中石化南化集团研究院做了许多工作，发明了高性能聚乙烯纤维干法纺丝溶剂闪蒸回收方法并设计了用于闪蒸回收的关键部件——环冷套[117]。在干法纺丝喷丝板下方设置一高温装置——环冷套，提供足够热量用于纺丝液流中溶剂的闪蒸，以确保溶剂尽可能挥发，除去大部分溶剂，解决溶剂回收问题，同时在纤维成形过程中建立温度梯度，满足纤维结晶、取向的需要。针对UHMWPE干法纺丝溶剂回收中的节能问题，南化集团研究院又提出新的发明[118]。在干法纺丝溶剂十氢萘回收应用过程中，有两路混合气体，一路经过纺丝箱体的氮气，十氢萘浓度从几百mg/kg增加至几千甚至上万mg/kg；而另一路经过纤维固化甬道的氮气，十氢萘浓度从约25mg/kg增加至几百mg/kg。根据这两路气体的分离要求不同，采取两种不同的回收工艺，溶剂回收流程如图3－41所示[118]。从纺丝箱体出来的含较高十氢萘浓度的混合气体 B 采用简单的冷凝分离,使混合气体中残留的十氢萘浓度降低至 500 ~ 1000mg/kg,然后将此混合气体增压升温后从 A 处进入纺丝系统循环利用,构成溶剂回收回路一。由纤维固化甬道上方出来的混合气体采用经“压缩、冷凝分离回收”—“膜级联膜分离回收”—“吸附剂吸附分离回收”综合回收工艺,使氮混合气体中残留十氢萘浓度低于 25mg/kg,补充新的氮气并增压后由 C 处进入纺丝甬道循环利用,构成溶剂回收回路二,如需少量排放该氮气也达到国家排放标准。此分路回收工艺可使混合气体中十氢萘回收率保持在 99% 以上,而回收能耗降低 30% 以上。

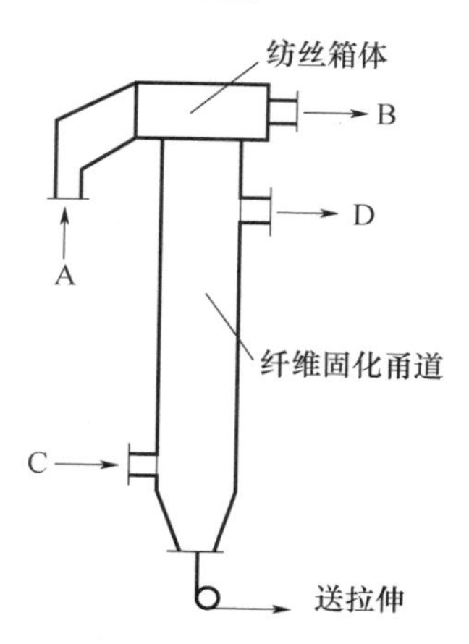

图 3 -41　UHMWPE 纤维干法纺丝溶剂回收示意图[118]

A—混合气体进口;B—高溶剂浓度混合气体出口;C—氮气入口;D—混合气体出口。

在 UHMWPE 纤维干法纺丝生产过程中,可在甬道下端加一弯道,采用水封方式使甬道密闭,防止挥发的溶剂被丝束带出,并在出风口采用适当负压抽吸,以加速甬道内溶剂的挥发,降低干态冻胶纤维中的溶剂浓度,提高溶剂回收率。但负压不能太大,以保证甬道底端内外的液位差不能太大。

目前中石化仪征化纤股份有限公司是国内唯一采用干法纺丝工艺生产 UHMWPE 纤维的企业。自 2008 年底建成 300t/a 高强聚乙烯纤维干法纺丝产业化生产线之后,发展迅速,2011 年建成 1000t/a 干法纺丝装置,2013 年进一步扩大产能至 1300t/a[48]。生产纤维产品包括低线密度规格为 20 ~ 200D 共 8 个品种、中线密度规格为 250 ~ 800D 共 6 个品种、粗线密度规格为 1000 ~ 2200D 共 4 个品种以及高线密度规格为 3000D 和 4800D 两个品种,品种齐全,满足不同用户、不同领域的应用要求。产品单丝纤度在 0.6 ~ 1.7D,一般为 1.1D,单丝强度大于 40cN/dtex。

3.4.2 高浓度冻胶纺丝

通常情况下，工业上 UHMWPE 冻胶纺丝采用的溶液浓度为 7% ~10%。在如此低的纺丝浓度下，纤维的生产效率非常低，制备 1t UHMWPE 纤维要使用 10 ~15t 的溶剂，在随后的萃取过程中要使用 30 ~45t 的萃取剂将溶剂置换出来。在溶剂使用过程中不可避免会造成一定的浪费，不仅增加纤维的成本，也污染环境。因此，提高冻胶纺丝浓度是提高纤维生产效率和降低环境污染的有效方法。随着冻胶纺丝技术及其设备的发展，使得高浓度冻胶纺丝制备 UHMWPE 纤维成为可能。

北京同益中特种纤维技术开发有限公司较早就开展了高浓度 UHMWPE 溶液冻胶纺丝的研究[38]，以双螺杆挤出机参与高浓度 UHMWPE 的溶解，成功制得了 UHMWPE 浓度为 12% 的均质纺丝原液，纤维产品强度达 27cN/dtex 以上。北京服装学院的徐静和赵国樑以北京同益中生产过程中制备的高浓度 UHMWPE 冻胶纤维为依托，研究对比了浓度为 8% ~12% 的 UHMWPE 冻胶纤维的萃取干燥工艺及其对成品纤维性能的影响[119,120]，证明了溶液浓度提高时未拉伸纤维网络结构致密程度提高，纤维最大拉伸倍数减小，拉伸后纤维结晶度提高，结晶完善程度下降，垂直于纤维轴向的裂纹数量增加，是导致最终纤维强度、模量等力学指标变差的主要原因。

东华大学的研究者也相继开展了高浓度 UHMWPE 纤维的研究。彭刚将 UHMWPE 经溶胀溶解制得半稀溶液后直接冷却成冻胶块，然后切碎并放入离心机进行脱溶剂制得高浓度冻胶颗粒，研究了高浓度冻胶的流变行为[121]。将高浓度冻胶置于双螺杆挤出机中进行冻胶纺丝制得了固含量分别为 18%、26% 和 34% 的 UHMWPE 冻胶纤维，研究了高浓度 UHMWPE 冻胶纤维的萃取工艺，最终制得了强度为 20cN/dtex 以上的 UHMWPE 纤维[122]。肖明明等直接采用双螺杆挤出机溶胀溶解的工艺，适当调节溶解温度，制得了溶液浓度为 8% ~16% 的 UHMWPE 冻胶纤维，研究对比了纺丝溶液浓度对 UHMWPE 冻胶纤维萃取、拉伸及结晶性能的影响，成功以溶液浓度为 16% 制得了强度达 25cN/dtex 以上的 UHMWPE 纤维[123]。下面以肖明明的研究内容为例，简要介绍对比高浓度 UHMWPE 冻胶纺丝与常规浓度冻胶纺丝的区别。

图 3 -42 为纺丝溶液浓度为 16% 制得 UHMWPE 冻胶纤维及其干冻胶纤维的升温和降温 DSC 图谱[123]，不同浓度 UHMWPE 冻胶纤维及其干冻胶纤维的 DSC 处理结果见表 3 -24[123]。可以看出所有干冻胶纤维的熔融温度均比其冻胶纤维高 10℃左右，并且冻胶纤维的结晶度在萃取后均有明显的增加。同时，可以观察到随着 UHMWPE 浓度的提高，冻胶纤维及其干冻胶纤维的熔融温度和结晶度也随之升高，这是由于随纺丝溶液浓度的增加，骤冷过程中溶剂对聚乙

烯大分子结晶的阻碍作用变弱，从而在骤冷过程中形成了更多更紧密的结晶。同时随着纺丝溶液浓度的增加，溶液内聚乙烯大分子间形成了更多的缠结点，增加了大分子链之间的相互作用力从而使纤维结晶度增加。

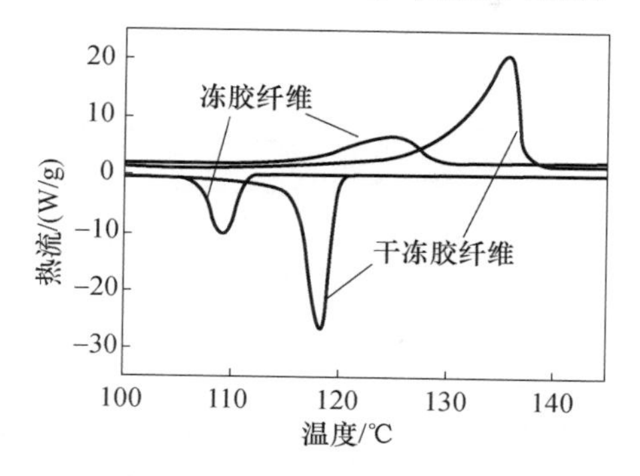

图3－42　原液浓度16% UHMWPE冻胶纤维及其干冻胶纤维的升温和降温DSC图谱[123]

表3－24　不同纺丝溶液浓度冻胶纤维的DSC数据[123]

浓度/%	冻胶纤维				干冻胶纤维			
	T_m/℃	结晶度/%	T_c/℃	重结晶度/%	T_m/℃	结晶度/%	T_c/℃	重结晶度/%
8	123.90	14.13	109.92	12.58	134.46	66.35	118.84	51.49
10	124.20	16.07	109.56	13.82	134.63	67.38	118.18	51.71
12	124.48	17.40	109.24	15.17	134.87	67.54	118.34	52.24
14	124.73	18.11	108.92	16.47	135.24	68.00	118.50	52.49
16	124.91	18.54	109.10	17.38	135.60	68.96	118.15	53.98

图3－43是不同浓度冻胶纤维及其干冻胶纤维的WAXD曲线[123]。冻胶纤维的WAXD曲线中存在很大的非晶区，因为冻胶纤维内含有大量的溶剂并且溶剂不结晶，这部分区域在萃取后几乎完全消失。

由图3－43可见两种纤维的WAXD曲线均在2θ为21.6°和23.8°左右处有两个清晰的结晶峰，分别对应聚乙烯晶体中的[110]和[200]晶面。在溶剂去除后，两结晶峰变的更加清晰且面积变大，同时在2θ为19.5°左右处出现一个对应于[020]晶面的小峰。不同晶面的晶粒尺寸如表3－25所列[123]。可以观察到萃取后纤维的晶粒尺寸变小，这也说明了在冻胶纤维中的结晶是溶剂化结晶，使晶体结构并不规整，晶粒尺寸较大，而随着溶剂的去除晶体结构趋于完整。这和纤维的DSC分析结果一致。从表3－25中还可以看出冻胶纤维和萃取后纤维的结晶度随着UHMWPE浓度的增加而增加，这也和DSC的结果相同。

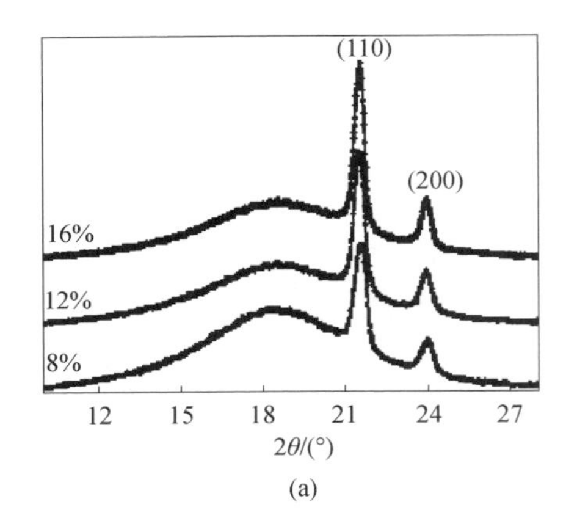

(a)

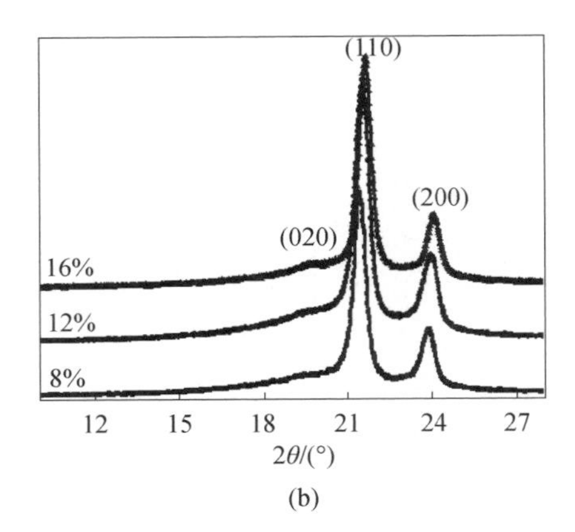

(b)

图 3－43　不同浓度冻胶纤维及其干冻胶纤维的 WAXD 曲线[123]

(a)冻胶纤维;(b)干冻胶纤维。

表 3－25　不同浓度纤维的结晶度及晶粒尺寸[123]

浓度/%	冻胶纤维			干冻胶纤维		
	结晶度/%	$L_{[110]}$/nm	$L_{[200]}$/nm	结晶度/%	$L_{[110]}$/nm	$L_{[200]}$/nm
8	12.85	16.9	16.3	54.46	15.9	14.8
12	15.11	19.0	17.8	63.38	14.5	13.0
16	19.63	20.6	19.8	68.89	17.3	14.9

图 3－44 为由 SEM 观察到的不同纺丝溶液浓度 UHMWPE 干冻胶纤维的表面及断面形态结构[123]。在纺丝浓度为 8% 的干冻胶纤维的表面可以观察到沟槽和细纹的结构,而高浓度冻胶纤维的表面形态结构变得更加致密,并且低浓度纤维表面取向比高浓度纤维更加明显。从纤维的断面结构形态来看,纤维内存在着致密的网络结构,此网络结构是由于纺丝溶液在挤出骤冷过程中聚乙烯大分子产生了结晶聚集形成的,因此,网络骨架可以视为聚乙烯的结晶部分。

由图 3－44 可以看出高浓度纤维断面网络结构比低浓度纤维的更加致密,这也说明高浓度纤维内部存在更多的聚乙烯晶体,导致其结晶度增大,这与纤维的 DSC 测试结果是一致的。

图 3－45 为纺丝溶液浓度对冻胶纤维及其萃取干燥后冻胶纤维拉伸性能的影响[123]。由于高浓度 UHMWPE 纤维的结晶度更高并且网络结构更加紧密,形成了更多的缠结点。冻胶纤维内的结晶均为溶剂化结晶,纤维网络内充满着的溶剂分子在纤维拉伸过程中可起到增塑作用,使得冻胶纤维拉伸性能高于萃取干燥后的纤维。高浓度时形成的更多的缠结点会延迟纤维内分子链间的滑移断裂,则冻胶纤维最大拉伸倍数随溶液浓度的提高而提高。然而冻胶纤维由于溶

剂的增塑作用不能在 UHMWPE 大分子间有效传递拉伸应力，使得冻胶纤维的拉伸并不是有效拉伸，只有萃取干燥后纤维的拉伸才是有效拉伸，才能对纤维的力学性能有贡献。

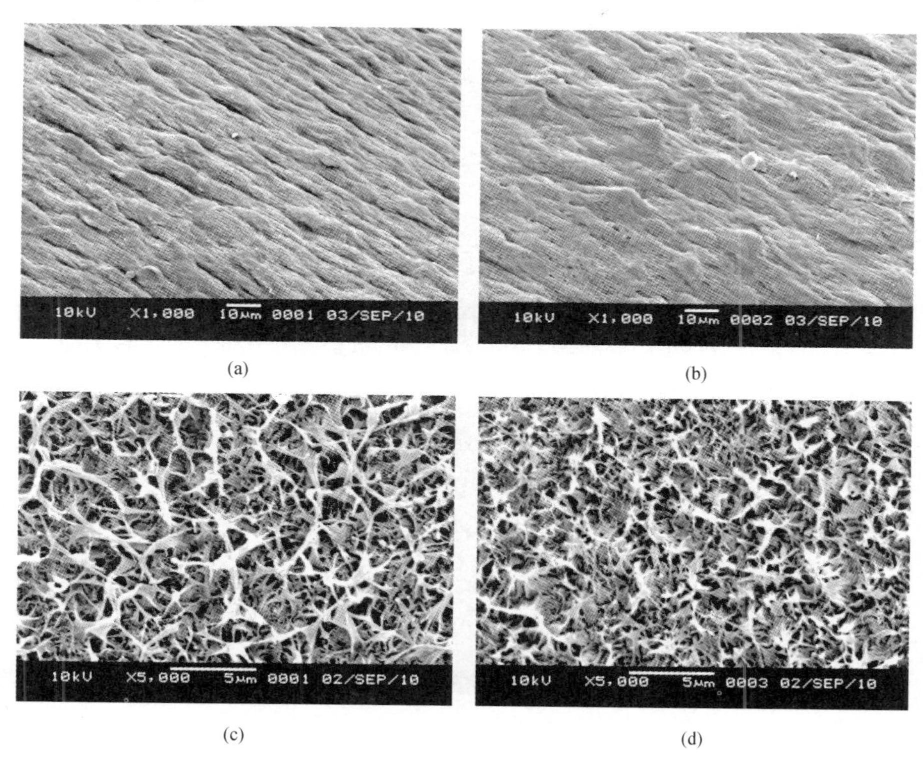

(a) (b) (c) (d)

图 3-44 不同浓度干冻胶纤维的表面及截面 SEM 照片[123]

(a)8% 纤维表面；(b)16% 纤维表面；(c)8% 纤维截面；(d)16% 纤维截面。

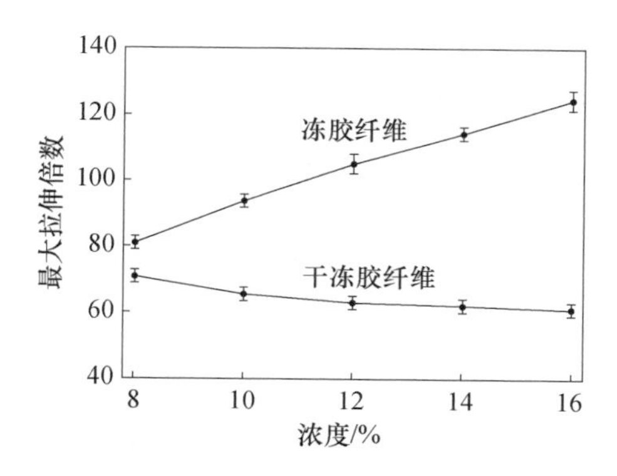

图 3-45 纺丝溶液浓度对冻胶纤维及其干冻胶纤维拉伸性能的影响[123]

对于干冻胶纤维，结晶结构比其冻胶纤维紧密得多，在122℃左右（图3-42）才开始熔融，在100℃下拉伸很难使纤维内的晶体结构变形，并且没有了溶剂的增塑作用，纤维内的缠结点也很难在拉伸作用下解开，导致干冻胶纤维的最大拉伸倍数随纺丝溶液浓度的增加而下降。这也可以从UHMWPE纤维的形貌结构对比（图3-44）得以证明，低浓度纤维由于松散的网络结构而拥有较高的可拉伸性，从而获得较高强度的UHMWPE纤维（表3-26）。

表3-26　不同原液浓度干冻胶纤维及多级拉伸后纤维的强度[123]

浓度/%	8	10	12	14	16
干冻胶纤维/(cN/dtex)	1.41 ±0.05	1.36 ±0.05	1.24 ±0.04	1.28 ±0.05	1.15 ±0.05
三级拉伸纤维/(cN/dtex)	35.27 ±0.5	28.42 ±0.4	27.93 ±0.5	26.04 ±0.4	25.26 ±0.3

综上，提高溶液浓度会导致成品纤维力学性能下降，但溶液浓度16%时制得纤维的强度仍然在25cN/dtex以上，可以满足对纤维性能要求不高的部分UHMWPE纤维的需求。而工业生产时溶液浓度由8%提高到16%，每吨UHMWPE纤维生产可以减少约6t溶剂及约18t萃取剂的使用，对纤维生产成本的降低是显而易见的。因此，针对某些产品，可以采用高浓度溶液冻胶纺丝，以降低纤维成本。

3.4.3　连续式冻胶纺丝工艺

国内UHMWPE纤维生产厂家采用的大多为纤维生产工序中有断点的湿法冻胶纺丝工艺，这种断点位于冻胶纤维成形之后。虽冻胶纤维在放置过程中会分离出部分溶剂，有利于减轻后续萃取工序的负担，但在放置过程中冻胶纤维容易发生不均匀收缩而影响纤维力学性能的均匀性。因此生产厂家尝试将工艺断点延后，如北京特斯顿新材料技术发展有限公司将冻胶纺丝工艺断点改在了一级拉伸之后，而山东爱地则采用了无断点的UHMWPE纤维生产工艺，即连续式冻胶纺丝工艺，从UHMWPE溶解、纺丝、萃取、干燥到多级热拉伸连续进行，大大提高了生产效率和单线产能。

山东爱地采用自动计量设备和研制的自动进料装置[124]，按照UHMWPE粉末和溶剂的精确比例，实现了UHMWPE粉末和溶剂白油的自动进料；采用多段混炼输送组合式双螺杆挤出机[125]，实现了UHMWPE的溶胀和均匀溶解；采用水封拉伸式二氯甲烷萃取装置[126]，以二氯甲烷做为萃取剂，以水封方式防止萃取剂挥发，边萃取边拉伸，实现UHMWPE冻胶纤维的高速高效萃取；丝束出萃取浴后采用自行设计的丝束表面萃取剂擦吸器[127]除去吸附在冻胶纤维表面的大量萃取剂，然后采用自行设计的竖行干燥箱[128]干燥后直接进入拉伸工序，采用特殊的拉伸热箱[129]，调节拉伸温度、拉伸倍数并匹配热箱长度，使拉伸速度提升至90~100m/min,实现了UHMWPE纤维的高速拉伸,经多级热拉伸后,制得成品UHMWPE纤维,形成了独特的UHMWPE纤维无断点连续式冻胶纺丝工艺[130]。该工艺关键点如下:UHMWPE经溶解、过滤并挤出后经过约5~20mm的气隙,并在气隙中拉伸3~20倍,进入冷却水浴冷凝成冻胶纤维;将冻胶纤维经导丝辊喂入预拉伸辊,以温度为30~70℃的水为拉伸介质,将冻胶纤维进行2~5倍的萃取前预拉伸;预拉伸后的丝条经导丝辊送入多级密闭水封式萃取槽进行超声萃取,并且边萃取边进行一定程度的拉伸,萃取剂为二氯甲烷,萃取剂温度控制在0~20℃之间;经除湿干燥后将干态丝条经导丝辊送入热拉伸装置,进行多级热拉伸,拉伸温度范围为0~160℃之间,拉伸2~10倍后得到成品UHMWPE纤维。在此基础上,将连续式冻胶纺丝制成的UHMWPE纤维在120~170℃间进行二次热拉伸2~5倍后,可大大提高纤维的模量[131]。

山东爱地通过UHMWPE纤维制备技术的集成创新,实现了从投料到成品的无间断连续化、自动化运行。加长了萃取干燥工段及后序各级拉伸工段的生产设备,使生产设备与高的工艺速度要求相匹配,从而突破了高速萃取和高速高倍热拉伸等量产技术瓶颈,最终使生产线全长达到270m,纤维卷绕速度高达120m/min,大幅度提高了生产效率和单线产能。山东爱地从2005年8月开始该纤维的产业化研发,2009年纤维产能达到2000t/年,2010年进一步扩产使总产能达到了5000t/年。2011年被荷兰DSM公司并购,成为其在中国的合资公司。目前山东爱地生产UHMWPE纤维产品涵盖200~6000D等多个系列,主要性能见表3-27。

表3-27 山东爱地生产UHMWPE纤维的主要性能

商品牌号	规格/D	强度/(cN/dtex)	模量/(cN/dtex)	断裂伸长/%
Trevo 50	400	24	800	3
	2000	18	450	4~6
	2400、4800	20	400	
	3000、6000	16.5	350	6~8
Trevo 60	200	30	1100	2.5~4
	400	29	1050	
	800、1600	28	1000	
	2400	28	850	
Trevo 70	200、400	32	1250	2~3
	800	32	1200	
	1600	30	1200	

注:摘自山东爱地高分子材料有限公司产品宣传资料

3.5 冻胶纺丝所用主要设备

在 UHMWPE 纤维生产技术发展过程中，历经了多次革新，将双螺杆挤出机引入 UHMWPE 的溶解并用于 UHMWPE 溶液的脱泡，大大缩短了 UHMWPE 的溶解流程，并使得高浓度 UHMWPE 溶液的制备成为可能。采用了多级萃取装置，实现了 UHMWPE 冻胶纤维的高效连续萃取。采用了多级超倍拉伸，使纤维的拉伸倍数大大提高，从而制得较高力学性能的 UHMWPE 纤维。

UHMWPE 纤维生产主要工艺过程为 UHMWPE 的溶解、挤出纺丝、萃取和超倍热拉伸，因此冻胶纺丝关键设备为双螺杆纺丝机、多级萃取机和多级拉伸机，这些关键设备参数对制成 UHMWPE 纤维产品的性能有较大影响。

3.5.1 双螺杆纺丝机的结构及作用

UHMWPE 冻胶纺丝最初采用的是浓度为 5% 以下的半稀溶液，是通过溶解釜制备而成的。我国自 80 年代中期开始 UHMWPE 冻胶纺丝探索时，采用的也是传统的釜式溶解纺丝工艺。由溶解釜完成 UHMWPE 在溶剂中的溶胀、溶解，制备成高黏度溶液，还要经脱泡工序脱去溶液内的气泡后才能送入纺丝机纺丝。釜式溶解工艺和操作均较为繁琐，由于釜式搅拌轴一般位于溶解釜中央，溶液极易出现爬杆现象，从而限制了 UHMWPE 溶液浓度的提高。此外，UHMWPE 溶解所需时间较长，还要经过较长时间的脱泡除去溶液中的气泡才能进行纺丝，使得 UHMWPE 在高温下停留时间较长，加剧了聚乙烯大分子的降解，会影响 UHMWPE 纤维的强度。

将经特殊设计加工后的双螺杆挤出机用于 UHMWPE 的纺丝工艺，可大大缩短 UHMWPE 的溶解时间，并可同时完成 UHMWPE 溶液的脱泡，从而可使 UHMWPE 的溶解、脱泡、挤出纺丝连续化，大大缩短了冻胶纺丝流程及溶液高温停留时间[132]。

双螺杆挤出机最主要的应用领域是塑料加工行业，主要用于常温下为固态的物料的熔融共混。将双螺杆挤出机用于冻胶纺丝时，由于被加工的物料状态不同，必须对双螺杆挤出机进行重新设计和特殊加工，方能满足要求。从冻胶纺丝整体工艺而言，双螺杆挤出机必须具备下述性能：①物料能顺利通过双螺杆挤出机，并经高效混炼达到充分均一化；②能脱去物料中的气泡和挥发物；③恒定的机头输出压力能满足过滤纺丝要求；④尽量高的输出能力。

根据上述四个要求，用于冻胶纺丝的双螺杆结构需经特殊设计。

3.5.1.1 双螺杆挤出机的类型及选择

双螺杆挤出机可以分为啮合型和非啮合型两大类，又根据两个螺杆的旋转方向分为同向旋转和异向旋转两类，两根螺杆的螺纹块排列见图3－46[133]。

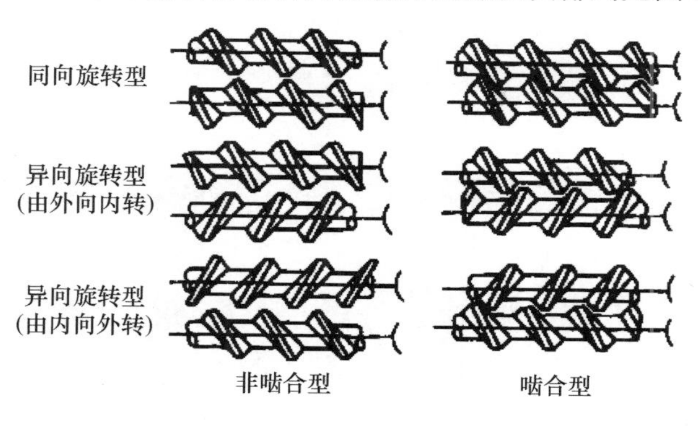

图3－46　不同类型的双螺杆挤出机[133]

相对于非啮合型双螺杆挤出机，啮合型螺杆间隙较小，可对物料提供较强的混合剪切作用。而相对于异向旋转双螺杆挤出机，当两根螺杆同向旋转时，螺杆与套筒间的剪切强度不变，但两根螺杆中间部分的物料将受到双倍的剪切作用。

当同向旋转啮合型双螺杆挤出机的两根螺杆同向旋转时，一根螺杆的螺棱刮拭另一根螺杆的螺槽，并借助螺杆泵的作用强制将物料推向前进。它具有良好的混合和自清理作用，避免在挤出过程中物料包轴、结壁。同时随着螺杆的旋转，物料受到较强的剪切作用，不断被压缩和膨胀，示意图见图3－47[133]。因此冻胶纺丝一般用同向旋转啮合型双螺杆挤出机，以加剧UHMWPE与溶剂的混合，并在较强的剪切作用下，解开UHMWPE分子间的缠结，制备均匀的UHMWPE溶液。

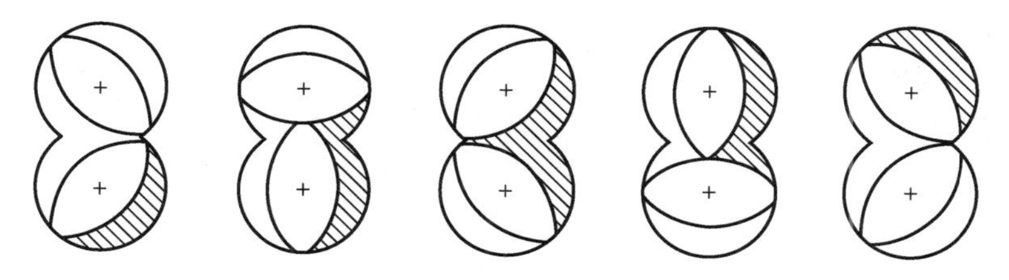

图3－47　同向旋转啮合型双螺杆挤出机啮合块的膨胀/压缩循环作用[133]

物料在双螺杆中运行时需经过输送段、混合段和剪切段等不同功能区，各功能区由不同几何结构的螺杆元件组成。螺杆元件分为输送元件（由螺纹元件组成，可有不同的螺纹头数和导程）、混合元件（主要指齿形元件等）、剪切元件（主要为啮合块及其组合）。各种螺杆元件示意图见图3－48[134]。螺纹元件起到物料输送的作用，混合元件可加强物料的混合，而啮合块则能提供较强的剪切作用。另外，输送段螺纹和剪切段啮合块又可根据螺旋方向分为正向螺纹（或啮合块）和反向螺纹（或啮合块），反向螺纹（或啮合块）中物料输送方向与挤出方向相反。双螺杆设计中，一般选用组装积木式结构，将各种功能的螺杆元件组合在一起，并根据混合工艺具体要求，进行不同长度功能段的混合交替排列，以满足特殊的混合要求。

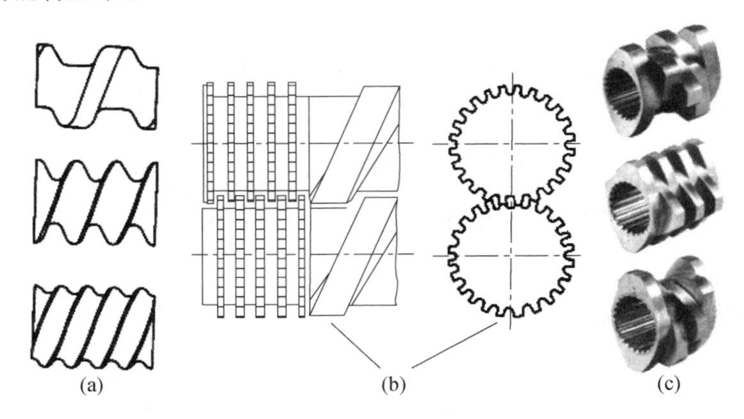

图 3-48　不同的功能的螺杆元件示意图[134]

(a)输送段不同头数的螺纹元件；(b)齿形混合元件；(c)剪切段不同排列形状的啮合块。

将双螺杆挤出机用于 UHMWPE 冻胶纺丝时，必须增加啮合块的数量，并相应减小剪切段啮合块间的间隙，以提供较强的剪切作用；需增加反向螺纹及反向啮合块及其他混炼元件的数量，并同时增大螺杆长径比，使物料在双螺杆挤出机中的停留时间加长，以使 UHMWPE 在溶剂中进行充分解缠和均匀溶解。但反向螺纹块数量加多会影响挤出机的输出能力和机头压力，同时停留时间过长会使 UHMWPE 原料降解程度加大，影响成品纤维的性能，因此选择螺纹元件的组合时要综合考虑各种因素。

此外，应用于冻胶纺丝的双螺杆挤出机除起到 UHMWPE 的溶解作用外，还需完成 UHMWPE 溶液的脱泡。一般双螺杆挤出机会在适当位置留有排气口以起到脱挥和排气作用，但由于 UHMWPE 溶液黏度比一般熔融混合物料要低得多，而又高于普通稀溶液，溶液极易从排气口溢出。因此，应用于冻胶纺丝时需将双螺杆挤出机的排气口封闭。由于正向螺纹元件可起到正向输送和增压作用，根据计算，由导程（即轴向距离）为 50 ~ 60mm 的正向螺纹元件组成的螺杆区段可产生 4 ~ 5MPa 的压强[135]。因此，应用于冻胶纺丝时，可在双螺杆挤出机的特定位置使用较长导程的正向螺纹元件，使溶液局部形成高压，则溶液中的气泡在高压下会反向移动并从与较低压力的进料口排出。此外，在螺杆机头附近同样增加正向螺纹元件，以提供较高的机头压力，从而保证足够的纺丝压力，提高挤出冻胶纤维的均匀性。

3.5.1.2　进料状态及进料工艺的选择

根据冻胶纺丝的工艺特征及要求，在双螺杆挤出机进料口物料可以有三种状态:高黏度半稀溶液、冻胶块料(固体)、溶剂与UHMWPE粉末的混合料。冻胶纺丝工艺要求双螺杆挤出机进料畅通、输送顺利、混合均一,不出现进料困难或冒料现象。因此双螺杆挤出机的进料段需根据进料状态的不同而对其进行设计或改进,配以合适的进料工艺,从而达到顺畅进料。

直接选用高黏度半稀溶液进料,将在溶解釜中溶解完全的UHMWPE高黏度溶液直接喂入双螺杆挤出机进料口,双螺杆挤出机主要承担脱泡作用而无需提供较强的剪切促进溶解作用。总体上双螺杆的负担较轻,则双螺杆长径比可适当短些,反向螺纹及啮合块数量也不必太多。但釜式溶解工艺较为繁琐,完全溶解UHMWPE所需时间较长,易造成UHMWPE的严重降解,也不能制备高浓度溶液。此外,由于双螺杆挤出机对物料的输送是基于正位移输送、摩擦拖曳和黏性拖曳的共同作用,进料口物料为粒料或粉料时才会与进料螺纹产生较强的摩擦拖曳作用,若物料在进入后能产生适当的黏度降,则可产生一定的黏性拖曳作用,从而保证物料的顺畅喂入。而采用溶解后的溶液进料时,由于进料口物料不发生黏度变化,很难与螺杆间形成足够的摩擦力和黏性力,则很难达到顺畅进料。因此,采用溶液进料时需将溶解釜排料口与螺杆进料口进行密闭连接,并提供一定的压力辅助才能达到顺畅进料。但由于进料口压力的增大,会一定程度上阻止气泡从进料口排出。由于釜式溶解制备UHMWPE的浓度不会太高,则溶液黏度也相对不高,则可保留原有双螺杆挤出机上的排气口以排出气泡。

选用冻胶块料进料是国内冻胶纺丝研究初期主要采用的方法,由于釜式溶解很难制备高浓度UHMWPE溶液,一般由溶解釜制成UHMWPE半稀溶液后,冷却成冻胶,冻胶在放置过程中会有部分溶剂析出,从而使得冻胶块内的固含量得以提高。直接将相分离平衡的冻胶块喂入双螺杆挤出机,冻胶块需在双螺杆挤出机中重新溶解。由于冻胶块内含有大量溶剂,它的重新溶解相对于UHM-WPE粉末在溶剂中的溶解较为容易,则双螺杆除需承担脱泡作用外还需承担一定的溶解任务,需要适当加长螺杆长径比,及适当增加反向螺纹及啮合块数量。但采用冻胶块进料时虽然可提高溶液浓度,但UHMWPE需经历两次溶解,易造成聚乙烯降解严重,影响成品纤维的强度。采用冻胶块进料时,可以通过设置进料段与螺杆第一区间的温度差,造成两段间物料的黏度差,达到物料在进料口为高黏度固态,进入螺杆后逐渐溶解变成低黏度液态,从而达到固态喂料、液态推进,达到顺畅进料。因此冻胶块进料时采用定量加料且不饱和喂料的方式,无需外加压力辅助,溶液内的气泡也可自动从常压下的进料口排出。但进料口温度不能太高,否则会造成物料环结,不能顺畅进料。一般情况下会对进料段进行循环水冷以保证进料段的低温,避免加热段的温度向进料段传递。

采用溶剂与UHMWPE粉末的混合料直接进料时,双螺杆挤出机需完成UHMWPE在溶剂中的溶胀、溶解、输送及脱泡,双螺杆的负担较重,需采用尽可能高的螺杆长径比，并大量增加啮合块、反向螺纹及反向啮合块的数量，以提供较强的剪切作用，并使物料在双螺杆挤出机中的停留时间加长，以完成 UHMWPE 在溶剂中的溶胀和均匀溶解。相对于半稀溶液进料和冻胶块进料，由溶剂与 UHMWPE 粉末的混合料直接进料可大幅度降低聚乙烯在高温下的停留时间，因此聚乙烯大分子降解现象得到极大的缓解，产品的强度也因此会得到改善。采用溶剂与 UHMWPE 粉末混合料直接进料时，为保证进料顺畅，可适当调节螺杆各区段温度，使 UHMWPE 的溶胀在进料后的第一或第二段发生。由于 UHMWPE 的溶胀是将溶剂全部吸进聚乙烯颗粒从而达到物料从液态迅速变成半固态甚至固态，从而与螺杆间形成一定的摩擦力和黏性力，促使物料顺畅进入双螺杆挤出机，无需外加压力辅助。此种情况下仅需将混合釜置于双螺杆挤出机上方，排料口与螺杆进料口密闭连接，使物料依靠自重流入螺杆进料口即可。为避免进料口产生较强的液压阻碍气泡的脱出，一般需在进料口设置气动感应装置来控制混合釜排料口的开启，保持进料口上方物料有一定高度即可。此种进料方式下，可明显观察到气泡从进料液内不断排出。采用溶剂与 UHMWPE 粉末混合料直接进料时，由于 UHMWPE 的溶解需由双螺杆挤出机完成，则可适当提高螺杆中后段溶解区的温度，达到高浓度 UHMWPE 的均匀溶解，直接 UHMWPE 溶液的浓度可高达 16%[123]。当然，若采用釜式预溶胀物料进料，可适当减轻双螺杆挤出机的负担，提高其溶解效率，此种情况下需在进料口将物料冷却至较低温度，以使物料顺畅进入双螺杆挤出机。

3.5.1.3 冻胶纺丝用双螺杆挤出机的主要技术参数

双螺杆挤出机的主要技术参数包括螺杆直径、螺杆长径比、螺杆转速范围及产量等。

双螺杆直径的大小在很大程度上反映出挤出机规格的大小和生产能力的大小，因为一般情况下挤出机的生产能力与螺杆直径的平方成正比[124]。双螺杆直径需根据所需达到的挤出量或由冻胶纺丝产业化单线产能规模来决定。一般说来，螺杆直径越大，其能提供的最高转速越低，则剪切作用越弱。因此为保证对物料的强剪切，冻胶纺丝用双螺杆直径也不能无限制增大，目前国内 UHMWPE 纤维生产厂家所用双螺杆挤出机直径多为 95mm，即 ϕ95 型双螺杆挤出机，最大为直径 120mm，即 ϕ120 型双螺杆挤出机。

螺杆长径比的大小一定程度上决定了物料在螺杆挤出机内的停留时间，长径比大小主要由螺杆需完成的功能来决定。一般用于混料作业的同向双螺杆的长径比为 21 ~ 33，用于反应挤出的双螺杆长径比可达 48，而用于冻胶纺丝的双螺杆挤出机螺杆长径比一般需大于 48。冻胶纺丝用双螺杆长径比还可根据物料进料状态的不同而有所分别，一般釜式预溶胀或溶剂与 UHMWPE 粉末的混合料直接进料，螺杆长径比最长，需达 56 以上，甚至高达 68。

螺杆转速范围一定程度上反映了双螺杆挤出机的挤出能力和混炼能力，一般来说，螺杆直径越大，其最高转速越低。同向旋转啮合型双螺杆挤出机需要提供高的剪切速率和剪切应力，因此螺杆转速一般较高。我国同向旋转啮合型双螺杆挤出机行业标准规定螺杆直径为 20 ~ 60mm 时其最高螺杆转速为 400r/min，而螺杆直径为 60 ~ 120mm 时其最高转速为 300r/min[136]。为保护双螺杆，螺杆运行时转速一般控制在其最高转速的 40% ~ 60%。在螺杆初始运行时需逐步提高转速，并在调速过程中密切注意电机电流变化，以避免主机负荷过大，损伤螺杆。

螺杆的产量除与螺杆直径和运行转速直接相关外，还与螺槽间隙等参数有关，螺槽间隙越大，挤出量越大，但螺杆对物料的剪切力则越弱。由于 UHMWPE 的溶解需要双螺杆提供较强的剪切，则冻胶纺丝用双螺杆螺槽不能太大，否则不能提供足够的剪切作用，无法制得均匀的 UHMWPE 溶液。一般情况下，在满足纺丝原液的纺丝性能的条件下，所选用双螺杆挤出机的螺杆直径和溶液挤出能力的关系见表 3 - 28。溶液挤出能力明显低于标准中塑料的挤出能力，这是由于双螺杆挤出机对溶液的输送效率低于高黏度熔体所致。此外，考虑到 UHMWPE 溶液浓度一般为 8% ~ 10%，则螺杆挤出机的单线产能仅为表 3 - 28 所述挤出能力的 8% ~ 10%。根据 200 ~ 250t/年生产线的产能设计要求和纺丝工艺，可选用的螺杆挤压机的螺杆直径为 96 ~ 108mm，螺杆长径比为 56。由于冻胶纺丝用双螺杆挤出机的螺杆直径不能无限增大，因此冻胶纺丝不能依靠加大螺杆直径来提高单线产能。有的 UHMWPE 纤维厂家采用两根双螺杆挤出机串联的方式来提高单线产能[137]，这样双螺杆螺槽深度可适当加大，在相对较轻的剪切下依靠加长溶解时间来完成 UHMWPE 的均匀溶解。

表 3 - 28　冻胶纺丝用双螺杆挤出机的主要产量指标

螺杆直径/mm	58	72	96	108	120
挤出能力/(kg/h)	60 ~ 110	100 ~ 160	180 ~ 270	230 ~ 350	300 ~ 430

3.5.2　多级萃取机的设计原则

在 UHMWPE 冻胶纤维成形之后，需经萃取除去纤维内的大量溶剂，萃取是 UHMWPE 纤维生产过程中的一个重要工序。在对 UHMWPE 冻胶纤维进行萃取时发现，仅用一次萃取，达萃取平衡后仍然有少部分的溶剂残留在 UHMWPE 冻胶纤维中(表 3 - 19)，因此需要更换萃取剂，对冻胶纤维进行多次萃取。而工业化连续萃取时，则可以设计多级萃取机，采用多个萃取槽对 UHMWPE 冻胶纤维进行多级连续萃取，以尽可能除去冻胶纤维内的溶剂。多级萃取机需满足如下要求：①冻胶纤维可依次经过多个萃取槽，以延长纤维的萃取时间；②萃取槽可及时补充新鲜萃取剂，以不断更新萃取界面；③萃取槽可附装超声波发生器，以加速纤维内溶剂与萃取剂间的扩散，另需有加热或冷却装置，以保持合理的萃取温度范围。据此要求，许多厂家设计了用于 UHMWPE 冻胶纤维萃取的多级萃取装置[126,138-141]。

图 3-49 为多级萃取示意图。多级萃取机一般由萃取机壳体及位于其内的多个独立萃取槽、导丝辊、电机、压辊及气缸等组成，每个萃取槽均设有壁挂盘管式加热（或冷却）装置，并有超声波装置。每个萃取槽的下部均设有一个进液口，而上部则设有一个出液口，后一级萃取槽的进液口与前一级萃取槽的出液口通过管道相连。每一萃取槽的上部两侧均设有导丝辊，导丝辊通过传动机构与电机相连，以保证萃取机内纤维的行进速度，多级萃取时其中几组导丝辊可为被动辊而无需电机带动。每一萃取槽的中间均设有压辊，压辊与萃取槽上方的气缸相连，萃取开始将冻胶纤维引入萃取槽时压辊逐渐由上至下将冻胶纤维压入萃取液中，以达到足够长的有效浸液长度。萃取机壳体两侧中部沿着丝路位置分别设有丝束扁平进口和扁平出口，在进口、出口及萃取机中适当位置均设有分丝杆，上有足量分丝叉将各束纤维分开并避免丝束行进过程中产生重叠。萃取机壳体上方有箱盖密闭并留有排气烟道连接气体回收装置，并在一侧留有可开启式操作视窗。根据工艺需求，工业萃取时可采用 6 个、9 个甚至 12 个萃取槽连用，纤维行进速度较高如连续式冻胶纺丝工艺时，需采用更多的萃取槽连用，以保证足够的萃取时间，一般情况下冻胶纤维在萃取剂内的停留时间为 10min 左右。

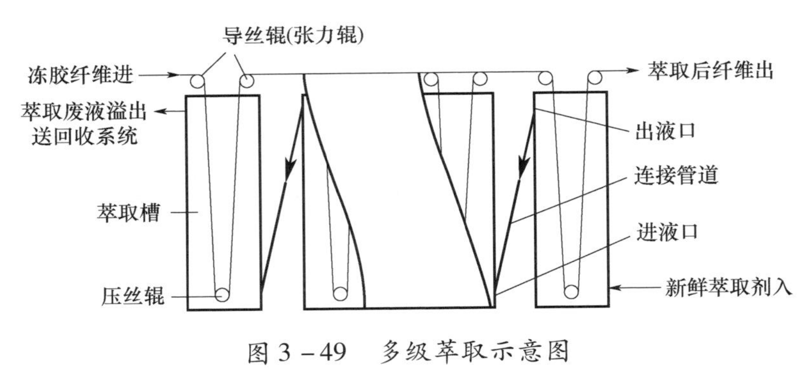

图 3-49　多级萃取示意图

工业化萃取时，多束冻胶纤维经过进口分丝杆分丝后进入萃取机，经导辊进入第一级萃取槽，并逐级向后行进。新鲜萃取剂则由最后一级萃取槽的进液口定流量泵入，萃取液则会逐渐从出液口溢出，溢流进入前一级萃取槽并依次向前溢流，最后由第一级萃取槽的出液口溢出废液，送回收系统。由此，萃取液呈“S”路线向前溢流，与呈“V”字形向后行进的丝束方向正好相反，从而使萃取界面不断更新，最大程度地增加了各级萃取槽内冻胶纤维内外的溶剂浓度差，从而提高了萃取效率。萃取时启动超声波发生器，可加速纤维内溶剂与萃取剂间的扩散，提高萃取效率，但超声也会使萃取液温度升高，由此需启动温控系统对萃取槽进行冷却,以防萃取剂大量挥发。萃取时可监控最后一级萃取槽溢流口的溶剂含量,控制萃取液内的溶剂含量在1%以下,由此控制新鲜萃取剂的泵入流量。

出萃取机后的纤维束上会带出较多萃取剂,则在萃取机出口设负压抽吸装置吸去丝束表面的萃取剂,然后经多级干燥箱干燥除去纤维内的萃取剂,之后进入后续拉伸工序。

3.5.3 超倍拉伸机的设计原则

由本章3.3.5节讨论可以看出,拉伸温度和拉伸速度(或拉伸热箱停留时间)是影响UHMWPE纤维拉伸倍数的主要因素;纤维只有经过多级拉伸,并且合理分配各级拉伸温度和拉伸倍数,才能获得较高的总拉伸倍数,从而获得超高强度和超高模量的UHMWPE纤维。工业化连续拉伸是多丝束同时拉伸的,因此对拉伸机的要求较高。多级超倍拉伸机一般由多台拉伸机及拉伸热箱串联组成,需满足如下要求:①拉伸机需对纤维形成足够的拉伸张力,防止纤维与拉伸辊间打滑,并保证多丝束所受张力一致;②纤维在各级拉伸时应被充分均匀加热而产生拉伸变形,且丝束不能受到剧烈扰动;③拉伸热箱内温度均匀,保证多丝束受热的均匀一致性。

根据UHMWPE纤维超倍拉伸的要求,许多厂家设计了用于UHMWPE冻胶纤维连续拉伸的多级超倍拉伸机[129,142-144]。拉伸机一般采用七辊拉伸机,七个拉伸辊一般以“上四下三”的方式排布以具有合适的操作高度;拉伸辊直径较大一般为ϕ318mm(周长1m),拉伸辊与纤维间有足够包角以产生足够拉伸张力;拉伸辊高速运行时径向跳动需足够小,以保证多丝束所受张力一致并避免丝束产生剧烈扰动;在保证拉伸辊径向跳动足够小的前提下使拉伸辊有效长度足够长,以能排布更多的拉伸丝束而提高拉伸线产能;拉伸辊表面一般镀高硬度材料以防被高强聚乙烯纤维划伤并损伤纤维;每台七辊拉伸机均在第七辊上方配有升降式橡胶压辊,以辅助提供拉伸张力;除最后一台直接送成品卷绕的拉伸机之外,其余进入拉伸热箱前的拉伸机其拉伸辊均为夹套式,并采用热水或热油加热至一定温度以对纤维进行预热。拉伸热箱由上箱体和下箱体组成,上下箱体均有足够厚度的保温层,拉伸箱体的一侧设有可电动开启式保温侧门;箱体内采用热风循环系统为拉伸纤维提供热能,热风系统采用电加热,箱体上下内表面覆盖有多孔结构的出风及进风导流板以均匀分布热风;箱体内腔高度一般大于100mm,以产生足够均匀的热环境;箱体内热风循环速度不能太大,以防拉伸丝条产生扰动;在拉伸热箱两侧均设有分丝杆,将各拉伸丝束分开。工业化拉伸时,一般采用三级或四级拉伸,拉伸热箱长度可达4~6m,以使高速通过的纤维丝束充分受热而产生拉伸变形,纤维行进速度较高如连续式冻胶纺丝工艺时,需采用更长的拉伸热箱以保证纤维有足够的受热时间。

采用多级连续拉伸时，由于拉伸速度逐级上升并且纤维结构逐级变得紧密规整，因此各级拉伸温度应逐级上升并需有一适当的温度上升梯度，而各级拉伸倍数除第一级可较大之外，其余各级拉伸倍数一般均低于 2 倍甚至低于 1.5 倍并逐级递减。由此，可使 UHMWPE 纤维拉伸至较高的倍数，从而获得超高强度超高模量的成品纤维。

3.6 超高分子量聚乙烯的熔融纺丝

冻胶纺丝法是制备 UHMWPE 纤维主要的生产方法，然而冻胶纺丝过程中需用 10 倍于 UHMWPE 聚合体的溶剂，并需使用更多的萃取剂，导致纤维生产效率较低，能源消耗大，从而使 UHMWPE 纤维成本居高不下，对环境也产生一定影响。熔融纺丝法是一种简单、高效、环保的纺丝方法，但由于 UHMWPE 具有极高的分子量，其分子链很长，熔融时产生大量的分子内和分子间缠结，导致其熔体为橡胶状的高黏度弹性体，流动性和加工性能极差，不能直接进行熔融纺丝。因此需对 UHMWPE 进行流动改性，提高其熔融加工性能。

3.6.1 超高分子量聚乙烯的流动改性

近年来，为了改善 UHMWPE 的熔融加工性能，诸多科研工作者对 UHMWPE 进行了流动改性研究，通过添加润滑剂、无机填料等流动改性剂或与高流动性树脂共混等方法改善 UHMWPE 的流动性能。

3.6.1.1 用低熔点、低黏度聚烯烃共混改性

中低分子量的聚乙烯具有良好的流动性，并且具有与 UHMWPE 相同的分子结构，因此常被用来与 UHMWPE 共混以改善其加工流变性。UHMWPE 与低密度聚乙烯（LDPE）、高密度聚乙烯（HDPE）或线形低密度聚乙烯（LLDPE）共混可使其成型加工性能获得显著改善，当共混体系被加热到这些中低分子量聚乙烯的熔点以上时，UHMWPE 就会悬浮在已成液相的中低分子量聚乙烯中，形成可供挤出或注射的悬浮共混物[145]。

但这些中低分子量的聚乙烯用量较大才能使 UHMWPE 获得较好的流动性。据 S. K. Bhateja 等[146]报道，重均分子量为 21 万的 LLDPE 与分子量为 350 万 ~400 万的 UHMWPE 共混，即使 LLDPE 的用量达到 40%，在温度 190℃ 负荷为 10kg 条件下测得的熔融指数仍小于 0.03g/10min，仍然无法用传统的熔体加工方法来加工。而刘云湘等[147]的研究也得到类似的结果，共混物的熔体流动速率在 LDPE 和 HDPE 的含量达 30% ~40% 时，才会发生突变。在含量相同的情况下，重均分子量相同的 LLDPE 比 HDPE 的流动改性效果更好，LDPE 的流动

改性效果最差[148]。这主要是因为LDPE支链含量较多,特别是含有一定数量的长支链,会与UHMWPE分子链间形成缠结,而LLDPE为线型结构,在熔融状态下更有利于UHMWPE的解缠。

用HDPE共混时,会引起UHMWPE冲击强度、耐摩擦等性能的下降。为使共混体系的力学性能维持在较高水平,可以采用加入适量成核剂如硅灰石、苯甲酸、苯甲酸盐、硬脂酸盐、己二酸盐等的方法。这些物质的加入有助于阻止共混后材料力学性能的下降。例如在UHMWPE/HDPE共混体系中加入少量粒径为5~50nm的成核剂硅灰石就可很好地补偿力学性能的降低。也可以采用两步共混法,即先在高温下将UHMWPE熔融,再降到较低温度下加入LDPE进行共混,可得到分布较均匀的共晶共混物。用溶液共混法也能形成共晶的UHMWPE/HDPE共混物。这些方法均可以确保共混后材料的加工流动性增加且不降低材料的拉伸强度、挠曲弹性、冲击强度以及耐摩擦等性能。

3.6.1.2 润滑剂共混改性

润滑剂在加工过程中可降低UHMWPE与加工机械之间和UHMWPE分子之间的相互摩擦,同时促进聚乙烯长链分子的解缠,并在聚乙烯大分子之间起润滑作用,改善大分子链间的能量传递,链段相对滑动变得容易,从而改善UHMWPE的流动性。常用于UHMWPE的流动改性的润滑剂有聚乙烯蜡、氧化聚乙烯、石蜡、硬脂酸盐、硬脂酸、硬脂醇以及脂肪族碳氢化合物及其衍生物等。

徐定宇等[149]制备了一种有效的流动助剂(MS2),添加0.6%~0.8%就能显著改善分子量为153万的UHMWPE的流动性,使其熔点下降达10℃之多,能在普通注射机上注塑成型,而且拉伸强度没有太大的降低。美国联信公司研制出一种用作UHMWPE的流动改性剂的添加剂[150],能很好地兼顾内外润滑作用,可使UHMWPE在普通注射机及挤出机上加工成型,加工温度为150~300℃,压力10~40MPa。

美国专利USP 4487875[151]报道,将分子量为220万的UHMWPE与一复合流动改性体系(15~35份)共混,可收到非常良好的流动改性效果。这一共混体系包括5~15份含15~30个碳的饱和脂肪醇(A)、5~15份分子量500~2000软化点70~130℃的石油烃环戊二烯类树脂(B)和10~15份分子量1000~20000的低分子量聚乙烯(C)。其中其中A组分的作用是减少物料在出口模时因不稳定流动而产生熔体破裂,B组分的作用是促进物料输送,C组分的作用是改善熔体流动性,增强挤出能力,三组分协同使用,起到了良好的复合改性效果。但这种改性方法的缺点是力学强度和模量下降较明显。尹德荟[152]比较了内润滑剂ZB-60、外润滑剂ZB-74和$CaSt_2$对分子量约为150万的UHMWPE的改性效果,发现对UHMWPE的挤出加工而言,内润滑剂改性效果较差,外润滑剂效果较好,两者并用所得的内外平衡体系不仅可以使材料的熔融指数和表观黏度有较大幅度的下降，而且挤出片材的表面平整度和光洁度也较好。当内、外润滑剂分别以 1 份和 3 份并用时，UHMWPE 的熔融指数可达纯样的 3 倍以上，并且在同一温度和剪切速率下表观黏度为纯样的 40% 左右。$CaSt_2$属于内润滑剂，但也具有外润滑剂的作用，因此对 UHMWPE 流动性的改进效果较好，仅加入 0.2 份时，熔融指数就超过纯样的 2 倍；当加入 0.8 份时，熔融指数就急剧增大至纯样的 4 倍，并且在同一温度和剪切速率下表观黏度为纯样的 35% 左右。与内润滑剂 ZB－60 和外润滑剂 ZB－74 共用相比较，由于 $CaSt_2$可兼起到成核剂的作用，可基本保证材料力学性能不受损害。$CaSt_2$对 UHMWPE 加工性的改善还可见于 Utsumi 等[153]的研究报道，少量 $CaSt_2$的加入，可提高 UHMWPE 微粉在直接模压成型时的压实效果，使微粉颗粒之间熔接得更好，减少熔体缺陷，从而制得具有更均一和平滑的微观结构、力学性能和热氧稳定性更优良的模压制品。

3.6.1.3 液晶原位复合改性

近年来，由于液晶聚合物（LCP）材料的出现，为 UHMWPE 的流动改性提供了理想的固相改性剂。少量（<2%）的 LCP 可显著降低聚烯烃树脂基体的熔体黏度并推迟熔体破裂的表观剪切速率，主要归结于它与基体树脂不相容，在基体中形成分散相，在拉伸流动中 LCP 相变形、促进熔体层间滑移，流动诱导 LCP 分子链取向并带动临近基体分子取向和解缠从而大幅降低熔体黏度，推迟熔体破裂的出现[154]。目前与 UHMWPE 共混的液晶均为热致性聚酯型液晶，主要有两类：一类是以美国 Celanese 公司生产的 Vectra（6-羟基-2-萘酸与对羟基苯甲酸的共聚物）系列为代表，为全芳型聚酯液晶；另一类是实验室合成的具有芳香族刚性链段与脂肪族柔性链段的嵌段聚酯型液晶。

欧州专利 EP499387[155]称用小于 2% 的 Vectra 950 与 HDPE 等许多种热塑性混合物共混取得良好效果。专利中声称 Vectra 950 也可用于 UHMWPE 的共混改性。Aiello 等[156]在 UHMWPE 中添加少量的 LCP，可改善 UHMWPE 的挤出加工性能，使 UHMWPE 在双螺杆挤出过程中口模压力和挤出扭矩下降，同时挤出产量有所增加。清华大学赵安赤等采用自制的嵌段型聚酯液晶[157]，以原位复合技术与 UHMWPE 进行共混，极大地改善了 UHMWPE 的流动性，加入 30 份时可使共混体系熔融指数增大为 24.74g/10min。但是，由于 LCP 价格昂贵，使得这种材料的使用受到一定限制，这种改性方法的另一个缺点是加工温度过高，达 250～300℃，有可能导致 UHMWPE 的热降解。

3.6.1.4 其他改性方法

清华大学的齐东超和唐黎明等[158]报道了采用超支化聚合物 HBP 改善 UHMWPE 的加工流动性，在分子量为 200 万级的 UHMWPE 中加入 3% 的 HBP，可使其熔融扭矩值下降约 85%，而 HBP 对分子量 300 万级 UHMWPE 的改性效果则不是很明显。他们还研究了 HBP 改善 UHMWPE 流动性的改性机理[159]，表明在剪切作用下,HBP易于在共混物表面富集,破坏受剪切面上UHMWPE分子的链缠结并起到分子链间的滑动轴承作用,从而降低体系的表观黏度。

Wang X. 等[160]研究用聚合填充法制备的UHMWPE/高岭土复合体系,发现其挤出加工性明显优于纯UHMWPE,在高岭土填充量低于10%时,复合体系在较低剪切速率下仍无法正常挤出,提高剪切速率才可正常挤出,而填充量高于15%之后,在较低剪切速率下就可以挤出。究其原因,他们认为填充的高岭土粒子和聚乙烯大分子链之间形成了一部分化学键连接,这种结构一方面使分子链柔顺性下降并使缠结密度降低,另一方面高岭土粒子的存在也使得口模壁处分子链的界面吸附强度变弱,使界面作用发生极度变化的可能性减少。王庆昭等[161]采用熔融共混法制得了UHMWPE/蒙脱土纳米复合材料,其流动性较纯的UHMWPE高出许多,加入2%蒙脱土后,共混体系的对数黏度($\lg\eta_0$)由8Pa·s降低为4.7Pa·s,流动性能得到大大改善。刘萍等[162]用有机化处理的纳米级层状硅酸盐来改性UHMWPE,发现经过改性的UHMWPE的熔融指数上升到了1.21g/10min(240℃,5kg负荷下测定),能使用直径为30~60mm的双螺杆挤出机顺利造粒。但在UHMWPE加工性能明显改善的同时,其冲击强度随之下降。这可能是因为层状硅酸盐不容易分散均匀而造成局部应力集中所致。

刘罡等[163]采用流动改性剂、偶联剂、无机填料等对UHMWPE进行改性,旨在保持UHMWPE良好的耐磨、耐冲击等性能的基础上,提高材料的熔体流动性,在加入2份丙烯酸酯、0.2份钛酸酯和10份滑石粉之后,分子量为200万的UHMWPE的熔融指数可增大至5.04g/10min,并且滑石粉在提高材料熔体流动性的同时最大程度地保持了UHMWPE的耐磨损性。王立等用自制的有机蒙脱土及市售粉煤灰玻璃珠为改性剂,研究了其对UHMWPE/HDPE复合材料流动性能的影响[164],发现蒙脱土及粉煤灰玻璃微珠协同改性可以明显提高复合材料的熔体流动性能,填充5%蒙脱土及10%粉煤灰玻璃微珠后,能使复合体系的熔融指数增大为0.4g/10min以上。

3.6.2　熔融纺丝进展

冻胶纺丝法制备UHMWPE纤维工艺路线复杂,生产周期长,生产成本高,生产过程也具有一定环境危害性,因而人们一直在致力于采用简单环保的熔融纺丝方法制备UHMWPE纤维。在改善UHMWPE的熔融流动性能方面已有很多研究发表[145-164],但大多研究主要针对的是UHMWPE板材等的熔融加工,真正用于熔融纺丝制成高强UHMWPE纤维的研究报道却相对较少。

袁雯等[165]采用改性好的UHMWPE切片进行熔融纺丝,分别通过80℃水浴和120℃油浴进行两级拉伸达22~25倍,成功制得断裂强度为17.02cN/dtex的UHMWPE纤维,对制得纤维的形态结构和结晶结构进行了测试表征并与冻胶纺

UHMWPE 纤维进行了对比。结果表明:相比冻胶纺纤维,熔纺纤维线密度大,纵向沟壑多,并伴有轻微的破裂现象;熔纺 UHMWPE 纤维结晶度比冻胶纺纤维稍低,但其声速取向因子则大于冻胶纺纤维。

张强等[166]采用北京北清联科纳米塑胶有限公司提供的经 5% 含硅复合流动改性剂改性的高流动性 UHMWPE(分子量 150 万)树脂颗粒,利用单螺杆挤出机进行熔融纺丝制备 UHMWPE 纤维。熔融纺丝时预拉伸 6 倍,然后再在 90℃硅油浴中拉伸 2 ~ 10 倍,最大总拉伸倍数 60 倍后 UHMWPE 纤维的强度达 1.6GPa。测试了拉伸过程中纤维的结晶性能和热性能变化,发现熔纺 UHMWPE 纤维结构和力学性能变化规律与冻胶纺丝法相似,但相对有效拉伸倍率稍低,是导致熔纺 UHMWPE 纤维的拉伸性能不如冻胶纺丝纤维的主要原因。

甄万清等采用自制有机蒙脱土在少量引发剂的存在下与分子量为 300 万的 UHMWPE 进行共混[167],得到剥离的蒙脱土片层分散在 UHMWPE 基质中的具有一定流动性能的 UHMWPE/蒙脱土复合材料,并以此为原料进行了熔融纺丝,对制得初生丝分别在 70 ~ 90℃ 水浴中进行拉伸,探讨了拉伸温度及水浴停留时间(拉伸速度)对纤维拉伸性能的影响,得出了该纤维的最佳拉伸温度为 85℃,拉伸倍率为 14 倍,制得熔纺 UHMWPE 纤维的强度达 1.3GPa[168]。

美国霍尼韦尔公司最近发布专利[169,170],采用 UHMWPE 与 HDPE 共混,同时混入微量准球形颗粒制得共混物,可直接进行熔融纺丝,拉伸后制得纤维强度达 17.6 ~ 22.0cN/dtex。

以上 UHMWPE 熔融纺丝采用的原料均是常规 UHMWPE 经流动改性后的混合物[165-170],英国拉夫堡大学的 Rastogi 课题组另辟蹊径,采用特殊的茂金属催化剂合成出了低缠结的 UHMWPE 原料[171,172],在合适的聚合条件下制得 UHMWPE 的重均分子量可达 560 万甚至 900 万,其分子量分布则为 3.2 左右。并以此低缠结 UHMWPE 为原料,直接采用完全无溶剂的熔融挤出法制得了 UHMWPE 带,缓慢热拉伸至近 200 倍后可使其强度和模量分别达 4.0GPa 和 200GPa[173],均为以常规缠结 UHMWPE 为原料并采用相同方法制得 UHMWPE 带力学性能的 2 倍左右。此外,Rastogi 等还探索了以纳米 ZrO_2 和纳米 TiO_2 负载烯烃聚合催化剂,使 UHMWPE 聚合变得更为稳定,聚乙烯可直接在纳米颗粒表面聚合从而制得低缠结 UHMWPE 包埋纳米颗粒的复合材料[174],经熔融挤出缓慢拉伸至 200 倍后,同样可制得强度达 4GPa 的 UHMWPE 带。

3.7 超高分子量聚乙烯纤维改性技术

3.7.1 表面改性技术

由于 UHMWPE 纤维分子是由非极性的亚甲基形成的线性长链,不含极性基团,纤维表面呈化学惰性,难以与树脂形成化学键合;在生产中经高倍拉伸形成的高度结晶和高度取向而导致纤维具有非常光滑的表面。所有这些因素的共同作用使 UHMWPE 纤维的表面能很小,难以与基体树脂形成良好的界面黏结,从而使其制品在使用过程中易发生纤维的脱胶、基体树脂的开裂等现象,使 UHMWPE 纤维防弹材料的防弹性能降低,也大大限制了纤维在其他复合材料特别是在轻质结构材料领域中的应用。因此,UHMWPE 纤维表面改性的研究一直受到人们的重视。

对 UHMWPE 纤维进行表面处理的目的是清除或强化弱界面层,使惰性表面层活化,在非极性的纤维表面引入极性基团,解决其与树脂基体的黏结性。目前对 UHMWPE 纤维表面改性的处理方法主要包括等离子体处理法、表面氧化刻蚀法、辐射接枝处理法、化学交联处理法、本体改性法及表面涂覆等其他改性方法。

3.7.1.1 等离子体处理改性

等离子体是特定的气体在高温下所形成的一类具有高能的物质,该类物质可以是分子,或由分子离解作用而产生的复合离子、原子、电子、正离子、负离子等。随分类的不同,等离子处理可分为低温与高温等离子体处理、低压与常压等离子体处理、反应性气体等离子体处理与非反应性气体等离子体处理等。

由于 UHMWPE 纤维的耐温性较差,通常采用低温等离子体处理,主要由辉光放电、电晕放电和介质阻挡放电产生。通常辉光放电只能在低气压下工作,而电晕放电和介质阻挡放电可以在常压下进行,低压等离子体只能间隙处理纤维,而常压等离子体处理可实现对纤维的连续处理,便于工业化生产。针对 UHMWPE 纤维等离子处理的反应性气体主要包括 O_2、N_2、NH_3、CO_2、H_2O 等,而非反应性气体则为 Ar、He 等惰性气体等。UHMWPE 纤维经等离子体表面处理后,所产生的化学效应有:链的断裂与刻蚀、引入极性基团、表面交联等。极性基团的引入,一个方面使纤维的表面湿润性得到了改善,另一方面改进了纤维的黏结性。

Moon 等[175,176]分别采用 Ar 等离子体和 O_2 等离子体来处理 UHMWPE 纤维,发现 Ar 等离子体会在 UHMWPE 纤维表面上产生刻蚀点,而这些刻蚀点通过在 UHMWPE 纤维和树脂间的化学交联作用来增加其表面黏结性能;而采用氧等离子时,UHMWPE 纤维增强乙烯树脂复合材料界面的拉伸发现断裂起点从处理前的纤维表面转移到了纤维内部,从而提升了纤维和树脂之间的黏结性能,UHMWPE 纤维/环氧复合材料的抗剪切强度从未处理的 5.98MPa 提高到 14.3MPa。吴越等[177]采用空气等离子体在低压下处理 UHMWPE 纤维布,在纤维表面产生了大量的自由基和含氧基团,使 UHMWPE/环氧复合材料的剪切强度从 5.98MPa 提高到了 18.1MPa。肖干等[178]分别用空气等离子和氧气等离子处理 UHMWPE 纤维,发现 UHMWPE 纤维/环氧树脂复合材料的冲击强度分别较未处理纤维提高了 2.4 倍和 4 倍。

采用多种处理气氛组合可能会增强处理效果,Yeh 等[179]通过将 $He/O_2/N_2$ 组合气氛对 UHMWPE 纤维进行介质阻挡放电等离子改性,发现在 $He/O_2/N_2$ 含量为 100/80/20 时,纤维与树脂基体间的剥离强度增加最为明显,是未处理前的 5 倍;并且 $He/O_2/N_2$ 三种气体共同作用对剥离强度的提升要明显优于 He/O_2 和 He/N_2 两种组分组成的气氛。由此推断,在等离子处理过程中,可能会发生 O_2 和 N_2 的相互作用,由此加剧在纤维表面的刻蚀作用,产生更多的活性带电体[179]。等离子的处理时间和处理功率也会对纤维的表面改性效果产生一定的影响,Cireli 等[180]的研究表明,增加等离子处理时间可以有效提高 UHMWPE 纤维的表面改性程度,这是因为随着处理时间的增加或者处理功率的提高,纤维表面的化学组成发生了更加明显的改变,从而提高了纤维的化学和物理性能[175]。洪剑寒等[181]的研究证明,低气压下采用氧气等离子体处理 UHMWPE 纤维时,会使纤维强度大大降低,应在满足提高纤维表面黏结强度的前提下,尽可能使用较短的处理时间、较小的反应功率和适当的氧气压强,以减小对纤维的损伤。

不同气氛处理后的 UHMWPE 纤维表面形态有所不同,当仅采用 He 进行等离子处理时,纤维表面相对比较平滑,相比于未处理纤维产生了层状条纹,这可能因为 He 处理后在 UHMWPE 纤维的表面产生了 A 和 B 晶系的转变作用[182,183],即从单斜晶系转化为了准六方晶系。在 He/O_2 等离子体处理下会在 UHMWPE 纤维表面引入微孔,这可能是由于在处理过程中聚乙烯分子的交联和链断裂所引起的[184,185]。在 Ar 等离子体处理下纤维表面的刻蚀效果具有更明显的均一性,而且处理后的纤维表面更加干净。而在 N_2 等离子体下纤维表面形成微孔,并且产生了沟沟壑壑的崎岖状[184,186]。在 O_2 等离子体下纤维表面可以看到按照行取向重新排列的结果,相对于原来的结晶态,O_2 等离子体的刻蚀作用在一定的区域内趋于有选择性的进行[184]。

随着 UHMWPE 纤维等离子体改性的研究不断深入,将等离子改性技术更加成熟的运用到工业上成为了共识。唐九英等[187]用自行研制的常压低温等离子体设备对 UHMWPE 纤维进行了连续表面处理,在 Ar/O_2 流量比为 100/1,处理速度为 5.8m/min,处理功率为 189W 时,处理效果较好,可满足连续化生产。Teodoru 等[184]也实现了 UHMWPE 纤维在大气压下的等离子体改性,采用介质阻挡放电,分别在 Ar、He、He/O_2、N_2 或者 O_2 等离子体下进行,使纤维表面的极性官能团和表面的粗糙度都产生了显著的提高。

相比于其他的处理方法,等离子改性表面处理技术仅仅作用于纤维表面几个分子的深度内,对纤维内部结构和力学性能的破坏极其有限,它是一种环境友好的实验方式,并且处理效率高,改性效果好,等离子体处理工艺的适用范围广,便于连续性自动化生产。然而,等离子体处理也有其不足之处,主要表现在等离子体处理设备稳定性较差[188],且纤维表面活性官能团的衰减率比较大,即处理效果易随放置时间的延长而逐渐消逝[189];另外,等离子处理还存在均匀性问题,多丝束处理时应尽量将纤维束展开。

3.7.1.2 表面氧化刻蚀处理

表面氧化刻蚀处理主要是通过化学试剂对纤维表面进行氧化处理,使纤维表面产生羟基、羧基和羰基等活性官能团,同时溶解掉纤维表面部分非晶区使纤维表面变得粗糙,增加纤维的比表面积,从而提高纤维与树脂基体间的黏结性能。最常见的表面氧化处理液有氯酸-硫酸体系、高锰酸钾-硫酸体系、重铬酸钾-硫酸体系、三氧化铬-硫酸体系、过硫酸铵-硫酸银体系、发烟硫酸、发烟硝酸、氯磺酸、铬酸等[190]。就不同氧化处理液而言,由于氧化性强弱不同,其对聚乙烯纤维的处理效果也就不同。此外,处理效果还与纤维暴露在氧化液中的时间和温度等因素有关。

吴越等[191]分别用浓硝酸、过硫酸铵-硫酸银体系、铬酸、重铬酸钾-硫酸体系对 UHMWPE 纤维织物进行处理后,发现重铬酸钾和铬酸的处理效果最好,它可使 UHMWPE 纤维织物与基体树脂复合材料的层间剪切强度提高 3 倍以上,过硫酸铵溶液则次之。Teng 等[192]用铬酸溶液处理高强度聚乙烯纤维,通过傅里叶红外光谱和亚甲基蓝吸附法测试纤维表面的官能团的变化,发现经铬酸处理后,—COOH、—OH、—NH_2等极性基团成功地接枝在纤维的表面,提高了纤维表面的浸润性,有利于纤维与树脂的黏结性。

Silverstein 等[193]采用铬酸氧化处理聚乙烯纤维时发现,随着纤维在浸蚀液中处理时间的延长,其层间剪切强度将下降,纤维自身的强力也会过度下降,表明纤维的浸蚀氧化时间、温度与黏结性能之间有一最佳平衡值。宋俊等[194]研究了在不同浓度和温度下铬酸氧化液对 UHMWPE 表面处理的影响。随着铬酸溶液浓度的增加,纤维表面的刻蚀程度加剧,表面变得粗糙,导致 DSC 曲线上熔融峰发散,层间剪切强度增大,而对纤维表面的极性影响不大。而随着处理温度的升高,纤维极性增加,但纤维断裂强度下降,所以须选择合适的处理温度。张永科等[195]以过氧化氢酶为催化剂,在 H_2O_2存在下,氧化刻蚀 UHMWPE 纤维,增大了纤维的比表面积,增加了表面能,改变表面形貌,实现了对纤维的表面改性,改性后纤维与环氧树脂体系的界面结合强度明显提高,纤维的浸润性和表面能也有提高。曹涛等[196]采用氧化剂铬酸对 UHMWPE 纤维进行表面处理,并根据处理时间、温度与处理后纤维强力的关系及纤维表面形貌对比,确定了最佳处理温度为 80℃,最佳处理时间为 2min,铬酸氧化后纤维表面出现轻微刻蚀,粗糙程度增加,表面氧化产生羟基、羰基等极性基团,表面极性得到明显改善,处理后 UHMWPE 纤维易于树脂基体结合,纤维的黏结性能提高了 63%。

然而表面氧化刻蚀对纤维力学性能的损失较大,同时由于操作繁琐、对处理设备要求较高,并存在处理液污染严重等问题,难以实现工业化生产[197]。

3.7.1.3 辐射接枝法

辐射接枝法是通过辐射引发极性单体在 UHMWPE 纤维表面发生接枝聚合,从而改善纤维与基体之间的黏结性能。根据辐射源不同,可分为紫外光(UV)辐照接枝、γ 射线辐射接枝和电子束辐射接枝等。三种辐射方法对纤维的穿透深度不同[198],UV 辐照只达到纤维表面几纳米,而 γ 射线和电子束辐射却可穿透整体材料,但它们都会产生阳离子、阳离子自由基和其他活性中间体。

紫外光辐照接枝是利用紫外光源引发单体在 UHMWPE 纤维表面进行的接枝聚合。由于聚乙烯是饱和的碳链化合物,分子链上没有感光基团,在紫外照射下不易脱氢产生自由基,必须采用光引发剂或光敏剂(如芳族酮类)来引发产生自由基,从而引发第二单体在纤维表面的接枝聚合。UHMWPE 纤维的紫外光辐照接枝聚合反应首先取决于聚乙烯纤维本身、接枝单体和光敏剂的性质,其次如反应时间、温度、溶剂等反应条件也有很大影响。Amornsakchai 等[199]研究发现,紫外光引发接枝只发生在聚乙烯纤维未取向的无定型区,在同样条件下,聚乙烯纤维结晶度的增加显著降低了接枝率。骆玉祥等[200]以二苯甲酮为光敏剂,研究了丙烯酰胺、丙烯酸、丙烯酸羟乙酯、甲基丙烯酸缩水甘油酯等单体在 UHMWPE 纤维织物表面紫外光接枝聚合的反应活性,发现以无水乙醇为溶剂时,丙烯酰胺单体的接枝效果最好,其复合材料的层间剪切强度可从未处理的 9.5 ~ 10MPa 提高到 18.85MPa。李志等[201]以二苯甲酮为引发剂,采用新型二步紫外接枝法在 UHMWPE 纤维表面接枝了丙烯酸、甲基丙烯酸等活性单体,发现接枝改性后的 UHMWPE 纤维的黏结性能和亲水性能大大提升,其中界面剪切强度提升 160.9%,水接触角从 112.0°下降为 67.88°。庞雅莉等[202]比较了紫外辐照下接枝单体分别在气相和液相下对 UHMWPE 纤维的接枝效果,发现在有氧开放体系下,气相接枝效果优于液相接枝。

在利用 Co^{60}γ 射线辐射对 UHMWPE 纤维进行处理时,纤维表面接枝率也与接枝单体浓度、辐射剂量和温度等因素有关。在高剂量 γ 射线下,UHMWPE 纤维会发生交联或断链反应,导致纤维结构变化、强度下降[203],而温度升高时,纤维接枝率也相应增加。AbdelBary 等[204]用 γ 射线辐照引发将聚丙烯腈接枝在 UHMWPE 短纤维表面,通过辐照剂量和单体浓度控制接枝率,将改性纤维对氯丁橡胶进行增强,观察到材料的机械强度明显增加。

电子束辐射接枝是对 UHMWPE 纤维表面进行改性的又一种接枝方法[205,206]。张林等[207]采用电子束对 UHMWPE 纤维表面进行辐射接枝丙烯酸,发现在 N_2 保护下接枝过程中无需引发剂,反应接枝率随着辐射剂量、反应温度、

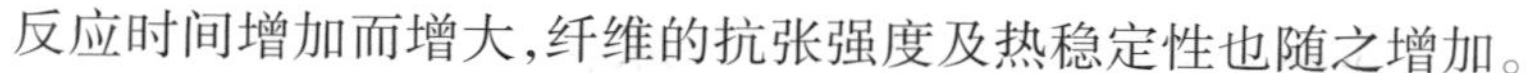

反应时间增加而增大,纤维的抗张强度及热稳定性也随之增加。

3.7.1.4　化学交联法

交联改性是将交联结构引入纤维,将 UHMWPE 线性分子结构转变成三维网状交联结构,由此能够提高纤维的耐热性能和抗蠕变性能等。针对 UHMWPE 纤维表面改性的化学交联法主要有辐照交联和硅烷交联等。

Bracco 等[208]提出了 UHMWPE 在高能射线辐照下的交联机理,在电子射线、γ 射线辐照后,UHMWPE 大分子的主链或侧链均会断裂产生活性点。由于主链断裂产生的活性自由基的反应活性很低,因而只有侧链断裂产生的自由基能够产生有效的交联结构。在高能射线的辐照下,除在纤维内产生交联结构外,还会使纤维表面变得粗糙,从而增强纤维与树脂基体的黏结性能。Yu 等[209]在研究 UHMWPE 纤维的紫外辐照交联时,发现纤维在改性后原有的光滑规整的表面变得非常粗糙,这是由于紫外辐照使纤维表面的交联反应造成的。张秀雨等[210]将引发剂过氧化苯甲酰和交联剂乙烯基三甲氧基硅烷溶解在 UHMWPE 冻胶纤维的萃取剂中,在冻胶纤维的萃取过程中将引发剂和交联剂引入纤维,在之后的热拉伸过程中引发聚乙烯与硅烷的接枝 - 交联反应,发现除了大大提高纤维的抗蠕变性能外,接枝 - 交联于纤维表层的硅烷还使纤维的表面黏结性能得到了提高。

3.7.1.5　本体改性法

本体改性是指那些不直接改变高聚物表面性能(即如前所述等离子体处理、表面氧化刻蚀、辐射接枝和化学交联等改性方法),但对纤维表面性能有附带作用的方法。典型的本体改性方法有两大类:

一类是聚乙烯同另一含有活性官能团的成分进行共混或共聚,由于热力学和动力学的原因,这些官能团可以有选择性地位于材料的表面上,因此对提高材料表面黏合性能有贡献[211]。共混改性是一种常用的改性方法,贾广霞等[212]将聚乙烯醋酸乙烯共聚物(EVA)混入 UHMWPE 纺丝原液对纤维进行改性,由于 EVA 中的极性基团—OC(O)CH_3,与环氧树脂中的脂肪族羟基、醚键产生非化学键力,使纤维与树脂界面间相互作用力增大;纤维的表面黏接强度随 EVA 含量的增加而提高,而纤维断裂强度则明显下降,所以不能单纯用加大共混比的方法改善黏接性。邝金艳等[213]将 VA 含量为 18% 的 EVA 溶解在 UHMWPE 纺丝溶液中进行共混改性,加入 3% EVA 的改性 UHMWPE 其表面黏结强度相对于未改性纤维提高了 40% 以上,而纤维的力学性能基本不变。

另一类本体改性是利用 UHMWPE 纤维的特殊结构,在 UHMWPE 冻胶纤维萃取的过程中加入含有极性基团的物质,使其附着在纤维表面,从而实现黏结性能的提高。Zhang 等[214,215]分别采用含偶联剂或纳米 SiO_2 的复合萃取液对 UHMWPE 冻胶纤维进行萃取改性,超倍拉伸后这些极性基团会存在于纤维表面,从而较大地提高了纤维的表面黏结性能,同时对纤维的力学性能影响较小。李燕[216]比较了采用溶液共混法和萃取改性法加入 MWNTs 对 UHMWPE 纤维表面性能的影响,发现溶液共混法加入的 MWNTs 均匀分布于纤维中,而萃取改性法加入的 MWNTs 则主要集中于纤维表层,因此萃取改性 UHMWPE 纤维的表面黏结性能更高。萃取改性方法操作简便,易于工业化,但是聚合物中的极性基团有限,从而一定程度上也影响了纤维表面黏接性能的提高。

3.7.1.6 其他改性方法

对 UHMWPE 纤维进行改性的方法还有很多,如压延法、表面涂覆或溶剂处理等方法。压延法是 UHMWPE 纤维经一对压辊作用后,由原来的圆形截面变成了扁平的截面,增大了纤维与基体树脂的接触面积,黏合性能有一定的改善。Cohen 等[217]采用浓度为 1.75%(质量分数)的 UHMWPE 溶液在 132℃下溶胀处理 UHMWPE 纤维一定时间,对纤维进行表面涂层,一定程度上提高了 UHMWPE 纤维与树脂的黏合性能。Debnath 等[218]则将 UHMWPE 纤维在 MMA、PMMA 和各种硅烷溶液中溶胀处理一定时间后,大大增强了纤维对甲基丙烯酸酯树脂的黏结性。Vaykhansky 等[219]则采用高温溶剂浸泡溶胀一定张力的 UHMWPE 纤维,也会使纤维表面变粗糙,在纤维强度有一定损失的情况下大大提高了纤维对环氧树脂的黏结性能。

此外,多巴胺处理也已成为提高 UHMWPE 纤维的黏合性能的新方法。萨日娜等[220]采用多巴胺仿生修饰、二次功能化、浸胶处理等三步法对 UHMWPE 纤维进行表面改性的新方法。通过剥离实验证明,表面预处理后可大幅提高橡胶与 UHMWPE 纤维的黏合性能,突破了 UHMWPE 纤维的表面活性差、无法共交联等关键性问题,拓展了 UHMWPE 纤维在橡胶工业中的应用。

3.7.2 抗蠕变改性技术

通常情况下,纤维的蠕变性能与纤维中大分子链的尺寸、大分子中是否存在极性基团以及分子间是否存在极性作用有关。由于 UHMWPE 所具有的简单分子结构以及分子间无氢键作用,且分子间的范德瓦耳斯力也只有色散力作用,导致其分子间作用力相对较小,容易产生分子间滑移而造成蠕变。改善 UHMWPE 纤维的抗蠕变性能,则主要是通过在纤维内引入交联结构来实现。

针对 UHMWPE 纤维的交联改性主要包括辐照交联、过氧化物交联和硅烷交联改性等。Zhao 等[221]采用 γ 射线辐照 UHMWPE 纤维,研究了辐照条件对纤维的交联度、力学性能和结晶形态等的影响,结果表明,在真空条件下,γ 射线辐照不仅能够使纤维产生一定的交联结构,而且对纤维的形态和力学性能几乎没有影响;但在空气条件下,由于氧化作用而使大分子链断裂,从而使纤维的机械强度有所下降,氧化主要发生在纤维表层 2μm 的范围内,而交联发生在纤维的内部。

此外,紫外光辐照也可引发 UHMWPE 分子链的交联。UHMWPE 纤维的紫外光交联首先是由瑞典皇家工学院的 Ranby 等[222]提出的,是在光敏剂和交联剂存在下,用紫外光进行辐照引发使 UHMWPE 纤维形成交联结构。光交联改性的机理为光敏剂吸收紫外光,被其激发产生活性自由基,该自由基可以夺取聚乙烯大分子中的 H 原子,形成新的聚乙烯自由基,再与多官能团的交联剂发生交联反应,形成交联网状结构。陈自力等[223]采用光敏剂二甲苯酮、交联剂三烯丙基异氰酸酯对 UHMWPE 纤维进行光交联改性,首先将预先处理好的 UHMWPE 纤维在光敏剂与交联剂的丙酮溶液中浸泡 24h 后,再进行紫外辐照引发交联反应,发现在合适条件下进行交联改性后的纤维,既能够保持或提高原有纤维的高强高模的力学特性,又能显著改善它的耐热性能和抗蠕变性能。Yu 等[209]以两种光引发剂的混合物 Irgacure 500 为光敏剂,以三羟基丙烷三丙烯酸酯作交联剂,配成改性溶液,将 UHMWPE 纤维在改性溶液中浸泡 0.5h 后进行紫外辐照引发交联反应,大大改善了纤维的抗蠕变性和耐热性能。熊杰等[224]将 UHMWPE 纤维通过溶有光敏剂的超临界二氧化碳辅助渗透处理后,再经过紫外光辐照使 UHMWPE 纤维内部分子链间发生交联,从而提高了它的抗蠕变性。陈聚文等[225]将预处理的 UHMWPE 纤维在交联剂与光敏剂的溶液中浸泡 30min 后进行紫外辐照引发交联反应,结果表明紫外照射后纤维的黏流形变降低,有效地改善了纤维的抗蠕变性能,并且纤维的声速取向和结晶度变化不大,而密度有所增加。

过氧化物交联是将过氧化物和 UHMWPE 粉末混合后进行成型加工,随着温度的升高,过氧化物分解产生自由基,这些自由基抽取 UHMWPE 分子链中的氢原子,形成交联点,相邻的交联点相互联接,从而形成交联网状结构。常用的过氧化物有二叔丁基过氧化己烷、过氧化二异丙苯等。周林平等[226]用交联剂过氧化二异丙苯(DCP)交联 PE,明显提高了聚乙烯材料的抗拉强度。随着 DCP 含量的增加,这种提高效果逐渐变弱。实验还证明:用过氧化物 DCP 交联的 PE 减弱了其断裂伸长变形率,在一定程度上提高了聚乙烯材料的抗蠕变性能。

UHMWPE 纤维的硅烷交联改性是指含有过氧化物和硅烷偶联剂的纤维在加热条件下,过氧化物分解产生自由基,过氧化物自由基夺取聚乙烯大分子中的 H 原子产生新的活性自由基,聚乙烯大分子的活性自由基与硅烷发生接枝反应,接枝了硅烷的大分子再在环境水分的作用下进一步发生交联反应[227],从而在 UHMWPE 纤维内形成交联或者接枝结构。朗彦庆等[228]在过氧化物的引发下,采用硅烷偶联剂 KH－570 对 UHMWPE 纤维进行接枝交联改性,考察了引发剂种类、引发剂用量、硅烷用量对纤维接枝率、力学性能及蠕变性能的影响,结果表明当硅烷的含量为20%时，过氧化物的含量为0.5%时纤维的强度最高；当过氧化物的含量为2%时，硅烷的含量为40%时接枝率达到最大值；硅烷处理纤维在高温下的力学性能和纤维的抗蠕变性能均有了很大提高。张秀雨等[229]在萃取阶段将热引发剂和硅烷交联剂引入UHMWPE冻胶纤维，在纤维的热拉伸过程中引发接枝并在纤维内形成交联结构，改性后纤维的抗蠕变性能均得到较大程度的改善，70℃下纤维的抗蠕变性能提高了77.3%。

此外，研究者还探索了其他改善UHMWPE纤维抗蠕变性能的方法。王依民等[230]在UHMWPE纺丝原液中加入碳纳米管，大大改善了UHMWPE纤维的力学性能、抗蠕变性能及耐热性，分析其原因可能是碳纳米管在其中起到了物理交联点的作用。李燕[216]在UHMWPE冻胶纤维的萃取阶段引入MWNTs，使纤维在60%断裂应力下的抗蠕变性能提高了31%以上。王新鹏等[231]通过向UHMWPE纤维中加入双酚A型环氧树脂对UHMWPE纤维进行改性，结果表明，适当环氧树脂的加入使得UHMWPE纤维的蠕变率降低近50%。司小娟[232]在UHMWPE中混入一定量的UHMWPP，当加入量为5%（质量分数）时，复合纤维的蠕变率降低了34%。徐明忠[233]比较了紫外光辐照、等离子体处理及硅烷偶联剂处理等方法对UHMWPE纤维抗蠕变性能的影响，发现紫外光辐照方法对纤维抗蠕变性能的提高最大。陈足论等[234]则进一步对UHMWPE/CNTs复合纤维进行紫外辐照交联，使复合纤维的抗蠕变性能得到更大的改善。

参考文献

[1] Smith P, Lemstra P J, Kalb B. Ultrahigh – strength polyethylene filaments by solution spinning and hot drawing[J]. Polymer Bulletin, 1979, 1(11): 733 – 736.

[2] Smith P, Lemstra P J. Ultrahigh – strength polyethylene filaments by solution spinning/drawing, 2. Influence of solvent on the drawability[J]. Die Makromolekulare Chemie, 1979, 180(12): 2983 – 2986.

[3] Smith P, Lemstra P J. Ultrahigh – strength polyethylene filaments by solution spinning /drawing. 3. Influence of drawing temperature[J]. Polymer, 1980, 21(11): 1341 – 1343.

[4] Staudinger H. Die Hochmolekularen Organischen Verbindungen[M]. Berlin: Springer – Verlag, 1931.

[5] Pennings A J, Zwijnenburg A, Lageveen R. Longitudinal growth of polymer crystals from solutions subjected to single shear flow[J]. Colloid & Polymer Science, 1973, 251(7): 500 – 501.

[6] Zwijnenburg A, Pennings A J. Longitudinal Growth of Polymer Crystals from Flowing Solutions III: Polyethylene Crystals in Couette Flow[J]. Colloid & Polymer Science, 1976, 254(10): 868 – 881.

[7] Smith P, Lemstra P J. Polymer fibres with high tensile strength and modulus – by stretching polymer gel filaments contg. large amts. of solvent at between the swelling point and m. pt. of the polymer: NL patent, 7900990 – A[P]. 1979.

[8] Smith P, Lemstra P J. High strength linear polyethylene filaments – made by spinning a polymer soln. and stretching under specified conditions: NL patent, 7904990 – A[P]. 1979.

[9] Smith P, Lemstra P J. Process for making polymer filaments which have a high tensile strength and a high

modulus：USP4344908[P]. 1982.

[10] Smith P, Lemstra P J. Process for the preparation of filaments of high tensile strength and modulus：USP 4422993[P]. 1983.

[11] Smith P, Lemstra P J. Filaments of high tensile strength and modulus. USP 4430383, 1984.

[12] Kavesh S, Prevorsek D C. High tenacity, high modulus polyethylene and polypropylene fibers and intermediates therefore：USP 4413110[P]. 1983. [13] 美国 Allied 公司扩大高强聚乙烯纤维系列产品．海外化纤速报(日), 1985, (19):228.

[14] 杨年慈．超高分子量聚乙烯纤维 第二讲 超高分子量聚乙烯冻胶纺工艺过程剖析[J]．合成纤维工业, 1991, 14(3):52－57.

[15] 丁亦平．超高分子量聚乙烯纤维的加工技术、性能及其应用[J]．纤维复合材料, 1992, 9(1):9－18.

[16] 罗益锋．3 大高性能纤维及其应用新动向与对策建议[J]．高科技纤维与应用, 2012, 37(6):1－7.

[17] Bunsell A R, Schwartz P. Handbook of tensile properties of textile and technical fibres[M]. Cambridge in UK：Woodhead Publishing Ltd., 2009.

[18] 张安秋, 杨屏玉, 鲁平, 等．聚乙烯冻胶丝的结构和性能[J]．纺织特品技术, 1986, 4(1):1－5, 60.

[19] 刘兆峰, 杨年慈．加速超高强高模聚乙烯纤维的工业化进程[J]．产业用纺织品, 1990, 8(2):28－32, 40.

[20] 陈克权, 张安秋, 赵恒泰, 等．超高分子量聚乙烯半稀溶液流变性能的研究[J]．合成纤维工业, 1988, 11(5):41－47.

[21] 张安秋．陈克权, 鲁平, 等．超高相对分子质量聚乙烯纤维伸直链结晶的研究[J]．合成纤维工业, 1988, 11(6):23－29.

[22] Chen Kequan, Lu Ping, Hu Zuming, et al. The effects of ultra drawing on the crystal structure of gel spun polyethylene fibers[J]. Journal of China Textile University (English Edition), 1989, 6 (1)：10－19.

[23] 杨年慈, 顾白, 张安秋, 等．超高分子量聚乙烯的溶解研究[J]．合成纤维工业, 1990, 13(6):27－33.

[24] 杨年慈, 刘兆峰, 张安秋, 等．超高分子量聚乙烯冻胶纺工艺及机理的探讨[J]．合成纤维, 1991, 20(1):6－10.

[25] 潘力军, 胡祖明, 刘兆峰, 等．聚乙烯凝胶丝在超拉伸过程中结构的变化[J]．中国纺织大学学报, 1991, 17(4):53－90.

[26] 杨年慈, 顾白, 张安秋, 等．超高分子量聚乙烯均匀溶液的制备:CN1050884A[P]. 1989.

[27] 杨年慈, 顾白, 张安秋．高强、高模聚乙烯纤维的制备方法:CN1056544A[P]. 1990.

[28] 刘兆峰, 林继光, 陈自力, 等．超高强聚乙烯纤维纺丝装置:ZL95111657. 6[P]. 1995.

[29] 刘兆峰, 林继光, 胡祖明, 等．超高强聚乙烯纤维拉伸装置:ZL95244063. 6[P]. 1995.

[30] 杨年慈, 杨耀慈, 王依民, 等．超高分子量聚乙烯均匀溶液的连续制备方法：ZL 97106768. 6[P]. 1997.

[31] 丁亦平．特种纤维和纱线的发展趋势[J]．纺织导报, 1994, 13(2):10－16.

[32] 陈成泗．高强高模聚乙烯纤维的生产工艺:ZL99111581. 3[P]. 1999.

[33] 陈成泗．高性能 PE 纤维复合无纬布的制作方法：ZL00109859. 4[P]. 2000.

[34] 陈成泗．PE 纤维复合无纬布防弹头盔的生产方法:ZL03109119. 9[P]. 2000.

[35] 陈成泗．PE 无纬布板材的制作方法:ZL03109121. 0[P]. 2000.

[36] 陈成泗．PE 无纬布防弹衣的生产方法:ZL03109120. 2[P]. 2000.

[37] 林明清, 杨年慈, 吴志泉, 等．高强高模聚乙烯纤维单取向预浸带的连续制备方法:ZL03158881. 6[P]. 2003.

[38] 时寅,乔献荣,林继光,等. 纺丝用超高分子量聚乙烯高浓度溶液的制备方法:ZL01123600.0[P].2001.
[39] 时寅,杜伟,乔献荣,等. 一种用于超高分子量聚合物纺丝用溶剂油及其制造方法:ZL02122682.2[P].2002.
[40] 刘兆峰,胡祖明,于俊荣,等. 超高相对分子量聚乙烯冻胶纤维的萃取干燥工艺.:ZL02160744.3[P].2002.
[41] 时寅,冯向阳,乔献荣,等. 一种纤维复合材料平铺及交叠成型设备及材料制造方法:ZL02140170.5[P].2002.
[42] 于俊荣,潘婉莲,陈蕾,等. 纳米粒子增强增韧超高相对分子质量聚乙烯纤维的制备方法:ZL02148597.6[P].2002.
[43] 刘明. 高性能聚乙烯纤维的发展现状与应用前景[J]. 纺织科学研究,2008,19(3):32-37.
[44] 于俊荣. 高强高模聚乙烯纤维成形机理与工艺研究[D]. 上海:东华大学,2002.
[45] 孙玉山. UHMWPE 溶液干法纺丝机理的研究[D]. 上海:东华大学,2005.
[46] 赵刚. 超高分子量聚乙烯纤维的技术与市场发展[J]. 纤维复合材料,2011,28(1):50-56.
[47] 余黎明. 我国超高分子量聚乙烯行业发展现状及前景[J]. 化学工业,2012,30(9):1-5,15.
[48] 杨正国. 国内外超高分子质量聚乙烯纤维产业化及开发应用进展[J]. 合成技术及应用,2014,29(1):34-37.
[49] 武红艳. 超高分子量聚乙烯纤维的生产技术和市场分析. 合成纤维工业,2012,35(6):38-42.
[50] 胡汉杰. 聚合物成型原理及成型技术[M]. 北京:化学工业出版社,2001.
[51] Kelly A. Strong Solids[M]. Oxford: Clearendon Pross,1966.
[52] Ohta T. Review on processing ultra high tenacity fibers from flexible polymer[J]. Polymer Engineering & Science,1983,23(13): 697-703.
[53] Peterlin A. Molecular mechanism of plastic deformation of polyethylene[J]. Journal of Polymer Science Part C: Polymer Symposia,1967,18(1): 123-132.
[54] Peterlin A. Molecular model of drawing polyethylene and polypropylene[J]. Journal of Materials Science, 1971,6(6): 490-508.
[55] Nalankilli G. Gel Spinning-A Promising Technique for the Production of High Performance Fibers[J]. Man-made Textiles in India,1997,40(6): 237-242.
[56] 丁亦平. 高强、高模纤维技术的发展及其近况[J]. 纺织科学研究,1989,6(2):34-36,56.
[57] Southern J H, Porter R S. Polyethylene crystallized under the orientation and pressure of a pressure capillary viscometer[J]. Journal of Macromolecular Science, Part B: Physics,1970,4(3): 541-555.
[58] Gibson A G, Ward I M, Cole B N, et al. Hydrostatic extrusion of linear polyethylene[J]. Journal of Materials Science,1974,9(7): 1193-1196.
[59] Capaccio G, Ward I M. Preparation of ultra-high modulus linear polyethylenes; effect of molecular weight and molecular weight distribution on drawing behaviour and mechanical properties[J]. Polymer,1974,15(4): 233-238.
[60] Griswold P D, Zachariades A E, Porter R S. Solid state coextrusion: A new technique for ultradrawing thermoplastics illustrated with high density polyethylene[J]. Polymer Engineering & Science,1978,18(11): 861-863.
[61] Odell J A, Grubb D T, Keller A. A new route to high modulus polyethylene by lamellar structures nucleated onto fibrous substrates with general implications for crystallization behaviour[J]. Polymer,1978,19(6): 617-626.

[62] Coates P D, Ward I M. Drawing of polymers through a conical die[J]. Polymer, 1979, 20(12): 1553 - 1560.

[63] Wu W, Black W B. High - Strength Polyethylene[J]. Polym. Eng. Sci., 1979, 19: 1163 - 1169.

[64] Coombes A, Keller A. Oriented polymers from solution. I. A novel method for producing polyethylene films [J]. Journal of Polymer Science Part B: Polymer Physics, 1979, 17(10): 1637 - 1647.

[65] Smith P, Lemstra P J, Pijpers J P L, et al. Ultra - drawing of high molecular weight polyethylene cast from solution[J]. Colloid & Polymer Science, 1981, 259(11): 1070 - 1080.

[66] Furuhata K, Yokokawa T, Miyasaka K. Drawing of ultrahigh - molecular - weight polyethylene single - crystal mats[J]. Journal of Polymer Science Part B: Polymer Physics, 1984, 22(1): 133 - 138.

[67] Savitsky A V, Gorshkova I A, Frolova I L, et al. The Model of Polymer Orientation Strengthening and Production of Ultra - High Strength Fibers[J]. Polymer Bulletin, 1984, 12(3): 195 - 202.

[68] 太田利彦,冈田富士男. Polymer Preprints. Japan, 1986, 35: 823.

[69] Kanamoto T, Ohama T, Tanaka K. 2 - Stage drawing of ultrahigh molecular weight polyethylene reactor powder[J]. Polymer, 1987, 28(9): 1517 - 1520.

[70] Smith P, Chanzy H D, Rotzinger B P. Drawing of virgin ultrahigh molecular weight polyethylene: an alternative route to high strength/high modulus materials. 2. Influence of polymerization temperature[J]. Journal of Materials Science, 1987, 22(2): 523 - 531.

[71] 原添博文,白本博彬,八木和雄等. 牵拉绳索:ZL88106629. X[P]. 1988.

[72] Pennings A J, Schouteten C J H, Kiel A M. Hydrodynamically induced crystallization of polymers from solution. V. Tensile properties of fibrillar polyethylene crystals[J]. Journal of Polymer Science Part C: Polymer Symposia, 1972, 38(1): 167 - 193.

[73] Hill M J, Barbam P J, and Keller A. On the Hairdressing of Shish - Kebabs[J]. Colloid & Polymer Science, 1980, 258(9): 1023 - 1037.

[74] Smook J, Torf J C, VanHutten P F, et al. Ultra - high strength polyethylene by hot drawing of surface growth fibers[J]. Polymer Bulletin, 1980, 2(5): 293 - 300.

[75] Barham P J, Keller A. Some observations on the production of polyethylene fibres by the surface growth method[J]. Journal of Materials Science, 1980, 15(9): 2229 - 2235.

[76] Pennings A J. Bundle - like nucleation and longitudinal growth of fibrillar polymer crystals from flowing solutions[J]. Journal of Polymer Science Part C: Polymer Symposia, 1977, 59(1): 55 - 86.

[77] Capaccio G, Crompton T A, Ward I M. Drawing behavior of linear polyethylene. II. Effect of draw temperature and molecular weight on draw ratio and modulus[J]. Journal of Polymer Science Part B: Polymer Physics, 1980, 18(2): 301 - 309.

[78] Wu W, Simpson P G, Black W B. Morphology and tensile property relations of high - strength/high - modulus polyethylene fiber[J]. Journal of Polymer Science Part B: Polymer Physics, 1980, 18(4): 751 - 765.

[79] 河野安男,伊藤雄一,八木和雄. 高分子量聚乙烯模塑成形的分子取向制品及其制备方法: ZL90107707. 0[P]. 1990.

[80] Smith P, Lemstra P J. Ultra - high - strength polyethylene filaments by solution spinning/drawing[J]. Journal of Materials Science, 1980, 15(2): 505 - 514.

[81] Kalb B, Pennings A J. Maximum strength and drawing mechanism of hot drawn high molecular weight polyethylene[J]. Journal of Materials Science, 1980, 15(10): 2584 - 2590.

[82] Smook J, Pennings A J. Preparation of ultra - high strength polyethylene fibres by gel - spinning/hot - drawing at high spinning rates[J]. Polymer Bulletin, 1983, 9(1), 75 - 80.

[83] Hoogsteen W, Kormelink H, Eshuis G, et al. Gel – spun polyethylene fibres. Part 2. Influence of concentration and molecular weight distribution[J]. Journal of Materials Science, 1988, 23(10): 3467 – 3474.

[84] 杨年慈. 超高分子量聚乙烯纤维 第三讲 超高分子量聚乙烯的溶剂和冻胶纺丝[J]. 合成纤维工业, 1991, 14(4):50 – 56.

[85] 铉晓群, 潘婉莲, 于俊荣, 等. 抗氧剂在 UHMWPE 溶解过程中的作用[J]. 合成纤维工业, 2006, 29(2):37 – 39.

[86] 肖长发, 安树林, 贾广霞, 等. 超高分子量聚乙烯溶液的降解与抗降解[J]. 塑料工业, 1994, 22(3): 31 – 33.

[87] Smook J, Pennings A J. Elastic flow instabilities and shish – kebab formation during gel – spinning of ultra – high molecular weight polyethylene[J]. Journal of Materials Science, 1984, 19(1): 31 – 43.

[88] Pennings A J, Smook J, de Boer J, et al. Process of preparation and properties of ultra – high strength polyethylene fibers[J]. Pure & Applied Chemistry, 1983, 55(5): 777 – 798.

[89] 于俊荣, 胡祖明, 刘兆峰. 超高相对分子质量聚乙烯溶液的制备[J]. 中国纺织大学学报, 2000, 26(6):90 – 93.

[90] 何曼君, 董西侠. 高分子物理[M]. 上海:复旦大学出版社, 1990.

[91] 王新威, 张玉梅, 吴向阳, 等. 超高相对分子质量聚乙烯树脂的溶胀性能研究[J]. 合成纤维, 2011, 40(10):19 – 21.

[92] Smith P, Lemstra P J, Booij H C. Ultradrawing of high – molecular – weight polyethylene cast from solution. II. Influence of initial polymer concentration[J]. Journal of Polymer Science Part B: Polymer Physics, 1981, 19(5): 877 – 888.

[93] 李亚滨. UHMW – PE 凝胶纺丝法的特点[J]. 合成纤维工业, 1992, 15(6):38 – 41.

[94] 董纪震, 孙桐, 古大治, 等. 合成纤维生产工艺学(上册)[M]. 北京:纺织工业出版社, 1981.

[95] Hoogsteen W, van der Hooft R J, Postema A R, et al. Gel – spun polyethylene fibres. Part 1. Influence of spinning temperature and spinline stretching on morphology and properties[J]. Journal of Materials Science, 1988, 23(10): 3459 – 3466.

[96] 肖明明, 于俊荣, 朱加尖, 等. 纺丝溶液浓度对 UHMWPE 冻胶纤维萃取及拉伸性能的影响[J]. 合成纤维工业, 2011, 34(4):1 – 4.

[97] 于俊荣, 张燕静, 胡祖明, 等. UHMWPE 冻胶纤维萃取过程的数学分析及其萃取剂的选择[J]. 华东理工大学学报, 2004, 30(3):261 – 265.

[98] 许海霞, 胡盼盼, 刘兆峰. UHMWPE 冻胶纤维除油率的研究及其对成品性能的影响[J]. 合成纤维, 2010, 39(2):21 – 25, 30.

[99] 张燕静, 于俊荣, 刘兆峰. UHMWPE 冻胶纤维萃取及干燥工艺研究[J]. 合成纤维, 2002, 31(6):16 – 18, 24.

[100] 于俊荣, 张燕静, 刘兆峰. UHMWPE 冻胶纤维超倍拉伸性能研究[J]. 东华大学学报, 2003, 29(2): 17 – 20.

[101] 刘兆峰, 陈自力, 于翠华, 等. 超高分子量聚乙烯冻胶纤维萃取干燥工艺的研究[J]. 合成纤维工业, 1993, 16(2):25 – 30.

[102] 潘力军, 刘兆峰, 胡祖明, 等. 超高倍拉伸聚乙烯凝胶纤维熔融行为的研究[J]. 高分子材料科学与工程, 1993, 9(3): 89 – 92.

[103] 水野正春, 西河裕, 藤罔幸太郎. 高强度高モジユラスポリオレフイン系纤维の制造方法:JP61 – 610, 1986.

[104] 朱清仁, 何平笙. 高模量高强度超拉伸聚乙烯[J]. 工程塑料应用, 1992, 20(3):27 – 31.

[105] 朱清仁,戚嵘嵘,洪昆仑,等. 预热处理对超高分子量聚乙烯层积状片晶凝胶膜结构的影响[J]. 高分子学报,1994,38(5):552-558.

[106] 于俊荣,胡祖明,刘兆峰. 超拉伸 UHMWPE 纤维的结晶结构及其形成机理[J]. 合成纤维工业,2004,27(6):7-10.

[107] 胡恒亮,穆祥祺. X 射线衍射技术[M]. 北京:纺织工业出版社,1988.

[108] 赵华山,姜胶东,吴大诚,等. 高分子物理学[M]. 北京:纺织工业出版社,1987.

[109] 陈自力,刘兆峰,诸静,等. 聚乙烯冻胶丝萃取超拉伸的研究[J]. 中国纺织大学学报,1993,19(6):68-74.

[110] Wong W F,Young R J. Analysis of the deformation of gel-spun polyethylene fibres using Raman spectroscopy[J]. Journal of Materials Science,1994,29(2): 510-519.

[111] Marie P,Robert E P,Michel P. Characterization of molecular orientation in polyethylene by Raman spectroscopy[J]. Macromolecules,1991,24(20): 5687-5694.

[112] Tashiro K,Sasaki S,Kobayashi M. Structural investigation of orthorhombic-to- hexagonal phase transition in polyethylene crystal. Macromolecules,1996,29(23): 7460-7469.

[113] 孙玉山,金小芳,孔令熙,等. 高强聚乙烯纤维的制造方法及纤维:ZL01123737.6[P].2001.

[114] 金小芳,张琦,张彩霞,等. 一种高强聚乙烯纤维的制造方法:ZL03156300.7[P].2003.

[115] Sun Y S,Duan Y R,Chen X Y,et al. Research on the molecular entanglement and disentanglement in the dry spinning process of UHMWPE/decalin solution[J]. Journal of applied polymer science,2006,102(1): 864-875.

[116] 李方全,陈功林,李晓俊,等. 喷头拉伸对超高分子量聚乙烯后续牵伸的影响[J]. 高分子通报,2012,25(12):57-61.

[117] 孔凡敏,晶强,苏豪,等. 高性能聚乙烯纤维干法纺丝溶剂闪蒸回收方法: CN102409435A[P]. 2011.

[118] 王祥云,孔凡敏,晶强,等. 高性能聚乙烯纤维干法纺丝溶剂回收的节能方法: CN103801104A[P]. 2012.

[119] 徐静. 不同浓度超高分子量聚乙烯冻胶纤维的萃取干燥工艺研究[D]. 北京: 北京服装学院,2008.

[120] 赵国樑,徐静. 凝胶质量分数对超高分子质量聚乙烯纤维加工及结构性能的影响[J]. 北京服装学院学报,2009,29(2):7-11,17.

[121] 彭刚,施佳炜,叶敏等. 高浓度超高相对分子质量聚乙烯冻胶流变行为的研究[J]. 合成纤维,2010,39(11):10-14.

[122] 彭刚. 高浓度冻胶纺 UHMWPE 纤维的制备与表征[D]. 上海:东华大学,2011.

[123] Xiao M M,Yu J R,Zhu J J,et al. Effect of UHMWPE concentration on the extracting,drawing,and crystallizing properties of gel fibers[J]. Journal of materials science,2011,46(16): 5690-5697.

[124] 任意,吴修伦. 超高分子量聚乙烯纤维生产用原料自动配制控制系统: ZL200920030910.9[P]. 2009.

[125] 胡建国,任意. 超高分子量聚乙烯纤维多段混炼输送组合式螺杆:ZL200620161372.3[P]. 2006.

[126] 胡建国,任意. 超高分子量聚乙烯纤维水封牵伸式二氯甲烷萃取装置: ZL200720018637.9[P]. 2007.

[127] 胡建国,任意. 超高分子量聚乙烯纤维丝束表面萃取剂擦吸器:ZL200620161376.1[P]. 2006.

[128] 胡建国,任意. 超高分子量聚乙烯纤维纺丝竖行干燥箱:ZL200620161375.7[P]. 2006.

[129] 胡建国,任意. 超高分子量聚乙烯纤维牵伸热箱:ZL200720026758.8[P]. 2007.

[130] 任意．超高分子量聚乙烯纤维的无断点直纺连续生产方法:ZL201010132407.1[P].2010.
[131] 张博,亓秀斌,禹业闯等．一种超高模量聚乙烯纤维的连续在线生产方法:CN103255489A[P].2013.
[132] 陈自力,刘兆峰,胡祖明．双螺杆挤出技术在冻胶纺丝工艺中的应用[J]．合成纤维工业,1995,18(3):17-22.
[133] Todd D B．塑料混合工艺及设备[M]．詹茂盛,丁乃秀,王凯,等译．北京:化学工业出版社,2002.
[134] 耿孝正．双螺杆挤出机及其应用[M]．北京:中国轻工业出版社,2003.
[135] 陈志强．同向双螺杆受力分析及有限元模拟[D]．北京:北京化工大学,1998.
[136] 娄晓鸣,康峰,杨宥人,等．同向双螺杆塑料挤出机．中国机械行业标准,JB/T 5420-2001.
[137] 张远军,杨年慈,吴志泉,等．一种高强高模聚乙烯纤维的冻胶纺丝机组及冻胶纺丝方法:ZL200910159135.1[P].2009.
[138] 张竹标,郭子贤．高强高模聚乙烯纤维多级连续萃取机:ZL200720043931.5[P].2007.
[139] 冯向阳,沈文东,谢云翔等．一种超高分子量聚乙烯冻胶丝连续高效萃取装置:ZL200810106665.5[P].2008.
[140] 尹晔东,谭琳．聚乙烯纤维湿法纺丝的多级阶梯式萃取设备:ZL200920277975.3[P].2009.
[141] 郅立鹏,陈继朝,候明霞．一种用于超高分子量聚乙烯纤维的萃取装置:ZL201020551565.6[P].2010.
[142] 陈成泗．高强高模聚乙烯纤维萃取超倍拉伸机:ZL99217693.X[P].1999.
[143] 王依民,王永亮,顾白等．一种新型的高强高模聚乙烯纤维拉伸机组:ZL200520048118.8[P].2005.
[144] 马敏,王正兵,祁立超等．一种超高分子量聚乙烯纤维用牵伸热箱装置:ZL201220293861.X[P].2012.
[145] 吴敏,张林,纪洪波．HSHMPE 的物理改性研究进展及其加工成型工艺[J]．石化技术,2007,14(1):60-64.
[146] Bhateja S K, Andrews E H. Thermal, mechanical, and rheological behavior of blends of ultrahigh and normal-molecular-weight linear polyethylenes[J]. Polymer Engineering & Science, 1983, 23(16): 888-894.
[147] 刘云湘,袁辉,刘廷华．用 PE 改进 UHM WPE 流动性的研究[J]．塑料工业,2004,32(3):49-51.
[148] Kyu T, Vadhar P. Cocrystallization and miscibility studies of blends of ultrahigh molecular-weight polyethylene with conventional polyethylenes[J]. Journal of applied polymer science, 1986, 32(6): 5575-5584.
[149] 徐定宇,李跃进,刘长维．超高分子量聚乙烯(UHMWPE)的流动改性[J]．高分子材料科学与工程,1992,8(1):68-72.
[150] Herten J F, Louies B D. Composition and method to process polymers including ultrahigh molecular weight polyethylene: USP 4853427[P]. 1989. [151] Nakajima N, Ibata J. Ultra-high molecular weight polyethylene composition: USP 4487875[P]. 1984.
[152] 尹德荟．超高分子量聚乙烯(UHMWPE)加工性能的研究[D]．青岛:青岛化工学院,1999.
[153] Utsumi M, Nagata K, Suzuki M, et al. Effects of calcium stearate addition of ultrahigh molecular weight polyethylene in direct compression molding[J]. Journal of applied polymer science, 2003, 87(10): 1602-1609.
[154] Chan C K, Whitehouse C, Gao P, et al. Flow induced chain alignment and disentanglement as the viscosity reduction mechanism within TLCP/HDPE blends[J]. Polymer, 2001, 42(18): 7847-7856.

[155] Coffey G P ,Perec E S ,Pepper P,et al. Polymer composites of thermoplastic and liquid crystal polymers and a process for their preparation: EP49938[P] . 1992.

[156] Aiello R,La Mantia F P. On the improvement of the processability of UHMWPE – HDPE by adding a liquid crystalline polymer and a fluoroelastomer[J]. Macromolecular materials and engineering,2001,286(3): 176 – 178.

[157] 赵安赤. LCP/UHMWPE 原位复合物的制备、性能和应用[J]. 工程塑料应用,1999,27(2):6 – 7.

[158] 齐东超,唐黎明,方宇,等. 超支化聚(酯 – 酰胺)对超高摩尔质量聚乙烯的加工流动改性[J]. 塑料工业,2004,32(7):16 – 17.

[159] 唐黎明,齐东超,邱义鹏,等. 超支化聚(酯 – 酰胺)改善超高分子量聚乙烯的流动机理[J]. 清华大学学报,2006,46(6):833 – 835.

[160] Wang X,Wu Q Y,Qi Z N. Unusual rheology behaviour of ultra high molecular weight polyethylene/kaolin composites prepared via polymerization – filling[J]. Polymer international,2003,52(7): 1078 – 1082.

[161] 王庆昭,刘宗林. UHMWPE/蒙脱土纳米复合材料结构与流动性的关系[J]. 工程塑料应用,2003,31(10):46 – 49.

[162] 刘萍,王德禧. 超高分子量聚乙烯的改性及其应用[J]. 工程塑料应用,2001,29(5):7 – 9.

[163] 刘罡,肖利群,叶淑英,等. 无机填料改性超高相对分子质量聚乙烯性能研究[J]. 工程塑料应用,2009,37(4):23 – 26.

[164] 王立,谷正,宋国君,等. 蒙脱土及粉煤灰玻璃微珠对超高分子量聚乙烯/高密度聚乙烯复合材料流动性能的影响[J]. 塑料,2008,37(4):21 – 23.

[165] 袁雯,李文刚,王有富,等. 熔纺 UHMWPE 纤维结构和力学性能初探[J]. 合成纤维工业,2013,36(4):42 – 44.

[166] 张强,王庆昭,陈勇. 熔纺 UHMWPE 纤维在拉伸过程中的结构与力学性能[J]. 高分子材料科学与工程,2014,30(3):80 – 84.

[167] 甄万清,王庆昭,吴进喜,等. 熔融纺丝法制备 UHMWPE/MMT 复合纤维的研究[J]. 合成纤维,2011,40(3):5 – 9.

[168] 甄万清. 熔体纺丝法制备超高分子量聚乙烯纤维[D]. 青岛:山东科技大学,2011.

[169] Tam T Y T,Aminuddin N,Young J A. Melt spinning blends of UHMWPE and HDPE and fibers made therefrom: USP8057897[P]. 2011.

[170] Tam T Y T,Aminuddin N,Young J A. Melt spinning blends of UHMWPE and HDPE and fibers made therefrom: USP 8426510[P]. 2013.

[171] Ronca S,Romano D,Forte G,et al. Improving the performance of a catalytic system for the synthesis of ultra high molecular weight polyethylene with a reduced number of entanglements[J]. Advances in polymer technology,2012,31(3): 193 – 204.

[172] Romano D,Andablo – Reyes E A,Ronca S,Rastogi S. Effect of a Cocatalyst Modifier in the Synthesis of Ultrahigh Molecular Weight Polyethylene having Reduced Number of Entanglements[J]. Journal of polymer science Part A: Polymer chemistry,2013,51(7): 1630 – 1635.

[173] Rastogi S,Yao Y F,Ronca S,et al. Unprecedented high – modulus high – strength tapes and films of ultrahigh molecular weight polyethylene via solvent – free route[J]. Macromolecules, 2011, 44 (14): 5558 – 5568.

[174] Ronca S,Forte G,Tjaden H,et al. Tailoring molecular structure via nanoparticles for solvent – free processing of ultra – high molecular weight polyethylene composites[J]. Polymer, 2012, 53 (14): 2897 – 2907.

[175] Moon S I, Jang J. The mechanical interlockingand wetting at the interface between argon plasma treated UHMWPE fiber and vinylster resin[J]. Journal of Materials Science, 1999, 34(17): 4219 – 4224.

[176] Moon S I, Jang J. The effect of the oxygen – plasma treatment of UHMWPE fiber on the transverse properties of UHMWPE – fiber/vinyl ester composites[J]. Composites Science and Technology, 1999, 59(4): 487 – 493.

[177] 吴越,胡福增,骆玉祥,等. 空气等离子法处理超高分子量聚乙烯纤维[J]. 功能高分子学报,2001, 14(2):190 – 194.

[178] 肖干,牟其伍. 低温等离子体表面处理对 UHMWPE 复合材料冲击性能的影响[J]. 重庆建筑大学学报,2004,26(6):87 – 89.

[179] Yeh J T, Lai Y C, Suen M C, Chen C C. An improvement on the adhesion – strength of laminated ultra – high – molecular – weight polyethylene fabrics: surface – etching/modification using highly effective helium/oxygen/nitrogen plasma treatment[J]. polymers advanced technologies, 2011, 22(12): 1971 – 1981.

[180] Cireli A, Kutlu B, Mutiu M. Surface modification of polyester and polyamide fabrics by low frequency plasma polymerization of acrylic acid[J]. Journal of Applied Polymer Science, 2007, 104(4): 2318 – 2322.

[181] 洪剑寒, 潘志娟. 氧气等离子体处理对超高分子量聚乙烯纤维力学性能的影响[J]. 产业用纺织品,2013,31(2):29 – 32.

[182] Kim K S, Ryu C M, Park C S, et al. Investigation of crystallinity effects on the surface of oxygen plasma treated low density polyethylene using X – ray photoelectron spectroscopy[J]. Polymer, 2003, 44(20): 6287 – 6295.

[183] Alon Y, Marom G. On the beta transition in high density polyethylene: The effect of transcrystallinity[J]. Macromolecular Rapid Communicaitons, 2004, 25(15): 1387 – 1391.

[184] Teodoru S, Kusano Y, Rozlosnik N, et al. Continuous plasma treatment of ultra – high – molecular – weight polyethylene (UHMWPE) fibres for adhesion improvement[J]. Plasma processes and polymers, 2009, 6 (S1): S375 – S381.

[185] Qiu Y, Hwang Y J, Zhang C, et al. Atmospheric pressure helium plus oxygen plasma treatment of ultrahigh modulus polyethylene fibers[J]. Journal of Adhesion Science and Technology, 2002, 16(4): 449 – 457.

[186] Lynch J B, Spence P D, Baker D E, et al. Atmospheric pressure plasma treatment of polyethylene via a pulse dielectric barrier discharge: Comparison using various gas compositions versus corona discharge in air[J]. Journal of Applied Polymer Science, 1999, 71(2): 319 – 331.

[187] 唐久英,陈成泗,王守国. 低温等离子体对 UHMWPE 维的表面改性[J]. 合成纤维工业,2007,30(3):39 – 41.

[188] 唐久英. 低温等离子体技术在超高相对分子质量聚乙烯纤维表面改性中的应用[J]. 高科技纤维与应用,2006,31(5):31 – 36.

[189] Ren Y, Wang C X, Qiu Y P. Aging of surface properties of ultra high modulus polyethylene fibers treated with He/O2 atmospheric pressure plasma jet[J]. Surface & Coatings Technology, 2008, 202(12): 2670 – 2676.

[190] 王保刚,滕翠青,余木火. 高强度、高模量聚乙烯纤维的表面改性[J]. 纤维复合材料,1997,14(4): 17 – 24.

[191] 吴越,骆玉祥,胡福增,等. 液态氧化法处理超高分子量聚乙烯纤维[J]. 功能高分子学报,1999,12(4): 427 – 430.

[192] Teng C Q, Yu M H. Grafting of multifunctional groups onto the surface of high – strength polyethylene fibers and the interface of their composites[J]. Journal of Applied Polymer Science, 2005, 97(2): 449 – 454.

[193] Silverstein M, Breuer O J. Surface modification UHMWPE fibers[J]. Journal of Applied Polymer Science, 1994, 52(12): 1785 – 1795.

[194] 宋俊，肖长发，李娜娜，等．铬酸处理的超高分子量聚乙烯纤维粘接性研究[J]．玻璃钢/复合材料，2007, 34(2): 29 – 32, 36.

[195] 张永科，赵景婵，郭治安，等．过氧化氢酶催化聚乙烯表面改性的研究[J]．西北大学学报，2007, 37(4): 595 – 597.

[196] 曹涛，李显波．铬酸处理超高相对分子质量聚乙烯纤维性能分析[J]．山东纺织科技，2014, 55(2): 53 – 56.

[197] 王成忠，李鹏，于运华，等．UHMWPE 纤维表面处理及其复合材料性能[J]．复合材料学报，2006, 23(2): 31 – 35.

[198] 张玉芳，庞雅莉．用于增强复合材料的聚乙烯纤维表面改性技术[J]．北京服装学院学报，2006, 26(4): 60 – 66.

[199] Amornsakchai T, Kubota H. Photoinitiated grafting of methyl methacrylate on highly oriented polyethylene: Effect of draw ratio on grafting[J]. Journal of Applied Polymer Science, 1998, 70(3): 465 – 470.

[200] 骆玉祥，吴越，胡福增等．超高分子量聚乙烯纤维紫外接枝处理[J]．复合材料学报，2001, 18(4): 29 – 33.

[201] 李志，张炜，吴向阳等．超高分子量聚乙烯纤维表面紫外接枝聚合改性研究[J]．化工新型材料，2011, 39(11): 46 – 49.

[202] 庞雅莉，张玉芳，王晋．紫外辐射接枝改性 UHMWPE 纤维表面的研究[J]．合成纤维工业，2007, 30(6): 27 – 30.

[203] DeBoer J, Pennings A J. Crosslinking of ultra – high strength polyethylene fibers by means of gamma – radiation[J]. Polymer Bulletin, 1981, 5(6): 317 – 324.

[204] AbdelBary E M, Helaly FM, EINesr EM. Radiation – induced grafted UHMWPE chopped fibers as reinforcing filler in polychloroprene[J]. Polymers for advanced Technologies, 1997, 8(10): 587 – 591.

[205] Klein P G, Woods D W, Ward I M. The effect of electron – irradiation on the structure and mechanical – properties of highly drawn polyethylene fiber[J]. Journal of Applied Polymer Science, 1987, 25(7): 1359 – 1379.

[206] 杨宇平，黄献聪，赵家森，等．电子束辐照对超高分子量聚乙烯纤维结构与性能的影响[J]．天津工业大学学报，2004, 23(4): 64 – 70.

[207] 张林，刘兆峰，杨年慈，等．高强高模聚乙烯纤维电子预辐照接枝反应的研究[J]．中国纺织大学学报，1995, 21(3): 88 – 93.

[208] Bracco P, Brunella V, Luda M P, et al. Radiation – induced crosslinking of UHMWPE in the presence of co – agents: chemical and mechanical characterization[J]. Polymer, 2005, 46(24): 10648 – 10657.

[209] Yu J R, Chen Z L, Liu Z F, et al. Crosslinking modification of UHMWPE fibers by ultra – violet irradiation[J]. International Polymer Processing, 1999, 14(4): 331 – 335.

[210] 张秀雨，于俊荣，陈蕾，等．超高相对分子质量聚乙烯纤维的交联改性研究[C]．2013 年全国高分子学术论文报告会论文集，811.

[211] Carbassi F, Morra M, Occhiello E. Polymer surfaces from physics to technology[M]. Chichester: John Wiley & sons, 1993.

[212] 贾光霞，张宇峰，安树林，等．超高分子量聚乙烯纤维粘结性的研究[J]．合成纤维工业，1995, 18(6): 24 – 28.

[213] 邝金艳，于俊荣，肖明明，等．EVA 共混改性 UHMWPE 纤维的表面性能[J]．合成纤维工业，2011,

34 (5): 1 -4.

[214] Zhang Y, Yu J R, Zhou C J, et al. Preparation, morphology, and adhesive and mechanical properties of ultrahigh - molecular - weight polyethylene/SiO2 nanocomposite fibers[J]. Polymer composites, 2010, 31 (4): 684 -690.

[215] Zhang Y, Yu J R, Chen L, et al. Surface modification of ultrahigh - molecular - weight polyethylene fibers with coupling agent during extraction process[J]. Journal of Macromolecular Science, Part B: Physics, 2009, 48(2): 391 -404.

[216] 李燕. 多壁碳纳米管改性超高分子量聚乙烯纤维的研究[D]. 上海:东华大学,2012.

[217] Cohen Y, Rein D M, Vaykhansky L. A novel composite based on ultra - high - molecular - weight polyethylene[J]. Composites Science Technology, 1997, 57(8): 1149 - 1154.

[218] Debnath S, Ranade R, Wunder SL, et al. Chemical surface treatment of ultrahigh molecular weight polyethylene for improved adhesion to methacrylate resins[J]. Journal of Applied Polymer Science, 2005, 96(5): 1564 - 1572.

[219] Vaykhansky L E, Cohen Y. Retardation of dissolution and surface modification of high - modulus poly (ethylene) fiber by the synergetic action of solvent and stress[J]. Journal of Polymer Science Part B: Polymer Physics, 1995, 33(7): 1031 - 1037.

[220] 中国航空学会. 第17届全国复合材料学术会议(智能与功能复合材料分论坛)论文集[C]// 萨日娜,王文才,张立群. 超高相对分子质量聚乙烯纤维的表面改性及其橡胶复合材料的制备. 中国航空学会,2012,1215 - 1222.

[221] Zhao Y N, Wang M H, Tang Z F, et al. Radiation effects of UHMW - PE fiber on gel fraction and mechanical properties[J]. Radiation Physics and Chemistry, 2011, 80(2): 274 - 277.

[222] Ranby B. Photochemical modification of polymers - photocrosslinking, surface photografting, and lamination. Polymer Engineering & Science, 1998, 38(8): 1229 - 1243.

[223] 陈自力,赵祥臻,于俊荣,等. 超高分子量聚乙烯纤维的光敏交联改性[J]. 合成纤维工业,1997,20 (6): 21 -24.

[224] 熊杰,徐淑燕,朱旭朝,等. 提高超高相对分子质量聚乙烯纤维抗蠕变性能的方法:CN101538793 [P]. 2009.

[225] 陈聚文,潘婉莲,黎倩倩,等. 超高相对分子质量聚乙烯纤维蠕变性能改性研究[J]. 合成纤维, 2003,32(2):15 - 17.

[226] 周林平,丁海伟,闫孝敏,等. 过氧化物交联聚乙烯材料的研究[J]. 新材料产业,2013,15(5):48 -51.

[227] Bengtaaon M, Oksman K. The use of silane technology in crosslinking polyethylene/wood flour composites [J]. Composites: Part A, 2006, 37(5): 752 -765.

[228] 朗彦庆,王耀先,程树军. 超高分子量聚乙烯纤维的硅烷交联改性[J]. 合成纤维,2004,33(4): 1 -3.

[229] 张秀雨,于俊荣,彭宏,等. 硅烷交联改性对 UHMWPE 纤维蠕变性能的影响[J]. 东华大学学报, 2015,41(1):1 -5,27.

[230] 王依民,王新鹏. 碳纳米管对超高分子质量聚乙烯纤维结构与性能的影响[J]. 金山油化纤,2005, 24(1):1 -7.

[231] 王新鹏. 超高相对分子质量聚乙烯/环氧树脂复合纤维的制备与表征[D]. 上海:东华大学,2006.

[232] 司小娟. 冻胶纺 UHMWPE/UHMWPP 复合纤维的制备与表征[D]. 上海:东华大学,2009.

[233] 徐明忠. 超高分子量聚乙烯纤维抗蠕变性能研究[D]. 北京:北京服装学院,2011.

[234] 陈足论,张顺花. 紫外辐射交联对 UHMWPE/CNTs 复合纤维蠕变影响研究[J]. 浙江理工大学学报,2012,29(2): 184 -187.

第4章 超高分子量聚乙烯纤维化学与物理性质

4.1 基本物理性质

UHMWPE 纤维在 293K 的密度约为 960 ~ 980kg/m^3,其密度值与结晶度相关,随结晶度的增大而略有增加。UHMWPE 纤维的密度是芳香族聚酰胺纤维(芳纶)的 2/3,高强高模碳纤维的 1/2。表 4 - 1 是密度梯度管法测定几种 UHMWPE 纤维的密度值及其结晶度[1]。UHMWPE 纤维具有优异的振动阻尼性能。

表 4 - 1 UHMWPE 纤维的密度与结晶度[1]

样品	密度/(g/cm^3)	结晶度/%
Ⅰ	0.964	80
Ⅱ	0.971	84
Ⅲ	0.974	86
Ⅳ	0.978	88

4.2 力学性质

高强高模 UHMWPE 纤维具有优异的拉伸强度和拉伸模量,同时密度低,这使其比拉伸强度是当今高性能纤维中最高的,如图 4 - 1 所示[2]。高强高模 UHMWPE 纤维的比拉伸模量低于高模量碳纤维,但比芳香族聚酰胺纤维高得多。与其他高性能纤维相似,其断裂伸长率较小,通常小于 5%;但由于其强度高,断裂所消耗的能量很高。其耐磨性和耐弯曲疲劳强度高于芳香族聚酰胺纤维,但蠕变性能差于碳纤维和芳香族聚酰胺纤维。它的抗冲击性能仅次于聚己内酰胺纤维(PA 6)而高于对位芳纶、碳纤维和聚酯纤维,受到高速冲击时,其吸收的能量是对位芳纶、PA6 纤维的 2 倍左右,这有利于其作为防护材料使用。UHM-

WPE 纤维的勾结强度和结节强度都较高,弯曲或打结时不会断裂或破损。

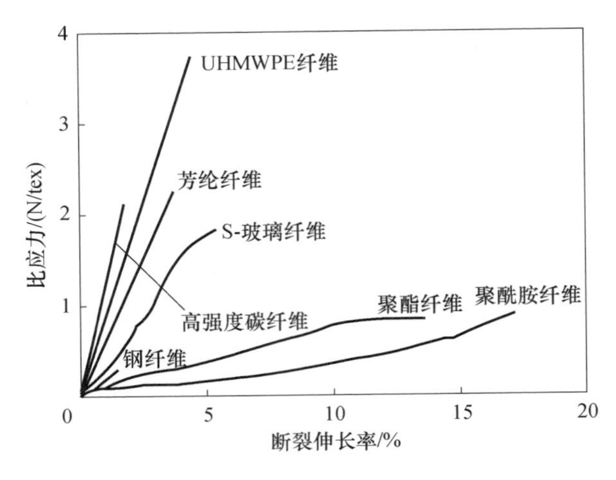

图 4-1　纤维的应力-应变曲线

4.2.1　拉伸性能

文献报道的完善聚乙烯正交晶的拉伸模量的理论估算值是 180 ~ 340GPa[3-8],其极高的拉伸模量源于高结晶度和极高的取向度。根据 C—C 键键能计算的聚乙烯纤维的拉伸强度在 20 ~ 60GPa 之间,这需要纤维中没有缺陷、分子链为伸直链结构并且无限长,且所有 C—C 键同时断裂。但这在实际中不可能实现[9]。不同方法制备的 UHMWPE 纤维的拉伸强度和拉伸模量与理论值存在不同的差距。UHMWPE 纤维的拉伸强度远低于其理论上的极限强度值,相对而言,拉伸模量比较接近理论值。

UHMWPE 纤维具有优异的力学性能,不同方法制备的 UHMWPE 纤维的力学性能存在一定差异。表面结晶方法制得的纤维的拉伸模量可以达到 170GPa,拉伸强度达到 5GPa[10]。将黏均分子量为 240 万的 UHMWPE 的二甲苯稀溶液(0.05% ~0.2%(质量分数))等温结晶,溶液结晶形成的沉积片,采用固态挤出方法挤出,然后采用常规热拉伸方法,在 115℃拉伸,拉伸比可以达到 250,拉伸模量可以达到 222GPa[5]。1.5% UHMWPE 的石蜡油溶液经冻胶纺丝和 150 倍热拉伸后,纤维的拉伸强度可以达到 5.9GPa、拉伸模量为 210GPa。[10] 工业化生产 UHMWPE 纤维采用的是冻胶纺丝-超倍热拉伸法、纤维的性能低于实验室样品。根据冻胶纺丝工艺、纺丝条件和拉伸工艺及条件的不同,冻胶纺丝法制备的 UHMWPE 纤维拉伸强度通常在 3 ~5GPa,拉伸模量 100 ~200GPa[11]。如果采用高分子量窄分布的 UHMWPE 树脂($M_w = 5.5 \times 10^6$ g/mol,$M_n = 2.5 \times 10^6$ g/mol)的稀溶液,经冻胶纺丝和超倍热拉伸后,纤维的拉伸强度可以达到 2.15GPa,拉伸模量达到 246GPa。[12]

理论上纤维的拉伸强度取决于主价键和次价键的键强,而实际过程中结构缺陷对纤维强度的影响更为突出,所以强度的理论计算值与实测值往往差异较大。与固态挤出、熔融纺丝和区域拉伸法相比,冻胶纺丝法所得纤维中缺陷少,较易制成高强高模纤维[13]。直径(纤度)是影响纤维力学性能的重要因素之一,UHMWPE纤维的拉伸强度与纤维直径的平方根呈反比(图4-2),纤维的拉伸强度随直径的增大而下降(图4-2),将图4-3中直线外推至零,纵轴截距即为没有缺陷的纤维的极限强度(26GPa)[12]。

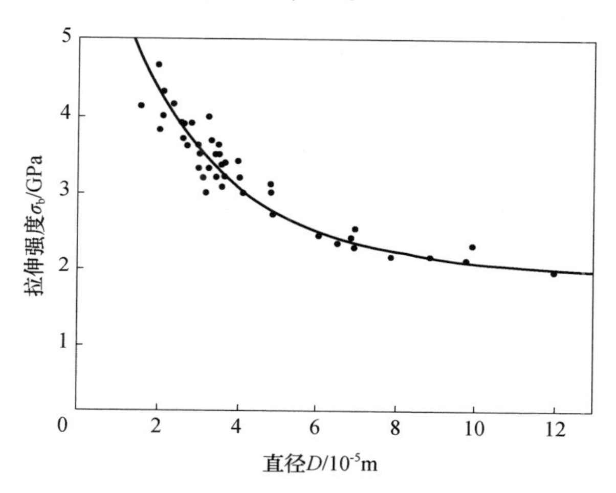

图4-2 高度取向的UHMWPE纤维的拉伸强度(σ_b)与纤维直径(D)的关系(纤维由表面结晶方法和冻胶纺丝法制备)

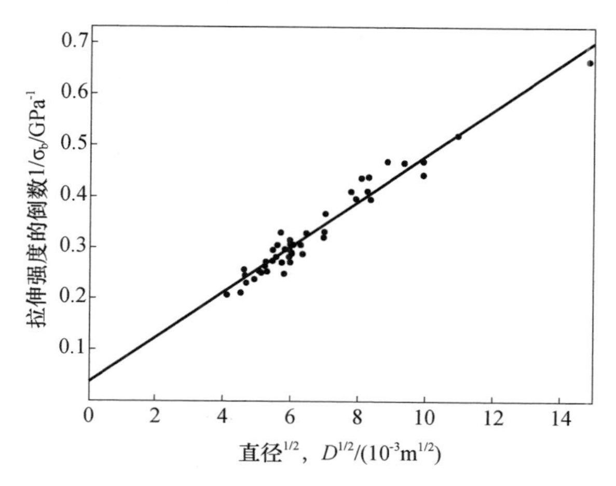

图4-3 高度取向的UHMWPE纤维的拉伸强度(σ_b)的倒数与纤维直径(D)平方根之间的线性关系(纤维由表面结晶方法和冻胶纺丝法制备)

表4-2和表4-3分别给出了国外工业化生产的几种UHMWPE纤维的基本性能。需要说明的是,各企业公开的UHMWPE纤维的力学性能值受测试方法和测试条件的影响,不能直接进行比较。

表4-2 国外工业化生产UHMWPE纤维的力学性能[14]

性能＼纤维	SK 60	SK 65	SK 75	SK 76
拉伸强度/GPa	2.7	3.0	3.4	3.6
拉伸模量/GPa	89	95	107	116
断裂伸长率/%	3.5	3.6	3.8	3.8

表4-3 国外工业化生产UHMWPE纤维的力学性能[14]

性能＼纤维	Spectra 900		Spectra 1000		Spectra 2000	
线密度/dtex	722	5333	239	2888	83	200
拉伸强度/GPa	2.61	2.34	3.25	2.91	3.51	3.25
拉伸模量/GPa	79	75	113	97	124	116
断裂伸长率/%	3.6	3.6	2.9	3.4	2.9	2.9
纤度/dpf	10.8	10.0	3.6	5.4	1.9	3.0

UHMWPE纤维在拉伸过程中,微观聚集态结构会发生改变,Smook等[12]的研究表明UHMWPE纤维的断裂发生在其表面不规则处,这些不规则处通常包含大量的链缠结和链末端。Werff等[15]研究了冻胶纺丝和热拉伸制备的UHMWPE纤维的拉伸变形,认为在拉伸过程中并没有发生分子链的断裂,主要发生的是分子链的滑移和弹性变形,在小应变下这种滑移是可逆的,但在大应变下滑移不可逆。

UHMWPE纤维的拉伸性能(形变过程、拉伸强度和拉伸模量)受到应变速率和温度的影响。通常,室温下拉伸应变速率$>10^{-5}s^{-1}$时,UHMWPE纤维表现为脆性断裂。DSM公司的Dyneema SK60(400den)纤维丝束在极低应变速率和/或温度较高时的拉伸过程中,存在屈服现象(图4-4),即使在室温,极低应变速率条件下也会有屈服存在(图4-5)[16]。随应变速率提高,拉伸强度有所提高。

温度对UHMWPE纤维的力学性能产生不同程度的影响。UHMWPE纤维的拉伸强度和拉伸模量随温度升高逐渐降低[17-19],室温以上时,断裂伸长率则随温度升高面增大,见图4-6。UHMWPE纤维的玻璃化转变温度很低,一直到4K不出现脆化点。因此,UHMWPE纤维可以从低温一直到80~100℃的条件下使用。

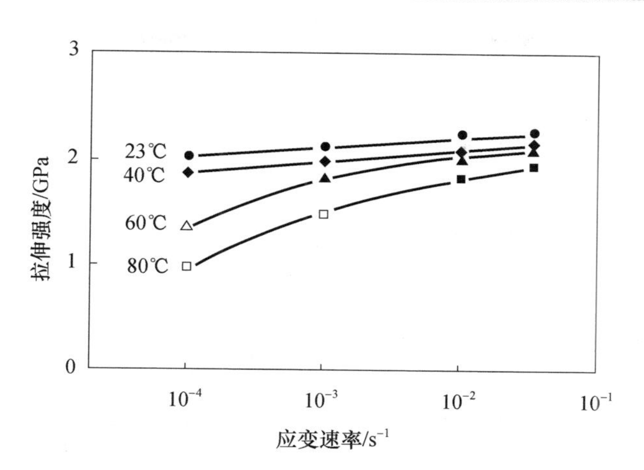

图4-4 不同应变速率和温度时,UHMWPE纤维(SK60)的拉伸强度(空心为屈服强度)

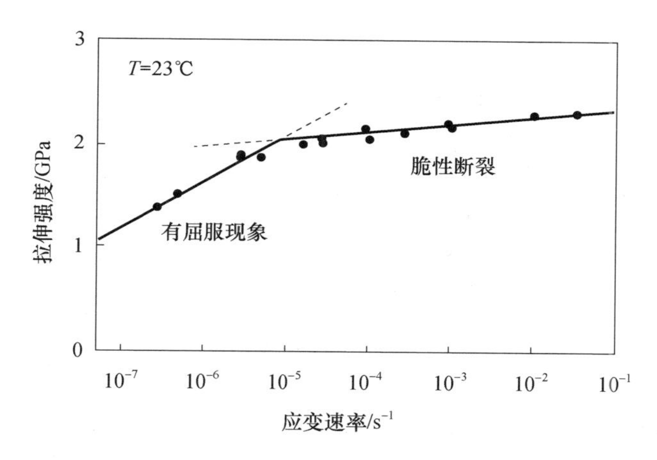

图4-5 23℃时,UHMWPE纤维(SK60)在不同应变速率下的拉伸强度

Govaert 等[19]对 UHMWPE 纤维的拉伸模量随温度升高而下降的现象(25 ~ 125℃)进行了研究,采用文献报道的模型将 UHMWPE 纤维结构分为两部分,分别是完美取向的链段和未取向的链段,来分析拉伸模量的变化。完美取向链段的模量相当于纤维轴向的理论模量,在所研究的温度范围内保持不变,纤维杨氏模量随温度的降低源于未取向链段模量的降低,“未取向链段”的模量与晶体a-c面的剪切模量的计算值有很好的关联。

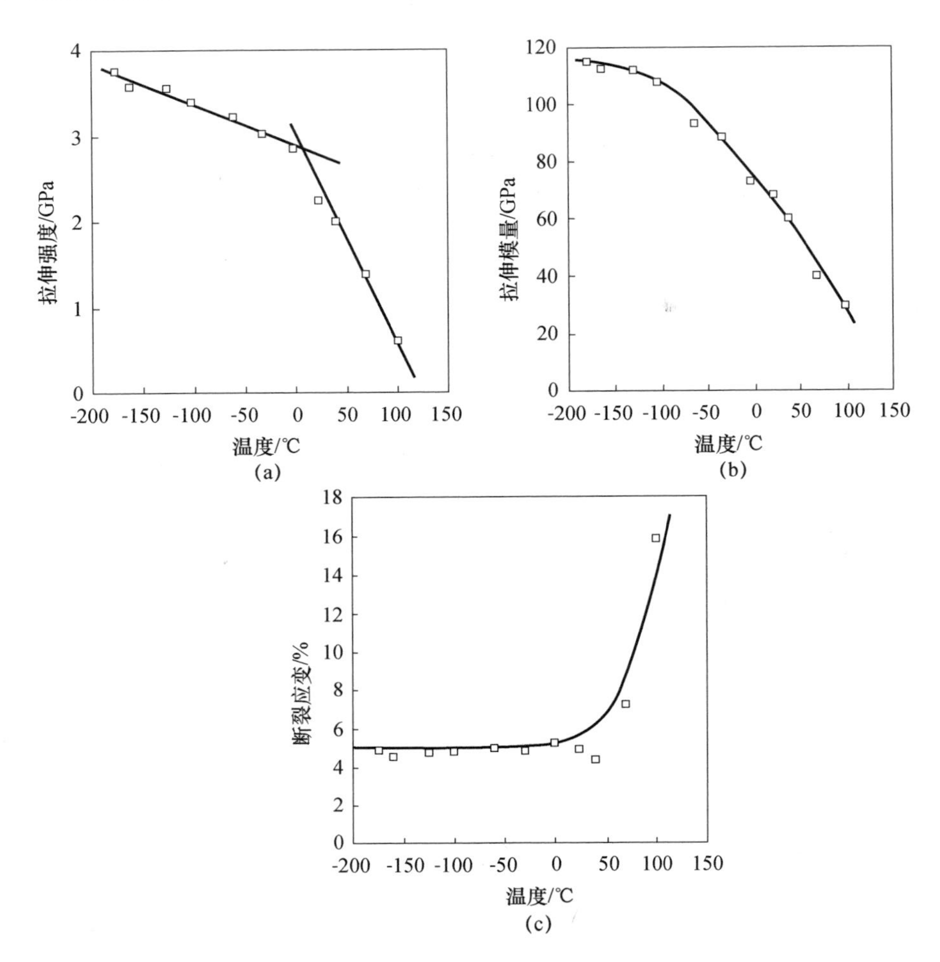

图 4-6　SK60 纤维断裂强度(a)、杨氏模量(b)和断裂应变(c)随温度的变化

DSM 公司的 Dyneema SK75 纤维单丝在不同温度的测量结果(图 4-7)显示,70℃时拉伸模量测试值不到室温测定值的一半,随测试温度升高,模量继续下降;当测试温度从室温升高至 70℃,纤维的拉伸强度下降较少,但在 70~150℃区间强度下降很明显[20]。Dessain 等[17]对冻胶纺 UHMWPE 纤维(DSM 公司的 SK60 纤维单丝)在 -175~100℃范围内的断裂强度进行了测定,纤维强度随温度的变化在 5℃出现转折,提出这与 5℃以上拉伸过程中晶体结构发生从正交晶到六方晶的转变有关(图 4-6)。不同研究报道中 UHMWPE 纤维的拉伸强度和模量随温度变化的幅度有所不同,这与纤维的微观聚集态结构和测试条件有差别相关。

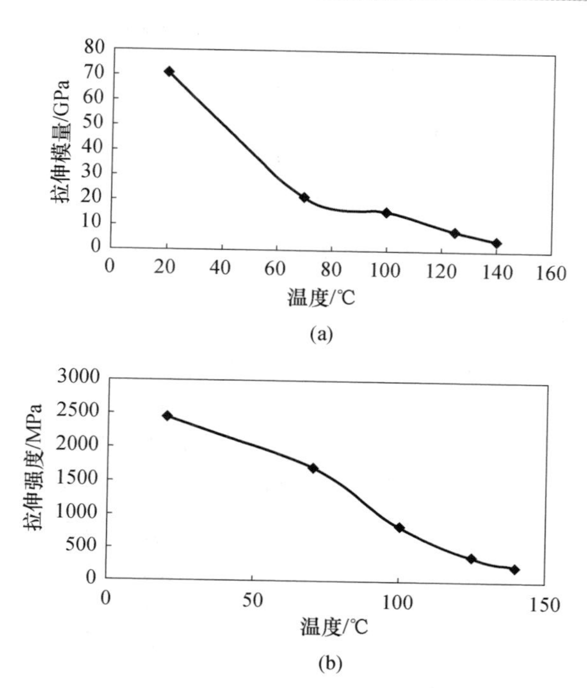

图 4－7　温度对 DSM SK75 纤维拉伸模量(a)和拉伸强度(b)的影响

4.2.2　蠕变性能

蠕变是指在一定的温度和较小的恒定外力(拉力、压力或扭力)作用下,材料的形变随时间的增加而逐渐增大的现象[21]。从分子运动和变化的角度来看,高分子材料的蠕变过程包括以下三种形变:普弹形变、高弹形变和黏性流动。其中普弹形变是由聚合物分子链的键长和键角的变化引起的形变,施加应力的瞬间产生,这种形变在外力去除后可以瞬时恢复;高弹形变是分子链通过链段运动逐渐伸展,构象发生变化所产生的形变,这种形变在外力去除后可以逐渐恢复;黏性流动形变源于分子链间的滑移,为不可逆形变。材料的蠕变行为与温度和承受的外力大小直接相关。

蠕变是有机合成纤维普遍存在的问题之一,拉伸蠕变破坏也是纤维在长期处于高负荷应用中遇到的问题。合成纤维的蠕变性能与聚合物分子链的尺寸、分子链中是否存在极性基团、所处的温度和承受的负荷等因素有关。UHMWPE 纤维具有高强度、高模量等特点,但由于 UHMWPE 为非极性分子,分子间作用力较芳纶等可形成分子间氢键的聚合物弱得多,分子链间容易产生滑移而发生蠕变。因此,与芳纶相比,UHMWPE 纤维的耐蠕变性能相对较差。在一定的温度、外力的作用下,UHMWPE 纤维的应变随着时间的延长逐渐加大。UHMWPE 纤维的蠕变对于长期负荷应用是不利的。UHMWPE 纤维在高性能绳缆中有广泛的应用前景,但是由于 UHMWPE 纤维蠕变的存在,可能会造成绳缆尺寸的不稳定。因此,UHMWPE 纤维的蠕变性能和如何提高其抗蠕变性能受到研究者的广泛关注。

4.2.2.1 影响 UHMWPE 纤维拉伸蠕变行为的因素

影响 UHMWPE 纤维拉伸蠕变行为的外界因素包括外力、温度和时间等;内部因素包括 UHMWPE 纤维的微观聚集态结构和 UHMWPE 分子链的链结构,如是否存在侧基。

1. 外界因素(外力、温度)

UHMWPE 纤维的蠕变行为直接受其承受的外力和温度的影响[17]。随外力的增大,纤维的蠕变速率变快,抗蠕变断裂时间变短,其蠕变断裂伸长率相应变小(图 4-8)。随环境温度的升高,纤维的蠕变速率加快,抗蠕变断裂时间变短,蠕变断裂伸长率变大(图 4-9)[22,23]。Dessain 等[17] 提出 UHMWPE 纤维(Dyneema SK60)蠕变行为随应力的变化与晶体结构从正交晶到六方晶的转变有关。

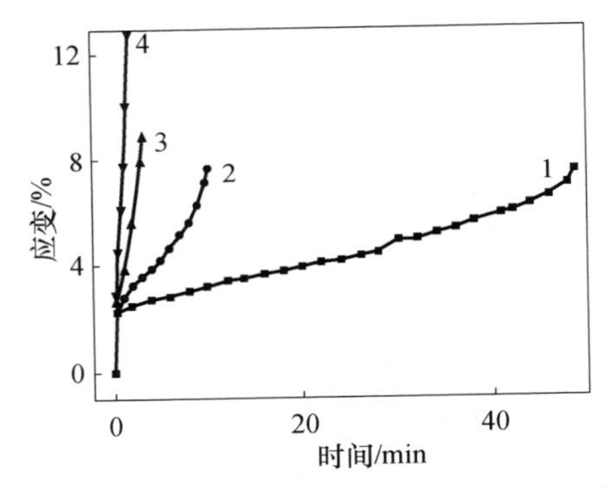

图 4-8 不同环境温度时,在 60% 断裂载荷下 UHMWPE 纤维的蠕变曲线

1—25℃;2—40℃;3—55℃;4—70℃。

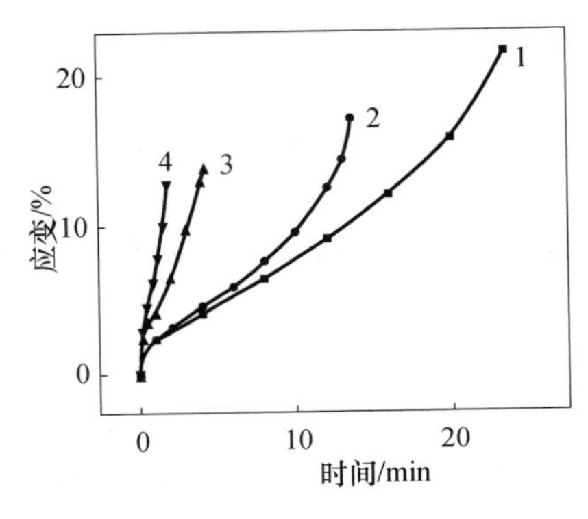

图 4-9 70℃时,UHMWPE 纤维在不同载荷下的蠕变曲线

1—30% 断裂载荷;2—40% 断裂载荷;3—50% 断裂载荷;4—60% 断裂载荷。

2. 纤维的内部因素

UHMWPE 纤维是使用不同分子链特性的 UHMWPE 和溶剂经过冻胶纺丝工艺制备的，不同溶剂生产的 UHMWPE 纤维的蠕变性能存在差异。以易挥发溶剂，如十氢萘制备的 UHMWPE 纤维的蠕变值最低，用石蜡油等高沸点溶剂制得的纤维的蠕变值则高一些，这是由于高沸点溶剂在生产过程中难以全部去除，残留在纤维内的微量溶剂容易造成在外力长时间作用下微纤间滑移，从而促进了变形的缘故。UHMWPE 纤维的微观聚集态结构直接影响其蠕变性能，随着 UHMWPE 纤维的结晶度和取向度的提高，其抗蠕变性得到改善。

UHMWPE 分子链上的侧基会对纤维的蠕变性能产生影响。Ohta 等[24]研究了甲基含量对于冻胶纺 UHMWPE 纤维蠕变性能的影响，结果表明甲基含量对于纤维的蠕变性能影响显著(图 4－10)。25℃时大约为 6 个甲基/1000 个亚甲基的纤维的蠕变速率比 1 个甲基/1000 个亚甲基的纤维慢大约 1/20。高甲基含量纤维的蠕变速率活化能高于低甲基含量纤维样品，活化能的差值与甲基含量基本成比例。

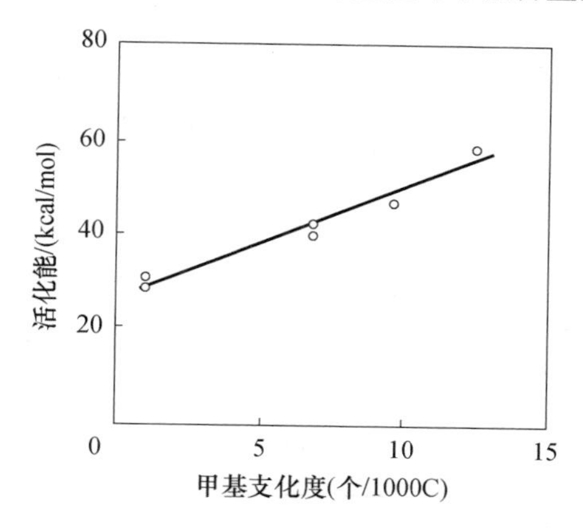

图 4－10　UHMWPE 中甲基含量支化度与纤维蠕变速率活化能的关系

4.2.2.2　UHMWPE 纤维的拉伸蠕变机理

关于 UHMWPE 纤维的蠕变机理，很多学者进行了大量的研究。Wilding 和 Ward 等[25－27]详细研究了熔纺高强聚乙烯纤维的蠕变性能，并建立了相关模型。认为其在相对较高蠕变应力(约大于 0.2GPa)时的蠕变机理与 α 松弛过程相似，这意味着晶区中发生了晶体内部的分子链间滑移和/或者晶体之间的颗粒界面滑移。Leblans 和 Govaert 等[28,29]将 Wilding 和 Ward 的模型引入冻胶纺 UHMWPE 纤维体系，建立了描述 UHMWPE 纤维在温度和载荷条件下的形变行为的模型。UHMWPE 纤维的蠕变变形来自可逆部分和不可逆的塑性流动部分的贡献，塑性流动与晶体中分子链的滑移相关，可逆部分与没有充分伸展分子链的相关[16,30,31]。Ohta 等[24,32,33]对 UHMWPE 纤维在相对较高的应力下的蠕变行为进行研究，根据甲基可进入晶区且高甲基含量的纤维蠕变活化能高于低甲基含量纤维样品这一结果，提出进入晶区的甲基会有效阻碍晶区中分子链的滑移，UHMWPE 的蠕变主要源于晶体内的分子链滑移，而不是晶体间晶粒边缘的滑移。此外，还观察到 UHMWPE 纤维在蠕变过程中，^{13}C NMR 测定的无定形相含量逐渐增加直至最后的蠕变破坏，但 X 射线衍射方法测定的无定形含量没有明显的变化（图 4－11）。提出 UHMWPE 纤维在蠕变过程中晶体中分子链末端可以沿分子链的方向移动，并且最终被排出晶体，这些从晶体中被排出的分子链末端形成“准”无定形区（缺陷）。这种“准”无定形区的量随蠕变变形的增大而增加，使得纤维的拉伸强度下降，并最终导致纤维的破坏。此外，UHMWPE 纤维的蠕变应变速率在实验时间范围内，几乎是一个常数，这意味着蠕变形变表现为稳定的流动变形，表明蠕变行为源于分子链之间的滑动。除了分子链滑移，高负荷作用下分子链断链也对蠕变有贡献[34]。

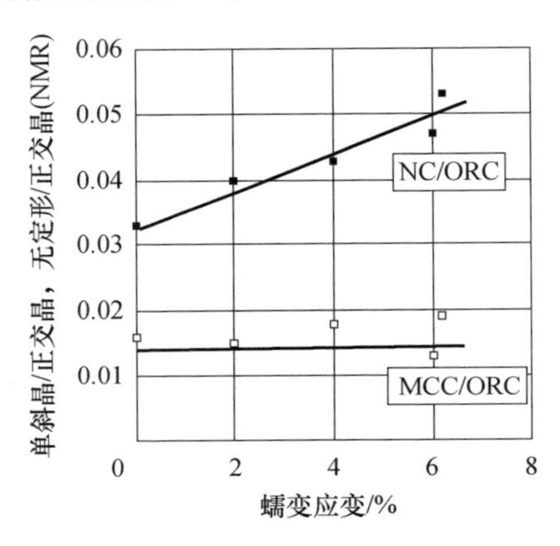

图 4－11　单斜晶（MCC）与正交晶（ORC）的比例和无定形（NC）与正交晶的比例与蠕变应变的关系（^{13}C NMR 方法测试结果）

4.2.3　疲劳行为

“疲劳”是指材料在多次重复施加应力、应变后其力学性能的衰减。抗疲劳性能可用“疲劳寿命”来反映，其定义是在给定条件下试样发生损坏前所承受的循环应力、应变的次数。纤维制品在实际使用中很少被一次拉断，更多的是在长时期静载荷或动载荷作用下发生破坏。尽管静载荷或动载荷低于纤维的断裂强力，但纤维最终将被破坏或力学性质发生改变。从形变角度出发，疲劳形变可分为以下几种：反复屈曲疲劳、反复压缩疲劳、反复拉伸疲劳、反复扭转疲劳以及组合应力疲劳。当发生动态疲劳时，外力周期性地对材料做功，形成材料内部结构破坏的积累，当外力所做的功引起的破坏积累到一定程度，材料的结合能抵抗不住外力时，就呈现出整体破坏。

在绳索应用中，疲劳行为是十分重要的性能指标。与通常绳索所用的锦纶或者涤纶相比，UHMWPE 纤维不仅拥有高强度、高模量，还具有优良的弯曲疲劳性能。其良好的耐弯曲疲劳性能与其低压缩屈服应力有关。

近年来，很多学者都对 UHMWPE 纤维的疲劳行为进行了研究，并与很多其他高性能纤维进行了对比。发现 UHMWPE 纤维与对位芳纶的疲劳断裂形态不同，表现出良好的抗疲劳性。UHMWPE 纤维的耐扭转疲劳性能明显优于芳纶。刘晓艳等[35]采用自制的纤维扭转疲劳实验仪，对 DSM 公司的 Dyneema SK65 纤维与 Twaron 2000、Kevlar 129 和 Kevlar 29 等对位芳纶纤维的扭转疲劳行为进行了对比研究。如图 4－12 所示，在扭转角度 $\beta = 25°$，初始应力 $\sigma_0 = 1\text{cN/dtex}$ 的条件下，UHMWPE 纤维表现出最长的耐疲劳时间，三种芳纶很接近。UHMWPE 纤维（Dyneema SK65）扭转疲劳断裂处的形态与对位芳纶有明显差别，对位芳纶表现出典型的原纤分裂断裂特征，UHMWPE 纤维的皮层呈现韧性及塑性形变特征，芯层兼有脆性断裂及塑性形变特征。[36]

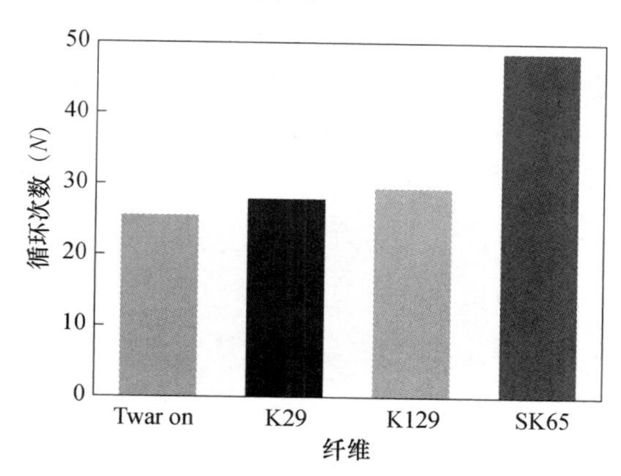

图 4－12　不同高性能纤维扭曲疲劳的寿命

Sengonul 和 Wilding[37]利用曼彻斯特大学设计的弯曲疲劳测试装置，开展了 DSM 公司的 UHMWPE 纤维在固定张力下，在 20～110℃间的加速弯曲疲劳性能研究。UHMWPE 纤维的疲劳寿命随温度升高而显著下降。轴向劈裂是 UHMWPE 纤维弯曲疲劳中纤维的破坏机制。弯曲疲劳过程中，纤维主要发生轴向劈裂和/或微纤化，并随疲劳时间的增加而越来越显著。温度不只影响纤维的力学性能而且影响接触区域的摩擦力，增加了纤维的损坏程度。随着温度升高，轴向劈裂的程度（尤其是微纤化现象）明显变弱。刘晓艳等[38]考虑到上述研究采用的弯曲疲劳装置测试的纤维疲劳性能不是集中于某一点，而是纤维的某一段；采用现西安工程大学（西安工程科技学院）制造的弯曲疲劳装置，对 3 种高强对位芳纶及 UHMWPE

纤维(Dyneema® SK65)进行双面弯曲疲劳试验。结果表明,Dyneema SK65 弯曲疲劳寿命明显长于对位芳纶,对位芳纶的断裂处芯层呈现出“毛笔头”或“拔丝形”原纤化分裂形态,UHMWPE 纤维的断裂处有明显的脆性折断形态,没有原纤出现。可见测试装置不同,UHMWPE 纤维的破坏形貌有明显差别。

4.2.4 抗摩擦性能

UHMWPE 具有优良的耐磨损性,因此 UHMWPE 纤维也具有优良的耐磨损性。耐磨损性能对于 UHMWPE 纤维在绳索和防切割手套中的应用非常重要,其决定了产品的耐用性和耐撕裂性,是影响产品使用寿命的一个因素。

刘晓艳和陈美玉[39]采用 Y151 型纤维摩擦系数测定仪(绞盘测试法),对比研究了不同高性能纤维的摩擦系数。UHMWPE 纤维的静摩擦系数和动摩擦系数均小于芳纶纤维。材料的摩擦系数与界面分子取向、结晶、表面形貌密切相关。界面分子排列有序,滑动阻力小,摩擦系数就小。由于 UHMWPE 纤维的结晶度和取向度高,且分子链截面积小,从而表现出较小的摩擦系数。除了纤维与接触物的磨损性能外、纤维束中纤维之间的摩擦对于应用也很重要。研究表明合成纤维的三维编织物可作为软骨替代物,其在使用过程中纤维之间的内摩擦对于植入物的使用寿命很重要。Giordano 和 Schmid 等[40]采用新型测试装置直接观察单根纤维之间的磨损,来评价纤维耐摩擦性,结果显示 UHMWPE 纤维的磨损系数最小。

4.3 热性能

4.3.1 热稳定性

UHMWPE 纤维的熔点通常在 144 ~ 155℃之间。随着温度升高,UHMWPE 纤维中正交晶晶胞的 a 轴的热膨胀系数(约 $2.7\times10^{-4}\ K^{-1}$)开始远高于 b 轴(约 $6.1\times10^{-6}\ K^{-1}$)方向,当 a 轴晶胞参数尺寸是 b 轴的 $3^{1/2}$ 倍时,纤维发生从正交晶到拟六方晶的结构转变[41]。如果给纤维施加限制,将稳定纤维的结晶结构,阻碍向熔体的转变,正交晶向六方晶的转变温度和纤维完全熔融的温度也随之提高[42,43],其熔点高于晶体的平衡熔点,表现出较大的过热性。Rastogi 和 Odell[44]采用同步辐射 X 射线衍射方法研究了 UHMWPE 纤维(Spectra 900)在两端固定,定长情况下升温过程中的结构转变,发现从 140℃开始,应力开始增加,直至 164℃,与之对应的是,正交晶稳定存在到 164℃,高于聚乙烯的平衡熔点(146℃),之后正交晶转变为六方晶,六方晶可以稳定至 179℃,即温度达到 179℃纤维方完全熔融。

在不同温度对 UHMWPE 纤维进行热处理会影响纤维的微观聚集态结构,

从而对力学性能产生不同程度的影响。Hu 等[45]对 Spectra 900 纤维在 373 K 退火进行研究,纤维没有发生明显的收缩,但是纤维的力学性能显著下降。将纤维劈开进行 AFM 观察,退火处理的纤维表现出不同的破坏形貌,退火纤维微纤间的中间相发生塑性形变而不是纤维晶周边的脆性破坏,这是由于退火温度超过了中间相的玻璃化转变。基于这一现象提出退火后 UHMWPE 性能的下降是由于取向中介相的变化,不是结构和形貌的变化引起的。Dijkstra 和 Pennings[46]将冻胶纺 UHMWPE 纤维两端固定,在接近正交晶向六方晶转变的温度(149 ~ 152℃)进行退火,退火后的纤维拉伸模量下降,但是拉伸强度不变,断裂伸长率增大,在 152℃退火时断裂伸长率的增加值超过 100%,这与正交晶向六方晶发生转变相关。六方旋转相中分子链间容易发生滑移,使系结分子或者缠结变松,降低了晶块与非晶区域长度之比,使得模量下降。

除了热处理温度,处理时间直接影响纤维的力学性能。将 UHMWPE 纤维在松弛状态下进行处理,温度固定时(70℃、100℃、130℃)。UHMWPE 纤维的拉伸强度、拉伸模量、拉伸断裂功均随着热处理时间(20min、3h、7h、18h、48h 和 72h)的增加而呈下降趋势[47]。松弛状态 UHMWPE 纤维分别经 55℃、85℃、100℃、115℃、135℃,热处理 10min 后置于室温下自然冷却,将热处理过的试样放置 7 天后测试,纤维的力学性能变化并不大[48]。

4.3.2 导热性能

导热性是材料的重要物理性质之一,是材料在选择应用领域需要考虑的重要性能之一。无定形聚合物是热的不良导体,导热系数低,在室温附近为 0.1 ~ 0.3W/(m·K)。半结晶性高分子主要依靠声子导热。其导热性受到材料中的缺陷引起的声子散射的影响。结晶高分子材料中声子导热比非晶高分子材料的导热明显,这是由于结晶高分子材料中晶格振动传递的能量即声子传递的热量比较明显,但要遵从逾渗理论,只有晶格互相连接时,声子导热才会达到突变,导热系数才会极大提高。通常结晶度较高和分子链排列较好的聚合物倾向于具有较大的导热系数[49,50]。与聚合物本体相比,聚合物纤维导热性提高。这是源于拉伸后分子链排列有序性得到提高,聚合物晶体的有序排列可提高沿共价键相连的分子链的导热性能。对于聚合纤维,沿纤维轴向的导热性取决于结晶度、取向、晶体尺寸、分子链的长度,化学交联点和由晶区及无定形相形成的形貌等多种因素[49]。链段沿分子链的旋转会显著散射声子,从而使导热性降低。

冻胶纺 UHMWPE 纤维的结晶度高、取向度高,这利于等热性能的提高。近年来的研究结果显示 UHMWPE 纳米纤维的导热系数较微米纤维有明显提高,因此对于 UHMWPE 纤维导热性能的研究和理论计算受到研究者的关注[49-62]。Henry 和 Chen 等[57]采用分子动力学模拟和 Green - Kubo 方法来定量预测聚乙烯单晶的导热系数,模拟结果表明聚乙烯单晶的平均导热系数是(180 ± 65) W/(m · K)。分子力学模拟方法计算得到的聚乙烯单分子链的导热系数非常高,约 300W/(m · K)。Zhang 和 Luo[58]采用分子动力学模拟方法和凝聚态优化的分子势计算了聚乙烯单分子链和晶体的导热性。发现沿分子链的链段无序化在聚乙烯单分子链和聚乙烯晶体的热输送过程中发挥重要作用。在结晶聚乙烯纤维中,热传导系数随温度升高而下降,这是由于热膨胀给链段旋转提供了空间。400K 为临界温度,此时热传导系数下降了约 90%。这表明分子链的状态对于聚乙烯的热传输很重要。由于实际制备的 UHMWPE 纤维中存在或多或少的结构缺陷(无定形区、链端等),其导热系数明显低于理论计算值。

常规稳态热流测定导热系数方法存在辐射损失问题,尤其在高温情况下对于长径比大的样品,来自加热器和温度计的辐射误差通常难以估计,时间域热反射(time-domain thermoreflectance)方法的空间分辨率可以满足测量直径 ~10μm 的单根纤维的轴向导热系数的要求。Wang 等[51]采用该方法对比研究了几种高模量纤维(UHMWPE、芳纶、聚芳酯、PBO、M5 和 PBT)的导热系数,纤维的导热系数与拉伸模量直接相关,与晶体取向不是直接相关。室温时 UHMWPE 纤维(Spectra 2000)的导热系数约 17W/(m · K)。Dyneema SK75 纤维的导热性高于 Spectra 900,但是两种纤维导热系数随温度的变化很相似,均是在 100K 附近有一宽的最大值(图 4 - 13)。接近室温时,两纤维的导热系数与温度的倒数成正比。

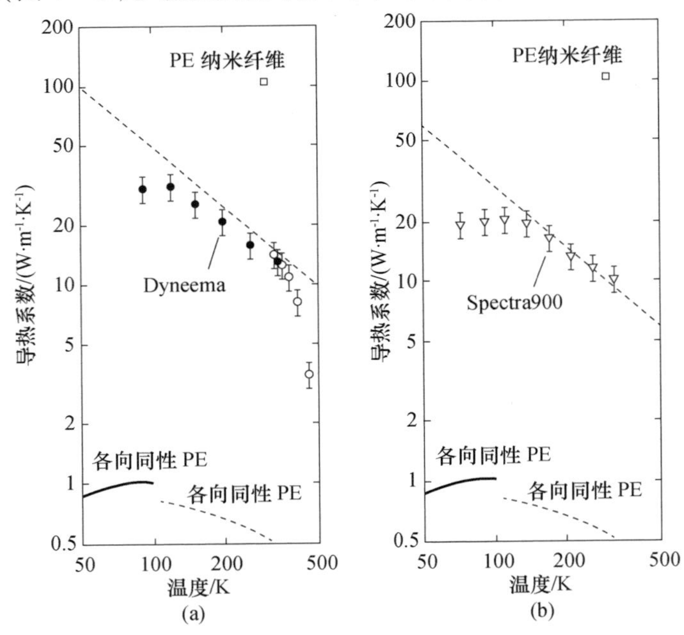

图 4 - 13 UHMWPE 纤维导热系数的温度依赖性[49]

(a) Dyneema SK75;(b) Spectra 900。

采用局部加热超倍拉伸制备的纳米 UHMWPE 纤维由于缺陷减少，且分子链高度取向，利于一维声子传递，即声子可以沿聚合物分子链传递很长距离而不衰减。因此，纳米 UHMWPE 纤维的导热系数较常规冻胶纺 UHMWPE 纤维进一步提高。Shen 等[50]采用针尖拉伸（Tip drawn）方法制备了直径在 50～500nm，长度为几十微米的 UHMWPE 纤维，纤维最大导热系数达到约 104W/（m·K）。该纳米纤维形成的是接近理想单晶的结晶结构，从图 4－14 可以看出，纳米纤维的导热系数随拉伸倍数的增加而增大。最近，Shrestha 等[62]报道制备了兼具高强度和高导热系数的纳米聚乙烯纤维，其采用局部加热法，将微米纤维经拉伸制备纳米纤维（10～100nm）、长度约 100μm。从约 20K 开始，随着温度的升高，沿纤维轴向的导热系数接近线性提高，至 130～160K 时，导热系数达到峰值，约 90W/（m·K），之后随温度继续升高，导热系统呈下降趋势，室温时为 50～70W/（m·K）。

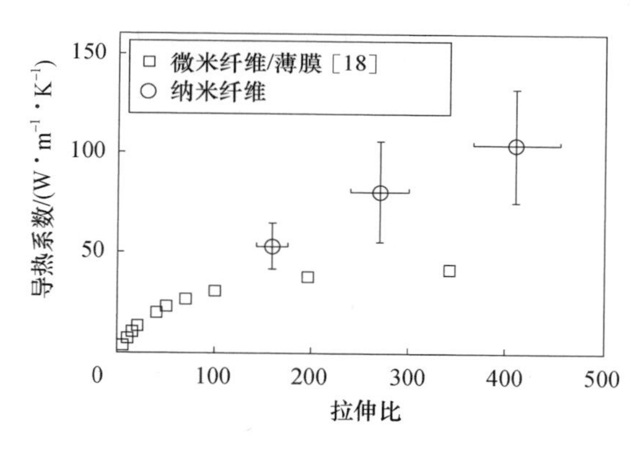

图 4－14 不同拉伸比的 UHMWPE 纳米纤维的导热系数

4.4 稳定性

4.4.1 光氧老化和热氧老化

高分子材料在实际使用过程中受到光、热的长期作用，会发生不同程度的降解、老化和性能劣化。除了热效应外，紫外光也是导致材料降解失效的重要因素。

自然环境中的长期老化试验比较接近材料在实际使用环境下的真实状况，根据此试验结果对材料的耐候性评价较为可靠。从图 4－15 可以看出 UHMWPE 纤维的耐光性好于聚酯和聚酰胺类纤维，在西欧户外曝晒 2 年后，强度保持率为 70%[2]。

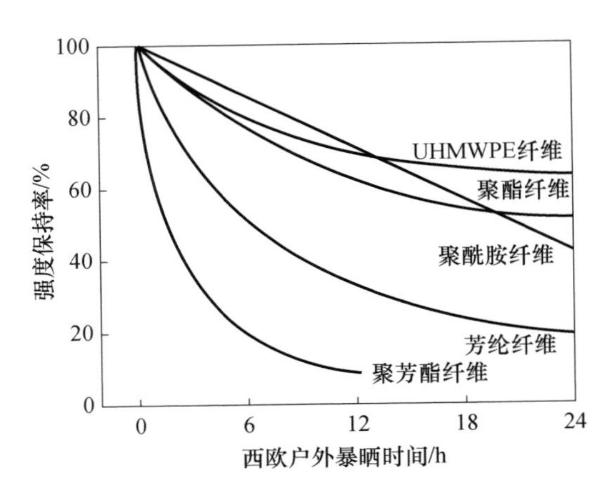

图 4-15 人工合成纤维的紫外线稳定性

材料自然老化试验周期长，且受环境因素影响大；因此更多采用实验室人工模拟加速老化的试验方法，可以在较短的时间内获得近似常规自然环境老化的结果。

人工加速老化实验中，伴随着老化的进行，UHMWPE 纤维的分子链会出现断裂、交联、氧化。纤维的力学性能随之下降，人工模拟加速老化实验中照射光的波长对于 UHMWPE 纤维的老化行为产生明显影响。刘晓艳等[63]利用氙弧灯和碳弧灯两种光源模拟日光，比较研究了 UHMWPE 纤维和芳香族聚酰胺纤维在 40℃ 下照射 160h 过程中的光氧老化性能。发现纤维的断裂强度、断裂伸长率和初始模量都发生了下降。整体而言，碳弧灯辐照比氙弧灯照射对纤维的力学性能影响大，前者条件下纤维力学性能的保持率明显大于后者。UHMWPE 纤维的耐光性明显好于芳纶纤维，其所有的指标的保持率都高于芳纶纤维。照射 160h 后，UHMWPE 纤维的断裂强度和断裂伸长率都保持在 80% 以上。Zhang 等[64]系统研究了碳弧灯模拟的太阳光中紫外光辐射（波长 350 ~ 420nm）对 UHMWPE 纤维（Dyneema SK65）照射 300h 过程中拉伸性能和结构的影响，结果如图 4-16 所示。发现随着照射时间的增长，分子链断裂和分子链交联同时发生，使得纤维的拉伸强度、断裂伸长和断裂功呈现不同程度的下降趋势；但纤维的模量随辐照时间略有增加。照射后纤维由塑性破坏变为脆性破坏。同时照射后纤维皮层降解严重，芯层降解轻微，表现为一种扩散控制的降解过程。

Li 等[65]采用氙弧灯（290 ~ 800nm，其中紫外波长（290 ~ 400nm）占总能量的 10%，可见光（400 ~ 800 nm）占总能量的 90%）对 UHMWPE 纤维进行了 8 周的人工加速老化试验，黑板温度为 65℃，力学性能测试结果见图 4-17。UHMWPE 纤维发生了物理与化学老化。与紫外线辐照不同的是，经过两周照射拉伸性能变化较小，两周后拉伸强度和断裂伸长率明显下降；8 周后拉伸强度和断

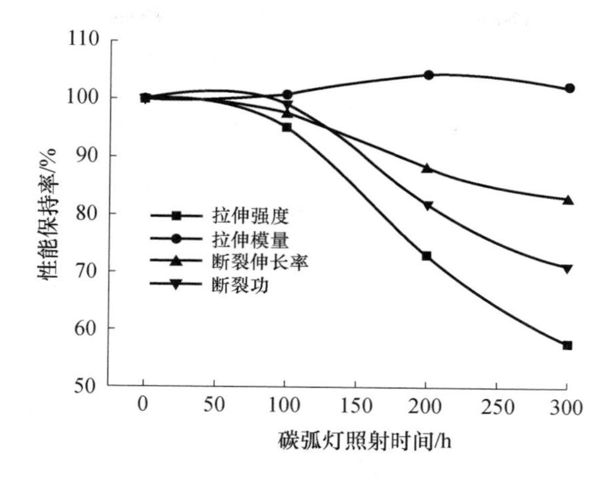

图 4－16　UHMWPE 纤维(Dyneema SK65)拉伸性能随照射时间的变化

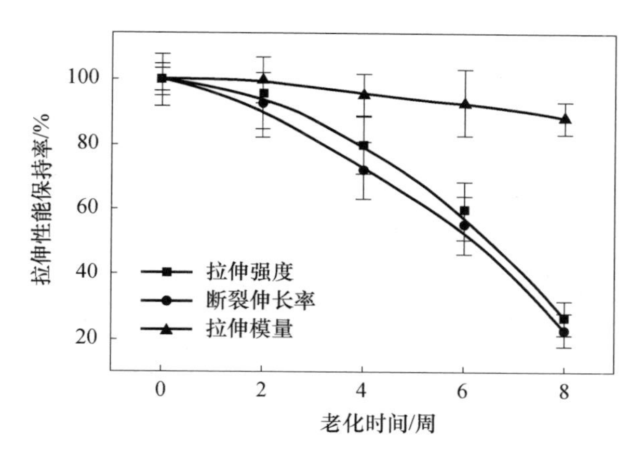

图 4－17　UHMWPE 纤维拉伸性能随照射时间的变化

裂伸长率分别降低了 72% 和 75% 。8 周后纤维表面明显有羰基基团产生,采用 $1711cm^{-1}$ 谱带面积与 $1470cm^{-1}$ 谱带面积之比为羰基指数(CI),CI 随老化时间线性增加,表明随着时间增长纤维发生了氧化。DMTA 和 DSC 测试结果表明晶区出现缺陷。纤维中缺陷的累积对纤维的拉伸强度影响很大。

邓华等[66]采用湿热老化和日晒气候试验仪(碳弧灯)(辐照波长 300 ~ 700nm,辐照强度 500 W/m^2,黑板温度 63℃,相对湿度 50%),来模拟 UHMWPE 纤维在海洋环境使用的工况,对 UHMWPE 纤维进行老化处理,结果表明:经过湿热老化和光辐照老化后 UHMWPE 纤维的氧化诱导期明显缩短,氧化诱导时间可有效用于表征 UHMWPE 纤维的老化程度。湿热老化后纤维的老化程度小于光辐照老化。

温度对于 UHMWPE 纤维的热氧老化行为产生明显影响。Forster 等[67]开展了自由状态的 UHMWPE 纤维在不同温度人工加速热氧老化研究,老化温度为 43℃、65℃、90℃、115℃。老化温度为 43℃时,纤维的拉伸强度降低最小,一星期后只下降了 2%,一个月内没有明显变化;在长时间老化过程中纤维的强度缓慢下降,老化 102 周后纤维强度下降了 9%。老化温度为 65℃时,一周后拉伸强度下降约 3%,94 周后拉伸强度下降超过 30%。老化温度为 90℃时,一周后拉伸强度下降 28%,17 周后拉伸强度下降至 56%。老化温度为 115℃时,一周后拉伸强度下降 42%,17 周后,拉伸强度下降 52%(图 4-18)。90℃和 115℃老化过程中,UHMWPE 纤维的形貌可能发生了变化,包括取向程度的下降和系结分子链的断链,这可能是纤维拉伸强度快速下降的部分原因。UHMWPE 纤维热氧老化的活化能为 140 kJ/mol。随着老化时间的延长,FT-IR 方法测定的氧化指数随老化温度的升高有不同程度增加,但是并未发现氧化指数与纤维强度间的直接关联。

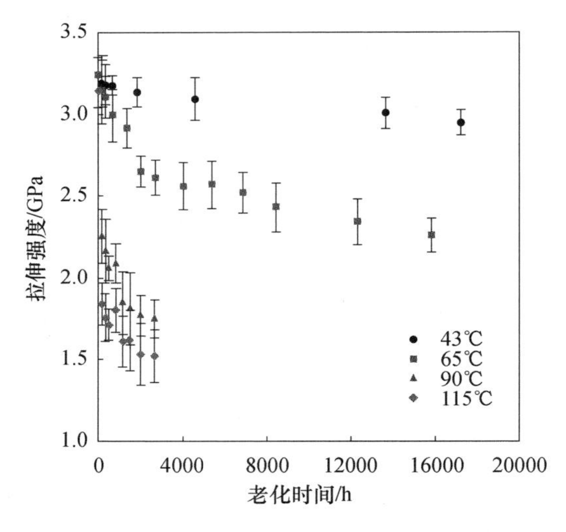

图 4-18 UHMWPE 纤维在不同温度人工加速老化时,拉伸强度随老化时间的变化

罗峻等[68]设计了拉伸条件下的热氧老化测试装置,考察了 UHMWPE 纤维在拉伸状态下的热氧老化性能。干热和湿热老化结果表明,UHMWPE 纤维非拉伸状态下单纤的断裂强度保持率大于拉伸状态下,表明拉伸状态下 UHMWPE 纤维的老化会加快于自由状态。

4.4.2 化学稳定性

UHMWPE 是分子结构最简单的聚合物,分子链上只有共价单键,没有极性基团。因此,UHMWPE 纤维对于水解不敏感。同时,UHWMPE 纤维的结晶度高且分子链取向程度高,具有良好的化学稳定性。从表4－4可以看出,在酸、碱、盐溶液中作用1个月后,高强聚乙烯纤维的强度的保持率很高。[69]

表4－4　高强聚乙烯纤维在室温下的耐化学性能

化学品	剩余强度/%		剩余模量/%	
	暴露7天	暴露30天	暴露7天	暴露30天
盐酸(10%)	100	95	90	90
硝酸(10%)	100	95	90	90
硫酸(10%)	100	95	90	90
氨水(10%)	100	90	90	90
碳酸钠(10%)	95	90	95	95
硫酸钠(10%)	95	90	80	80
硫酸铵(10%)	100	90	90	90

4.5 生物相容性

UHMWPE纤维在生物体环境内为化学惰性,具有良好的生物相容性,降低了其引发组织炎症的可能性和刺激性。在作为人造血管和瓣膜的待选材料测试中,其抗血小板黏附方面显著低于聚酯纤维。UHMWPE纤维强度,且耐弯曲疲劳性能好。这使其在医用缝合线、人工韧带、人造血管等方面的应用前景很广阔。

参考文献

[1] Fu Y,Chen W,Marek P,et al. Structure－property analysis for gel－spun,ultrahigh molecular mass polyethylene fibers[J]. Journal of Macromolecular Science Part B,1996,35(1):37－87.

[2] Hearle J W S. High－performance Fibres[M]. Cambridge,England,Woodhead publishdug Ltd,2001.

[3] Tashiro K,Kobayashi M,Tadokoro H. Calculation of Three－Dimensional Elastic Constants of Polymer Crystals. 2. Application to Orthorhombic Polyethylene and Poly(vinyl alcohol)[J]. Macromolecules,1978,11(5):914－918.

[4] Odajima A,Maeda T. Calculation of the elastic constants and the lattice energy of the polyethylene crystal[J]. Journal of Polymer Science Partc,1966,(15):55－74.

[5] Kanamoto T,Tsuruta A,Tanaka K,et al. On Ultra－High Tensile Modulus by Drawing Single Crystal Mats of High Molecular Weight Polyethylene[J]. Polymer Journal,1983,15(4):327－329.

[6] Hageman J C L,Robert J Meier M,Heinemann A,et al. Young Modulus of Crystalline Polyethylene from ab Initio Molecular Dynamics. 1997,30:5953－5957.

[7] Barrera G D,Parker S F,Ramirez－cuesta A J,et al. The Vibrational Spectrum and Ultimate Modulus of Po-

lyethylene[J]. Macromolecules,2006,39:2683 – 2690.

[8] Lacks D J,Rutledge GC. Simulation of the temperature dependence of mechauical properties of polyethylene Journal of physical chemistry,1994,98:1222 – 1231.

[9] Salem D. Structure Formation in Polymeric Fibres [M]. Cincinnat:USA:Hanser publications,2001.

[10] Penning J P,Werff,Vander H,Roukema M,et al. On the theoretical strength of gelspun/hotdrawn uitra – high molecular weight polyethylene fibres[J]. polymer Bulletin,1990,23:347 – 352.

[11] Moonen J A H M,Roovers W A C,Meier R J,et al. Crystal and molecular deformation in strained high – performance polyethylene fibers studied by wide – angle x – ray scattering and Raman spectroscopy[J]. Journal of Polymer Science Part B Polymer Physics,1992,30:361 – 372.

[12] Smook J,Hamersma W,Pennings A J. The fracture process of ultra – high strength polyethylene fibres[J]. Journal of Materials Science,1984,4:1359 – 1373.

[13] Kikutani T. Formation and structure of high mechanical performance fibers. II. Flexible polymers[J]. Journal of Applied Polymer Science,2002,3:559 – 571.

[14] Lee K. High Performance Fibers Based on Rigid and Flexible Polymers[J]. Polymer Reviews,2008,48:230 – 274.

[15] Werff Vander H,Pennings A J. Tensile deformation of high strength and high modulus polyethylene fibers [J]. Colloid & Polymer Science,1991,269:747 – 763.

[16] Peijs T,Smets E A M,Govaert L E. Strain rate and temperature effects on energy absorption of polyethylene fibres and composites[J]. Applied Composite Materials,1994,1(1):35 – 54.

[17] Dessain B,Moulaert O,Keunings R,et al. Solid phase change controlling the tensile and creep behaviour of gel – spun high – modulus polyethylene fibres[J]. Journal of Materials Science,1992,27(16):4515 – 4522.

[18] Choy C L,Wong Y W,Yang G W,et al. Elastic modulus and thermal conductivity of ultradrawn polyethylene [J]. Journal of Polymer Science Part B Polymer Physics,1999,37:3359 – 3367.

[19] Govaert LE, Brown B, Smith P. Temperature dependence of the Young's modulus of oriented polyethylene [J]. Macromolecules,1992,25:3480 – 3483.

[20] Kromm F X,Lorriot T,Coutand B,et al. Tensile and creep properties of ultra high molecular weight PE fibres[J]. Polymer Testing,2003,4:463 – 470.

[21] 何曼君,张红东,陈维孝,等. 高分子物理[M]. 3 版. 上海:复旦大学出版社,2012.

[22] 陈聚文,潘婉莲,于俊荣,等. 纤维分子结构与蠕变性能的关系[J]. 高分子材料科学与工程,2004(2):114 – 117.

[23] 陈聚文,潘婉莲,于俊荣,等. UHMWPE 纤维蠕变性能及其数学模型拟合[J]. 合成纤维工业,2003(6):21 – 23.

[24] Ohta Y,Sugiyama H,Yasuda H. Short branch effects on the creep properties of the ultra – high strength polyethylene fibers[J]. Journal of Polymer Science Part A Polymer Physics,1994,32:261 – 269.

[25] Wilding M A,Ward I M. Creep and recovery of ultra high modulus polyethylene[J]. Polymer,1981,22(7):870 – 876.

[26] Wilding M,Ward I. Creep and stress – relaxation in ultra – high modulus linear polyethylene[J]. Journal of materials science,1984,19(2):629 – 636.

[27] Sweeney J,Ward I M. A unified model of stress relaxation and creep applied to oriented polyethylene[J]. Journal of materials science,1990,25:697 – 705.

[28] Leblans P J R,Bastiaansen C W M. Viscoelastic properties of UHMW – PE fibers in simple elongation[J]. Journal of Polymer Science Part B:Polymer Physics,1989,27:1009 – 1016.

[29] Govaert L E,Bastiaansen C W M,Leblans P J R. Stress – strain analysis of oriented polyethylene[J]. Poly-

mer,1993,34(3):534 - 540.

[30] Govaert L E,Lemstra P J. Deformation behavior of oriented UHMW - PE fibers[J]. Colloid & Polymer Science,1992,270(5):455 - 464.

[31] Wilding M. Routes to improved creep behaviour in drawn linear polyethylene[J]. Plastics and Rubber Processing and Applications,1981,167 - 172.

[32] Ohta Y,Yasuda H. The influence of short branches on the α,β and γ - relaxation processes of ultra - high strength polyethylene fibers[J]. Journal of Polymer Science Part B Polymer Physics,1994,32:2241 - 2249.

[33] Ohta Y,Kaji A,Sugiyama H,et al. Structural analysis during creep process of ultrahigh - strength polyethylene fiber[J]. Journal of Applied Polymer Science,2001,81:312 - 320.

[34] Wang D M,Klaassen A A K,Janssen G E,et al. The detection of radicals in strained,high - modulus polyethylene fibres[J]. Polymer,1995,36(22):4193 - 4196.

[35] Liu X Y,Yu W D. Static Torsion and Torsion Fatigue of UHMW - PE and Aramid Filaments[J]. High Performance Polymers,2005,17:593 - 603.

[36] 刘晓艳,徐鹏,张华鹏,等. 高性能纤维扭转疲劳断裂研究[J]. 合成纤维工业,2004,27(1):8 - 9.

[37] Sengonul A,Wilding M A. Flex Fatigue in Gel - spun High - performance Polyethylene Fibres at Elevated Temperatures[J]. The Journal of the Textile Institute,1996,87(1):13 - 22.

[38] 刘晓艳,徐鹏,张华鹏,等. 高性能纤维的弯曲疲劳断裂研究[J]. 合成纤维工业,2003(6):11 - 14.

[39] 刘晓艳,陈美玉. 高性能纤维的摩擦系数测试研究[J]. 中国纤检,2002(6):42 - 44.

[40] Giordano M A,Schmid S R. Evaluation of Individual Fiber Wear Resistance Using Accelerated Life Testing [J]. Tribology Transactions,2012,55:140 - 148.

[41] Hsieh Y L,Hu X P. Structural transformation of ultra - high modulus and molecular weight polyethylene fibers by high - temperature wide - angle X - ray diffraction[J]. Journal of Polymer Science Part B Polymer Physics,1997,35:623 - 630.

[42] Aerle,Van NAJM,Lemstra P J. Chain - extended polyethylene in composites - melting and relaxation behavior[J]. Polymer Journal,1988,20(2):131 - 141.

[43] Aerle,Van NAJM,Lemstra P J,Braam A. Real - time X - ray melting study of partly drawn UHMW - polyethylene[J]. Polymer Communications,1989,1:7 - 10.

[44] Rastogi S,Odell J A. Stress stabilization of the orthorhombic and hexagonal phases of UHM PE gel - spun fibres[J]. Polymer,1993,34(7):1523 - 1527.

[45] Hu W B,Buzin A,Lin J S,et al. Annealing behavior of gel - spun polyethylene fibers at temperatures lower than needed for significant shrinkage[J]. Journal of Polymer Science Part B Polymer Physics,2003,41:403 - 417.

[46] Dijkstra D J,Pennings A J. Annealing of gel - spun hot - drawn ultra - high molecular weight polyethylene fibres[J]. Polymer Bulletin,1988,19(5):481 - 486.

[47] 刘晓艳,徐鹏,张华鹏,等. 超高分子量聚乙烯纤维热处理研究[J]. 合成纤维,2004(1):25 - 26.

[48] 饶崛,徐卫林. 热处理后超高分子量聚乙烯纤维结构及力学性能[J]. 纺织科技进展,2008(5):9 - 11.

[49] Yamanaka A,Takao T. Thermal Conductivity of High - Strength Polyethylene Fiber and Applications for Cryogenic Use [J]. ISRN Materials Science,2011,718761.

[50] Shen S,Henry A,Tong J,et al. Polyethylene nanofibres with very high thermal conductivities[J]. Nature Nanotechnology,2010,5:251 - 255.

[51] Wang X J,Ho V,Segalman R A,et al. Thermal Conductivity of High - Modulus Polymer Fibers[J]. Macromolecules,2013,46:4937 - 4943.

[52] Choy C L, Fei Y, Xi T G. Thermal conductivity of gel – spun polyethylene fibers[J]. Journal of Polymer Science Part B Polymer Physics, 1993, 31:365 – 370.

[53] Fujishiro H, Ikebe M, Kashima T, et al. Thermal Conductivity and Diffusivity of High – Strength Polymer Fibers[J]. Japanese Journal of Applied Physics, 1997, 36:5633 – 5637.

[54] Fujishiro H, Ikebe M, Kashima T, et al. Drawing Effect on Thermal Properties of High – Strength Polyethylene Fibers[J]. Japanese Journal of Applied Physics, 1998, 37:1994 – 1995.

[55] Yamanaka A, Fujishiro H, Kashima T, et al. Thermal conductivity of high strength polyethylene fiber in low temperature[J]. Journal of Polymer Science Part B Polymer Physics, 2005, 43:1495 – 1503.

[56] Yamanaka A, Izumi Y, Kitagawa T, et al. The radiation effect on thermal conductivity of high strength ultra – high – molecular – weight polyethylene fiber by γ – rays[J]. Journal of Applied Polymer Science, 2006, 101:2619 – 2626.

[57] Henry A, Chen G. High thermal conductivity of single polyethylene chains using molecular dynamics simulations[J]. Physical Review Letters, 2008, 101:235502.

[58] Zhang T, Luo T F. Morphology – influenced thermal conductivity of polyethylene single chains and crystalline fibers[J]. Journal of Applied Physics, 2012, 112:094304.

[59] Zhang T, Luo T. High – contrast, reversible thermal conductivity regulation utilizing the phase transition of polyethylene nanofibers[J]. Acs Nano, 2013, 7(9):7592 – 7600.

[60] Liu J, Xu Z L, Cheng Z, et al. Thermal Conductivity of Ultrahigh Molecular Weight Polyethylene Crystal: Defect Effect Uncovered by 0 K Limit Phonon Diffusion[J]. ACS Applied Materials & Interfaces, 2015, 7: 27279 – 27288.

[61] 蔡忠龙,黄元华,杨光武. 超拉伸聚乙烯的弹性模量和导热性能[J]. 高分子学报,1997,(3):331 – 342.

[62] Shrestha R, Li P F, Chatterjee B, et al. Crystalline polymer nanofibers with ultra – high strength and thermal conductivity[J]. Nature Commuuications, 2018, 9:1664.

[63] 刘晓艳. 柔性高性能纤维的光热稳定性研究[D]. 上海:东华大学,2005.

[64] Zhang H, Shi M, Zhang J, et al. Effects of sunshine UV irradiation on the tensile properties and structure of ultrahigh molecular weight polyethylene fiber[J]. Journal of Applied Polymer Science, 2003, 89:2757 – 2763.

[65] Li C S, Zhan M S, Huang X C, et al. Degradation behavior of ultra – high molecular weight polyethylene fibers under artificial accelerated weathering[J]. Polymer Testing, 2012, 31:938 – 943.

[66] 邓华,罗峻,杨建. 浅谈海洋用超高分子量聚乙烯纤维人工加速老化的评价方法[J]. 中国纤检, 2016(12):86 – 88.

[67] Forster A L, Forster A M, Chin J W, et al. Long – term stability of UHMWPE fibers[J]. Polymer Degradation and Stability, 2015, 114:45 – 51.

[68] 罗峻,邓华,黎仲明,等. 超高分子量聚乙烯纤维的拉伸热老化性能研究[J]. 纺织科技进展,2017, (5):9 – 11.

[69] 西鹏,高晶,李文刚,等. 高技术纤维[M]. 北京:化学工业出版社,2004.

第 5 章

超高分子量聚乙烯纤维的结构

常规聚合物纤维呈现微纤结构特征，纤维中晶区中分子链通常倾向于沿纤维轴向平行排列。纤维的力学性能主要取决于取向度、结晶度和晶区尺寸。与常规熔体纺丝和溶液纺丝得到的纤维相比，经冻胶纺丝和超倍拉伸得到的 UHMWPE 纤维具有不同的微观形态结构，其结晶度和取向度高，晶区中分子链呈现"伸直链"结构。深入理解 UHMWPE 纤维的结构对于纤维性能的提高、制备技术的改进与提高均非常重要。

5.1 分子量及其分布

UHMWPE 纤维结晶结构的特点是形成伸直链结晶，分子链间作用力增强，从而得到高强度和高模量。伸直链结晶是 UHMWPE 纤维具有高强高模特性的主要原因，另一个重要因素是纤维的超高分子量，分子量大减少了链端引起的晶格中的缺陷数量，提高了分子间相互作用。

采用超高分子量，使其在溶液中缠结问题凸显，缠结一方面不利于力学性能的提高，另一方面易使分子链断裂。与 UHMWPE 纤维原料树脂相比，在各种制备 UHMWPE 纤维的方法中，UHMWPE 均经历了不同程度的热和机械力的剪切作用，分子链发生断裂，分子量有所下降，分子量分布明显减小。分子量对于 UHMWPE 纤维的力学性能很重要。

纺丝和拉伸过程中流动场的扰动和固态纤维中的缺陷取决于分子链的长度。由于分子量大，溶液中的剪切流动很容易使 UHMWPE 分子链断裂。如对于原料为 $M_w = 400$ 万，$M_n = 20$ 万的 UHMWPE，经过纺丝和热拉伸后特性黏度显著下降，原料为 22.8dL/g，卷绕丝为 18.5dL/g，热拉伸使分子量进一步下降为 17.1dL/g。在搅动溶液结晶分级，流动诱导形成纤维晶沉淀过程中分子链也断裂了。经 110℃ 热拉伸后的 UHMWPE 纤维，用 EPR 方法可以检测到自由基信号，这说明纤维中某些分子链发生了断裂。根据 Frenkel 对于单个线团分子理论和 Bueche 的缠结链理论,断裂可能在分子链中间的某些地方;Odell 给出了有利证据,在拉伸流动场下聚合物分子链在中间断裂;Casale 和 Porter 关于剪切降解的评述中提出除了纯粹的链断裂外,线性聚乙烯还可能发生支化,这是由于断链生成的自由基端基攻击碳链上的氢原子所致[1]。特性黏度是一个很粗糙的测量流动场中分子链断裂或者支化的情况的方法。分子中最薄弱的点是复杂缠结中的链段,但是分子链断裂是否发生取决于分子链穿过缠结的长度和局部的应力。在某些特定条件下,降解到一定分子量后不再继续发生降解。

对于湿法工艺 UHMWPE 纺丝线上不同段取样,得到原料、溶胀料、冻胶丝等三个样品。溶胀料和冻胶丝经无水乙醚抽提和充分干燥,同原料一样加入0.5%(质量分数)的抗氧剂以备后续制样和测试。对上述系列样品进行动态流变测试,结果如图 5-1 所示。动态流变测试结果表明,UHMWPE 样品在形成冻胶丝后 G' 和 G'' 下降比较多,表明分子量下降较大。

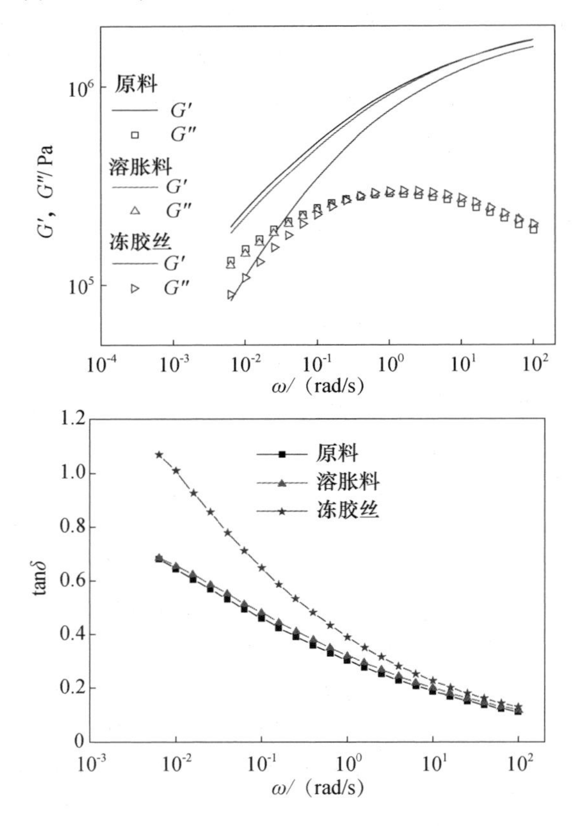

图 5-1 工业纺丝线上分段取样,得到原料、溶胀料和冻胶丝等三个样品对应的动态扫描流变测试曲线

(G',G'' ~ω 和 $\tan\delta$~ ω)

表5－1中列出了通过对动态流变测试数据进行拟合得到的湿法纺丝线上系列样品和DSM公司SK75纤维的M_w和M_w/M_n数据，定量说明了在国内生产企业的湿法纺丝工艺条件下，从原料到成品丝几个关键过程中，UHMWPE样品分子结构特性参数的变化过程，以及与国外高性能UHMWPE纤维的分子量差异。对于荷兰DSM公司的SK75纤维样品，其分子量要高一些。

表5－1　湿法纺丝过程中UHMWPE分子量与分子量分布的变化

样品		熔体流变法	
		$M_w/10^4$	M_w/M_n
国内公司	原料	378	8.4
	溶胀料	346	7.9
	冻胶丝	218	5.4
DSM	SK75	273	5.4

进一步地，还选取了四种专用于纤维纺丝用的UHMWPE树脂，在中试纺丝线上于不同制备阶段取样，就各阶段样品的分子量及其分布进行了比较研究。表5－2中列出了四种树脂在整个制备过程中，从原料、冻胶丝到最后成品丝分子量变化的过程。测试结果表明，材料所中试线上，从原料到形成成品丝的过程中，UHMWPE样品同样发生了比较严重的降解，分子量M_w变小；除了编号为B2的样品，分子量分布M_w/M_n变窄，最后均约为5.0。

表5－2　中试纺丝线上纺丝过程中UHMWPE分子量与分子量分布的变化

样品编号	说明	原料		冻胶丝		成品丝	
		$M_w/10^4$	M_w/M_n	$M_w/10^4$	M_w/M_n	$M_w/10^4$	M_w/M_n
B1	350－2010	395	9.4	228	6.5	218	5.4
B2	XW400	407	7.5	195	12.5	210	12.4
B3	GUR4022	353	5.6	198	4.6	203	5.2
B4	350－2011	349	7.9	205	4.9	215	5.1

注：350－2010、350－2011和XW400均为北京助剂二厂产品，350－2010和350－2011为同一牌号样品，但是分别生产于2010年和2011年；GUR4022为南京Ticona公司市售产品。

对于商品化纤维和中试线上得到纤维的分子量及其分布的测量结果表明，具有较高强度和模量的国产UHMWPE纤维的分子量通常在200万左右；重均分子量为四百多万的树脂纺制的纤维，其重均分子量最终约为200万。

5.2 纤维物理结构

聚乙烯结晶速率很快,其常见的结晶晶型为正交晶和单斜晶。对于不含共聚单元,或者共聚单元很少的 UHMWPE,正交晶是其主要晶型。与熔融纺丝制备的高密度聚乙烯(HDPE)纤维相比,经过超倍热拉伸形成的 UHMWPE 纤维的结晶度和分子量高,且具有高度取向和几乎是伸直链的结晶结构。这使其拥有优异的力学性能。UHMWPE 纤维在室温下主要结晶为正交晶,同时还含有少量单斜晶;纤维中非晶部分很少,主要是链缠结、系带分子和链端[2]。UHMWPE 纤维在一定条件下可以发生结晶结构转变,沿纤维轴向拉伸或者横向压缩,可以使纤维从正交晶转变为单斜晶;在高压或者接近其熔点的条件下,正交晶可通过固固相转变为拟六方晶。经超倍热拉伸制备的 UHMWPE 纤维结晶度高,非晶区含量少且呈高度取向,故非晶部分含量测定较为困难。UHMWPE 纤维的断裂伸长率低(通常低于 4%),反映了纤维中分子链的伸直链构象和高结晶度。研究纤维的微观结构有多种方法,如 WAXD、SAXS、固体 NMR、DSC、拉曼光谱、红外光谱、密度法,以及 SEM、AFM 和 TEM 等形态学观察方法。不同研究方法得到的结构尺度和细节信息有所不同。

5.2.1 结晶结构

聚乙烯正交晶和单斜晶中分子链的构象均为全反式构象,差别在于分子链的侧向堆积方式不同,正交晶在一定的拉伸或者压缩条件下可以转变为单斜相。表征聚乙烯正交晶和单斜晶有多种方法,如 WAXD、固体 NMR、FT-IR 等。在 WAXD 图上可以观察到正交晶的(110)和(200)晶面,以及单斜晶的(001)晶面的特征衍射峰。固体 NMR 通过^{13}C CP MAS 谱中的^{13}C 化学位移的不同来分辨正交晶和单斜晶。FT-IR 光谱中正交晶和单斜晶有各自的特征结晶谱带,源于亚甲基的面外摇摆振动特征吸收。

5.2.1.1 UHMWPE 纤维中正交晶的晶胞参数及其随温度的变化

Hu 和 Hsieh[2]基于全谱广角 XRD 图分析,采用积分宽度法,精确得出冻胶纺 UHMWPE 纤维(Allied-Signal 公司生产的 Spectra 1000)的晶格畸变和晶粒尺寸,修正的正交晶胞中 a 轴的尺寸为 7.40Å ± 0.03Å, b 轴尺寸为 4.94Å ± 0.03Å,与 Busing[3]采用全谱 WAXD 测定的 Spectra 1000 纤维的正交晶晶胞参数基本一致,但与 Zugenmaier 等[4]报道的线性聚乙烯自熔体结晶的样品的晶胞参数相比则有一定差别;晶胞中分子链构象见图 5－2。冻胶纺 UHMWPE 纤维中存在微应变引起的晶格畸变,Spectra 1000 纤维正交晶胞参数的变化量大约是 0.5%。UHMWPE 纤维正交晶的晶胞参数随纤维加工热历史的不同而有微细变化[5]。

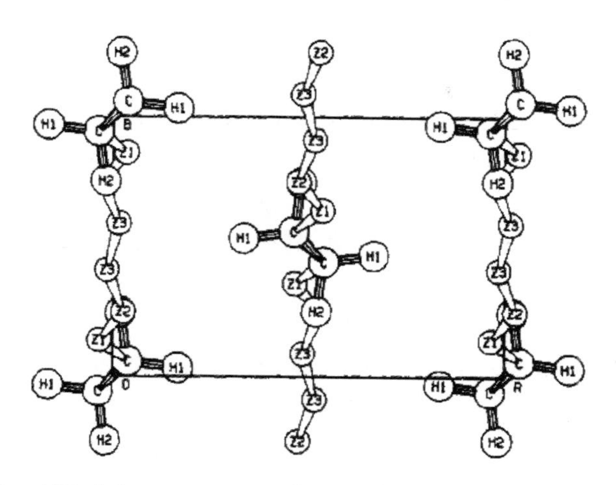

图5－2　Allied Spectra－1000 UHMWPE纤维晶胞中分子链构象

UHMWPE纤维中正交晶在一定温度和张力条件下可发生结晶结构转变。Hsieh和Hu研究了自由状态下Spectra 1000纤维随温度的结构变化[5]，发现随着温度的升高，a轴的热膨胀系数（约$2.7\times10^{-4}K^{-1}$）较b轴（约$6.1\times10^{-6}K^{-1}$）高得多，在膨胀过程中，当a轴尺寸是b轴的$3^{1/2}$倍时，发生从正交晶到六方晶的结构转变；纤维受热后产生的热收缩力促进了从正交晶到单斜晶的结构转变，抑制了正交晶向拟六方晶的转变。

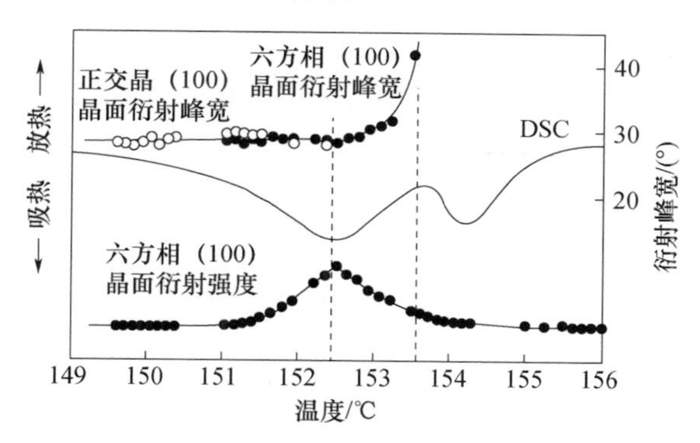

图5－3　Dyneema UHMWPE纤维的X射线衍射峰宽温度的变化以及DSC曲线

DSC、XRD研究结果显示，两端受限的超倍拉伸形成的UHMWPE纤维在熔融前发生固固相转变，即首先是正交晶向六方相的转变，然后六方相发生熔融。对于紧紧缠绕于特制样品架上的Dyneema UHMWPE纤维在加热至熔融过程中正交晶向六方晶转变的WAXD研究[7]结果（图5－3）显示：在151℃以下，WAXD曲线上仅出现聚乙烯正交晶相的（110）晶面和（200）晶面的衍射峰；之后正交晶的(110)和(200)晶面衍射峰的强度开始下降,同时出现了六方相(100)晶面的衍射峰,随着温度继续上升,(110)和(200)晶面衍射峰强度逐渐变弱直至消失,而(100)晶面衍射峰的强度逐渐增至最大;当温度升至161℃左右时衍射峰完全消失(熔断)。红外光谱和Raman光谱研究结果表明:六方相是由平行排列的构象无序的分子链堆积而成,分子链整体的平均取向度被保持,构象无序分子链中反式构象序列长度小于5个亚甲基单元。

5.2.1.2 UHMWPE纤维结晶度、正交晶和单斜晶含量的测定

UHMWPE纤维的结晶度常用的测定方法包括XRD、固体NMR、密度法和DSC方法。UHMWPE纤维的结晶度随纤维的制备工艺及热拉伸工艺条件而有所不同。DSM公司的Dyneema SK60纤维的密度法测定结果表明其含有约25%的非晶组分,这一组分包括高度伸展但是非晶的组分(相对密度0.90g/ml),很少的缠结(约2.5个/分子)和链折叠;约25%的非晶组分与DSC法测得的71%的结晶度很接近;结晶相中85%为正交晶,15%为单斜晶[7]。Tzou等[8]采用固体NMR测得Spectra 1000中含有约5%的无定形相,5%处于晶区与非晶区间的界面区,以及90%的晶区。超倍拉伸制备的UHMWPE纤维的XRD曲线中观察不到无定形的宽峰表明无定形的含量很低,说明高度结晶的UHMWPE纤维中无定形组分并未形成连续相,包括有序度较低的链段,系结分子、少量缠结链段和晶区中的缺陷[8]。NMR方法中晶区、晶区与非晶区界面中的全反式构象的链段为刚性组分区,通常这两者之和与XRD的测定结果接近。

1. XRD法

超倍热拉伸UHMWPE纤维的WAXD图中除了正交晶的(110)和(200)晶面的特征衍射峰,通常还可以观察到单斜晶的(001)晶面的特征衍射峰。正交晶为聚乙烯的热力学稳定晶型,单斜晶不是热力学稳定晶型。单斜晶是在超倍热拉伸过程中由正交晶逐渐转变形成的。相同纺丝工艺条件下,通常随拉伸倍数的增加单斜晶含量有所增大。不同企业生产的UHMWPE纤维由于拉伸工艺条件的不同,单斜晶的含量有所不同。对拉伸不同倍数的UHMWPE纤维的XRD曲线进行分峰可以得到各种晶型含量,Yeh等[9]的研究工作中,当拉伸比为40时,单斜晶(001)晶面衍射峰出现,且随拉伸倍数增大,其衍射强度逐渐增大,当拉伸比超过100时,单斜晶的$(200)_m$和$(201)_m$也可以观察到,拉伸过程中纤维结晶度、正交晶和单斜晶含量的变化见表5-3。

表5-3 拉伸不同倍数的UHMWPE纤维的结晶度、正交晶和单斜晶的含量

拉伸比	无定形/%	正交晶/%		单斜晶/%			结晶度/%
		(110)	(200)	(001)	(200)	(201)	
1	21.3	60.4	17.3	1.0	—	—	78.7
5	16.6	63.9	18.7	0.8	—	—	83.4

（续）

拉伸比	无定形/%	正交晶/%		单斜晶/%			结晶度/%
		(110)	(200)	(001)	(200)	(201)	
20	5.5	68.5	25.4	0.6	—	—	94.5
40	4.4	67.6	26.5	1.5	—	—	95.6
100	3.0	66.6	27.3	2.1	1.0	—	97.0
150	2.7	63.7	22.7	5.5	4.6	0.8	97.3

2. 固体NMR方法

UHMWPE纤维中的晶相结构也可以采用固体^{13}C NMR来表征[9,11]，正交晶和单斜晶在^{13}C CP MAS谱中的^{13}C化学位移值不同，正交晶的^{13}C化学位移峰值在约33.0ppm处，单斜晶则出现在约34.4ppm处（图5－4）。温度升高时单斜晶会发生相转变。Cheng等利用固体NMR研究了一种冻胶纺UHMWPE纤维在296～413K之间的结晶相（正交、单斜）的质量含量变化[11]，表5－4的结果显示，296K时单斜晶含量约为7%，当温度升高至373K时减少至2%；正交晶则先随温度升高有小幅增加，由296K的78%增加至368K的83%，当温度升高至393K时，则减少至75%，当温度升至413K时，正交晶为72%。如果纤维样品受压，单斜相含量显著增加；295K时，纤维样品在0.7GPa下压60min，单斜相含量从7%提高到23%，结果见图5－5。

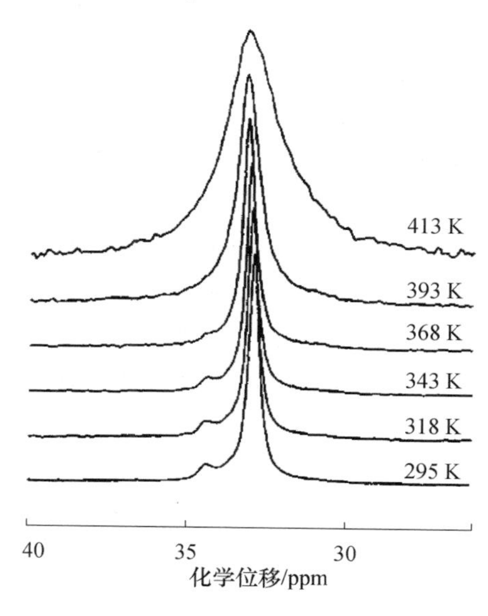

图5－4 不同温度时冻胶纺UHMWPE纤维的50 MHz ^{13}C CP－MAS NMR谱
（接触时间随温度升高分别是1.5ms、4.0ms、2.0ms、2.0ms、0.35ms和0.10ms）

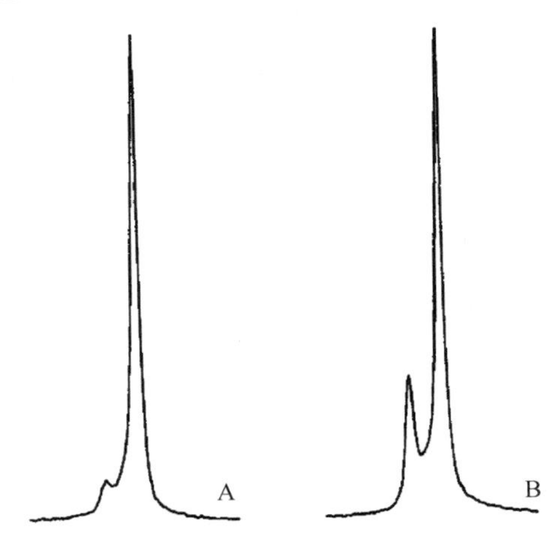

图5-5 受压前后冻胶纺UHMWPE纤维的50MHz ^{13}C CP-MAS NMR谱(295 K,接触时间1.5ms)

A—初始纤维;B—受压后的纤维。

表5-4 变温固体NMR测试的冻胶纺UHMWPE纤维的晶相含量

温度/K	295	318	343	368	393	413
正交晶质量含量/%	78.0	80.1	81.0	82.7	74.7	71.6
中间相质量含量/%	14.8	13.7	15.6	15.4	25.3	28.4
单斜晶质量含量/%	7.2	6.2	3.4	1.9	0	0

Hu和Schmidt-Rohr[12]采用传统^{1}H NMR谱带分峰法和^{13}C NMR法测定了一种固态挤出-超倍热拉伸的UHMWPE纤维的结晶度,结晶度为83% ,其中80%是正交晶,3%为单斜晶。

Litvinov等[13]采用2DWAXS、低场固体^{1}H NMR弛豫时间方法计算了在中试装置上,用UHMWPE(M_w =3.5×106g/mol)的9%十氢萘溶液纺丝得到的拉伸比不同的纤维(50根/束)的相组成,结果显示各样品均为高度结晶,随拉伸比增大,结晶度从89%增加至约96%(质量分数),正交晶为主要结晶成分,同时含有少量单斜晶,另外还有少量无定形相,见表5-5。两种方法的测定结果很相近,见图5-6。

表5-5 冻胶纺UHMWPE纤维的力学性能和相组成①

力学性能			相组成/%②		
纤维	拉伸强度/GPa	模量/GPa	正交晶	单斜晶	无定形相
F1	1.6	28	88.8	0.7	10.4
F2	2.5	55	90.2	1.8	8.0
F3	3.0	80	91.5	2.9	5.6
F4	3.4	105	92.2	3.2	4.6

（续）

力学性能			相组成/%②		
纤维	拉伸强度/GPa	模量/GPa	正交晶	单斜晶	无定形相
F5	3.9	128	90.4	4.4	5.2
F6	4.6	145	91.8	3.6	4.6
F7	4.8	160	92.2	4.3	3.5

①WAXS 方法测定;②WAXS 的平均拟合误差:正交晶0.01%(质量分数),单斜晶0.08%(质量分数),无定形相0.03%(质量分数)

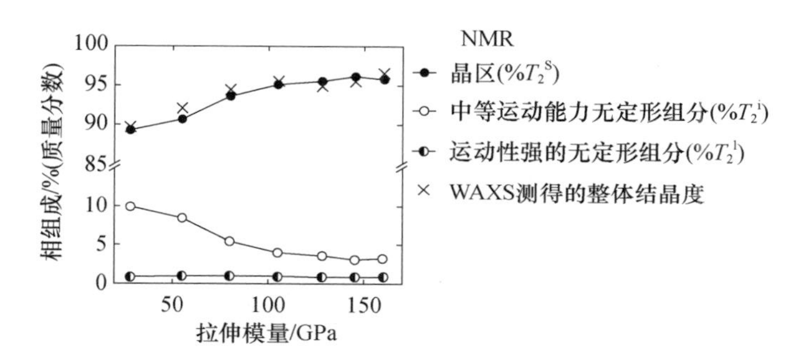

图5-6 ¹H NMR T2 弛豫衰减方法测定不同模量冻胶纺 UHMWPE 纤维样品的相组成,WAXD 方法测定的整体结晶度(正交晶和单斜晶之和)为对照

5.2.2 取向度

纤维的取向度是指纤维中大分子链段与纤维轴平行的程度,是反映纤维内部超分子结构规整性的重要参数,随取向程度的提高,结晶聚合物的模量和强度显著提高。测定合成纤维取向有多种方法,包括双折射法、声速法、二维 XRD、偏振红外光谱等方法。

高分子微晶体(或高分子链)沿纤维轴方向取向会导致结晶性聚合物呈现光学各向异性,纤维在横向和轴向上折射率的差与纤维的取向程度相关。高分子链沿纤维方向的排列越规整,取向度越大,则两个方向上的折光指数差 $\Delta n = n_{//} - n_{\perp}$ 越大,双折射反映的是晶区和非晶区分子链总体取向程度。声速法测得的纤维取向因子可反映纤维中大分子链整体的取向程度,一般包括晶区和非晶区两个部分。

Anandakumaran 等[14]研究去除溶剂的 UHMWPE 凝胶膜在 130~135℃拉伸过程中的结构变化,采用红外光谱测定晶区的取向函数 f_c,随拉伸比 增加,f_c 迅速增大,当 $\lambda \approx 10$ 时,f_c 达到最大值;与之形成对照的是,声速法和双折射法测定的无定形区分子链的取向函数在 $\lambda < 100$ 时几乎是随着拉伸比增加而线性增

加，当 $\lambda = 100$ 时达到最大值，结果见图 5－7 和图 5－8。这反映在拉伸过程中晶区分子链的取向快于无定形部分。

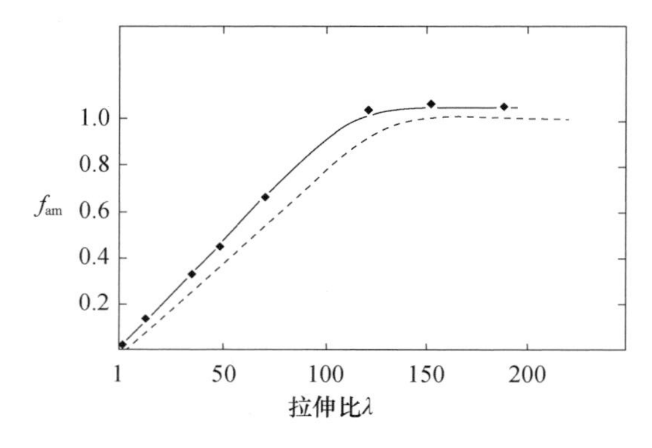

图 5－7　干燥 UHMWPE 胶膜样品的无定形取向函数 f_m 随拉伸比的变化

◆声速法；◇双折射法。

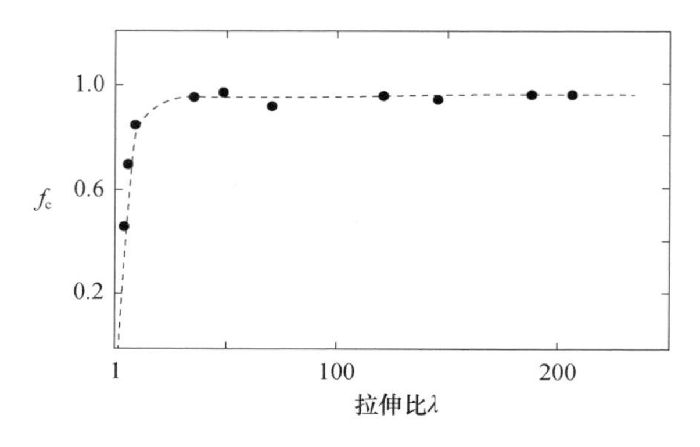

图 5－8　干燥 UHMWPE 冻胶膜样品的晶区取向函数 f_{mc} 随拉伸比的变化

二维 XRD 方法是表征聚合物晶区取向度最常用的方法之一，一般采用 Herman 提出的取向因子来描述晶区分子链相对于参考方向的取向情况。超倍拉伸的 UHMWPE 纤维中晶区分子链沿纤维轴向方向高度取向。除了 Herman 取向因子，UHMWPE 纤维的 110 晶面衍射峰的半峰宽（$FWHM_{110}$）也可以反映晶区分子链的取向程度[13]，从 $FWHM_{110}$ 与杨氏模量关系图（图 5－9）可以看出，用 $FWHM_{110}$ 反映的链取向随着拉伸倍数的增加，取向程度在不断增加，而这一过程中 Herman 取向因子 $\langle P_2 \rangle$002 均超过 0.998，说明晶体呈高度取向。这表明，对于高结晶度且高度取向的体系，$FWHM_{110}$ 比 Herman 取向因子 $\langle P_2 \rangle$002 更适合于反映晶区的取向程度[13]。

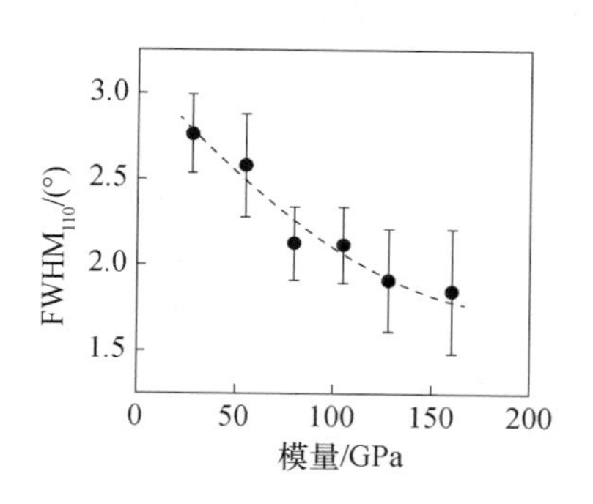

图5－9 冻胶纺UHMWPE纤维$(FWHM)_{110}$与模量关系图（约12cm单根纤维的10～12个不同位置的平均值）

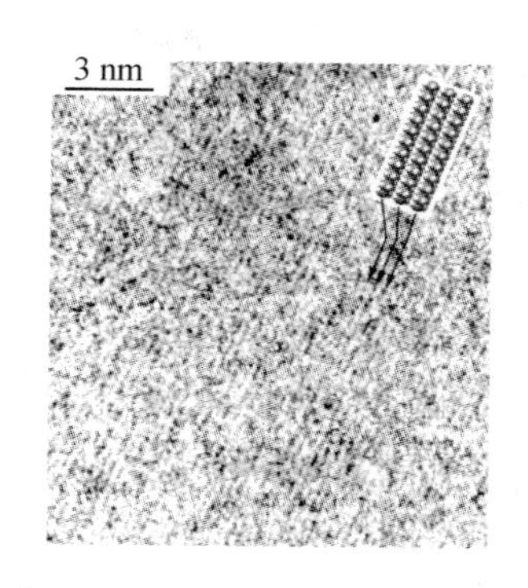

图5－10 热拉伸UHMWPE冻胶膜的高分辨TEM照片

Smith等将$M_w = 3.5 \times 10^6$g/mol的UHMWPE的0.6%十氢萘溶液成膜并干燥后，在130℃拉伸不同倍数[15]，二维XRD图像如图5－11所示，随拉伸倍数增加，(200)晶面强度逐渐减弱，130倍拉伸样品显示为类似单晶的衍射点，(200)晶面消失，(020)晶面显著增强。这表明聚乙烯晶胞呈现双轴取向，除了c轴接近完美地沿拉伸方向取向，b轴在膜平面内高度取向，a轴垂直于膜表面取向。与之相应的是超倍拉伸膜样品轴向的杨氏模量达到150GPa（应变速率为0.1min^{-1}）。此外，分子链的极高取向度可以从热拉伸UHMWPE冻胶膜的高分辨TEM（图5－10）看出[8]。

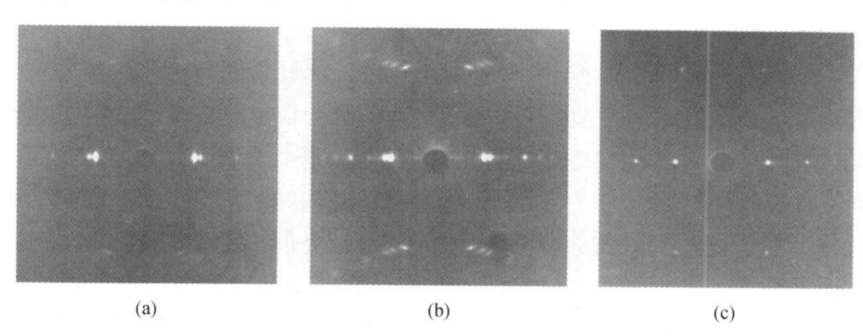

图5－11 UHMWPE冻胶膜在130℃干燥拉伸的WAXS图案
（拉伸方向为垂直方向）
(a)拉伸25倍；(b)拉伸50倍；(c)拉伸130倍。

与低缠结冻胶膜拉伸后形成的高度结晶和高度取向结构有所不同的是，工业生产中经济可行的较高浓度纺丝过程中，得到的纤维的结晶度和取向度相对低一些。

5.2.3 中间相

除了正交晶、单斜晶和六方相,固体 NMR 和全谱 WAXD 结果还显示在 UHMWPE 纤维中存在中间相[5,9,12,13]。中间相由轴向取向的分子链组成,分子链主要采取反式构象,但是缺少正交晶中的侧向排列有序性。Fu 等[5]的固体 NMR 结果表明中间相的分子链运动能力比晶区中分子链高 100 倍,但是比处于本体无定形的分子链低1000 倍。红外光谱和拉曼光谱对 UHMWPE 纤维拉伸过程中分子构象变化的研究结果表明[16,17],拉伸过程中相对于晶区,无定形和中间相发生的应变最大。

5.3 形态结构

半结晶聚合物的形态结构包括相结构(结晶相形态、非晶相形态和两者的界面)、相组成以及各相区的尺寸。相组成是半结晶聚合物最重要的形貌参数之一,结晶相和无定形相在外场作用下表现出迥然不同的响应,直接影响材料的力学性能等宏观性能。因此,定量表征相结构和分子运动性对于深入理解材料的性能非常重要。

在高度取向的 UHMWPE 纤维中存在不同尺度的形貌单元,包括纤维表面存在的不同类型的形貌缺陷,以及纤维内部的多级纤维状结构。UHMWPE 纤维的微观形态结构研究包括:相组成、不同相区的尺寸、不同相区的分子运动性、结晶和非晶部分的分子链取向和超倍拉伸形成的孔洞等。很多研究提出,UHMWPE 纤维包括 5 个组分,2 个组分与结晶相有关,其中绝大部分为正交晶,其余为少量的单斜晶,另外 3 个组分与非晶相有关:①与结晶区表面相邻的晶区-无定形界面,分子链主要采取反式构象;②无定形区中有序度较低的处于反式-旁式构象的链段;③纳米孔洞中少量运动能力高的链段[13]。很多研究表明,高倍拉伸的 UHMWPE 纤维中存在纳米孔洞[18-20]。超倍拉伸形成的 UHMWPE 纤维的形貌很复杂,上述相组成是非常简化的模型,不同相之间并没有清晰的边界。呈现高度取向、伸直链结晶的 UHMWPE 纤维的形态结构取决于初始原料的特点(分子量、支化度、缠结程度和结晶形貌),以及加工技术(固态挤出-热拉伸、熔融挤出-热拉伸、冻胶纺丝-热拉伸)等。

多种方法用于研究冻胶纺 UHMWPE 纤维及 UHMWPE 带的形态结构,包括 SEM、TEM 和 AFM 等显微学方法、WAXS、SAXS、DSC、固体 NMR、振动光谱(红外光谱和拉曼光谱)等方法。不同方法可以得到纤维不同形态和不同尺度的信息。

红外光谱由于样品形状的问题,通常用于研究具有一定宽度的 UHMWPE

带在形变过程中的结构变化[14,21]。拉曼光谱用于研究 UHMWPE 纤维发生应变过程中分子链上的应力分布情况[22,23]。固体 NMR 是表征聚合物的分子链运动性、相结构和分子尺度不均匀性的最有效的技术之一。对于 UHMWPE 纤维的相态结构的深入理解主要是由固体 NMR 方法得到的。固体核磁在研究 UHMWPE 纤维的微观聚集态结构方面有着得天独厚的优势,除了晶区信息外,还可以根据链段运动性得到非晶区部分的信息[5,9,11,24],以及各相区的尺寸[12,13]。宽线 NMR 氢谱和弛豫实验常用来研究聚乙烯分子量和温度对于相组成和分子运动性的影响[25-27]。当温度高于无定形的 T_g 时,聚乙烯的 T_2 弛豫衰减和宽线 NMR 谱通常可以分解为 3 个组分,即来自结晶相、晶区和无定形相间的半刚性中间相和“软”的无定形相。^{1}H NMR 自旋-扩散实验可用于聚乙烯中刚性晶区、晶区和非晶区之间的界面区和无定形区的尺寸研究[28]。超快魔角旋转 ^{1}H NMR、2D 宽线分离(WISE)NMR 和近年发展的^{13}C/^{1}H 交叉极化魔角旋转定量方法可用于研究 UHMWPE 纤维相组成、分子链动力学和孔洞含量[19]。

1. 相区中分子链运动性及相区尺寸

根据分子链段运动性的差别,固体 NMR 可以给出半结晶聚合物中具有不同运动性的相区的信息。Hu 和 Schmidt-Rohr[12]采用固体 NMR 研究了固态挤出-超倍拉伸方法制备的 UHMWPE 纤维(杨氏模量为 130GPa,拉伸比 82 ~ 85)的相组成,该纤维样品中含有 83% 的结晶区,5% 位于晶区和非晶区间采取全反式构象的界面和/或系带分子(tie molecules),11% 的可运动无定形区,以及一种运动性高的无定形相,其含量约为(0.8 ±0.2)%;这一运动性高的无定形相含量与 Litvinov 等[13]采用^{1}H 的 T_2 松弛谱得到的运动性高的无定形区测试结果很接近。这种在高倍拉伸 UHMWPE 纤维中存在的高运动能力的分子链段在固态挤出的 UHMWPE 原丝和超倍拉伸 UHMWPE 纤维熔融后均未观察到,说明这一组分是在拉伸过程中形成的,这种无定形相可能源于超倍拉伸过程中产生的纳米孔洞。Litvinov 等[13]对^{1}H 的 T_2 弛豫衰减曲线用 3 个特征衰减时间的组分来描述,分别是:刚性/结晶组分的弛豫(T_2^s),晶区-无定形区间运动严重受限的界面和运动受限的无定形的弛豫(T_2^i),以及运动性强的无定形部分的弛豫(T_2^l),其运动性与橡胶相当(图 5 - 12);并对拉伸引起纤维中分子运动性和相组成的变化进行研究,随着拉伸比的增大,刚性组分(由正交晶、单斜晶和少量晶区-无定形区间的刚性界面组成)从 89% 提高至 96%,具有中等运动能力的无定形组分则相应减少,运动性强的无定形组分的含量(0.95 ± 0.1)% 几乎不随拉伸比而变化。结晶相和受限的无定形组分的分子链运动性随拉伸比的增加而略有增加,运动性强的无定形组分则是先降低然后随着杨氏模量增大而提高。刚性组分的弛豫时间 T_2^s 主要受晶区中链段的运动性影响,同时也有晶区-无定形界面分子链的少量贡献。模量高于 80GPa 的纤维中刚性组分的 T_2^s 值有少量增大,这源于界面分子链运动性的小量增加也可能是晶区中缺陷增加的原因。对于少量运动性强的无定形组分，其分子链运动性先是随拉伸倍数提高而下降直至杨氏模量达到 80GPa，然后则随着模量的提高而增加。这一变化可能是在较低拉伸比下分子链被拉伸，使得分子链的运动性降低。当拉伸比较高时，一些局部的无序化和孔洞产生使得分子链运动性提高。

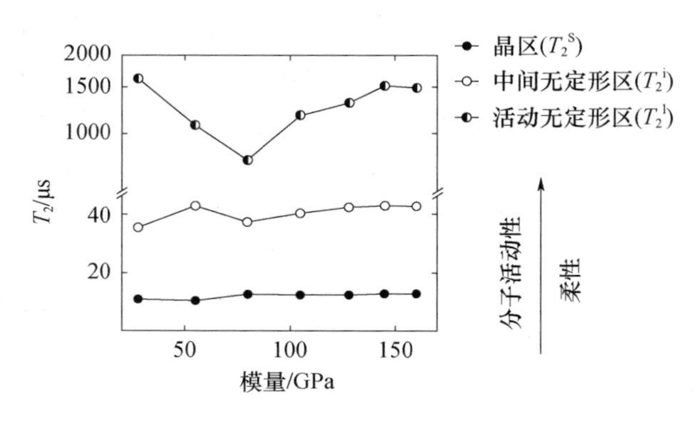

图 5 – 12　不同模量纤维的分子链运动性（刚性部分，由正交晶、单斜晶和少量刚性晶区 – 无定形区界面，T_2^s 弛豫；受限（中间）无定形组分，T_2^i；可运动无定形组分，T_2^l）

UHMWPE 纤维中各相区（结晶相区、无定形相区）的尺寸可采用 X 射线衍射和固体 NMR 来研究。SAXS、WAXS 和 NMR 可以提供不同尺度的结晶结构信息。WAXS 给出的是晶格水平的信息，可以测定垂直于 UHMWPE 纤维轴向的平均晶体尺寸。SAXS 给出的是半晶聚合物超分子结构尺度的信息，用于晶区和非晶区形成的周期性结构（长周期），以及片晶厚度的测定；可用于研究热拉伸过程中 UHMWPE 纤维内纤维状结构的长周期及其沿纤维轴向的晶区的尺寸。NMR 自旋-扩散实验可以用来测定 UHMWPE 纤维中，主要由结晶相以及原纤内或者原纤之间的非晶区域中运动大幅受限的分子链段组成的刚性区的最小尺寸的重均值。NMR 方法测量的是相区重均最小厚度，不考虑其相对纤维轴向的取向[13]。

从图 5 – 13 可以看出随着拉伸比的增加，垂直于纤维轴向（200）方向的晶粒尺寸从约 22nm 增加到约 33nm[13]，Van Aerle 和 Braam[29] 研究了干燥的 UHMWPE 冻胶膜在热拉伸过程中的结构变化，在后期拉伸过程中也观察到相同的变化趋势。Litvinov 等[13] 报道了随着拉伸比增加，UHMWPE 纤维中余留的纤维晶结构的长周期减小了约 20%；NMR 自旋-扩散测定结果显示刚性区域（主要是结晶区）的平均尺寸随拉伸比增大的变化趋势与 SAXS 研究结果明显不同（图 5 – 14）。对于拉伸比较小时形成的模量为 28GPa 的纤维，NMR 测定的刚性区域的平均尺寸约为57nm，与WAXS测定的原纤的直径(22nm)和SAXS测定的原纤中结晶的主干长度37nm相差不是很多。随着拉伸比的继续增加，NMR方法测定的刚性区域尺寸随之增加，但模量超过128GPa后逐渐减小；NMR测定的刚性区域的尺寸远远大于X射线方法测定的原纤中结晶区的尺寸。

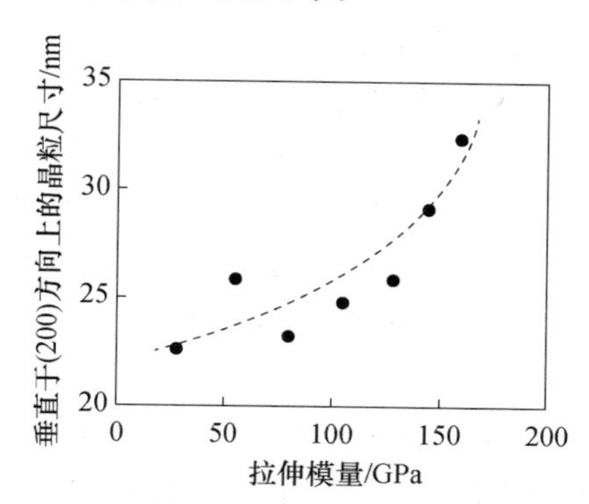

图5-13　不同模量冻胶纺UHMWPE纤维沿(200)方向(垂直于纤维轴向)的平均晶粒尺寸

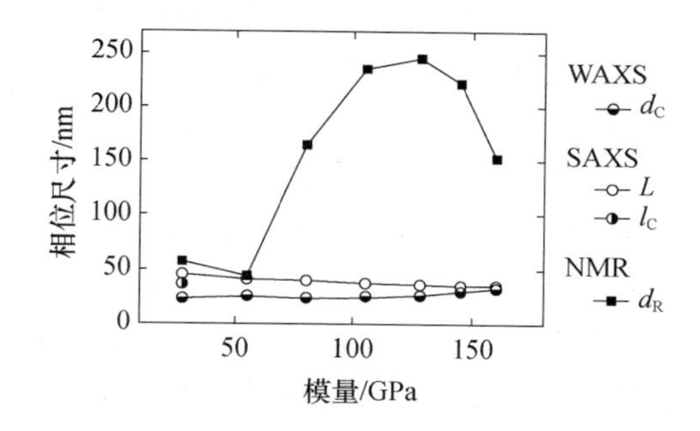

图5-14　UHMWPE纤维模量与晶区/刚性区平均尺寸

L—长周期；l_c—沿纤维轴向原纤中晶区的主干长度；d_c—WAXS测定的垂直于纤维轴向的晶体尺寸；d_R—NMR自旋-扩散方法测得的刚性区域的平均尺寸。

Hu和Schmidt-Rohr[12]采用固体NMR研究了固态挤出-超倍拉伸方法制备的UHMWPE纤维(杨氏模量为130GPa)的聚集态结构，^{1}H自旋-扩散方法测得无定形区的尺寸为(10 5)nm，晶区尺寸为(100 50)nm。

2. UHMWPE纤维的结构模型

自发现通过合适的方法可用UHMWPE制备拉伸强度和杨氏模量高的纤维以来，研究者不断运用各种微观结构表征技术，包括SAXS、WAXD、拉曼光谱和固体NMR等可间接得到纤维微观结构信息的谱学方法，以及TEM和AFM等观察实空间结构的形态学方法，对UHMWPE纤维的形态结构以及结构/性能关系进行研究,积累了对超倍拉伸形成的 UHMWPE 纤维微观结构不同尺度的认识。研究显示由超倍热拉伸形成的 UHMWPE 纤维的结晶度和取向度高,非晶组分少,其聚集态结构与常规熔融纺丝制备的结晶度和取向度均相对较低的聚乙烯纤维明显不同。

研究者采用 AFM、TEM 等形貌学观察方法对于 UHMWPE 纤维表面和纤维内部的形态学观察结果表明,不同方法制备的 UHMWPE 纤维均呈现纤维样结构。Schaper 等[30-31]采用 TEM 观察了 0.5%(质量分数)UHMWPE 溶液表面生长得到卷绕丝经区域热拉伸(拉伸比 1.2 ~2.7)前后的形貌变化,纤维经超薄切片和染色后的观察结果显示,卷绕丝呈现 shish-kebab 形貌,区域拉伸后 shish-kebab 形貌发生显著变化,附生晶体消失,拉伸比为 2.7 时形成排列规整的针状原纤,晶体横向尺寸 ~(4 ±0.5)nm。微原纤的长度为约 1000 ~2000nm,其排列规则,由非晶区隔开。Hofmann 和 Schulz[32]采用 TEM 复形方法观察了 Allied-Signal 公司的 Spectra 900 纤维和 5% 冻胶纺丝-超倍热拉伸(λ =193)UHMWPE 纤维样品的表面形貌,纤维表面主要为平滑的原纤结构,附生其上的片晶可忽略不计,Tekmilon 和 3% UHMWPE 冻胶纺丝-热拉样品(λ =50)则由于拉伸倍数不够高,显示 shish-kebab 形貌。Magonov 等[33]采用 AFM 观察了 UHMWPE 冻胶膜干燥后经不同拉伸倍数得到的 UHMWPE 带的表面形貌,UHMWPE 带表面显示出不同尺度的纤维状形貌。直径为 4 ~7μm 的微原纤束取决于拉伸倍数,直径为 0.2 ~1.2μm 的微原纤随拉伸比增大而下降,纳米原纤是基本构筑单元,可以在纳米原纤的表面观察到规则排布的分子链;纳米原纤是从初始片晶转变为纤维状结晶过程中形成的,拉伸比达到 70 时其直径没有显著变化。Wawkuschewski 等[34]采用扫描力显微镜(scanning force microscopy,SFM)观察市售 Spectra 900 和 Spectra 1000 纤维的表面形貌,纤维表面形貌不均一,主要显示为沿纤维轴向排列的纤维状结构,原纤是主要的结构单元;同时在纤维状结构中观察到宽度 30 ~110nm 的带状结构,其垂直于纤维方向,提出是在取向的纳米原纤上附生生长的片晶。纳米尺度(1 ~100nm)的 SFM 图像显示,宽度为 5 ~7nm 的纳米原纤是组成纤维的基本结构单元,其长度约 175nm,这些纳米原纤组成 40 ~50nm 宽的原纤。另外,纤维表面还观察到 10 ~30nm 宽的针状晶体。

McDaniel 等[35]对 Honeywell 公司提供的不同加工条件的 UHMWPE 纤维(2 种拉伸倍数的纤维,以及市售 S130 纤维),采用 AFM 观察了纤维表面和经纤维轴心沿纵向的超薄切片的表面,对于较高拉伸倍数的纤维表面观察到 shish-kebab 结构,即存在垂直于拉伸方向大尺寸结构,显示为附生于纤维状结构表面的结构,该结构在 S130 纤维表面很多,尺寸从 100 多纳米到几微米,其将原纤搭接起来。纤维内部则未观察到附生的晶体,只观察到微原纤,提出原纤是纤维的基本结构单元,随拉伸比的增大,其宽度分布变窄,平均直径大约为 35nm;根据观察到的微原纤之间存在连接物，提出冻胶原丝中的凝胶网络结构在纤维制品中保留。对于纤维横截面的观察则表明随着拉伸比的增大，微原纤网络发生致密化。

基于形态学观察结果，研究者提出 UHMWPE 纤维由与其他高模量有机纤维类似，超倍拉伸形成的 UHMWPE 纤维亦呈现纤维晶结构，主要由微原纤组成，微纤由亚微米级的结晶块组成，结晶块之间由非晶区和界面层部分中高度伸展的分子链段相连；这些微纤聚集在一起形成巨原纤束，巨原纤束组成纤维[36]。不同文献提出的巨原纤和微原纤的尺寸有所不同。

近年的 AFM 观察显示纤维表面除了微原纤，还有附生其上的结构，显示 shish-kebab 形貌，但对于超倍拉伸的纤维内部是否存在 shish-kebab 形貌，McDaniel 等虽未观察到微原纤上存在附生结构，但也不排除附生结构的存在[37]。Strawhecker 等[38]利用聚焦离子束（FIB）刻蚀方法和剪切拉伸方法得到了 UHMWPE 纤维的纵向“剖面”，采用 AFM 模量成像方法直接观察了3种市售 UHMWPE 纤维（DSM 公司的 Dyneema SK76 和 Honeywell 公司的 Spectra 3000 和 Spectra 1000）的内部形貌。观察结果显示在超倍拉伸的 UHMWPE 纤维内部主要呈现纤维晶结构，还存在少量附生在纤维晶上的片晶结构，“附生晶体”。其在纤维内部共观察到5种基本形貌，伸直链的原纤、互锁（interlocking）和单独的外延生长晶体、孔洞或者原纤之间的界面、以及穿过孔洞的系结分子链。微原纤集合成组，其被孔洞（void）或者无定形相隔离开。微原纤组集束形成巨原纤，其被更大的孔洞或者无定形相隔开。某些原纤间由伸展的系结分子链相连。这5种形貌在上述三种纤维中是有所不同的，每种纤维内部的形貌也是有所不同的。

对于基于形态学观察结果提出的巨原纤的微观结构，文献中有多种模型[8]：微纤结构模型中，认为巨原纤由高度伸直链形成的结晶微纤组成，结晶微纤的直径在15～20nm，连接晶体间的系结分子在力学性能提高中发挥重要作用；连续结晶模型提出巨原纤由连续结晶相组成，其中分散着很少的缺陷。两种结构模型的差别在于微原纤之间侧向应力传递的程度。Ward 的结晶桥模型结合了上面两个模型，提出晶区中微原纤界面间存在强侧向相互作用，与非晶区的相互作用则弱得多。Berger 等人在 Ward 的结晶桥模型基础上提出，巨原纤由高度伸展的分子链结晶和与之平行的晶区与缺陷区域的串联结构组成的结构模型[8]。

Litvinov 等[13]采用 SAXS、WAXS 和固体^{1}H NMR 方法系统研究了 UHMWPE（$M_w = 3.5 \times 106$g/mol）的9%十氢萘溶液经冻胶纺丝和热拉伸制备的系列 UHMWPE 纤维的微观结构，基于 Peterlin 的纤维晶模型和连续结晶模型，提出了描述 UHMWPE 纤维形态结构的结构模型，由结晶原纤和含有缺陷的大的伸直链晶体组成，结晶原纤的长周期为约35～45nm（图5－15）。

An 等[39]采用 SAXS 和 WAXD 方法对3%（质量分数）UHMWPE（$M_v = 2.7 \times 10^6$）的石蜡油溶液经冻胶纺丝，在热拉伸过程中 shish-kebab 结构向纤维晶的

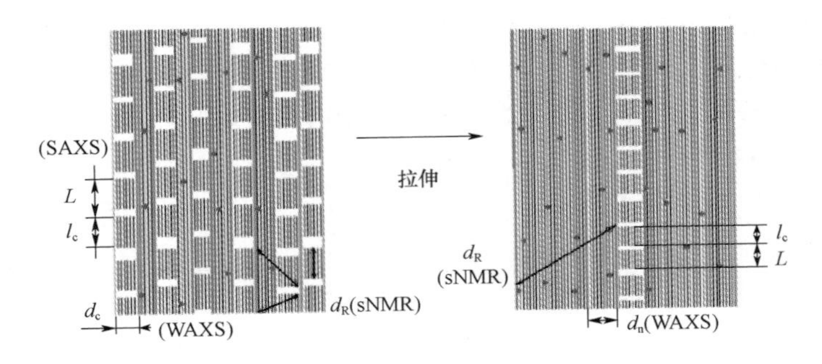

图 5－15　具有极限拉伸比的冻胶纺 UHMWPE 纤维在二维拉伸过程中形貌特征示意图

给出了不同拉伸比纤维中存在的主要形貌单元，没有给出尺寸。粗线表示纤丝或者大晶体的边界，大面积的白色区域为无定形区，小的白色区域为孔洞和大晶体中的缺陷。d_c—广角 XRD 得到的垂直于纤维轴向的晶体尺寸；l_c—SAXS 得到的 fibrils 中晶块主干沿纤维轴向的长度；l—SAXS 得到的长周期；d_R—刚性区域的平均尺寸。

结构转变进行了研究，提出由低浓度溶液制备的 UHMWPE 冻胶丝中的 shish-kebab 结构可顺利转变为纤维晶。而对 8%（质量发数）UHMWPE（$M_v = 2.7 \times 10^6$）的石蜡油溶液，即较高浓度溶液制备的 UHMWPE 冻胶丝中的 shish-kebab 结构可连续转变为纤维晶，最后形成主要由 shish 晶体和少量 shish-kebab 结晶组成的微原纤结构，结构示意图见图 5－16[40]。

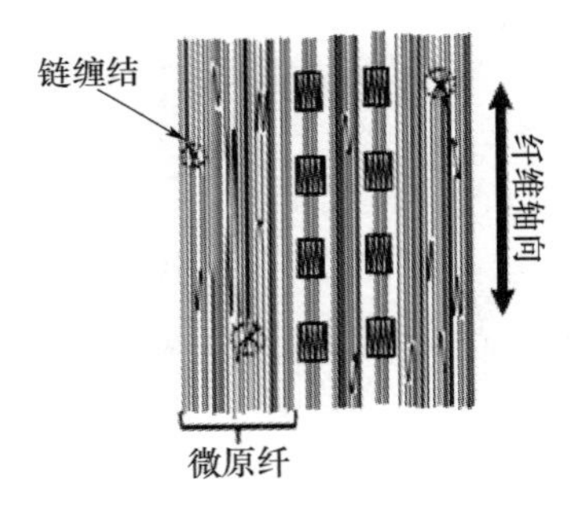

图 5－16　UHMWPE 纤维的结构模型

Hu 等[12]基于固体 NMR 结果，提出了超倍拉伸 UHMWPE 纤维的结构模型：每个原纤中结晶相是连续的，但是单个分子链并不是存在于一个连续晶体中。无定形分散在晶体中，大多数分子链是处于结晶和无定形的交替状态。原纤之间有孔洞，孔洞表面的链段运动性很强。相结构示意图如图 5－17 所示。83% 晶区（80% 正交晶、3% 单斜晶），厚度约 100nm，5% 无序的全反式构象的界面和/或系结分子,11%具有运动性的无定形区,直径大约10nm,1%具有高度运动性的链段,可能存在于孔洞表面或者贯穿孔洞。

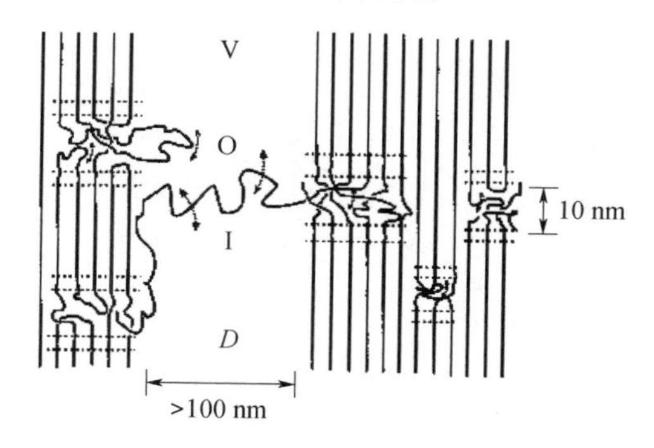

图5-17 超倍拉伸UHMWPE纤维的相结构模型,
5% 结晶和无定形界面(虚线表示),原纤之间存在孔洞,
孔洞表面或者穿过空洞的链段运动性很强(虚线箭头)

3. UHMWPE纤维中的纳米孔洞

与PPTA纤维相似,UHMWPE纤维在超倍拉伸过程中也会出现孔洞。Hu等[12]测量了固态挤出-超倍拉伸法制备的UHMWPE条带(截面积$0.1 \times 1.8mm^2$)的质量和尺寸,计算得到的密度值为$(0.85 \times 0.03)g/cm^3$,而超倍热拉伸前的固态挤出物的密度值为$(1.00 \times 0.03)g/cm^3$。由此提出热拉伸过程中在纤维内部产生了相当多的孔洞,并提出固体NMR检测到的具有高运动性能的无定形部分源于孔洞的产生,孔洞表面的链段和贯穿孔洞连接不同晶体的链段具有高度运动性。McDaniel等[35]在不同拉伸倍数的UHMWPE纤维的超薄切片表面均观察到沿着拉伸方向的椭圆形孔洞,孔洞的直径约100nm,长度>1μm。在超倍拉伸的UHMWPE纤维中除了大孔外,还存在很小的孔。^{129}Xe NMR方法是研究聚合物中自由体积性能的有效方法,可以测量直径大于0.5nm的孔洞。^{129}Xe的化学位移δ_s与孔洞尺寸d_{void}间的关系为:$\delta_s = \frac{49.912}{0.5d_{void} - 0.0145}$。Demco等采用^{129}Xe NMR方法[20]研究了不同拉伸倍数的冻胶纺UHMWPE纤维中的孔洞尺寸[19]。从图5-18可以看出,在高运动性无定形相中纳米孔洞的平均直径随UHMWPE纤维的杨氏模量从28GPa增加到160GPa,而在0.53~0.55nm范围内增加;随拉伸比的增加,检测到的纳米孔洞数量减少[19]。

关于超倍拉伸UHMWPE纤维中孔洞对于纤维力学性能的影响还不清楚,尚待深入研究。

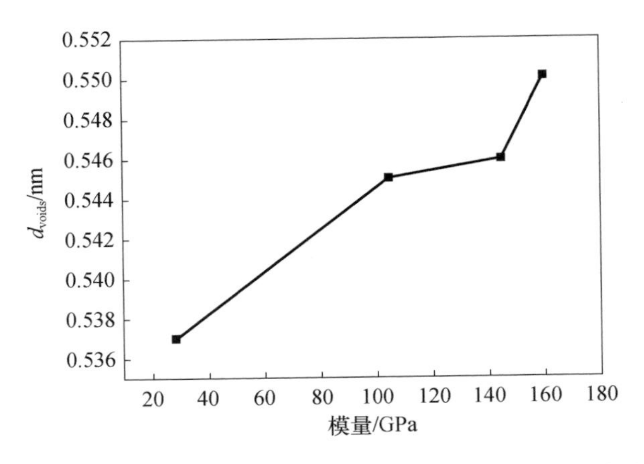

图 5－18　UHMWPE 纤维中平均孔洞直径随杨氏模量的变化

5.4 结构与性能关系

通过熔融法制备的聚乙烯纤维的刚性主要取决于拉伸比，随拉伸比增大，纤维的刚性随之提高；纤维强度则更多依赖于分子量，在给定的拉伸比下，分子量越大强度越高。UHMWPE 纤维的分子量高，链端引起的晶格中的缺陷减少，同时具有高结晶度、高取向程度和大晶体尺寸等特点，使得单位体积内的共价键数量多，这些结构特点赋予其高强度和高模量。

UHMWPE 纤维的优异力学性能吸引着研究者探究其中的原因，并预测其实际可能达到的极限性能。随着对其微观结构的不断深入认识，对其力学性能的理解也在不断加深。冻胶纺-热拉伸制备的 UHMWPE 纤维的力学性能受制备工艺条件（纺丝温度、溶液浓度、纺丝速率、拉伸温度、拉伸比等）[41]、纺丝用 UHMWPE 树脂的分子量、纤维的微观形态结构（结晶、取向、缺陷），以及纤维的直径等多种因素影响。

1. 超倍热拉伸过程中拉伸比对 UHMWPE 纤维力学性能的影响

冻胶纺-热拉伸制备的 UHMWPE 纤维，在干燥的冻胶原丝热拉伸过程中，随着拉伸比的增大，UHMWPE 纤维的拉伸强度和杨氏模量逐渐增大[42,43]，但拉伸强度达到一定拉伸比后呈现变化较小趋势[44]。在热拉伸过程中存在最佳拉伸比，超过后继续拉伸会破坏纤维的结构，使纤维的断裂强力下降。

对于溶液结晶的聚乙烯单晶在 90℃ 热压成片后进行热拉伸[45]，在拉伸比达到 180 之前，纤维的拉伸模量随拉伸比呈线性增加，拉伸比为 180 ~ 250 之间时，拉伸模量增加幅度变小，拉伸比达到约 250 以上时纤维的拉伸模量不再增加（图 5－19）。

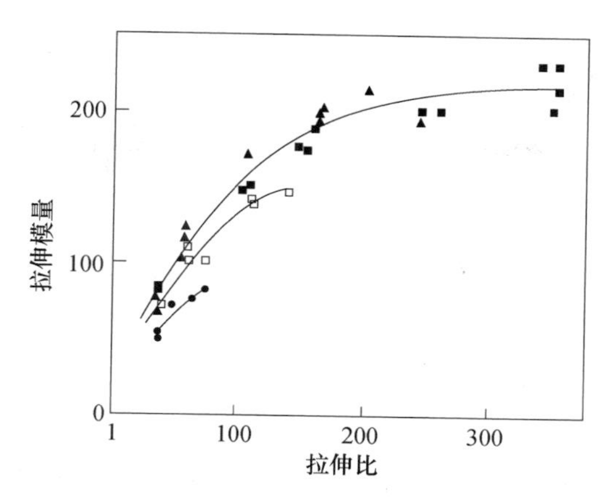

图 5-19 不同分子量聚乙烯的溶液结晶热压成片后进行超倍拉伸所得样品的拉伸模量随拉伸比的变化

（分子量：■ -21×10^5；▲ -15×10^5；□ -5×10^5；● -2×10^5。

2. 分子量和分子量分布对 UHMWPE 纤维力学性能的影响

UHMWPE 树脂的分子量和分子量分布影响制备的 UHMWPE 纤维的拉伸强度和杨氏模量。这是由于分子量和分子量分布会影响热拉伸时的拉伸倍数，从而对纤维的力学性能产生影响。

Smith 等[46]研究了聚乙烯树脂分子量对于熔融纺丝、溶液纺丝制备的超倍拉伸聚乙烯纤维拉伸强度的影响，纤维的拉伸强度和拉伸模量随着分子量增大而增加，当 $M_w/M_n \geqslant 7$ 时，M_w 在 $54\times10^3 \sim 4\times10^6$ 之间时，拉伸强度 σ 与 M_w 遵循经验公式 $\sigma \propto \overline{M}_w^p$，$p \approx 0.4$。对于冻胶纺丝-热拉伸制备方法，尤其是工业生产过程中的冻胶纺丝阶段 UHMWPE 分子链会发生明显的降解，在热拉伸过程中分子链还会有所降解。对于商品化纤维和中试生产线上制备纤维的分子量及其分布的测量结果表明，具有较高强度和模量的国产 UHMWPE 纤维的分子量通常在 200 万左右，此时纤维的结晶和取向程度等微观结构是影响纤维拉伸强度和杨氏模量的主要因素。

分子量分布亦影响 UHMWPE 纤维的杨氏模量和拉伸强度，Hoogsteen 等[48]报道了 UHMWPE 溶液浓度 ≤5% 时，在相同纺丝条件下（纺丝温度：190℃，纺丝速度：1m/min，卷绕速度：1m/min），达到最大拉伸比时 $M_w = 5.5\times10^6$kg/mol，$M_w/M_n \approx 3$ 的树脂制备纤维的杨氏模量明显高于 $M_w = 4\times10^6$g/mol，$M_w/M_n = 20$ 的树脂。在低浓度（<3%）纺丝时，$M_w = 5.5\times10^6$g/mol，$M_w/M_n \approx 3$ 的树脂制备的纤维的拉伸强度明显高于 $M_w = 4\times10^6$kg/mol，$M_w/M_n = 20$ 的树脂；纺丝浓度在 3～5% 之间时，两种树脂制备纤维的拉伸强度很接近。

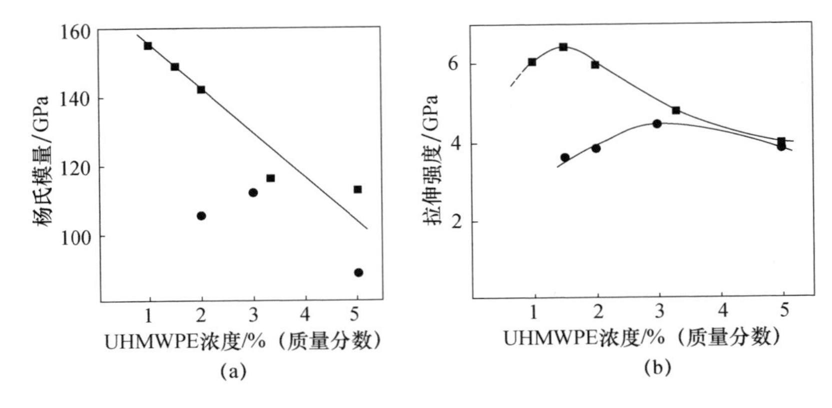

图 5－20　不同浓度 UHMWPE 溶液的冻胶纺纤维达到最大拉伸比时的杨氏模量(a)和拉伸强度(b)

● $-M_w=4\times10^6$ kg/mol；$M_w/M_n=20$；■ $-M_w=5.5\times10^6$ kg/mol，$M_w/M_n\approx3$。

3. 微观形态结构对 UHMWPE 纤维力学性能的影响

杨氏模量是纤维固有的体积平均结构参数，对纤维结构中的缺陷不敏感，受结晶区中缺陷的累积、纤维晶结构的破碎和纳米孔洞的形成等因素的影响小得多；纤维的拉伸强度则受到纤维中包括链端、无定形区、孔洞等形成的结构缺陷的影响很显著[13,48]。纤维中缺陷的数量与纤维制备条件相关。实验室制备的 UHMWPE 纤维样品中缺陷的量少于工业化生产的纤维。根据 Griffith 关系，实验室规模制备纤维的理论拉伸强度约 25GPa，Litinov 等人报道的（半）商业化生产纤维的理论拉伸强度约 12GPa[13]。随着纤维直径的减小，纤维中缺陷减少，使得超倍拉伸 UHMWPE 纤维的拉伸强度随着纤维直径的减小而提高[49]。

对于拉伸强度而言，在超倍拉伸过程中 UHMWPE 纤维的结晶度是影响不同拉伸倍数纤维力学性能的一个因素。刘兆峰等[43]的研究结果显示，当纤维具有较低结晶度时，随结晶度的增大，纤维的拉伸强度几乎是线性提高，其后开始逐渐偏离直线。在较高结晶度时，结晶度变化很小甚至不变，纤维强度仍然有明显提高。这一变化趋势说明，对于经超倍热拉伸形成的 UHMWPE 纤维，结晶度不是影响纤维强度的主要因素。影响 UHMWPE 纤维拉伸强度的主要因素是非晶区的取向度而不是晶区的取向度。拉曼光谱和 WAXS 研究[50,51]表明承受拉力的 UHMWPE 纤维中的应力分布不均匀，只有一部分 C—C 键承受载荷。破坏纤维所需的力与纤维破坏面中分子链断裂的量相关。纤维的拉伸强度与纤维单位横截面积上可以承受载荷的分子链，也即无序区中传递应力的分子链的含量密切相关。Fu 等[5]研究了几种纤维的微观结构和力学性能，提出纤维的拉伸强度主要由中间相的含量和取向决定。

纤维的结晶度与纤维的杨氏模量呈正相关，纤维拉伸强度高的样品具有较高的结晶度和晶区取向。从图 5－21 可以看出，随着结晶度增加，UHMWPE 纤维的模量随之增加。同时，随着晶区分子链取向程度的增加，UHMWPE 纤维的模量也随之增加[13]。

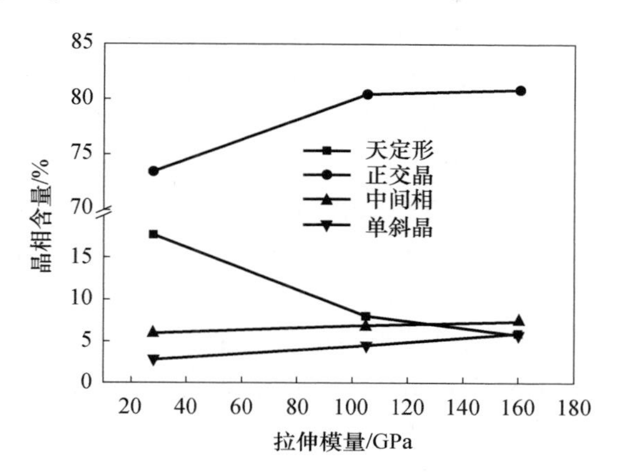

图 5－21 UHMWPE 纤维的模量与晶相含量的关系

对于超倍热拉伸 UHMWPE 纤维力学性能的理解，除了从超倍热拉伸 UHMWPE 纤维的微观形态结构、断裂行为、外力作用下的形变机理着手外，研究者还提出不同的结构简化模型来理解 UHMWPE 纤维的力学性能。以下进行简要介绍。

Grubb[52] 提出一个几乎是连续结晶的结构模型，结构中存在少量缠结形成的缺陷区域。这一结构模型由不完善的结晶微原纤组成，微原纤直径 10～30nm，其长度与拉伸比的平方呈正比，$\lambda=30$ 时约为 1μm。微原纤的末端为链缠结簇，嵌入低模量的基体中。该模型在假设原纤的含量和原纤的直径不变的情况下，与已有的力学性能和热性能数据相符符合，并预测了实验观察到的杨氏模量 E 随着拉伸比 的增加，$E^1=B+C\lambda^2$。

Dijkstra 和 Pennings[53] 提出一个简单的形貌模型来解释超倍热拉伸 UHMWPE 纤维的模量接近晶体模量，而拉伸强度与理论值差距较大的现象，借鉴 Sawyer 等[54] 发表的热致液晶聚合物纤维的多级结构提出冻胶纺和表面生长 UHMWPE 纤维的结构模型：纤维由直径约 0.5μm 的巨原纤组成，巨原纤由直径约为 20nm 的微原纤组成。微原纤由少量无序区连接的长晶块组成。无序区中包括物理缠结、链端和其他缺陷以及系带分子。作者还借鉴 Peterlin 模型，指出微原纤中无序区是最薄弱点。拉伸过程中无序区的应力由系带分子和缠结链传递。拉伸强度取决于无序区中承受载荷的分子链的含量。断裂伸长率和拉伸模量主要取决于无序区和晶块长度之比。这一模型解释了纤维的拉伸强度，以及纤维的断裂伸长率和拉伸强度较低但具有高拉伸模量这一情况。Penning 等[45,55] 基于 Dijkstra 和 Pennings 提出这一形貌模型，估算了不同冻胶纺/热拉伸

UHMWPE 纤维中承受载荷分子链的含量，发现纤维的拉伸强度与承受负荷分子链（系带分子）的含量呈线性关系。外推承受负荷分子链的含量为 1 时，得到聚乙烯的理论强度是（30 ± 3）GPa。

Wong 和 Young[50] 主要基于 Peterlin 的微纤结构模型，提出一种冻胶纺聚乙烯纤维的结构模型（图 5－22），在微原纤内，连续的几乎呈现高度取向的结晶块中无规分布着非晶层，并假设与非晶界面中连接分子链中的部分是高度伸展的，这相当于 Peterlin 和 Gibson 提出模型中的系带分子或者晶桥。Raman 光谱显示纤维变形过程中，晶区中应力存在双峰分布[19]。纤维的低应变分子形变行为可用“平行-串联 Takayanagi 模型”来定量解释[50]，由此计算得到晶区和非晶区的模量。晶区的杨氏模量随分子链的伸直程度而提高，高模量纤维的值接近聚乙烯的理论模量。由于存在与晶体平行的低模量非晶组分而使得纤维的模量下降。晶区的分子链取向程度和非晶区中系带分子或者晶桥体积含量对于控制冻胶纺聚乙烯纤维高性能很重要。

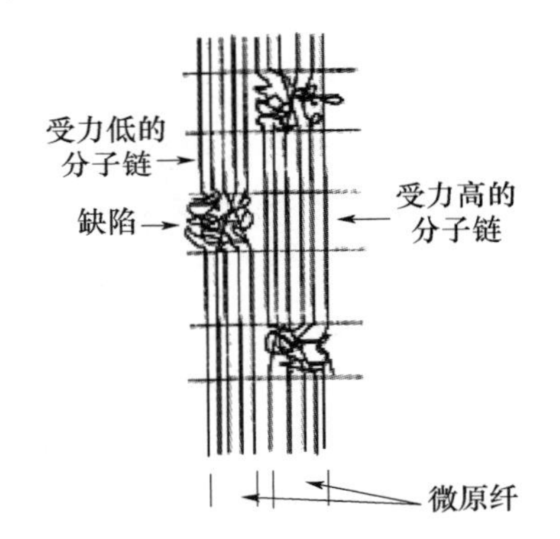

图 5－22　冻胶纺-超倍热拉伸 UHMWPE 纤维结构模型示意图

Zachariades 等[45] 对 UHMWPE 粉末和溶液结晶的单晶片在 90℃ 的热压物在热拉伸过程中的纤维状结构与力学性能进行了研究，其将 UHMWPE 粉末或者单晶片看作是球形颗粒，热拉伸过程中转变为圆柱体，从而将热拉伸物看作是由“巨原纤圆柱体”堆砌而成。由此提出一种新的形貌模型，其结构单元是巨原纤，由 ~100 微米长，直径 1 ~ 10μm 的微原纤组成。晶体由系带分子和/或晶体间的连接物（保证晶区的连续性）桥接起来，其可以在微原纤和巨原纤内传递载荷。基于此模型，对于超倍拉伸 UHMWPE 的拉伸模量和拉伸强度与巨原纤长径比以及拉伸比小于等于 200 ~ 300 的 UHMWPE 纤维巨原纤的剪切模量间的关系进行了研究。在特定拉伸比时，拉伸物的拉伸性能与巨原纤的尺寸变化和及其剪切模量相关，但杨氏模量对于随拉伸比增大而增加的原纤内连接物的含量很敏感，拉伸强度强烈依赖于单位长度巨原纤中原纤间连接的数量，其随着拉伸比的增加而减少。超倍拉伸 UHMWPE 可以达到的最高的拉伸模量和拉伸强度分别是 212GPa 和 13.3GPa。

经超倍热拉伸制备的 UHMWPE 纤维的结构与性能关系复杂,分子量、相态结构、缺陷在高区取向和结晶相中的分布等与纤维的力学性能密切相关;纤维表面的缺陷,如竹节、扭转带亦会对纤维的力学性能产生影响。对于工业化生产 UHMWPE 纤维,纤维束中各纤维间结构的均匀性对于纤维力学性能影响很大。UHMWPE 纤维的结构性能关系尚待深入研究。

参考文献

[1] Porter RS, Casale A. Recent studies of polymer reactions caused by stress[J]. Polymer Engineering and Science, 1985, 25(3): 129 – 156.

[2] Hu X P, Hsieh Y L. Crystallite Sizes and Lattice Distortions of Gel-Spun Ultra-High Molecular Weight Polyethylene Fibers[J]. Polymer Journal, 1998, 30(10): 771 – 774.

[3] Busing W R. X-ray diffraction study of disorder in Allied Spectra-1000 polyethylene fibers[J]. Macromolecules, 1990, 23(21): 4608 – 4610.

[4] Zugenmaier P, Cantow H J. Kolloid-Zeitschrift und Zeitschrift für Polymere, 1969, 230(1): 229 – 236.

[5] Fu Y G, Chen W, Pyda M, et al. Structure-property analysis for gel-spun, ultrahigh molecular mass polyethylene fibers[J]. Journal of Macromolecular Science Part B, 1996, 35(1): 37 – 87.

[6] Hsieh Y L, Hu X P. Structural transformation of ultra-high modulus and molecular weight polyethylene fibers by high temperature wide angle X-ray diffraction[J]. Journal of Polymer Science Part B Polymer Physics, 1997, 35: 623 – 630.

[7] Tashiro K, Sasaki S, Kobayashi M. Structural Investigation of Orthorhombic-to-Hexagonal Phase Transition in Polyethylene Crystal: ? The Experimental Confirmation of the Conformationally Disordered Structure by X-ray Diffraction and Infrared/Raman Spectroscopic Measurements[J]. Macromolecules, 1996, 29: 7460 – 7469.

[8] Berger L, Kausch H H, Plummer C J G. Structure and deformation mechanisms in UHMWPE fibres[J]. Polymer, 2003, 44(19): 5877 – 5884.

[9] Tzou D L, Schmidt-Rohr K, Spiess H W. Solid-state n. m. r. studies of crystalline phases in gel-spun ultrahigh molecular weight polyethylene[J]. Polymer, 1994, 35(22): 4728 – 4733.

[10] Yeh J T, Lin S C, Tu C W, et al. Investigation of the drawing mechanism of UHMWPE fibers[J]. Journal of Materials Science, 2008, 43(14): 4892 – 4900.

[11] Cheng J L, Fone M, Fu Y G, et al. Variable-temperature study of a gel-spun ultra-high molecular-mass polyethylene fiber by solid state NMR[J]. Journal of Thermal Analysis, 1996, 47(3): 673 – 683.

[12] Hu W G, Schmidt-Rohr K. Characterization of ultradrawn polyethylene fibers by NMR: crystallinity, domain sizes and a highly mobile second amorphous phase[J]. Polymer, 2000, 41(8): 2979 – 2987.

[13] Litvinov V M, Xu J J, Melian C, et al. Morphology, Chain Dynamics, and Domain Sizes in Highly Drawn Gel-Spun Ultrahigh Molecular Weight Polyethylene Fibers at the Final Stages of Drawing by SAXS, WAXS, and ^{1}H Solid-State NMR[J]. Macromolecules, 2011, 44(23): 9254 – 9266.

[14] Anandakumaran K, Roy S K, Manley R S J. Drawing-induced changes in the properties of polyethylene fibers prepared by gelation/crystallization[J]. Macromolecules, 1988, 21(6): 1746 – 1751.

[15] Smith P, Lemstra P J, Pijpers J P L, et al. Ultra-drawing of high molecular weight polyethylene cast from solution III. Morphology and structure[J]. Colloid & Polymer Science, 1981, 259: 1070 – 1080.

[16] Wool R, Bretzlaff R, Li B, et al. Infrared and Raman spectroscopy of stressed polyethylene[J]. Journal of Polymer Science Part B: Polymer Physics, 1986, 24: 1039 – 1066.

[17] Prasad K, Grubb D T. Direct observation of taut tie molecules in high-strength polyethylene fibers by Raman spectroscopy[J]. Journal of Polymer Science Part B: Polymer Physics, 1989, 27: 381 – 403.

[18] Bamford D, Jones M, Latham J, et al. Anisotropic Nature of Open Volume "Defects" in Highly Crystalline Polymers[J]. Macromolecules, 2001, 34(23): 8156 – 8159.

[19] Demco D E, Claudiu M, Jeff S, et al. Structure and Dynamics of Drawn Gel-Spun Ultrahigh-Molecular-Weight Polyethylene Fibers by ^{1}H, ^{13}C and ^{129}Xe NMR[J]. Macromolecular Chemistry & Physics, 2010, 24: 2611 – 2623.

[20] Hoogsteen W, Brinke G T, Pennings A J. SAXS experiments on voids in gel-spun polyethylene fibres[J]. Journal of Materials Science, 1990, 25(3): 1551 – 1556.

[21] Sheiko S, Frey H, Möller M. FT-IR studies on the mechanical response of the crystalline fraction in ultrastrong polyethylene tapes[J]. Colloid & Polymer Science, 1992, 270: 440 – 445.

[22] Amornsakchai T, Unwin A P, Ward I M, et al. Strain Inhomogeneities in Highly Oriented Gel-Spun Polyethylene[J]. Macromolecules, 1997, 30: 5034 – 5044.

[23] Wong W F, Young R J. Analysis of the deformation of gel-spun polyethylene fibres using Raman spectroscopy[J]. Journal of Materials Science, 1994, 29: 510 – 519.

[24] Kaji A, Ohta Y, Yasuda H, et al. Phase Structural Analysis of Ultra High-Molecular Weight Polyethylene Fibers by Solid State High Resolution NMR[J]. Polymer Journal, 1990, 22(6): 455 – 462.

[25] Uehara H, Yamanobe T, Komoto T. Relationship between solid-state molecular motion and morphology for ultrahigh molecular weight polyethylene crystallized under different conditions[J]. Macromolecules, 2000, 33(13): 4861 – 4870.

[26] Hansen E W, Kristiansen P E, Pedersen, B. Crystallinity of polyethylene derived from solid-state proton NMR free induction decay[J]. Journal of Physical Chemistry B, 1998, 102(28): 5444 – 5450.

[27] Eckman R R, Henrichs P M, Peacock A J. Study of polyethylene by solid state NMR relaxation and spin diffusion[J]. Macromolecules, 1997, 30(8): 2474 – 2481.

[28] Hedesiu C, Demco D E, Kleppinger R, et al. The effect of temperature and annealing on the phase composition, molecular mobility and the thickness of domains in high-density polyethylene[J]. Polymer, 2007, 48(3): 763 – 777.

[29] Van Aerle N A J M, Braam A W M. A, structural study on solid state drawing of solution-crystallized ultrahigh molecular weight polyethylene[J]. Journal of Materials Science, 1988, 23(12): 4429 – 4436.

[30] Walenta A E, Schulz E. On the morphology of high-modulus and high-strength polyethylene filaments[J]. Progress in Colloid & Polymer Science, 1988, 78: 183 – 187.

[31] Schaper A, Zenke D, Schulz E, et al. Structure-Property Relationships of High-Performance Polyethylene Fibres[J]. Physica Status Solidi A-Applications and Materials Science , 1989, 116: 179 – 195.

[32] Hofmann D, Schulz E. Investigations on supermolecular structure of gel-spun/hot-drawn high-modulus polyethylene fibres[J]. Polymer, 1989, 30: 1964 – 1968.

[33] Magonov S N, Sheiko S S, Deblieck R A C, et al. Atomic Force Microscopy of Gel-Drawn Ultrahigh Molecular Weight Polyethylene[J]. Macromolecules, 1993, 26: 1380 – 1386.

[34] Wawkuschewski A, Cantow H J, Magonov S N, et al. Scanning force microscopy of high modulus polyethy-

lene fibers[J]. Acta Polymerica,1995, 46: 168 – 177.

[35] McDaniel P B, Deitzel J M, Gillespie Jr. J W. Structural hierarchy and surface morphology of highly drawn ultra high molecular weight polyethylene fibers studied by atomic force microscopy and wide angle X-ray diffraction[J]. Polymer, 2015, 69: 148 – 158.

[36] Kavesh S, Prevorsek D C. Ultra High Strength, High Modulus Polyethylene Spectra Fibers and Composites [J]. International Journal of Polymeric Materials, 1995, 30(1 – 2):15 – 56.

[37] Bhat G. Structure and Properties of High-Performance Fibers[M]. ELSEVIER,2017.

[38] Strawhecker K E, Sandoz-Rosado E J, Stockdale T A, et al. Interior morphology of high-performance polyethylene fibers revealed by modulus mapping[J]. Polymer, 2016, 103: 224 – 232.

[39] Wang Z B, An M F, Xu H J, et al. Structural evolution from shish-kebab to fibrillar crystals during hot-stretching process of gel spinning ultra-high molecular weight polyethylene fibers obtained from low concentration solution[J]. Polymer,2017, 120: 244 – 254.

[40] An M F, Lv Y, Wang Z B, et al. Structural Transformation from Shish-Kebab Crystals to Micro-Fibrils through Hot Stretching Process of Gel-Spun Ultra-High Molecular Weight Polyethylene Fibers with High Concentration Solution[J]. Journal of Polymer Science, Part B: Polymer Physics, 2018, 56: 225 – 238.

[41] Hoogsteen W, Brinke G,Pennings A J The influence of the extraction process and spinning conditions on morphology and ultimate properties of gel-spun polyethylene fibres[J]. Polymer, 1987, 28: 923 – 928.

[42] Pennings A J, Smook J. Mechanical properties of ultra-high molecular weight polyethylene fibres in relation to structural changes and chain scissioning upon spinning and hot-drawing[J]. Journal of Materials Science, 1984, 19: 3443 – 3450.

[43] 刘兆峰,陈自力,胡祖明. 超高分子量聚乙烯(凝胶丝)在超拉伸过程中结构变化的表征[J]. 中国纺织大学学报,1992, 8(1): 41 – 48.

[44] Penning J P, Dijkstra D J, Pennings A J. Tensile force at break of gel-spun/hot-drawn ultrahigh molecular weight polyethylene fibres[J]. Journal of Materiacs Science,1991, 26: 4721 – 4726.

[45] Zachariades A E, Kanamoto T, New Model for the High Modulus and Strength Performance of Ultradrawn Polyethylenes[J]. Journal of Applied Polymer Science, 1988, 35: 1265 – 1281.

[46] Smith P, Lemstra P J, And Pijpers J P L. Tensile Strength of Highly Oriented Polyethylene. 11. Effect of Molecular Weight Distribution[J]. Journal of Polymer Science: Polymer Physics Edition, 1982, 20: 2229 – 2241.

[47] Hoogsteen W, Kormelink H, Eshuis G, et al. Gel-spun polyethylene fibres Part 2 Influence of polymer concentration and molecular weight distribution on morphology and propertie[J]. Journal of Materials Science,1988, 23: 3467 – 3474.

[48] Chae H G, Kumar S. Rigid-Rod Polymeric FibersJournal of Applied Polymer Science, 2006, 100: 791 – 802.

[49] Smook J, Hamersma W, Pennings A J. The fracture process of ultra-high strength polyethylene fibres[J]. Journal of Materials Science, 1984, 4: 1359 – 1373.

[50] Wong W F, Young R J. Molecular deformation processes in gel-spun polyethylene fibres[J]. Journal of Materials Science, 1994, 29: 510 – 519.

[51] Moonen J, Roovers, W A C, Meier R J, et al. Crystal and Molecular Deformation in Strained High-Performance Polyethylene Fibers Studied by Wide angle X-ray Scattering and Raman Spectroscopy[J]. Journal of Polymer Science Part B-Polymer Physics, 1992, 30(4): 361 – 372.

[52] Grubb D T. A Structural Model for High-Modulus Polyethylene Derived from Entanglement Concepts[J]. Journal of Polymer Science: Polymer Physics Edition,1983, 21: 165 – 188.

[53] Dijkstra D J, Pennings A J. The role of taut tie molecules on the mechanical properties of gel-spun UHM-

WPE fibres[J]. Polymer Bulletin,1988, 19: 73 -80.

[54] Sawyer L C, Jaffe M. The stucture of thermotropic copolyesters[J]. Journal of materials science, 1986, 21: 1897.

[55] Penning J P, Van der Werff H, Roukema M, et al. On the theoretical strength of gelspun/hotdrawn ultra-high molecular weight polyethylene fibres[J]. Polymer Bulletin,1990, 23: 347 -352.

[56] Penning J P, Dijkstra D J, Pennings A J. Tensile force at break of gel-spun/hot-drawn ultrahigh molecular weight polyethylene fibres[J]. 1991, 26: 4721 -4726.

第6章

超高分子量聚乙烯纤维在防弹领域的应用

自人类有战争以来，人体防护材料也随之诞生，伴随着材料科学的发展和进步，人体防护材料也在不断演化，从冷兵器时代的防护材料到枪炮发明后现代战争中使用防弹材料，从普通钢材到合金钢，从单一材料到多种材料的复合应用。

伴随着武器的发展和进步，现代战场和各种冲突中的个体、战车、舰船、飞机等装备需要拥有对不同威胁物如子弹、炮弹弹片、各种爆炸物碎片等的防护能力。材料制造技术的不断进步为防弹材料提供了多种选择，装甲防护所用材料从最初的金属、不锈钢、陶瓷、玻璃纤维复合材料、尼龙纤维复合材料发展到高性能纤维复合材料。20 世纪 60 年代高性能纤维芳纶的成功开发和 80 年代 UHMWPE 纤维工业化的成功，使得轻质、高性能的防弹装甲制品成为现实。抗弹纤维复合材料具有优良的物理力学性能和化学性能，其比强度和比模量高于金属材料，抗振疲劳性和减振性能也大大超过金属材料，拥有良好的动能吸收性，因而具有良好的抗弹性能，且无“二次杀伤效应”，现已成为一大类防弹材料。更重要的是在抗弹性能相当的情况下，纤维复合材料的重量较金属材料大大减轻，从而使个体和武器系统具有良好的机动性，对于个体防护装备和武器装备的轻量化具有重要意义。高性能纤维及复合材料已是军用和警用中的个人防弹制品的主导材料，并且在复合装甲领域，用于车辆和飞机的防护越来越多地得到应用。为战场上的士兵、执法人员的防护以及车辆、舰船、飞机提供了更可靠的防护装备。UHMWPE 纤维在合成纤维中轴向比强度和模量最高，且化学稳定性优于芳纶，特别适合作为防护材料，现已广泛用于个体防弹制品中的防弹衣、防弹盔，并在车辆装甲防护和军用飞机装甲防护中得到越来越多的应用。

6.1 防弹用纤维和织物

6.1.1 防弹纤维

防弹纤维的二维片材是制备防弹纤维制品的基材，其可以是纤维的编织物或者是由热塑性树脂/热固性树脂将单向纤维黏接在一起的单向(UD)片材(无纬布),这些片材简单组合或者成型在一起成为防弹制品。防弹性能是以材料对弹丸或者破片冲击动能吸收水平来衡量的,也取决于入射物与靶板的作用机理。防弹纤维复合材料的防弹性能主要取决于纤维的弹道性能,纤维通过形变来吸收冲击能量。因此,与工业用聚合物纤维相比,防弹用有机聚合物纤维需具有适用于防弹应用的特性[1],包括高拉伸强度、高拉伸模量和较低的伸长率,受到冲击时能够通过形变吸收大量能量。同时,由于冲击荷载的特点,纤维还需具有柔性以承受横向载荷。另外,还需耐化学试剂、工业用溶剂、汽车和航空用各种润滑油等。此外还需经济性好。

为基于单根纤维力学性能预测其防弹织物和纤维复合材料的防弹性能,Cunniff[2]在1999年提出了参数 U^* 来评估纤维的弹道性能,$(U^*)^{1/3}$ 后被称为 Cunniff 速率 c^*。

$$c^* = \left(\frac{\sigma_f \varepsilon_f}{2\rho}\sqrt{\frac{E}{\rho}}\right)^{1/3} \tag{6-1}$$

式中 σ_f——纤维的拉伸断裂强度;

ε_f——纤维的拉伸断裂伸长率;

E——纤维的拉伸模量;

ρ——纤维的密度。

c^* 来自纤维的比吸收能量和声波在纤维中的传播速度的共同贡献。Cunniff 认为装甲的抗弹效果与参与弹体相互作用的装甲的量有关。参与作用的装甲的量随纤维纵向方向声速的增加而增加,也就是随着 $(E/\rho)^{1/2}$ 值而增加。另一因素是参与作用的材料通过变形所能消耗的能量,这一能量与拉伸断裂强度和断裂应变成比例。Cunniff 提出的公式是将与弹体相互作用的材料的量与纤维能消耗的能量相乘。强度非常高的纤维在载荷作用下表现为近似线性的应力应变行为,尤其是高载荷速率弹道冲击的情况。因此,$\varepsilon_f = \sigma_f/E$。则上式变为 $c^* = (\sigma_f^2/(2\rho^{3/2}E^{1/2}))^{1/3}$,此公式中只包括构成装甲纤维的性能,式中拉伸强度的指数最高,表明选择具有高强度的高性能纤维是最重要的,密度低是另一重要性能。低杨氏模量对于阻挡快速射击物也有一定的重要性[1]。

Cunniff 标度速率为评估纤维弹道性能提供了依据,但该方法只考虑了纤维的性能,而影响纤维复合材料弹道性的因素是多方面的,单从 Cunniff 速率并不能得到某一纤维增强复合材料的弹道性能[3]。

防弹复合材料采用的纤维经历了从高强尼龙、高强玻璃纤维、碳纤维到芳纶、UHMWPE 纤维的过程。研究者一直致力于新的更好的防弹纤维的研发,目前对位芳纶和 UHMWPE 纤维是人体防护装甲和防弹复合材料等防弹制品的主要纤维。在某些情况下,玻璃纤维和碳纤维也用于防弹装甲复合材料的制备。

聚芳酯、PBO纤维作为发展中的纤维,有望在防弹复合材料领域中有广泛的应用。UHMWPE纤维是目前高性能纤维中比拉伸模量、比拉伸强度最高的纤维,而且具有轴向和横向压缩强度低、抗冲击性好、耐化学腐蚀性强、密度小等优点。声速在UHMWPE纤维中较高,因此UHMWPE纤维在受到子弹及碎片冲击时,应力波的传递均优于其他纤维,冲击能可迅速分散到复合材料较大的面积上,利于冲击动能的吸收。由于熔点较低,耐热性不高是UHMWPE纤维的不足,但它不受水的作用,且日光照射下的稳定性高于对位芳纶,在防弹制品应用中无需特别的保养。

6.1.2 防弹织物

防弹纤维用于防弹制品通常是织物和单向片材两种形式。芳纶用于防弹制品时两种形式都有,通常是以编织物形式,其具有好的结构整体性,冲击波可以在相互垂直的两股纱线(经纱和纬纱)间传递。纱线的不同编织方式,如平纹组织、缎纹组织和斜纹组织,具有不同的性能。防弹制品中应用最多的是平纹组织织物。

UHMWPE纤维则通常是以单向片材用于防弹软质和硬质制品的制备。UHMWPE纤维编织物的防弹性能低于无纬布,原因是UHMWPE纤维的摩擦系数非常低,受到弹丸冲击时,编织物中的纤维容易偏离弹丸,使得冲击过程中承受冲击的纤维数量减少,防弹性能下降[4]。UHMWPE织物复合材料的抗弹性能低于相同面密度的无纬布复合材料[5]。陈利民[6]用同种UHMWPE纤维制备无纬布和平纹布来制备层压板,对于基体树脂为热塑性弹性体树脂体系和热固性环氧树脂体系,V_{50}和SEA(层压板单位面密度吸收的能量)测试结果显示,防弹性能均以无纬布结构为最佳。这是因为无纬布结构的层压板是由两层或多层无纬布垂直交叉迭合层压的,与织物相比,无纬布中纤维强度损失较小,纤维伸直排列,纤维层之间无编织物中的交叠点,有效减少了应变波的反射,而且在受到冲击时应力波可以从冲击位点快速传播至更远的距离,使更多的材料参与吸收弹体的动能,避免应力集中,从而大量吸收冲击动能[7,8],表现更好的弹道性能。Lee等[9]报道了用单向Spectra纤维材料制作的具有足够厚度的军用头盔的弹道冲击抗侵彻性能显著好于Spectra纤维织物增强的复合材料体系。

6.2 超高分子量聚乙烯纤维增强复合材料防弹机理

UHMWPE纤维复合材料层压板与传统的纤维增强复合结构材料,如碳纤维增强环氧树脂不同,其层间剪切强度低,与UHMWPE纤维拉伸强度相差3个数量级,这样的各向异性结合使其具有优异的性能。低层间剪切强度使得层间和层内可产生较大形变,增加了结构的柔性,从而可以产生面外位移,降低了冲击弹体对靶板的冲击压力。同时层间剪切缓解了沿层压板厚度方向的弯曲应力,并使 UHMWPE 纤维主要承受轴向载荷,从而发挥其高强度的性能。

6.2.1 超高分子量聚乙烯纤维复合材料层压板的破坏模式

研究者采用不同形状的碎片模拟弹(FSP)或者实弹射击方式进行 UHMWPE 纤维复合材料层压板弹道性能和弹道响应、以及形变和破坏机理研究。受到不同冲击动能的弹道冲击作用时,UHMWPE 纤维层压板会出现多种损伤和形变。从宏观来讲,靶板整体形状的变化包括靶板被侵彻形成弹孔、纤维断裂、层间分层、着弹面表层的开裂、靶板背面的凸起、变形,以及靶板背面边缘被向板心方向拉近等;从微观来讲,包括基体树脂和纤维间的脱黏、靶板内部的层间分层和片层间开裂等。对于冲击过程中靶板形变过程的原位观察,以及弹道冲击后靶板形貌的表征,有助于理解层压板在弹体冲击动能作用下的动态响应、各种形变和损伤机理等。随着检测技术的进步,使研究者可以更多地获取相关信息。如采用高速摄像[10],结合数字图像相关(DIC)方法可以得到靶板正面受到冲击时的动态响应和形变情况,以及靶板背面沿冲击方向和靶板平面的变形情况。X 射线断层扫描成像技术可以在不破坏样品的情况下得到冲击后弹坑周边片层的形貌、靶板内部的分层情况等。

表观来看,不同厚度层压板受到不同速度的弹体冲击时响应是不同的,较低速度时,在弹体冲击能作用下,弹体前方的一定数量片层表现出面外变形;当冲击速度达到一定值时,开始表现为逐渐侵彻过程[11,12],部分片层开始断裂,即弹体开始侵彻层压板,且随着冲击速度的提高,侵彻深度增大,直到弹体被阻挡住;当弹体速度继续提高,达到弹道极限时,弹体会贯穿层压板。UHMWPE 纤维层压板的破坏方式与层压板的面密度相关。Karthikeyan 和 Russell[11] 发现在钢球冲击下,在弹道极限速度以下,HB26 层压板存在临界面密度,当面密度小于等于临界面密度时,纤维不会断裂,弹道极限速度以上时纤维全部破坏;当面密度大于临界面密度 m^* 时,呈现逐步破坏模式,即部分厚度的片层断裂。对于 HB26 层压板,$0.78\text{kg/m}^2 \leqslant m^* < 1.04\text{kg/m}^2$。对于逐步破坏模式,Karthikeyan 和 Russell[11] 根据层压板破坏和形变的情况将层压板分为两个区域:近端区域和远端区域。近端区域的片层在弹体作用下被侵彻,片层断裂,同时未断裂部分出现层间分层;远端区域的片层发生大的面外形变,向外凸起;同时凸起部分的内部不同区域也出现分层现象,凸起部分带动板边缘向板中心移动。Nguyen 等[12] 根据 HB26 压制的系列厚度层压板(9~100mm)在 12.7mm 或者 20mm 的 FSP 冲击作用下的表现,提出初始侵彻阶段和背面凸起阶段间在层压板厚度方向上存在一个过渡面,该过渡面的位置随冲击速度和层压板的厚度变化而改变。

Karthikeyan 等[13]采用 X 射线 CT 成像也观察到 UHMWPE 纤维层压板的纤维断裂部分和面外变形程度大的部分，这两个区域有一个分层面。Ćwik 等[14]对于24mm 厚的 HB26 和 Spectra 3124®层压板在钢质和铜质 FSPs 的高速冲击(400～1000m/s)下的弹道性能研究也发现靶板被侵彻的正面部分与发生大的面外变形的背面层部分的分界位置依赖于冲击速度。随冲击速度的提高，这一位置更加远离冲击面。

6.2.1.1 纤维的破坏、形变

Yang 和 Chen[15]研究了 SB71 软质防弹叠层在钢质圆柱体冲击下的弹道特性，根据片层破坏形貌分析结果，UHMWPE 纤维有明显的热损伤，靶板前面几层纤维的热损伤更加明显，这导致了冲击过程中材料性能的下降。Prosser 等[16]研究了 UHMWPE 平纹织物在 FSP 和圆柱体弹体侵彻过程中热的产生。SEM 形貌观察显示，在弹体被挡住的织物层朝向出射方向的各层存在相邻纤维间出现桥联物情况。离弹体距离远，桥联情况变少。纤维间桥联物的形成表明纤维经历了一定的高温，即来自弹体和纱线、纱线间和纤维间的摩擦生热。纤维冲击断点旁边纤维的偏光显微镜照片显示纤维结晶度的变化可能是由于热或应变所引起。

对于弹体侵彻 UHMWPE 纤维层压板形成的弹坑周边的断裂的片层和纤维，Nguyen 等[12]在开展高速弹体(MIL－DTL－46593B 规定的 12.7mm 和 20mm 口径 FSP)冲击下不同厚度 HB26 层压板的弹道性能研究中，在靶板被弹体侵彻形成弹坑的周边，观察到与基体树脂基本脱黏的纤维(图 6－1)，高速摄像显示侵彻位点处大量断裂纤维的弹性回缩。12.7mm 口径 FSPs 以 1346m/s 冲击 30mm 厚层压板的着弹面纤维断裂点的照片显示纤维被 FSP 的锋利边缘切断或者剪切的特点，纤维明显变扁平，表明纤维受到压缩。而靶板背面的断裂纤维与靶板正面断裂的纤维明显不同，纤维明显被拉长出现细颈，呈现韧性断裂的特征(图 6－2)。靶板背面纤维韧性断裂的原因可能是高应变速率下纤维的温度升高所导致[17]。O'Masta[18]研究了有背板支撑的 HB50 靶板(防止靶板凸起变形)受到硬质钢球冲击发生部分侵彻时弹坑周边片层断裂后的形貌变化。其对于沿弹坑中心的切片样品进行了光学显微镜观察，对于冲击过后的靶板进行 X 射线断层扫描成像技术无损检测。结果显示，弹坑边缘断裂的片层发生回缩，并出现不同程度的弯曲现象，此外这些断裂回缩片层所处片层的未受冲击部分的某些位置出现层间分层。同时还可观察到断裂的片层部分与未受冲击部分的层内开裂现象，使得弹坑周边的横向片层向孔的外侧位移(图 6－3)。

对于层压板中未被侵彻部分中经历层间剪切分层处的纤维形貌，Greenhalgh[19]采用 SEM 方法观察两个由 20mm 厚 HB26 层压板黏结在一起的 40mm 层压板在 FSP 冲击下的破坏形貌，在弹体被防住情况下，最靠近靶板背面以 MODE I 方式层间分层处观察到纤维变形非常严重，每根纤维中的断裂带很靠近，且每

根纤维向面外偏移了45°,见图6-4。

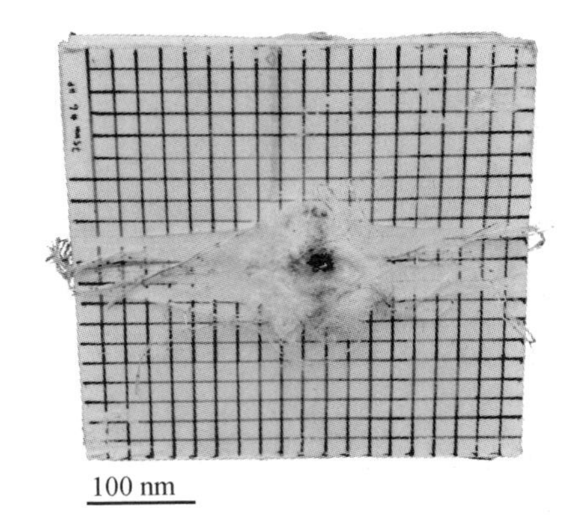

图6-1　FSP冲击后UHMWPE纤维层压板(HB26,75mm厚,20mm FSP,1594m/s)的前面板形貌[12]

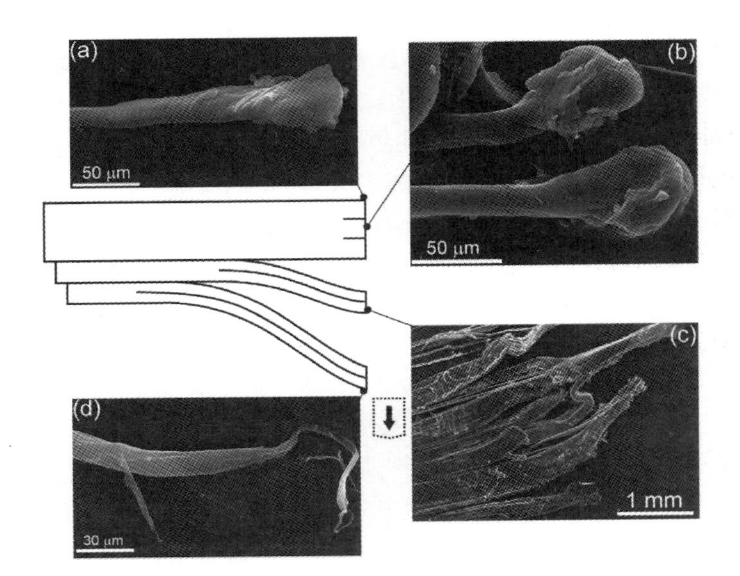

图6-2　35mm厚UHMWPE层压板在12.7mmFSP以1346m/s速度冲击下纤维的断裂形貌[12]

(a)着弹面处;(b)距着弹面9mm;(c)距着弹面18mm;(d)靶板背面。

6.2.1.2　片层的层间分层和层内开裂

分层现象是受到弹道冲击的靶板外观明显形变的原因之一,是靶板的最基本的结构单元片层间的分层。借助于检测技术的不断进步,可对层压板内部变

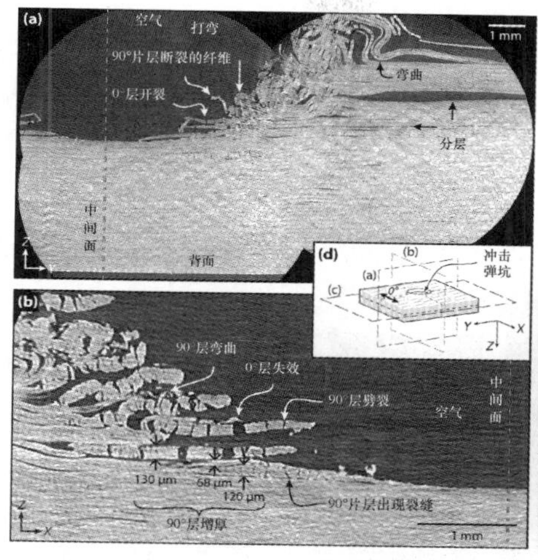

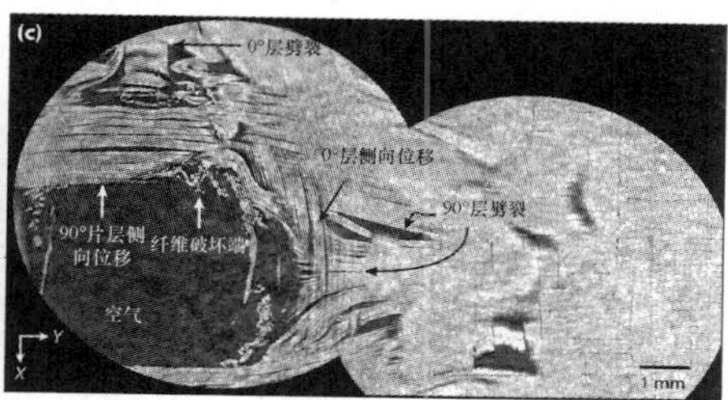

图6－3　(a)～(c)X射线断层扫描成像技术重构的背板支撑的HB50靶板受到117m/s速度冲击时,沿靶板中心三个方向的切面照片,切面方向如(d)所示

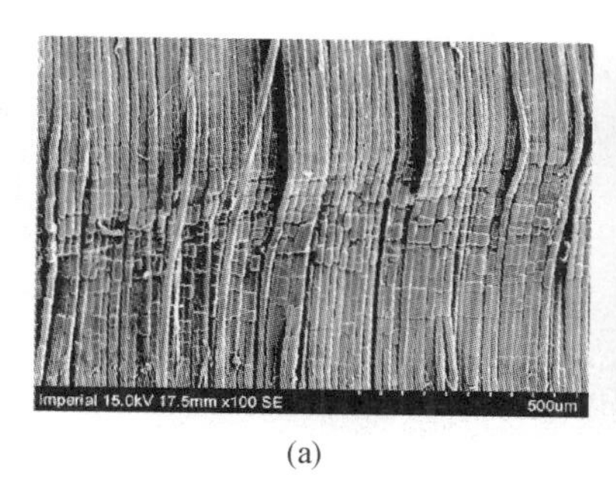

(a)

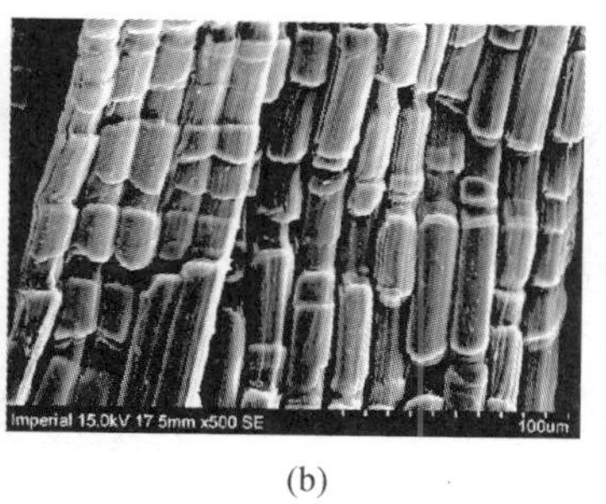

(b)

图6－4　FSP被防住的UHMWPE纤维层压板距离冲击位点20mm处层间分层处的纤维形貌

(a)放大100倍;(b)放大500倍。

形情况进行无损检测。如X射线断层扫描成像技术(Micro－CT),可以在不破坏样品的情况下得到冲击破坏层压板的内部形态,包括分层、片层的卷曲。

在被高速FSP侵彻的HB26层压板靶板的冲击面,可观察到表面片层与靶板基体剥离开[12],还可观察到表面片层的开裂现象,见图6－1。层间分层和层内开裂的根本原因是UHMWPE纤维防弹复合材料的层间剪切强度低,远低于复合材料的拉伸强度,容易发生层间剪切破坏。层压板内的分层可能出现在冲击早期。在层压板内部,分层在厚度方向的不同位置出现,被侵彻的片层部分和鼓包变形的部分均可观察到分层现象,分别见图6－5和图6－6。伴随着弹体周边片层的断裂,断裂部分的层间分层很明显。不同位置处层间分层的层间剪切破坏模式不同，在冲击点附近的分层呈现 MODE II 方式为主的剪切破坏，源于片层在弹体冲击作用下弯曲产生的剪切应力；远离冲击点的分层呈现 MODE I 为主的剪切破坏，源于弹体产生的张开应力，见图 6-7。分层显著时可以扩展到靶板边缘。靶板背面凸起部分变形达到一定程度时，靶板后面的一定厚度片层分层后发生边缘向冲击位点拉近的现象。侵彻部分和未被侵彻部分之间的分层较侵彻部分的分层更加明显，见图 6-5。对于正交铺层与非正交铺层两种方式的混杂铺层方式形成的层压板，主要分层出现在正交层与非正交层的界面[18]。

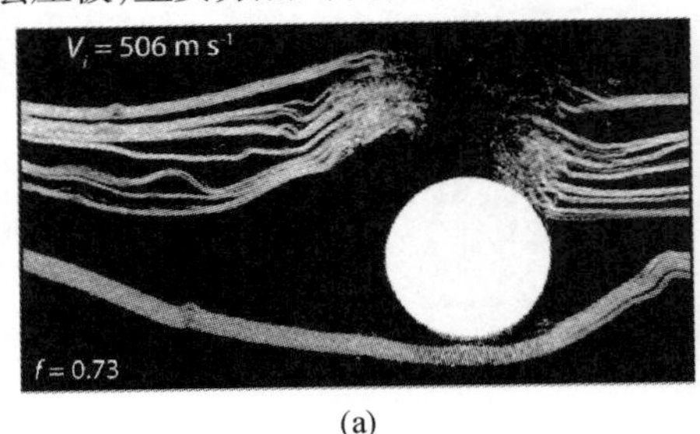

(a)

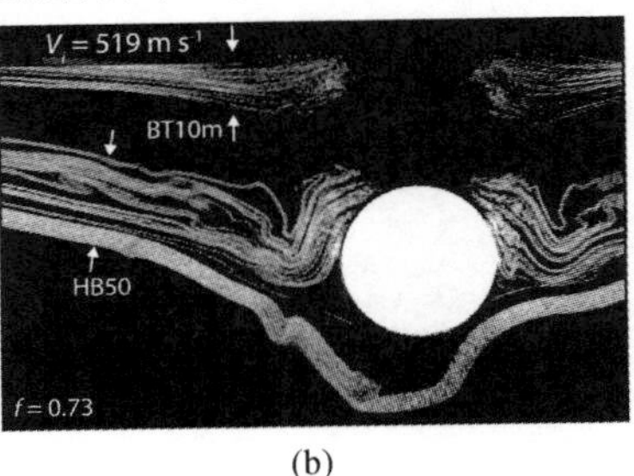

(b)

图 6-5 XCT 重构的弹体被防住的 UHMWPE 纤维层压板的纵切面照片[18]

(a)混杂铺层；(b)HB50 层压板。

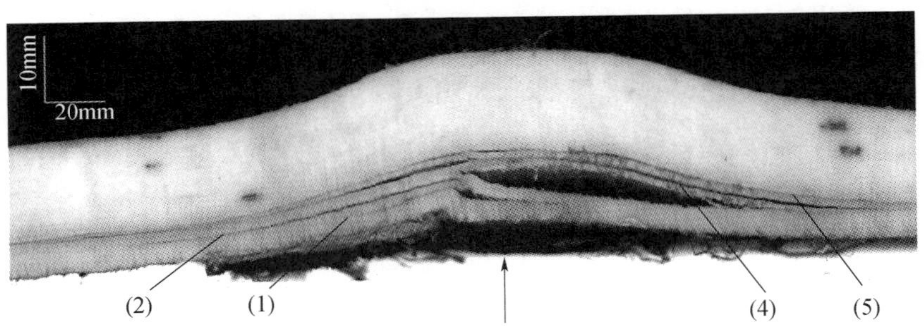

图 6-6 黏结在一起的两块 20mm 厚的 HB26 层压板被 20mm 铜质 FSP 部分侵彻后，后部 20mm 板沿厚度切面的照片[19]

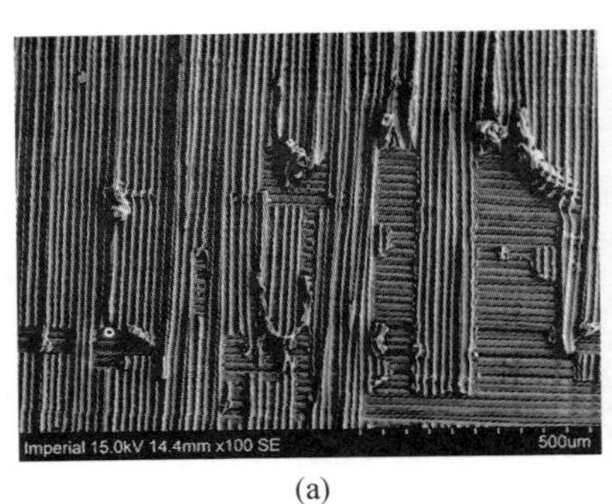

(a)

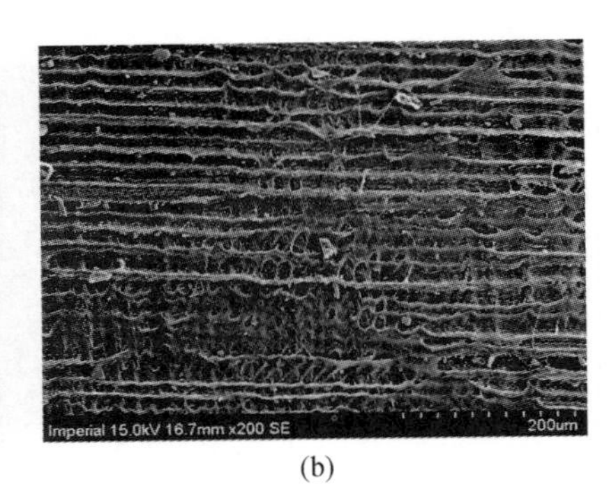

(b)

图 6-7 UHMWPE 纤维层压板的层间分层[19]

(a)以 MODE I 方式为主；(b)以 MODE II 方式为主。

在片层间分层的同时,还存在片层的开裂现象,开裂是指片层在相对纤维轴向的横向方向的破坏。其取决于基体的拉伸强度和纤维与基体间的界面强度。开裂过程纤维自身不会破坏。如图 6－8 所示,可以清楚地观察到在弹体作用下片层的开裂。图 6－8(b)是 HB26 层压板凸起部分某一分层处的 SEM 照片,图中横向的裂缝显示的是片层间的开裂。Yang 和 Chen[15] 研究了 9 层和 20 层 Dyneema SB71 叠层物在弹道冲击下的贯穿和非贯穿情况下的破坏模式。在每个片层的背面观察到片层开裂现象(9 层叠层物),从前向后各层背面的片层开裂现象越来越显著,第一层的背面,开裂只局限于冲击位点,第 5 层的背面开裂从贯穿孔向外延伸,最后的第 9 层的背面的开裂现象则几乎延伸到边缘。

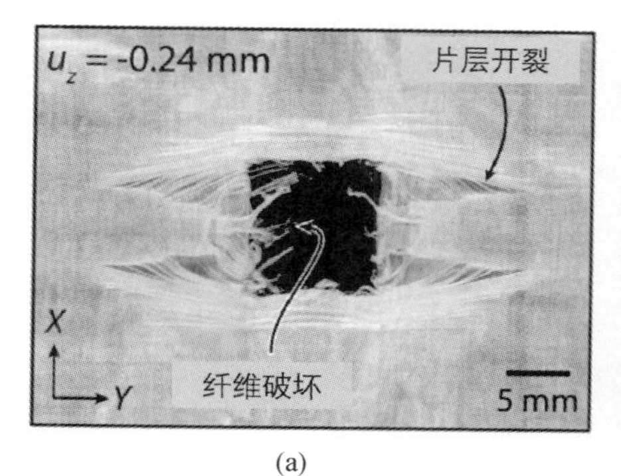

(a)

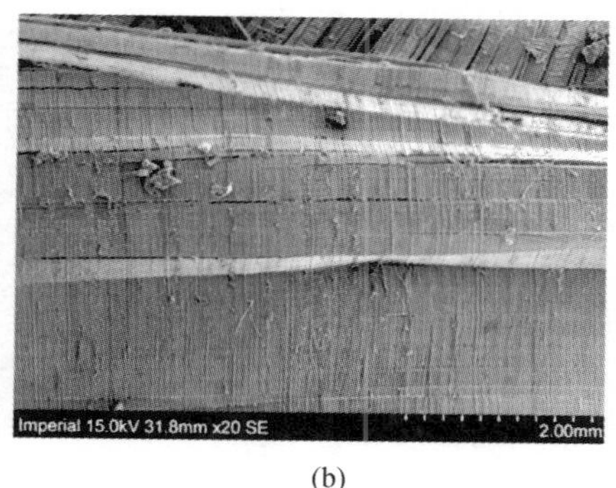

(b)

图 6－8　在弹体作用下片层的开裂

(a)从冲击过后 HB50 靶板揭下来的一个片层(143ms⁻¹),(+)Z 沿纸面厚度方向[18];(b)HB26 层压板凸起部分某一分层处的 SEM 照片。

6.2.1.3　背板变形

对于 UHMWPE 纤维复合材料,当靶板未被弹体贯穿时,靶板背面会产生较大的形变,发生凸起,这种现象称为背板变形。背板变形是源于 UHMWPE 纤维复合材料弱的层间剪切强度、纤维的高拉伸强度和具有一定的拉伸断裂伸长率,在受到力后可以发生较大的形变。Karthikeyan[11] 估算通过背板变形消耗的弹体冲击动能大约比被弹体侵彻部分消耗的动能高 6.5 倍。在达到弹道极限前,背板变形凸起的最大高度随冲击速度的提高而增大。DIC 方法可以记录冲击过程中背板的变化过程及其变化速率、应变情况。背板变形凸起的形状与片层的铺层方式有关,Zhang[20] 利用 DIC 方法来观察不同厚度 HB80 片层热压形成的层压板的背板变形情况,混杂铺层体系面板的背板变形呈圆形,正交铺层面板显示为菱形。对于弹体被防住情况下,背板变形的峰值达到后,沿板面方向的背面变形的区域仍在增大,但是因弹体停止运动,储存在片层纤维中的弹性势能需要释放,使得背板变形有所回缩,背板凸起的高度有所下降。用 12.7mm 钢球以

440.6m/s 的速度对 HB80 片层热压形成的 11.43mm 的层压板进行冲击，在 300μs 时，背板变形凸起的高度达到峰值，然后开始下降，在 1000μs 后，背板变形凸起的高度基本不再变化。背板变形的速率在冲击过程中随弹体速率的下降而相应减小。Ćwik 等[14]采用 3D DIC 方法观察了 24mm 厚的 HB26 和 Spectra 3124 层压板在钢质和铜质 FSPs 的高速（400～1000m/s）冲击下背面的变形情况。在侵彻后期，冲击位点的面外变形减小了，但是远离冲击位点还有相当的面外变形。随冲击速度的提高，材料的响应更加局部化，面外变形程度明显减小。

6.2.2 冲击过程中层压板着弹面变形情况

高速摄像可以记录冲击过程中冲击面的变化情况，通过在层压板表面画上标记线来标记，O'Masta[18]采用高速摄像方法观察了 6mm 的 HB50 层压板在背板支撑条件下，12.7mm 硬质钢球以 225m/s 的速度冲击时冲击面的形变情况，推出层压板的破坏发生在冲击后的（9±3）μs。层压板周边固定时，503m/s 冲击后开始的 4.6μs 可观察到片层破坏。Ćwik 等[14]采用 3D DIC 方法观察了 24mm 厚的 HB26 和 Spectra 3124 层压板在钢质和铜质 FSPs 的高速冲击（400～1000m/s）下的冲击面和背面的变形情况。冲击坑周边可以观察到压缩变形，其在变形较后阶段发生，远晚于在弹体开始侵彻面板。变形大约发生在冲击后的 31μs，开始于运动的弹体将周边的材料挤开。之后，褶皱向板边扩展。对于冲击位点后方 5cm 处的 DIC 测量显示，材料的面内移动先于面外运动发生，面内移动大约在弹体侵彻的最初 50μs 发生，材料的面外移动大约在 100μs 后发生，这是由于沿纤维方向的应力波传播速度远高于沿面板厚度方向的速率。变形速率受冲击速率影响，较低速率冲击时，面板面内变形的速率快于较高速率冲击时。Attwood 等[21]采用截面为正方形的长方体弹体对 HB26 层压板梁（beam）（12.4mm 宽，12.4mm 厚）（弹体截面与梁的宽度相同（12.4mm×12.4mm））进行冲击实验，从而可以用高速摄像方式拍摄冲击过程，结果显示破坏是逐步模式，与弹体接触的片层首先破坏，此时梁的变形几乎可以忽略不计。

一些研究工作报道了在弹片高速侵彻的开始阶段，观察到有物质从靶面喷出。王晓强等[22]在 UHMWPE 层压板的抗高速立方体破片侵彻研究中发现，在侵彻初始阶段，可观察到着弹点旁有大量的白色粉末状物喷出，解释为表层破坏时的纤维及基体碎片。陈长海等[23]提出在很短的时间内，层合板与弹体接触区域纤维层的变形以及弹体和靶板之间的摩擦将弹体的一部分动能迅速转变为热能，且热量来不及散失到周围区域，被侵彻的纤维层被加热。由于 UHMWPE 纤维的熔点较低，因此纤维被熔断破坏，在弹体挤压作用下，熔融的纤维及碎裂的基体材料将向抗力最小的方向即迎弹面排出，从而形成了弹道试验过程中大量白色粉末状物向靶后喷出的现象。Ćwik 等[14]研究了 24mm 厚的 HB26 和 Spectra 3124 层压板在钢质和铜质 FSPs 的高速（400 ~ 1000m/s）冲击下的弹道性能。当冲击速率为 773m/s 时，弹体与靶板接触时，观察到明亮的圆形的闪光现象，当弹体开始侵彻靶板时，闪光的形状从圆形变为花生状。然后破碎的熔融物从弹体的侧面飞出，然后是前面板的整体变形和更多的物质飞出。作者认为闪光现象是弹体的冲击波负荷使得弹体 - 靶板界面及附近区域的压力骤增，使得弹体和靶板的温度升高的结果。对于不同速度弹体与 UHMWPE 纤维复合材料靶板接触面温度，作者采用以下公式计算了接触面的绝热温度，结果见图 6 -9，冲击速度低于 800m/s 时，产生的温度低于 UHMWPE 纤维的熔点。Hazel 等[24]的研究结果表明冲击速度为 860m/s 时，UHMWPE 纤维发生熔融。弹体与靶板作用时，除了压缩力外还有两者间的摩擦生热。Chocron[7]在 FSP 对 HB80 压制的不同厚度的层压板的弹道侵彻实验中，用高速摄像观察到弹体和靶板接触时闪光这一现象。闪光现象之前靶板着弹面未发生形变。通过粗略估算冲击波作用下的靶板温度，认为闪光的原因可能是达到了聚乙烯的自燃点。

$$T_a = T_1 \exp\left[\Gamma - \Gamma\left(\frac{v}{v_0}\right)\right]$$

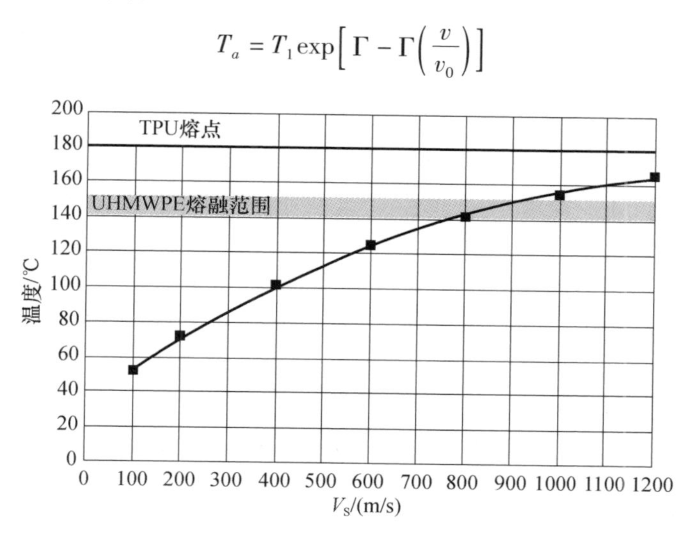

图 6 -9　计算得到的不同冲击速度时冲击位置处的温度（绝热条件）

6.2.3　层压板的侵彻机理

众多文献对 UHWMPE 纤维复合材料的破坏、形变和能量吸收机理给出了解释。防弹纤维复合材料中含有纤维和树脂两种组分，弹道冲击侵彻下，其破坏机理比防弹织物要复杂得多[4]，其破坏机理受到诸多因素影响；UHMWPE 纤维层压板的冲击破坏很复杂，涉及相互关联的机理。研究者基于层压板的表观和内部形貌在冲击过程和冲击后的观察结果，如被冲击断裂的片层及其中纤维的形貌、片层的拉近、片层间分层的位置和长度、片层内的开裂等，推测层压板的破坏机理，也就是其能量吸收机理；根据未被侵彻部分的表观形变、内部分层情况来理解这一部分的能量吸收机理；根据冲击过程中的原位观察结果来尽可能多地了解层压板的动态响应情况；从而搞清楚其破坏、形变和能量吸收机理。

大量研究和实践表明，UHMWPE 纤维复合材料层压板在弹体冲击作用下表现为逐步侵彻阶段，第一步：冲击过程早期发生的侵彻阶段，被侵彻的片层的横向变形很小。第二步是未被侵彻部分的由膜拉伸机理产生的面外变形，使得纤维沿 0°和 90°纤维方向向板中心被拉近。目前，对于侵彻阶段纤维的破坏机理，有以下不同解释：对于有锋利边缘的 FSP，高速冲击下，认为纤维是剪切或者割断破坏，或者是剪切冲塞破坏，另外一种是，在刚性球形弹体冲击下，纤维的破坏是间接张力模式破坏。

剪切冲塞是采用具有抗冲击性能的树脂作为基体的碳纤维、玻璃纤维增强复合材料常见的实验现象[25-30]。当弹体产生垂直于纤维方向的剪切应力达到层压板的动态剪切强度时，发生剪切冲塞，大约是弹体与靶板接触面积大小的材料“冲塞”在弹体下方形成。对于 UHMWPE 纤维层压板，王晓强等人报道，7.5mm 的立方体高速破片冲击 UHMWPE 纤维层压板的弹道实验结果表明，冲击速度远大于弹道极限时，靶板呈现明显的冲塞破坏[22]。

间接张力破坏机理最早由 Woodward 提出[31]。Attwood[32]在研究了准静态下 UHMWPE 纤维（DSM 公司的 SK76）与不同树脂形成的单向片层制备的不同厚度正交铺层层压板的面外压缩行为后，提出压缩正交铺层 UHMWPE 纤维复合材料使得纤维产生间接拉伸应力。由于弹体的冲击动能对靶板产生具有很强压缩特性的接触应力[13,33]，且冲击实验的间接证据表明，减小弹体对于层压板冲击压力提高了层压板对侵彻的抵抗能力[13,33-35]。提出并验证[21]了间接张力破坏是 UHMWPE 纤维复合材料在弹道和高应变速率响应下的破坏机理。该机理提出片层在压力作用下的垂直纤维轴向的变形明显大于沿纤维轴向的变形，即表现为各向异性的泊松变形；这样 0°片层在压力作用下的变形实际上对相邻的 90°片层施加了张力，反之亦然，即应力从垂直纤维轴向发生变形的一对 0°片层传递至位于二者中间的 90°片层，这使得最接近冲击弹体的受到张力的片层产生的拉伸应力最大。当拉伸应力超过片层的拉伸强度时，片层断裂。因此，称为间接张力破坏。

O’Masta 等[18]开展了 12.7mm 硬质钢球对 6mm 厚的 Dyneema HB50 层压板的侵彻机理研究，采用 X 射线 CT 方法考察了弹坑侧面附近的片层存在侧向位移情况。对于刚性球体冲击作用下纤维的断裂机理解释为间接张力破坏。当片层由于非接触张力破坏时,片层自破坏位置弹性回缩,弹体侵彻靶板,同时由于对材料压缩所做的功,弹体速度有所降低。各断裂片层回缩打弯。由于球形弹体侧面的片层受到的压力小,不会发生间接张力破坏,但由于片层基体树脂强度低,会发生片层内分裂和层间分层,而使片层发生侧向移动,如图6-10所示。没有被侵彻的部分产生大的面外变形,并且与前面被侵彻的部分形成分层。

作者对于未贯穿情况下,提出UHMWPE纤维层压板的侵彻机理具体为:初始冲击时,弹体的动态压力使得弹体与靶板接触面中心的片层发生间接张力破坏,当压缩冲击加载在样品厚度方向传播开,层压板开始移动,同时由于侵彻前几层消耗的功以及靶板被加速,弹体施加给靶板的压力下降。随着层压板未被侵彻部分的持续变形,在其中形成膜应力。使片层伸长对抗膜拉伸应力所需做的功进一步阻碍了弹体的运动。在弹体被俘获阶段,局部接触压力和膜应力共存,这一组合的应力在片层变形过程中可能会产生进一步侵彻。

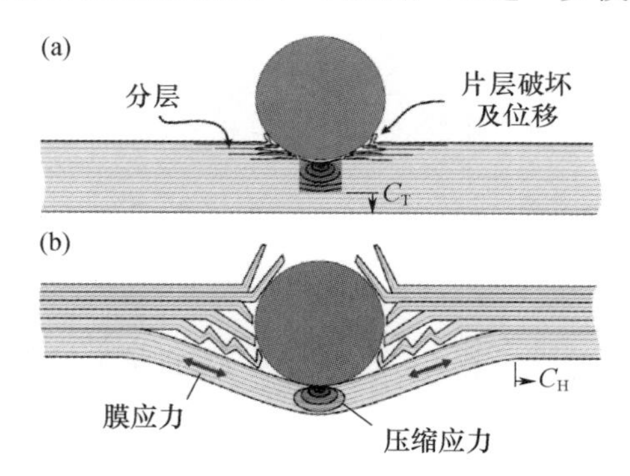

图6-10 周边固定的UHMWPE纤维复合材料层压板的侵彻机理

(a)冲击初始,冲击波还未从靶板后面反射回来;(b)冲击波穿过层压板后,
未被侵彻层板部分产生面外变形,被膜拉伸应力所抵抗。

Nguyen等[12]采用12.7mm和20mm的FSP对厚度为9-100mm的系列HB26层压板进行了弹道性能研究,发现薄层压板的破坏模式是大的变形和凸起,主要是纤维的张力破坏。对于厚度增大的层压板,表现出两步侵彻过程:①初始侵彻为剪切冲塞,之后形成一个过渡面;②分离开的后部靶板的凸起。具体机理如下:由于UHMWPE纤维复合材料的低层间剪切强度和高强度,在弹体冲击早期,沿靶板厚度方向出现分层(图6-11(a))。初始为剪切冲塞阶段,此时靶板的变形很小,见图6-11(b);然后是子层板的凸起或者破坏,伴随着靶板后部大的变形和部分层板被向冲击位点的拉近(图6-11(c))。上述这两个阶段的分界是清晰的,可能发生在初始分层面中的某一个面。由于弯曲产生的剪切应力,层间分层通过 Mode I 和 Mode II 两种方式扩展。分层通常延伸到靶板的四个边缘(图 6-11(d))。

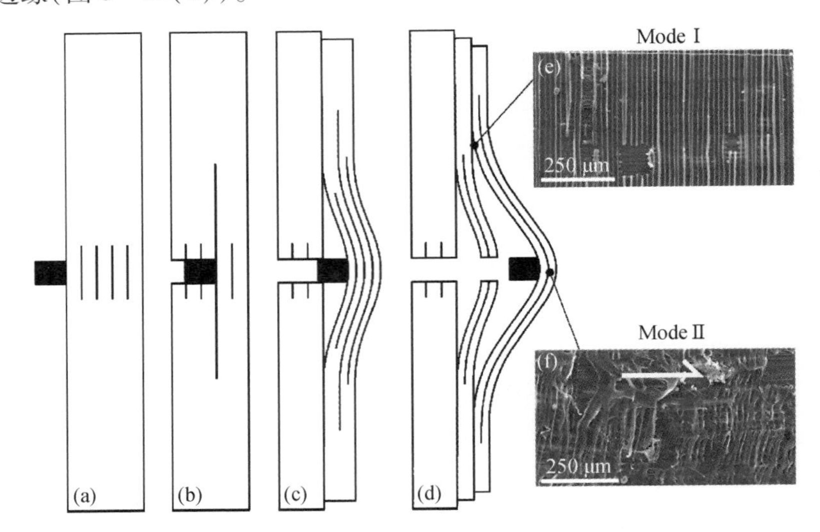

图 6-11　UHMWPE 纤维复合材料层压板弹道侵彻和损伤机理

(a)冲击诱导分层;(b)剪切冲塞和过渡界面的形成;(c)子片层凸起和靶板后部片层被向冲击位点方向拉近;(d)侵彻和子片层凸起;(e)远离冲击位点的破坏面的 SEM 照片;(f)接近冲击位点的破坏面的 SEM 照片。

6.3 影响超高分子量聚乙烯纤维复合材料弹道性能的因素

近年来,随着 UHMWPE 纤维在防弹领域的广泛应用,关于 UHMWPE 纤维复合材料在冲击过程中的冲击响应,包括弹道性能(V_{50}和比能量吸收)、靶板宏观的形变、微观形貌、破坏和形变机理、能量吸收机理等受到研究者的广泛关注。相关研究报道很多。当纤维复合材料受到高速冲击时,动能传递给靶板,纤维、基体和两者间的界面使其能量吸收机理比防弹织物复杂得多。很多因素影响 UHMWPE 纤维复合材料的弹道性能。从复合材料本身来讲,包括纤维本身的性能、将纤维及各片层黏合在一起的基体树脂的性能和含量、复合材料制备的工艺条件、复合材料中纤维的组织结构和取向、复合材料的厚度。从外界条件来讲,包括冲击条件(冲击速度、弹体的几何形状和质量、入射角度)和温度等都对 UHMWPE 纤维复合材料的弹道冲击响应产生不同程度的影响。

6.3.1　弹道性能指标

防弹材料的弹道性能可以从能量吸收角度来考察,也可以通过弹道极限速度进行评价。根据能量守恒定律,测试弹丸冲击靶板前后动能的变化,可以得到靶板吸收能量情况。弹道性能指数(BPI, Ballistic Performance Indicator) = 靶板能量吸收值/靶板的面密度,反应单位面密度靶板吸收能量值。弹道极限速度 V_{50} 是反映材料的防弹性能的一个重要指标,是指一定口径和重量的子弹,在该速度穿透给定规格靶板的概率是50%。在靶板厚度和斜度保持不变条件下,通过实弹射击,逐发调整发射药重量以改变弹丸速度,随着速度的增加,必然产生一个以部分侵彻向完全侵彻的过渡,使之能成为累积正态分布模型。如果射击足够多的发数,就能够测定出每次弹道试验的两个参数,即平均值和标准差;前者被称为 V_{50} 弹道极限,即出现靶板击毁和未击毁的概率相等时的弹道速度,而后者称为标准差[36]。目前, V_{50} 是公认的表征防弹制器的弹道性能指标。

除了 BPI 和 V_{50},还有靶板或者制品的变形情况(即背板变形),以及当冲击速度高于 V_{50} 速度时的剩余速度,来反映材料或者制品的防弹性能。部分侵彻或者表面损伤的防弹材料的剩余强度和损伤容量也是很重要的,这决定了防护体系的长期生存能力。

6.3.2 材料性能对弹道性能的影响

防弹用高性能纤维复合材料由是高性能纤维,如芳香族聚酰胺纤维(如芳纶)、PBO、PIPD、UHMWPE 纤维等,与基体树脂组成的多组分材料,力学性能、物理性能具有明显的各向异性。因此,影响其弹道性能和复杂冲击导致的破坏机理的因素是多方面的。包括纤维的性能、靶板中纤维聚集体的组织结构(叠层顺序)、将纤维及各片层黏合在一起的基体树脂的性能,面密度和靶板厚度等。

6.3.2.1 纤维力学性能的影响

防弹用高性能纤维复合材料在受到高速冲击时,分层、纤维形变和纤维断裂是材料吸收能量的主要方式。分层对基体树脂的性能敏感,纤维的形变是冲击动能最主要的吸收源。纤维的拉伸应力 - 应变性能是预测“装甲级”纤维复合材料弹道性能的最重要参数[1]。UHMWPE 纤维复合材料弹道性能主要取决于纤维的拉伸性能(高拉伸模量、高拉伸断裂强度和韧性)。随着 UHMWPE 纤维拉伸性能的提高,其防弹性能随之提高。陈利民[37]采用不同强度、模量和破坏能的高强度聚乙烯纤维与低模量热塑性弹性体(Krator Dll07)制备了单向无纬布预浸片料,数层片料层热压为靶板。用0.22 英寸口径弹破片进行弹道试验,结果见表6 -1,随着 UHMWPE 纤维拉伸性能提高,复合材料的弹道性能随之提高。

表 6-1 纤维性能对防弹材料弹道性能的影响

聚乙烯纤维				纤维面密度 /(kg/m^2)	弹道性能	
强度 /(g/den)	模量 /(g/den)	破坏能 /(J/g)	含量/% (质量分数)		V_{50}/(m/s)	SEA /(J·m^2/kg)
25.9	950	58.5	73.4	6.12	623	34.9
29.5	1257	55.0	72.7	6.20	656	38.2
35.9	1550	60.0	72.0	5.98	725	48.5
注:SEA—靶板吸收的能量与面密度的比值,即单位面密度靶板吸收的能量。						

纤维的力学性能通常是准静态测试,在受到弹道冲击时,纤维承受的是动态负荷,因此,需要了解应变速率对 UHMWPE 纤维力学响应的影响。

Russell 等[38]采用自行设计的拉伸装置对 Dyneema® SK76 丝束(780 根)在不同应变速率(10^{-4} ~ 10^3 s^{-1})进行拉伸性能测试研究,其在测试样品上标出 2 条线,在拉伸过程中进行高速摄像,然后用数字图像相关方法处理高速摄像图像,来确定两条线里侧之间的距离变化,从而得到纤维的真实应变。该方法排除了由于 UHMWPE 纤维摩擦系数低,可能存在的纤维与夹持物间的滑动,从而比较准确地得到纤维的应变和应变率。发现应变速率在 10^{-2} ~ 10^3 s^{-1}时,UHMWPE 丝束的断裂强度和断裂应变几乎对应变速率不敏感。在低应变速率下(小于 10^{-1} s^{-1}),以丝束的蠕变为主,呈现速率依赖型,断裂应变随应变速率减小而增加,见图 6-12。这说明 UHMWPE 纤维在高应变速率下仍具有很高的强度,利于抗弹性能的发挥。

Languerand 等[39]研究了在张力 Kolsky 杆产生的高应变速率下,PPTA 和高模量 UHMWPE 纤维束的拉伸行为和断裂机理。发现应变速率对高模量 UHMWPE 纤维的断裂机理产生一定影响。应变速率对于高模量 UHMWPE 纤维束的非弹性行为和断裂强度的影响不是很大。准静态和高应变速率下 PPTA 纤维束的断裂机理没有根本差别,但是准静态和高应变速率下高模量 UHMWPE 纤维束的断裂机理不同,高应变速率下以形成裂纹为主,准静态条件下主要形成条带结构(plate)。这一差别在结晶度较低的纤维中更显著,表明非弹性行为主要决定于受荷载速率影响的晶区和非晶区之间的载荷传递机理。高应变速率时,由于形变机理的内在变化,高模量 UHMWPE 纤维束较 PPTA 纤维可以耗散更多的应变能。

6.3.2.2 基体树脂的作用

在纤维增强复合材料中树脂将纤维黏结在一起,保持整体性(位置和取向),使应力分布更均匀,并在纤维间发挥传递荷载的作用。结构用纤维增强复合材料(如碳纤维、玻璃纤维)中,通常含有近 40%(体积分数)的树脂基体,树

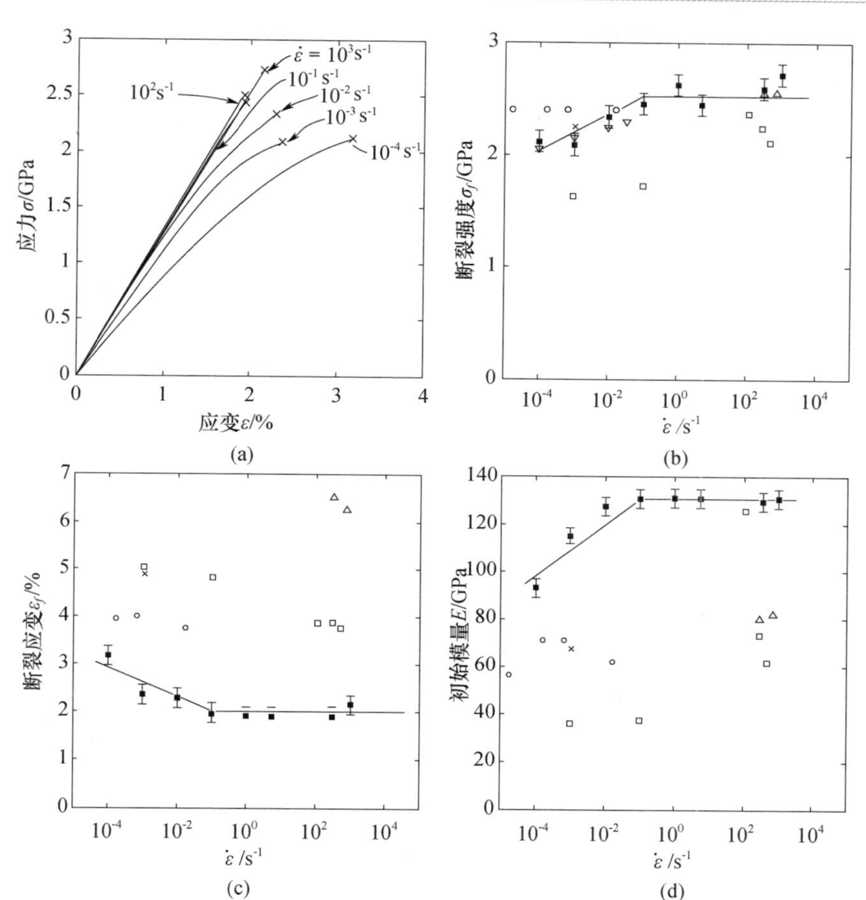

图6－12　不同应变速率下UHMWPE纤维的应力－应变曲线(a)及断裂强度(b)、断裂应变(c)、初始模量(d)随应变速率的变化

（图中黑色四方形块是Russell等人的测试结果，其余为文献数据）。

脂除了在纤维间起着分散和传递荷载的作用，也提高了材料沿纤维方向的承载能力。为使防弹用纤维复合材料更多地吸收能量，复合材料中基体树脂的含量要低于结构复合材料。金子明等[40]研究了DSM公司SK66纤维改性弹性橡胶复合板的弹道性能，基体树脂的含量直接影响复合板的弹道性能，面密度相同的情况下，随基体树脂含量增加，复合板的V_{50}在19%出现一极大值，然后下降。通常防弹用纤维复合材料制品中纤维的含量80%（体积分数）以上[41]，树脂含量远低于纤维的含量，基体树脂含量过大，会使层压板的防弹性能下降；基体树脂含量过小，影响层压板的整体性[6]。但是基体树脂的物理化学性质在弹道性能中发挥不可忽视的作用。开展防弹纤维复合材料性能研究所用的基体树脂分为热固性树脂和热塑性树脂两大类。对于UHMWPE纤维复合体系，文献报道的基体树脂主要有乙烯基酯树脂、聚氨酯类树脂、聚乙烯树脂和橡胶类弹性体等。UHMWPE 纤维在防弹制品中应用的主要是橡胶类弹性体和聚氨酯类树脂。

除了基体树脂含量少于结构纤维增强复合材料外，用于弹道防护的纤维增强复合材料中需要的是纤维和基体间较弱的结合，使层压板在弹道冲击作用下易于分层，以纤维发生变形及至破坏为主来吸收能量[7,42]。近年来，基体树脂在 UHMWPE 纤维复合材料的弹道性能中的重要作用成为集中研究的问题。许多研究者对 UHMWPE 层压板的弹道性能的系统研究表明基体主导的分层是控制 UHMWPE 纤维复合材料弹道响应和性能的一个重要因素，层间分层是抵抗弹道冲击吸收能量的重要耗散能量的方式。这说明基体树脂在防弹冲击、吸收能量过程中发挥重要作用[3,11,19,43]。鉴于基体在弹道性能中的重要作用，研究者寻找各种方法来精确表征基体树脂主导的 UHNMWPE 复合材料的响应，重点是层压板的层间剪切行为。

陈利民等[6]研究了基体树脂模量对 UHMWPE 纤维复合材料弹道性能的影响，采用不同模量的基体树脂制备基体含量约为 25 %、面密度约为 6kg/m^{2}的层压板，V_{50}和比吸收能（SEA）结果（表 6 - 2）显示，低模量基体树脂制备的层压板比高模量基体树脂制备的层压板防弹效果要好，作者认为这是由于低模量基体树脂的阻尼性能优于高模量的基体树脂，有利于能量吸收。

表 6 - 2　基体树脂模量对 UHMWPE 纤维层压板弹道性能的影响

基体类型	基体含量/%	基体模量/MPa	面密度/（kg/m^2）	V_{50}/（m/s）	SEA/（J·m^2/kg）
交联聚异戊二烯	15.6	0.69	5.4	610	38.5
D1107	26.8	1.38	5.2	656	38.2
G1650	28.5	13.8	6.0	650	38.7
LDPE	28.4	186	6.0	570	30.4
聚己酸内脂	25.0	345	6.0	589	32.0
环氧树脂	25.5	3448	6.0	573	29.9

注：SEA—比吸收能，即层压板单位面密度吸收的能量；D1107，苯乙烯 - 异戊二烯 - 苯乙烯共聚物；G1650，苯乙烯 - 乙烯 - 丁烯 - 苯乙烯共聚物。

剪切强度是纤维增强复合材料重要的力学性能指标，复合材料层压板的层间剪切强度是指相邻层之间产生相对位移时，作为抵抗阻力在材料内部产生的应力大小，即层压板在层间剪切应力作用下的极限应力。与传统结构复合材料（如碳纤维增强环氧体系）不同，防弹用 UHMWPE 纤维复合材料层压板的剪切强度弱得多。近年来人们认识到并证实层间剪切对于 UHMWPE 纤维复合材料弹道性能的重要性。Karthikeyen 等[13]定量研究了剪切强度对 UHMWPE 纤维层压板冲击变形和侵彻响应的影响，对于相同面密度的 HB50 和 HB26（HB50 的基体树脂为 Kraton 弹性体，HB26 的基体树脂为聚氨酯），发现较低的层间剪切强度的 HB50 的弹道极限速率高于 HB26。即较低的基体树脂剪切强度赋予 UHMWPE 纤维复合材料更高的弹道权限、速率和防爆性能[32]。低基体剪切强度和提高弹道性能间的关系在 Karthikeyan 等[32]的工作中也被体现。Hsieh 等[44]采用固体 NMR 比较了商用浸胶 UHMWPE 无纬布中主要的两大类基体树脂，Kraton®弹性体树脂和聚氨酯（PU）树脂的分子运动能力，^{1}H 宽线谱显示 Kraton®基弹性体树脂的分子运动能力高于 PU。基体树脂的分子运动性与 NIJ IIIA 标准规定的 8g 全金属外壳子弹冲击 UHMWPE 纤维复合材料时背板变形程度之间有良好的关系，PU 树脂为基体的 UHMWPE 纤维复合材料（Spectra Shield II® SR－3136）比 Kraton®弹性体树脂为基体的 UHMWPE 纤维复合材料（Spectra Shield II® SR－3124）表现出更好的抑制背板变形性能。1.1g 模拟破片弹冲击时两种 UHMWPE 纤维复合材料的 V_{50} 速度差别较小。DSM 公司的以聚氨酯为基体的 HB80 和以 Kraton®弹性体树脂为基体的 HB50 也有相同的弹道性能结果。UHMWPE 纤维拉伸强度高于层间剪切强度 3 个数量级，这种高纤维强度与低基体剪切强度的组合使得层间剪切减缓了沿厚度方向的弯曲应力，从而使纤维主要承受沿轴向方向的负荷，发生面外位移，吸收弹体的冲击动能，减小冲击弹体施加的压力峰值[11]。

对于热固性树脂为基体的 UHMWPE 纤维复合材料体系，刚性环氧体系的防弹性能低于柔性环氧体系[45]。随着层数的提高，复合材料的比吸收能力相应提高。金子明等[40]采用 1.03g 钢球对面密度接近的高强聚乙烯纤维/改性环氧和高强聚乙烯纤维/改性弹性橡胶复合板进行抗弹性能测试，改性橡胶复合材料的抗弹性能好于改性环氧体系，两体系的 V_{50} 分别为 775m/s 和 688m/s，前者较后者比吸收能高出 43.8%。环氧树脂复合材料板变形小，但分层严重。

对于增强材料为 UHMWPE 纤维织物，热固性树脂为基体的复合材料，Wang 等[46]研究了 Dyneema SK75 纤维缎纹织物（2 层、4 层、8 层）与 4 种树脂（3 种环氧树脂和一种聚氨酯）形成的复合材料板在 12mm 钢球（7.05g）冲击下（冲击速率 100～200m/s）的行为。结果表明，柔性树脂基体的层合板在抗穿透和吸收能量方面好得多，但是变形程度和破坏程度明显大于刚性树脂基体层合板。树脂基体的刚度在控制层压板横向变形的传播过程中发挥重要作用，因此影响局部应变和抗穿透情况。基体树脂硬度加大，使横向变形限制在更小的区域，这使得局部应变增大，但是抗穿透能力下降。硬质基体材料在纤维张力作用下的破坏是层压板的主要失效机理，软质基体树脂层合板的主要破坏机理是发生变形凸起。Lee 等[47]对比研究了单层 Spectra 900 平纹织物和单层织物增强复合材料（基体树脂分别为乙烯酯和脂肪族酯类聚氨酯）在落球冲击下的能量吸收情况，前者（2.95J）小于后者（3.48J），说明相对于织物，复合材料中的树脂基体限制了纱线的侧向运动能力,使得局部纤维的应力状态更均一,更多纤维可以参与到与弹体的相互作用中,从而较织物吸收更多的能量。对于5层浸渍了乙烯酯或者脂肪族酯类聚氨酯的Spectra 900平纹织物增强复合材料,被1.1g模拟破片贯穿时(弹速220~260m/s),树脂对复合材料吸收的能量产生影响,乙烯酯体系可以吸收更多的能量。作者认为是由于两个体系中纱线的移动性有差别,乙烯酯复合体系的单片层中纱线断裂的平均数量(3.47×3.87)高于聚氨酯体系(2.70×3.20)。树脂的硬度在控制织物增强复合材料层压板的抗弹道侵彻性能中发挥重要作用,较硬的树脂可以将纱线更有效地组合起来,更能防止纱线运动,纱线移动性下降,使得弹体需要破坏更多的纱线,从而吸收更多的能量。Lee等[9]还报道了在模拟破片的弹道冲击作用下,乙烯基树脂为基质的Spectra 900纤维平纹织物增强复合材料的防弹极限和冲击疲劳寿命均高于聚氨酯基质复合材料。Lee[9,47]和Wang[46]研究工作的结论不同的原因是所用冲击物不同,Lee用模拟弹片,Wang采用的是钢球进行冲击;模拟弹片有尖锐的边缘,在高速冲击时,层合板更倾向于剪切破坏。冲击面的片层容易在模拟弹片尖锐的边缘产生切割作用,拉伸程度很小而发生剪切破坏。即片层不同的破坏机理使得吸收能量不同。另外,两个研究组所用树脂和织物的组织结构均不同,不能进行绝对比较。

6.3.2.3 复合材料结构参数的影响

1. 织物结构类型

高性能纤维防弹复合材料中纤维的性能决定着复合材料的防弹性能,除了纤维自身的性能外,复合材料中纤维的组织结构对于其防弹性能和破坏形貌[9]示产生影响。在由机织物浸胶或者无纬片材成型的纤维增强复合材料中,纤维的排布对于复合材料的弹道极限速度的影响是第一位的[48]。Wang等[49]研究了芳纶平纹织物多角度铺层的防弹效果,发现这种方式可以较相同取向堆叠的铺层方式吸收更多的能量。20世纪40年代末正交铺层的片材的防弹性能被认识到[50,51]。目前,无纬片材正交铺层仍是纤维复合材料装甲采用的铺层形式。无纬布比其他织物结构形式具有更优异的抗弹性能[40]。正交叠层的UHMWPE纤维的无纬片层在防护型装甲中应用很多,典型的如DSM公司HB系列,Honeywell公司的Spectra Shield系列。我国UHMWPE纤维生产企业亦有相应的无纬布产品。

美国陆军研究实验室的Vargas - Gonzalez等[52,53]研究了HB25片材不同铺层方式,包括正交铺层、多取向铺层(准各向同性,相邻片层间顺时针旋转22.5°)、正交铺层与多取向铺层组合铺层方式的层压板的背板变形和弹道极限速度。结果显示,准各向同性铺层板的背板变形最小,正交铺层板最大,组合铺层板的背板变形性能和抗侵彻能力界于这两者之间。正交铺层为冲击面的正交铺层与多取向铺层的组合铺层板的动态变形峰值和余留变形小于多取向铺层为打击面的组合铺层板,即正交铺层为冲击面的组合铺层层压板受到9mm全金属背甲子弹冲击时抗动态变形和余留变形能力较正交铺层板有明显提高。75/25组合(75为正交铺层,是冲击面),即冲击面为75%(质量分数)的正交铺层,后面是25%(质量分数)的准各向同性铺层(相邻片层间顺时针旋转22.5°,即[0°/22.5°/45°/67.5°/90°]),具有最佳的抗侵彻和BFD变形能力,研究者将这种铺层方式称为“ARL X”组合铺层方式。采用9mm全金属背甲弹对HB26和SR-3136按照ARL X组合铺层方式的层压板和正交铺层板进行背板变形性能测试,组合铺层板的背板变形较正交铺层板显著降低(36%~41%),SR-3136减小了40.53%;1.1g模拟破片的弹道性能测试结果显示组合铺层板的V_{50}降低很小,保持了正交铺层板96%~99%的弹道性能。图6-13中DIC结果显示组合铺层的背板变形面积明显大于正交铺层,变形面积大对于分散和吸收破片的能量是有贡献的。另外,多取向铺层方式的靶板受到弹击后分层现象更加明显,分层面积明显增大。“ARL X”组合铺层结构在用于人体装甲应用时具有高防弹效率,可以在第一次和第二次冲击时降低背板变形20%~35%。在上述研究工作的基础上,对于正交铺层和“ARL X”组合铺层两种方式的Spectra Shield® II SR-3136层压板,Vargas-Gonzalez等[8]采用ARL SLAD(Survivability/Lethality Analysis Directorate)搭建的测试装置来评估盔后钝伤的冲击应力,用7.62mm铅芯弹以731.5m/s的速度进行冲击,评估两种铺层方式在减少非贯穿冲击产生的应力程度的情况。正交铺层板背板变形产生的冲击作用于亚克力板上的平均冲击速率(616m/s±97m/s)是组合铺层板(280m/s±80m/s)的2.2倍。正交铺层板产生的高冲击能量使得亚克力板断裂。组合铺层板抗钝伤冲击行为的提高是基于在厚度方向上多个主纤维的参与,提高了平面内相互作用的面积,可以吸收更多能量,从而降低了局部的冲击能。Zhang等[20]对HB80以“ARL X”组合铺层方式的层压板的弹道冲击响应过程进行研究,得到类似的结果,“ARL X”组合铺层方式较正交铺层板的V_{50}降低了约10%,背板变形的峰值减小了30%以上。背板变形沿冲击方向的扩展速率随时间而降低,组合铺层板的横向扩展速率高于正交铺层板。组合铺层板的一个主要的分层出现在正交和非正交铺层的界面上。X射线CT扫描显示,相同冲击速率时,组合铺层板被侵彻的厚度大于正交铺层板(图6-14)。

Karthikeyan[48]详细研究了聚氨酯为基体树脂的UHMWPE纤维无纬片层的铺层方式与层压板破坏机理之间的关系。其采用两个参数来反映铺层情况:层间铺层的角度和面内的各向异性。研究了4种极端条件的铺层方式,即单一方向排列(相邻片层间的夹角为0°)、正交排列(相邻片层间的夹角为90°)、螺旋面排列(相邻片层间的夹角为3.75°),以及4个单片层正交排列得到的片层进

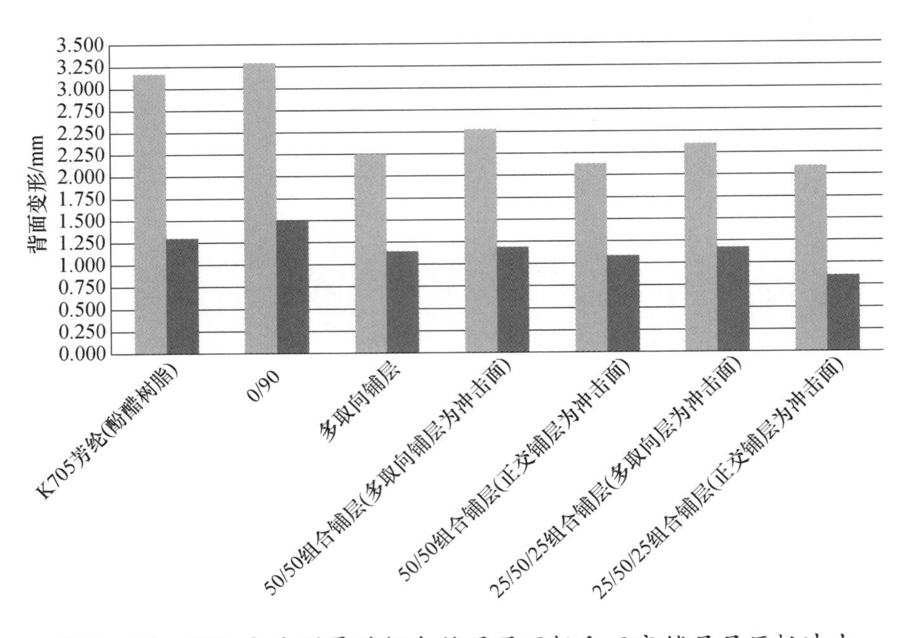

图 6－13　DIC 方法测量的组合铺层层压板和正交铺层层压板冲击下的动态形变剩余留形变情况(0.22 口径 FSP 球,405.7 ±6.7m/s)

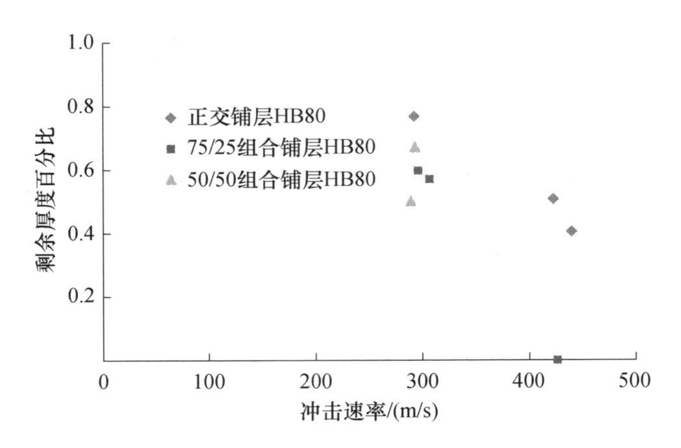

图 6－14　HB80 以正交铺层和组合铺层两种方式制备层压板在 1.1g 模拟破片冲击下未被侵彻厚度的比例随冲击速率的变化

行螺旋方式铺层（相邻片层间的夹角为15°）。用12.7mm钢球（8.3g）对采用上述铺层方式的48层无纬片层热压成型的层压板进行垂直冲击实验。结果显示，层压板的面内各向异性与宏观响应有关，各向异性值大时，产生显著的拔出和剪切，各向异性值小时，拔出位移小得多并且周边产生褶皱；层间铺层角度与微观响应有关，层间角度大时为非接触张力模式导致的纤维断裂，层间角度小时促进开裂发生。片层拔脱对弹道极限速度产生一级影响，对于正交铺层板，400m/s冲击时，周边拔脱消耗的能量占了弹丸总动能的3/4。层间剪切和层内剪切是产生拔出的重要机理。剪切机理虽然对耗散能量贡献不多，但因拔出的产生而重要。层间角度小的铺层形式，表现为从纤维破坏到分层的过渡行为。高速冲击时，冲击产生的高压提高了剪切强度，使得纤维断裂，低速冲击时，冲击压力减小剪切强度下降，出现分层现象。正交铺层的抗侵彻能力最佳，但考虑到背板变形，4个单片层正交排列得到的片层进行螺旋方式铺层（相邻片层间的夹角为15°）表现出更好的抗侵性和背板变形的兼顾。

抗低速（高能量）冲击性能对于UHMWPE纤维复合材料用于防护头盔和货物集装箱时也是需要考虑的因素。Hazzard等[54]研究了低速冲击（落锤冲击，3.8m/s，150J）作用下，2.2mm厚的UHMWPE纤维层压板的铺层方式（正交铺层、准各向同性铺层和旋转螺旋铺层）对损伤和形变机理的影响。纤维取向对于抑制层压板面内剪切形变很重要。正交铺层的背板变形最大，准各向同性铺层抑制和减少了中心变形，平均43%。正交铺层板的变形机理主要是大量的面内剪切，主纱线传递的载荷有限。准各向同性铺层板的破坏主要是不同尺度的变形。对冲击区域的观察结果表明损伤机理与纤维取向有关。准各向同性铺层损坏区域比正交铺层小。

2. 层压板的面密度或者厚度

纤维复合材料层压板的面密度是单位面积层压板的重量，其与层压板的厚度直接相关。对于防弹纤维复合材料层压板，在弹体冲击下其弹道性能直接与层压板的面密度相关。在玻璃纤维增强热塑性树脂复合材料中，随着板材厚度的增大防护效果随之增加。这是由于厚板的侵彻机理与薄板有所不同[55]。对于无纬布正交铺层的UHMWPE纤维复合材料层压板，随着层压板面密度（也即厚度）的增大，其弹道极限速度随之增大[9,11,20,56]，吸收的能量亦随之增大，但是单位厚度层压板吸收的能量不同的报道有所差别。Zhang等[20]采用1.1g模拟破片对HB80层压板进行弹道极限速度测试，随着面密度从7.8kg/m^{2}增大到10.7kg/m^2，单位厚度层压板吸收的能量略有增加，说明单层材料防止弹片贯穿的能力随着靶板层数的增加而增加，见表6-3。Karthikeyen等[11]用8.3g钢球（直径12.7mm）对面密度0.78~5.22kg/m^{2}的HB26层压板进行冲击实验研究，面密度从2kg/m^{2}增大至4kg/m^2，弹道极限速度只增加了13%，说明层压板单位面积质量吸收的能量随着面密度增加而下降。这两项工作结果存在差别原因可能是层压板的厚度不同,结合层压板厚度对弹道冲击下形变的影响,可能是厚度增大后形变机理有所不同的原因;另外,这两项工作中所用基材和冲击弹体均不同,也会造成随层压板厚度增大,单位厚度层压板吸收的能量变化趋势不同。

表 6-3 HB80 不同面密度层压板的弹道性能(正交铺层方式)

面密度/(kg/m^2)	V_{50}	吸收能量	层压板单位厚度吸收的能量
7.8	1.00	1.00	1.00
8.8	1.09	1.18	1.05
10.7	1.26	1.59	1.15

对于防弹纤维复合材料,在弹道冲击下其形变机理与层压板的面密度相关。E-玻璃纤维织物增强环氧复合材料体系的侵彻机理与厚度相关[58]。薄复合材料板在弹道侵彻作用下,沿厚度方向的变形不随深度发生变化,但厚复合材料板则不同。UHMWPE 纤维复合材料层压板也是如此。Karthikeyen 等[11]对于面密度为 0.78~5.22kg/m^2(厚度 0.75~5mm)的 HB26 层压板,采用 8.3g 钢球进行冲击实验,结果显示厚度影响靶板的形变过程。受到弹道极限速度以下的速度冲击时,面密度较大的(厚度 1.5~5mm)层压板表现出逐步破坏模式,出现靶板背面部分片层边缘被逐步向板中心拉近,其源于逐步破坏过程中的层间分层;而低面密度(厚度 0.75m)的层压板没有表现出逐步破坏的过程,冲击速度在弹道极限速度以下表现为大的变形,但是纤维不发生断裂。Nguyen 等[12]也观察到类似现象,其采用 12.7mm 和 20mm 口径的模拟破片对厚度9~100mm的 HB26 层压板进行弹道性能测试。在弹道极限速度以下,薄板(厚度小于 10mm)发生大形变和角锥形凸起,主要呈现纤维的拉伸破坏。随着板厚度的增加,表现为两步侵彻过程:初始侵彻过程为剪切冲塞,层压板这时变形很小;随后形成过渡面和后面板的凸起。薄板只表现为背面凸起,没有形成过渡层。

3. 热压成型工艺参数的影响

UHMWPE 纤维应用于防弹领域有两种形式:一种将无纬布片层缝合起来形成软质防弹制品,如防弹衣;另外一种是热压成型的硬质防弹制品,如防弹头盔、防弹板,其是将多个无纬布片层用热压成型设备,经过一定温度和压力制造的 UHMWPE 纤维复合材料防弹制品。影响热压形成的 UHMWPE 纤维复合材料弹道冲击性能的主要因素除了 UHMWPE 纤维的力学性能外,成型工艺条件,包括热压温度和压力也是非常重要的影响因素,其直接影响制品的致密程度及其弹道性能。

成型压力可防止成型过程中纤维收缩,减少孔洞的产生,使层合板密实化;不仅直接影响靶板的弹道吸能能力和破坏过程,而且影响靶板的结构尺寸。

张大兴等[59]研究了成型压力对UD66靶板弹道吸能的影响，当成型压力较小(0.5~1.5MPa)时，由于层与层之间结合不够紧密，当一部分纤维受到冲击时，无法通过层间耦合与其他纤维的协同效应差，不利于应力波的传播和冲击能量的耗散，因而吸能较低，见表6-4。随着成型压力的提高，吸能迅速提高，在约2.5MPa时吸能达到最大值。此后，继续提高压力使层压板弯曲刚度提高，靶板吸收的能量有所下降。当压力增加到一定程度时，层压板的刚度趋于恒定，层压板的吸能也趋于恒定。

表6-4　不同成型压力制备的UHMWPE纤维复合材料层压板的弹道吸能

靶板编号	面密度/(kg/m^2)	成型压力/MPa	吸收的能量/J	弹击现象	备注
P1	3.97	0.5	156	穿透	(1) 树脂含量在15%左右 (2) 51式弹道枪
P2	3.93	1.5	150		
P3	3.93	2.5	272		
P4	3.90	4.0	216		
P5	3.93	8.0	215		

孙志杰等[60]在面密度、基体树脂含量和成型温度等参数相同的条件下，考察了较UD66更高的热压成型压力对由SK75纤维构成的UD75靶板的弹道吸能、层间结合力、靶板凸起等的影响。由表6-5和图6-15可以看出，成型压力对靶板的弹道吸能产生显著影响，吸能值出现两个峰值，一个在2.5MPa附近，一个在12.5MPa附近，12.5MPa压力制备靶板的吸能大于2.5MPa压力制备的靶板。靶板的层间剥离强度、厚度和体密度在成型压力超过12.5 MPa之后变化不大，成型压力为12.5MPa时，靶板的凸起高度和凸起面积最大，随后有所下降。这一研究结果提示，为了控制靶板凸起高度，成型压力可适当提高。

表6-5　不同成型压力制备的UD75层压板的层间剥离强度

成型压力 P/MPa	剥离强度/(N·m^{-1})	离散系数/%
2.5	577	4.2
8	642	3.2
10.5	756	3.8
12.5	832	3.6
14.5	824	3.2
16.5	819	3.1
18.5	854	2.5

注：试验机的拉伸速度为200mm/min。

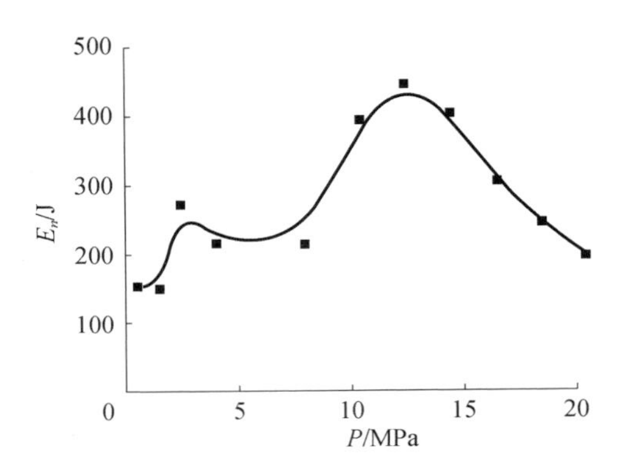

图 6－15　成型压力对 UD75 层压板弹道吸能的影响

Greenhalgh 等[19]开展了 HB26 在 165bar 和 300bar 两个成型压力下形成的层压板经 20mm 口径铜质 FSP 冲击后的冲击断面研究，结果显示高成型压力使得片层间的树脂明显变薄，出现更多的孔洞。这使得靶板的总体破坏机理发生变化。增加成型压力有可能提高纤维/基体树脂间的界面强度，这一变化对于 Mode I 和 Mode II 的断裂韧性影响很大。层间树脂层变薄提高了 Mode I 层间分层韧性，但是降低了 Mode II 层间分层的韧性。300bar 成型压力时，加剧了层压板的破坏程度，尤其是层压板的后面部分，分层严重。

热压成型温度也是 UHMWPE 纤维复合材料热压成型重要的加工参数，温度过高会影响纤维的结晶度和力学性。孙志杰等[60]考察了温度对 SK75 UHMWPE 纤维丝束拉伸强度的影响，温度高于 123℃以后丝束的强度大幅下降，这提示压制成型时温度应严格控制。对于 UHMWPE 纤维力学性能不同、基体树脂不同的无纬布，热压成型过程中存在最佳成型温度。在不同温度（100℃、115℃、130℃和 145℃）对 45 层 HB26 进行热压（图 6－16），以 7.62×25 TT 全金属背甲弹进行弹道性能测试的结果显示，热压温度为 115℃时层压板的背板变形最小[60]。

6.3.3 冲击条件

6.3.3.1 弹体的几何形状、尺寸和质量

开展防弹纤维复合材料弹道性能研究，最通用的模拟破片的弹头有凿形、圆柱体、立方体和球等不同形状。弹体弹头的几何形状不同，作用于靶板的面积、局部冲击压力、剪切作用和摩擦不同，会影响高性能纤维、织物、无纬片材叠层物，以及无纬片材层压板的形变、损伤及其机理。

Hudspeth 等[62]研究了不同弹头形状 FSP 对于 SK76 丝束临界破坏速率的影响，FSP 包括 0.30 口径圆头弹丸、0.30 口径模拟破片（MIL－DTL－46593B）和高碳钢刀片（图 6－17）。高碳钢刀片表现出最小的临界速率，模拟破片的临界

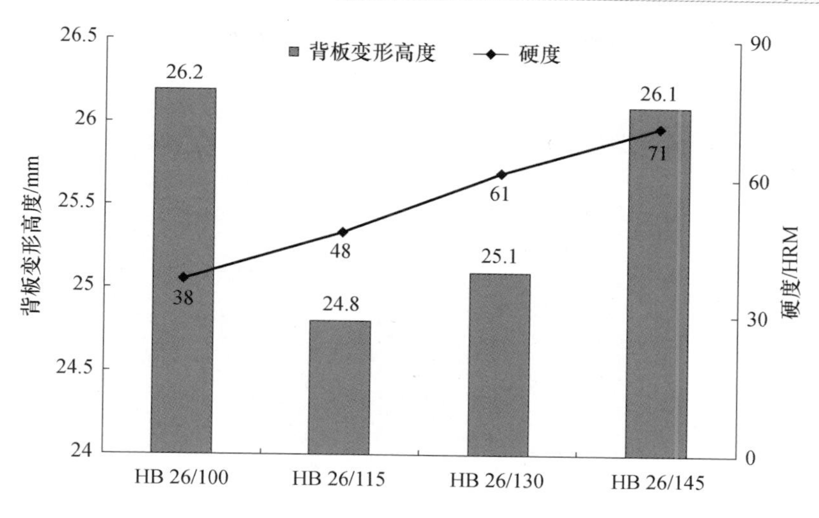

图6-16 不同热压温度时UHMWPE纤维层压板的背板变形高度和硬度

速率较圆头弹体略有降低。纤维断裂处的形貌反映纤维的断裂模式。临界速率以下时,SK76丝束被高碳钢刀片切断,冲击速度继续提高时有熔融现象。模拟破片和圆头弹丸在所有冲击速率下,纤维的断点处都表现出熔融现象,可能是冲击接触或者破坏时的局部熔融,也可能是拉伸破坏为主时断裂纤维的回缩,纤维的断裂形貌见图6-18。UHMWPE纤维织物、织物增强的复合材料、无纬布层压板在弹道冲击作用下均观察到纤维断点处存在熔融现象。

图6-17 SK76纱线冲击测试用到的不同形状的弹体

Tan等[83]研究了Spectra Shields® LCR片层(由两层正交排列的Spectra1000纤维组成,夹于两片热塑性薄膜间),在不同形状弹头(平头、半球形、卵形、锥形(半角30°))弹丸(15g,直径12.6mm)冲击下的弹道响应,冲击速度最高达到400m/s,弹丸形状见图6-19。平头弹丸通过剪切作用切断片层,在片层中穿出一个圆孔,而半球形弹丸贯穿片层是通过拉伸纤维至破坏而使层压板中形成一个矩形孔洞。两者贯穿的机理不同,但也存在很多相似之处,如剥离带、分层程度、起皱、片层边缘纤维的撕裂等。卵形和锥形弹丸贯穿时分层和撕裂很小,没有剥离带产生,不会使背面层横向的纤维剥离开,起皱很小,夹持处样品不会开

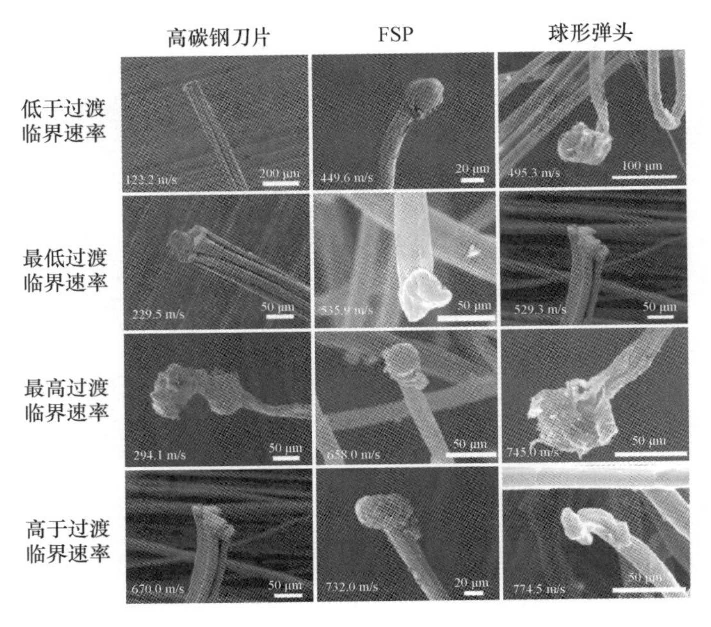

图 6 - 18　Dyneema® SK76 纤维受到不同弹头形状弹体的不同速率冲击时断裂处形貌的 SEM 照片

图 6 - 19　Spectra Shield 冲击测试用到的不同形状的弹体

裂。卵形和锥形弹丸对片层的贯穿机理与平头和半球形弹体非常不同,其是将每个片层的纤维推开。因此,贯穿形成的只是一个狭缝。在较高冲击速率时,受这四种弹丸影响的区域面积增大,而不是像编织物更加局限于冲击位点。这表明柔性层压板在软质装甲应用中较编织物更能有效耗散能量。

边缘尖锐的弹体可以通过沿厚度方向剪切破坏纱线来侵彻织物靶板。Prosser 等[16]用三种不同弹头形状(圆形、0.22 口径的模拟破片(FSP)、平面)的弹体冲击 Spectra 1000 平纹织物。在有尖锐边缘的 FSP 和弹头为平面的圆柱体弹体冲击作用下,对织物的侵彻模式主要是切割/剪切作用。对于质量大、弹头钝的弹体更利于UHMWPE纤维层压板吸收能量[59]。

6.3.3.2　冲击速度

冲击速度按大小可分为低速冲击、高速冲击(弹道冲击)和超高速冲击。弹体的冲击速率影响防弹织物和层压板的弹道性能[42],速度高和边缘尖锐的弹体倾向于使丝束剪切破坏,而不是拉伸破坏。当冲击速度足够高,达到临界速率时,丝束会立即破坏,即局部破坏,来不及发生显著的形变。冲击速度影响纤维、织物、织物增强复合材料或者无纬片材层压板的能量吸收、形变过程以及破坏机理等。

与其他材料类似,在不同的速度冲击下,UHMWPE纤维丝束在0.68g钢球的冲击下(346~720m/s),表现出两种不同的破坏形式[64]。一种是传递应力波破坏模式(低冲击能情况下),一种是剪切或者"冲塞"破坏(高冲击能情况下)。两种破坏模式时,丝束吸收的冲击能量是不同的,两种破坏模式间有一临界能量值。对位芳纶为131J,UHMWPE纤维为160J。如图6-20所示,为比吸收能量随冲击能量的变化。可以看出UHMWPE纤维能够吸收更多的能量,尤其是高速率区间。UHMWPE纤维在高速冲击能量时吸收的能量高于低速冲击能量时。纱线断裂后,断裂纤维的表观形貌也不同。对位芳纶的两种破坏模式下都是微纤化。UHMWPE纤维没有观察到明显的成纤化,冲击能低时,为剪切破坏;冲击能量高时,纤维破坏处的表面为剪切区域,其近邻区有剪切带形成,还可以观察到一定程度的熔融破坏。剪切带的形成和熔融破坏可能使得剪切破坏较低冲击能破坏模式时吸收更多能量。

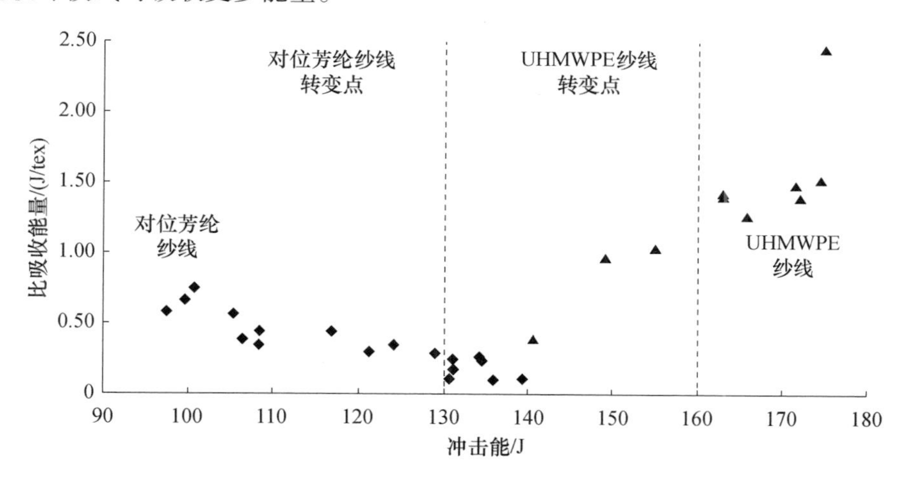

图6-20　对位芳纶和UHMWPE纤维丝束的比吸收能量随冲击能量的变化

对于UHMWPE纤维复合材料层压板,随冲击速度增大,冲击动能增大,对于层压板的破坏程度增大。硬质弹体对于层压板的侵彻深度随其动能而线性增加[18,21,65]。UHMWPE 纤维复合材料层压板的弹道吸能与弹速有关。5mm 厚 HB50 层压板在低速（4.53～8.14m/s）和较高速冲击（370m/s ± 15m/s）下能量吸收结果表明，高速冲击下吸收能量明显高于低速冲击[66]。张佐光等[59]报道了 7.7g 卵形弹以 550～750m/s 速度，冲击面密度为 $4kg/m^2$ 的 UD66 层压板时，层压板弹道吸能随着弹丸入射速度的提高而降低，此研究结果与 Prevorsek 的报道相似[67]。作者提出这一现象与靶板的破坏机理相关。由于 UHMWPE 纤维熔点低，在弹体以较高速度冲击靶板时，摩擦生热瞬间无法耗散，导致 UHMWPE 纤维靶板呈明显的多阶段破坏模式[67]，即着弹面为冲塞破坏（垂直靶板面的剪切破坏），背面为拉伸破坏，随弹速增加，冲塞破坏的纤维厚度增加，导致拉伸破坏的纤维减少，由于单位体积内冲塞破坏所耗散的能量远低于拉伸破坏所耗散的能量，所以 UHMWPE 纤维靶板的能量吸收值随弹速增加而下降。当弹丸冲击速度超过弹道极限速度时，UHMWPE 纤维复合材料层压板吸收能量的能力迅速下降[69]。

Ćwik 等[14]采用 3D 高速 DIC 方法观察了 Dyneema® HB26 和 Spectra® 3124 层压板正面冲击位点前方 50mm 处冲击过程中的形变。结果显示靶板的面内运动首先发生，先于面外运动。前者大约发生于冲击 50 μs 后，后者大约是冲击 100 μs 后。靶板变形速度取决于冲击速率。较低冲击速率时，靶板的面内变形快于较高冲击速率。另外，冲击速度影响靶板内部主要分层的位置，冲击速度越高，主要分层的位置越靠近靶板背面。Karthikeyan 等[13]报道了 HB26 和 HB50 层压板在 8.3g 铬钢球冲击下，投影波纹技术监测的背面变形过程结果显示，随冲击速度的提高，中跨变形（mid - span）的最大值随之增大。CT 扫描技术观察的冲击后样品沿厚度界面的形貌显示，低于临界冲击速率时层压板没有观察到纤维的断裂，分层现象很少或者没有。临界值冲击速率时，少数几层与弹体接触的片层中的纤维破坏，并与其他部分分开；没有破坏的部分保持不变，或者很少/没有分层。达到弹道极限时，弹丸贯穿层合板，沿靶板厚方向分层范围很大。

6.3.3.3 入射角度

在实际防护应用中，防护目标受到子弹或弹片法向冲击的概率非常小，通常为远距离冲击，冲击角度为斜冲击，斜冲击相对于法向冲击来说，其侵彻能力变弱。顾冰芳等[56]采用立方体钢片分别以 30°角和法向冲击 UHMWPE 纤维层压板，在 30°角斜冲击条件下，材料的弹道性能指数（BPI）比法向冲击要高，结果见图 6－21。法向冲击时，层压板的弹道性能指数（BPI）与冲击速度基本呈线性关系，30°角斜冲击下 BPI 与冲击速度的关系比较复杂。这是由于立方体弹片斜冲击靶板时，着靶姿态比法向冲击更为复杂；不同的着靶姿态对材料的弹道性能有很大的影响。张晔等对防护装甲按常规的表面倾角 0°、30°和 65°进行弹道测试，由芳纶制成的装甲（防弹服）进行 65°倾角测试，其破坏能吸收值下降约 6%，但 Dyneema UD66 提高了17%。9mm 口径的 FMJ（全金属背甲）子弹进行 V_{50} 测试结果显示，Dyneema UD66 的 V_{50} 随表面倾角角度的增大而增加，芳纶则变化较小。

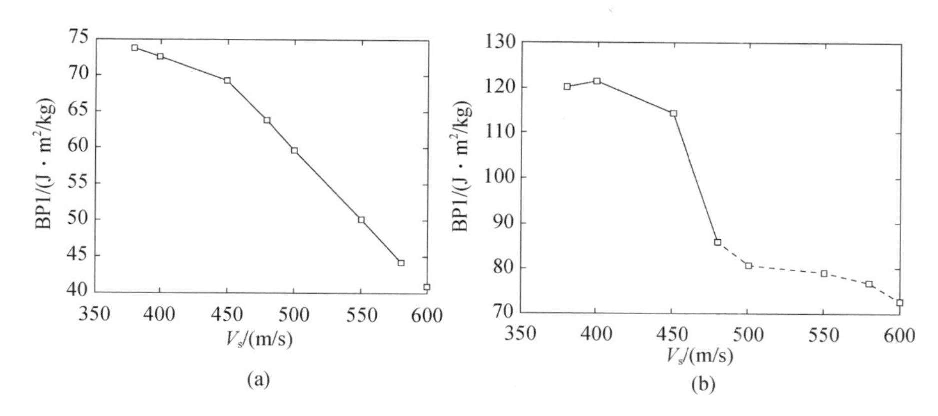

图6－21　UHMWPE 纤维复合材料弹道性能指数与冲击速度的关系

（a）法向冲击；（b）30°角斜冲击。

6.3.3.4　温度的影响

由于 UHMWPE 纤维熔点较低，约145℃。因此，温度对其抗弹性能，以及高速冲击/侵彻过程中弹体与 UHMWPE 纤维复合材料摩擦生热以及弹体冲击压缩力使靶板局部升温可能对材料抗弹性能的影响一直是研究者关注的问题。

Govaert 和 Peijs[70] 报道了温度对 UHMWPE 纤维的影响，温度升高使得纤维拉伸断裂应力下降，纤维从脆性断裂模式转变为有拉伸过程中屈服点出现。Peijs 等[71] 观察到 Dyneema SK60 纤维/环氧树脂复合材料层压板在落镖冲击实验中能量吸收随着温度的提高而增大，提出这是源于温度升高时纤维的断裂应变增大。Koh 等[17] 观察到 Spectra Shield LCR 片层在高应变速率下强度的下降，解释为纤维受力不均匀导致局部的温度升高使得纤维强度下降。

Van Gorp 报道了长期贮放在40～80℃下的 Dyneema 纤维的常温弹道试验，V_{50} 结果与未经高温贮放的结果相近。Sapozhnikov 等[69] 用6.35mm 钢球，分别在60℃、－60℃和23℃对面密度为4.2kg/m^2 的 HB80 层压板的冲击结果（图6－22）显示，温度对 V_{50} 的影响可以忽略不计，只是－60℃时数据的分散性较大，可能是热塑性基体屈服应力下降的原因。

Prosser 等[16] 研究了不同弹头形状的弹丸（圆形、FSP 和平头）对 Spectra 1000 平纹织物（650d 丝束）叠层物侵彻过程中温度这一因素。观察到弹丸侵彻路径中和弹丸运行前方织物层中纤维的热损伤。用 POM 观察到弹坑周边纤维的双折射现象与远离弹坑的纤维不同，SEM 观察到弹体被阻挡住时，弹体前方各层织物中纤维间有桥接物形成，说明纤维有局部熔融，距离弹头远的织物层纤维形成桥联情

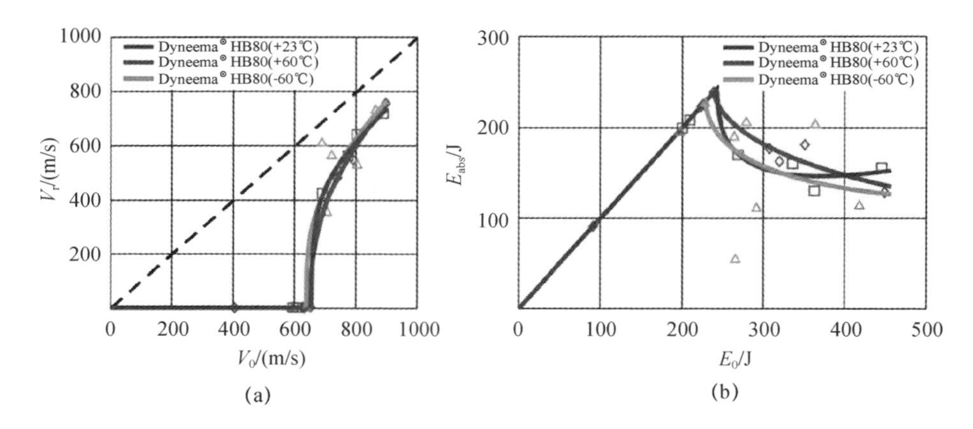

图 6－22　不同温度下 HB80 层压板入射速度和出射速度的关系以及冲击能量和吸收能量的关系

(a)入射速度和出射速度的关系;(b)冲击能量和吸收能量的关系。(△－－60℃,◇－60℃,□－23℃)

况减少。作者提出弹丸运行路径中弹丸表面与丝束间的摩擦、弹丸前方的丝束间和丝束里单丝间的摩擦可能产生热量。冲击过程中产生的热量也是耗散弹体冲击动能的一种方式。Yang 和 Chen[15]研究了 9 层和 20 层 Dyneema SB71 叠层物在弹道冲击下的贯穿和非贯穿情况下的破坏模式。对于被贯穿的 9 层叠层物,贯穿孔周边的某些断裂纤维断点皱缩并带有一些固化的颗粒,用镊子也不容易将这些颗粒与纤维分离开。纤维的收缩说明无纬布叠层物受到冲击时发生了热损伤。此外,贯穿孔周边断裂纤维的 SEM 照片显示,前面几层的大多数断裂的纤维呈现光滑的,有些类球形的形貌。这些断裂形貌表明纤维经历了软化相和塑性流动,这也是材料热损伤的表现。这些损伤特征证明弹道冲击下断裂的 UHMWPE 纤维经历了热损伤。对于 20 层叠层物未贯穿情况时,被侵彻的最后一层,虽然这一层并没有被完全贯穿,但是 SEM 显示弹体前端与无纬布层的相互作用也产生了足够的摩擦热引起纤维的热损伤。弹道测试结果显示,当 Dyneema 片材置于 Twaron 织物前面形成组合叠层物时,其弹道性能,包括吸能和背面变形情况较相反顺序的组合叠层物均表现为明显劣化。有限元分析结果表明,当考虑热损伤引起 UHMWPE 纤维 UD 片材性能劣化时,应力波的传递和无纬布的横向变形被显著抑制。这导致 Dyneema 片材置于 Twaron 织物前面形成的组合叠层物的快速贯穿,吸能下降。

6.3.3.5　远场边界条件对弹道性能的影响

靶板的尺寸和固定方式对织物或者柔性装甲体系的弹道性能产生影响[42],也对 UHMWPE 纤维层压板的形变产生影响。

Cunniff[72]测试了夹在铝板中单层 Spectra 织物,不同靶板面积(直径为 1 英寸、2 英寸、4 英寸、8 英寸)情况下的弹道性能,在织物的弹道极限附近,靶板面积对弹道性能影响很大,靶板面积越小吸收的能量越少;但是超过弹道极限速度后,则不产生影响。大的靶板面积会耗散更多的能量,但是当弹体速度相对于纤维中冲击波的速度非常高时,靶板只有很小一部分参与消耗弹体的动能,靶板面积的作用不再体现。

此外,UHMWPE 纤维复合材料样品的固定也对其吸收能量和破坏过程产生影响。Spectra 900®平纹织物增强乙烯基树脂复合材料在落锤冲击试验中,材料吸收的能量受到固定靶板的夹持力的影响,不施加加持力时,板材吸收的能量明显高于施加加持力的样品[47],见图 6-23。

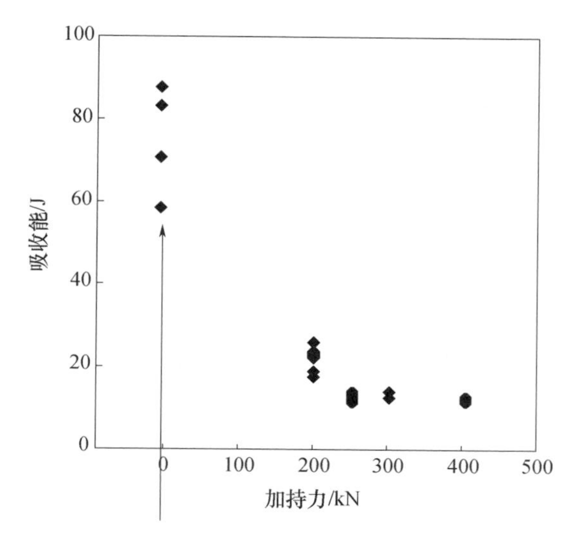

图 6-23 5 层 Spectra 900 平纹织物/乙烯基树脂复合材料受到 12.3kg 落物以 3.78m/s 速度冲击时,吸收的冲击能和夹持靶板力之间的关系(箭头所指为 2kN)

对于 6mm 厚 HB50 层压板,在背面有刚性支撑(防止靶板凸起)和周边固定两种情况下,在 8.4g 硬质钢球冲击下,后者的抗侵彻能力明显高于前者,前者的初始侵彻速率小于 75m/s,后者为 296m/s ± 37m/s,前者的弹道极限速率为 215m/s ± 10m/s,后者为 531m/s ± 16m/s。另外,两种情况下层压板的形变情况也不同[18]。Zhang 等[20]研究了 HB80 层压板周边固定和周边不固定情况对其冲击下背板变形过程的影响。周边固定时,对于“ARL X”组合铺层层压板,正交层和非正交层界面的分层范围通常大于周边不固定情况。Attwood 等对比了有刚性支撑和“自由态”两种情况下 HB26 层压板样品条被侵彻的情况,前者被侵彻程度明显大于“自由态”,高速冲击下对于“自由态”样品条(用双面胶粘在钢架上),在样品条的背面没有片层断裂现象,而背面有刚性支撑则有背面片层断裂情况[21]。

6.4 超高分子量聚乙烯纤维无纬布

高性能纤维的单根纤维或束丝并不能起到防弹的作用，只有将纤维按一定的规律排列整合起来，如纤维集束或者织物，并与基体树脂结合形成一类独特的纤维增强复合材料，才能有效地抵御子弹或破片的侵袭。在高性能纤维防弹复合材料领域，纤维的组织结构有机织物和无纬布两种形式。

将纤维单向平行排列，用热塑性弹性体树脂或者热固性树脂将纤维黏结成为的一个单向纤维片材，将两个或者几个纤维片材交叉排列热压成为一种没有交织点的特殊“织物”，类似于织物中没有纬线，因此常称其为无纬布。无纬布中纤维不加捻度，因而理论上纤维是充分伸展的。将相邻的单向纤维片材互成90°排列形成正交铺层的片材的防弹性能在20世纪40年代末被发现[51,73]。无纬布这种结构最早在第二次世界大战中使用，当时是用于制作飞行员防护胸部的软质防弹衣和头盔。与机织物相比，无纬布受到子弹或弹片冲击时，大部分冲击动能是通过使冲击点或冲击点附近的纤维伸长断裂而被吸收的。无纬布消除了织物中纱线交叉点处的应力波反射和叠加的负面效应，充分伸展单向排列的纤维使应力波的能量向外传播得更快，进而显著提高防弹性能[74,75]。同时，充分展开的平行排列的纤维使得单位体积中纤维的数量提高，利于防弹性能的提高。

UHMWPE 纤维用于防弹材料时是采用无纬布形式。20 世纪 80 年代中期，伴随着 UHMWPE 纤维制造技术的工业化，美国联合信号公司（现为 Honeywell 公司）于 1988 年发明了另一项同等重要的技术，即无纬布制造技术[1]并获得专利授权，同时授权荷兰 DSM 公司使用，用于防弹材料的生产。目前，使用 UHMWPE 纤维生产防弹制品，如防弹衣的防弹层或者防弹板材时，采用的基材是两个正交排列的纤维片材，或者是四个甚至更多的相邻片层间呈正交排列的纤维片材，经过热压成型工艺得到的片层材料，如图 6－24 所示。这样的基材也是世界上几大 UHMWPE 纤维生产厂家的重要产品之一。UHMWPE 纤维无纬布在生产中通常与一薄层聚乙烯基膜复合，形成单向纤维片层。无纬布为软质防弹材料提供了一种新的结构形式，也适用于芳纶和 PBO 纤维。

除了 UHMWPE 纤维自身的性能外，纤维浸渍用基体树脂的性能是制备高性能 UHMWPE 无纬布的另一技术关键。基体树脂需具有良好的耐化学试剂性能、室温下非常稳定、吸收能量高、断裂伸长率大、耐老化性能好、适应无纬布的加工温度窗口（110～137℃）[1]。通常选用热塑性弹性体，如聚（苯乙烯－异戊二烯－苯乙烯）（SIS）、混合型弹性体树脂、脂肪族类聚氨酯、SBS 双嵌段共聚物（如 Kraton®）等。SBS 是 Honeywell 公司和 DSM 公司用于生产 UHMWPE 纤维无纬布的一种弹性体基体树脂。从复合材料成型工艺来说，无纬布的制备过程

图6-24　UHMWPE纤维无纬布

为浸胶复合成型,树脂含量是必须严格控制的关键工艺参数之一。与常规纤维增强复合材料中基体树脂含量达到约40%不同,UHMWPE纤维无纬布中弹性体树脂的含量很低,通常小于20%,弹性体含量超过一定值会降低防弹性能。

通常用于软质防弹衣的每个正交纤维层的上下表面各有一层聚乙烯薄膜,用于硬质防弹制品(图6-25),如头盔和防弹板,不加高分子膜,多层互相正交的纤维热压成硬的平板或者有曲率的板。UHMWPE纤维复合材料,可以用于个体防护的背心、头盔、插板,以及陆地、空中和水体中运输工具的防护。

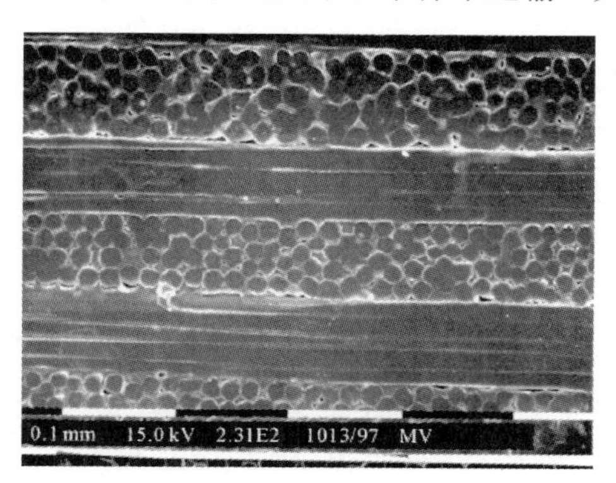

图6-25　UHMWPE无纬布切面的SEM照片

无纬布制造技术有连续式生产和非连续生产两种工艺。Honeywell公司、DSM公司无纬布材料均为连续产品,相关详细制造技术见第9章第9.2.9节的描述。我国湖南中泰特种装备有限责任公司自行开发设备和工艺也开发出连续式宽幅无纬布制造技术。

目前,Honeywell公司有多种用于防弹制品的Spectra Shield® SA/SR系列无纬布产品,SR系列用于人体硬质装甲和车辆装甲,面密度约为250g/m²,1226、3124和3136用于人体硬质装甲和车辆装甲;3136用于头盔;SA系列是用于人体软质装甲,面密度有两种 95 和 170g/m^2。DSM 公司的无纬布分为 HB 和 SB 系列,分别用于软质和硬质防弹装甲。我国的湖南中泰特种装备有限责任公司和宁波大成新材料股份有限公司均有三种规格的无纬布产品、北京同益中特种纤维技术开发有限公司有两种无纬布产品。受 UHMWPE 纤维性能、弹性体树脂、制备工艺等诸多因素的影响,不同厂家的产品性能存在一定的差异。Honeywell 公司和 DSM 公司这两家无纬布生产企业从 UHMWPE 纤维工业化生产成功后,便投入到 UHMWPE 纤维在防弹制品中的应用研究中,并且与研究机构紧密合作,对 UHMWPE 纤维无纬布制备的防弹材料的研究较深入,支撑着 UHMWPE 纤维及无纬布产品性能的不断提高。这是我国企业需要学习和借鉴之处。

6.5 防弹衣

6.5.1 防弹衣的发展历史

防弹衣是个体防护装备的重要组成部分,其通过吸收和耗散子弹、破片的动能以阻止其穿透而达到有效防护的目的。作为一种重要的个人防护装备,防弹衣经历了以下发展历程:首先是由金属装甲防护板向纤维材料防弹层的转变,继而是向纤维材料防弹层与金属装甲板、陶瓷护片等形成的复合体系的发展。高性能纤维研制成功之前,防弹衣的防弹层主要是各种特种钢材组成,伴随着尼龙纤维的诞生,高强尼龙 66 纤维织物与钢材或铝合金的组合物成为新的防弹层。20 世纪 70 年代初芳纶的面世给防弹材料提供了新选择,芳纶防弹层使防弹衣的性能大大提高,同时也明显提高了防弹衣的穿着舒适性。美军率先使用 Kevlar 纤维制作防弹衣。而后随着 Kevlar®商业化的实现,其优良的综合性能使其很快在各国军队的防弹衣中得到了广泛的应用。20 世纪 80 年代,UHMWPE 纤维工业化生产成功,90 年代美国 Honeywell 公司开发的 spectra™纤维和 DSM 公司生产的 Dyneema®纤维用于防弹衣的制备,在同样防弹能力的情况下,可使防弹衣减轻 1/3。芳纶和 UHMWPE 纤维的成功开发及其在防弹衣的应用,使以高性能纤维为防弹层的软体防弹衣逐渐得到广泛应用,其应用范围已从军事应用,扩展到警用、特殊需要防护的人群。但是对于高速枪弹,尤其是步枪发射的子弹,单纯软体防弹衣不能提供有效防护。为此,人们又研制出了软硬复合式防弹衣,以高性能纤维(芳纶或者 UHMWPE 纤维)复合材料层压板或者高性能纤维(芳纶或者 UHMWPE 纤维)复合材料层压板与陶瓷板形成的复合面板作为增强面板或插板,以提高整体防弹衣的防弹能力。目前,高性能纤维防弹衣在军界、警界乃至于民间安防领域得到了广泛应用。

6.5.2 超高分子量聚乙烯纤维在防弹衣中的应用情况

UHMWPE纤维工业化生产成功后,DSM公司和Allied - Signal公司(现Honeywell公司)积极开拓纤维在防弹领域的应用,20世纪90年代美国Honeywell公司开发出的Spectra™纤维和DSM公司生产的Dyneema®纤维均被用于防弹衣的制备。法国军队最先在波黑战争中使用模压成型的UHMWPE纤维复合材料插板用于防弹背心。此后很多欧洲和亚洲国家采用类似装甲防护来自步枪的高能子弹[1]。经过多年努力,随着纤维制造技术的进步,UHMWPE纤维在防弹衣领域的应用广泛,与芳纶纤维相比,可在相同防护等级的条件下减轻重量。与芳纶不同的是,UHMWPE纤维用于防弹材料时,主要采用无纬布这种形式。DSM公司有多种防弹衣的无纬布,例如用于软体防弹衣的Dyneema® SB系列无纬布,其面密度从72g/m^{2}到275g/m^{2}不等;用于硬体防弹衣Dyneema® HB系列无纬布,面密度为136~264 g/m^2。DSM公司开发的Dyneema防刺技术,将其与软质防弹材料结合,可以开发出多重防护防弹衣,具备高性能防刺与防弹能力,可以抵御刀具及其他锋利武器的攻击。Honeywell公司用于软体防弹衣的Spectra® Shield SA系列无纬布,面密度从95~179 g/m^2,用于硬体防弹衣的Spectra® Shield SR系列无纬布,面密度约为250 g/m^2。国内几大UHMWPE纤维生产厂家,包括宁波大成新材料股份有限公司、湖南中泰特种装备有限责任公司和上海斯瑞聚合体科技有限公司均生产适用于警用和军用的不同防护等级的防弹衣。宁波大成通过优选防弹衣外套面料(600×600D高强聚酯纤维布,经防水、阻燃、耐磨处理)和泡沫材料,开发出兼具优异防弹和防水、阻燃、耐磨、助浮等多功能的防弹衣。包括单兵作战防弹背心、陆军特种兵战术防弹衣、海军专用特种单兵装具、海军舰面人员助浮防弹衣、海军守岛战士助浮防弹背心、武警边防款防弹背心、特警多功能防弹装具、公安干警防弹背心、安保人员防弹背心。

6.5.3 防弹衣的分类与防弹机理

防弹衣的防弹功能主要体现在以下三个方面:①防护手枪和步枪的子弹的威胁;②防护各种爆炸物,如炸弹、地雷、炮弹和手榴弹等爆炸产生的高速破片的威胁;③尽可能减少子弹或破片在击中防弹衣后,由于弹着点处防弹层的变形而对人体造成的非贯穿性损伤,即钝伤。

从防弹衣的防弹层材料的软硬度来分类,当前防弹衣主要有两种类型,软体防弹衣和硬体防弹衣。软体防弹衣的防弹层是经缝制固定在一起的高性能纤维机织物或者非机织物,或者是二者的一定层数的组合,具有相当的柔性。软体防弹衣用于防护爆炸产生的弹片、破片和低速、低能的子弹(如9mm口径子弹)。为了抵御高等级威胁,硬体防弹衣将高性能纤维增强复合材料层压板(插板)或者其与陶瓷板复合的插板组装进软质防弹背心来抵御高速威胁，如 7.62mm 和 12.7mm 的步枪发射的速度更高和硬度更大的子弹，典型的陶瓷板是碳化硼或者碳化硅。士兵和执法人员面临的更多的是来自高能和高速破片和子弹的威胁，因此当前研究更多集中于提高硬质装甲的性能。

研究表明，软体防弹衣吸收能量的方式主要是织物的变形与破坏，特别是对于炸弹、手榴弹等爆炸时产生的弹片或子弹形成的二次破片来说，织物的变形与破坏是能量吸收的关键[76]。这些弹片的形状不规则，当子弹或破片击中织物时，侵彻方式有拉伸破坏和剪切破坏两种，主要与子弹或破片的形状、材质、速度有关。头部呈圆锥形的子弹射入织物时，侵彻以拉伸破坏为主；而对于高速不规则的破片，则以剪切破坏为主。破片切割、拉伸防弹织物的纱线并使其断裂，同时使织物内部纱线之间和织物不同层面之间相互作用，造成织物整体形变。这些过程中消耗了子弹或者破片的能量[77]。对子弹而言，弹体的变形也是能量吸收机理的重要方面。普通弹头，尤其是铅芯或普通钢芯弹在接触防弹材料后会发生变形。在这一过程中，子弹被消耗了相当一部分动能，从而有效地降低了子弹的穿透。对于陶瓷层为冲击面的硬体防弹衣，子弹击中防弹衣时，首先与之发生作用的是陶瓷层，在接触过程中，子弹和硬质防弹材料都有可能发生形变或开裂，消耗了子弹的大部分能量。高性能纤维增强复合材料增压板作为第二道防线，吸收、扩散子弹剩余部分的能量，并起到缓冲的作用，从而尽可能地降低了非贯穿性损伤。在这两次防弹过程中，前一次发挥着主要的能量吸收作用，大大降低了射体的侵入力，是防弹的关键所在。纤维复合材料提供延展性和结构整体性，将子弹冲击力在较大面积内传播开。硬体防弹衣可以抵御来自手枪和步枪的多次射击。另外，在上述能量吸收过程中，也有一小部分能量通过摩擦（纤维和纤维、纤维和子弹）转化为热能，通过撞击转化为声能[77]。防弹衣受到冲击后的变形（弹痕凹陷深度）可能会引起危及生命的伤害，通常称为钝伤。NIJ 标准规定了最大变形深度为 44.0mm。因此，在各国军用或者警用防弹衣的标准中都规定了躯干模最大凹陷深度。

对于基于 UHMWPE 纤维的防弹衣，软质防弹衣的防弹层通常是无纬布的多层叠层，用于执法和军事应用；硬质防弹衣中的防弹层是无纬布模压的防弹插片，或者是与陶瓷板黏合在一起的复合防弹插板，可以防护手枪和步枪的子弹以及碎片。

6.5.4 超高分子量聚乙烯纤维防弹衣防弹性能的影响因素

防弹衣的防护性能取决于其使用的防弹材料、防弹层厚度、防护面积以及结构设计，防护层厚度大会增加防弹衣的重量。因此，防弹衣的基本设计原则是在最大保护度和人体舒适度之间进行平衡，从而实现在防御多种高度危险的同时保持最佳的装备布局和最低可能的重量，使穿戴者运动不受限制。同时防弹衣的防弹性能的发挥也受到入射物(子弹或破片)的影响。就入射物而言,防弹层阻挡弹体的能力主要与弹体或破片的动能、形状、结构、材质及入射角度等决定其侵彻力的因素有关,需要针对需要低御的入射物,选取不同的防弹材料及结构。如防护来自能量较低的手枪子弹和破片,选用具有一定厚度的软质防弹层即可;对于来自步枪或者机枪子弹的威胁,则需要有硬质插板的帮助。

对于防弹层材料而言,芳纶和UHMWPE纤维的组织结构、防弹层的厚度直接影响其防弹性能。例如,对于芳纶防弹织物,较多地采用吸收能量更多的平纹编织方式,而不是斜纹或缎纹织物。

研究表明UHMWPE纤维织物与无纬布组合使用时,其防弹性能较无纬布会有所提高。Zhou[79]比较了UHMWPE纤维单层平纹织物和无纬布在500m/s的1 g圆柱体冲击下的能量吸收情况,发现单层织物比单层无纬布吸收能量多约12.7%,前者为0.053J/g·m^{-2},后者为0.047J/g·m^{-2}。织物抵抗剪切破坏的能力更强,无纬布抵抗拉伸破坏能力更强,且具有更大的横向变形。对相同面密度的UHMWPE纤维无纬布叠合物、UHMWPE纤维平纹织物的叠合物以及两者不同比例组合的叠合物在不被侵彻情况下的背面变形情况的研究结果显示,无纬布的背面变形小于织物,将织物置于冲击面无纬布位于后面的组合叠合物的背面变形小于相反叠合顺序的组合物;而且将织物为冲击面,织物与无纬布的重量比为1:3时,其背面变形最小,低于纯无纬布的叠合物。高恒等[80]对UHMWPE纤维平纹织物、无纬布和无纬布/平纹织物在7.62mm手枪弹(圆头铅芯)射击下,背衬凹陷深度、背衬凹陷最大横截面直径等抗弹性能指标进行了比较。平纹织物的背凸凹陷深度较大,会造成一定程度的二次伤害,但在首发弹侵彻后,整体结构较为完好;无纬布在被侵彻时,背面变形较大,褶皱与纤维拉伸破坏较为严重;二者复合使用(无纬布为冲击面)时,能够有效抵御首发弹侵彻,同时其背凸体积小于无纬布,损伤面积进一步缩小。顾伯洪等[81]研究了叠层Dyneema®纤维斜纹织物和Dyneema®单向铺层织物UD66对子弹动能的吸收规律,以及叠层织物弹道极限、弹道性能指数与叠层织物面密度的关系。两种高强聚乙烯叠层织物(2/2斜纹织物和UD66)弹道性能指数随面密度增加而增加(图6-26),说明该类材料在提高防弹效果时也同样提高防弹效率,因而可以根据防护要求和防弹等级选用合适的织物层数。随叠层织物靶板面密度增加,靶板对子弹动能吸收基本呈线性增加,其中高强聚乙烯叠层斜纹织物:EA = -56.95 + 78.50 AD(相关系数:0.99);Dyneema® UD66无纬布叠层织物:EA = -188.62 + 123.60AD(相关系数:0.99)。随叠层织物靶板面密度增加,靶板弹道极限V_{50}基本呈抛物线增加,高强聚乙烯叠层斜纹织物:$V_{50} = (-15324.60 + 20741.70\ AD)^{1/2}$(相关系数0.99);Dyneema(UD66无纬布叠层:$V_{50} = (-49110.60 + 32500.50AD)^{1/2}$(相关系数0.99)。这些结果对软体防护装甲的选材及设计具有较好的指导意义。

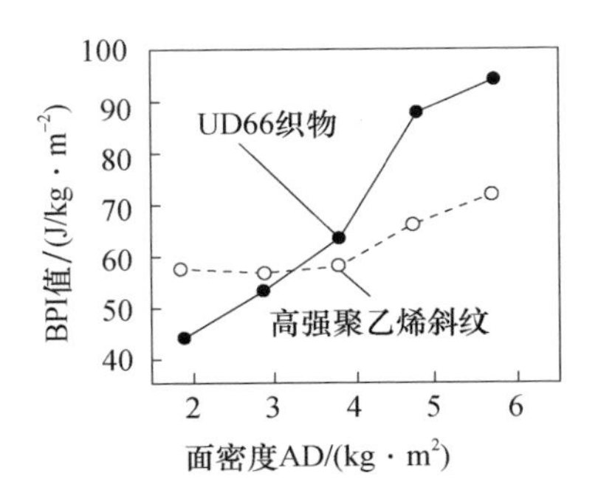

图 6-26 面密度与弹道性能指数的关系

翁浦莹等[82]研究了面密度为 170g/m^{2}的 UHMWPE 纤维无纬布的 3 种厚度的叠层物,在 3 种不同速度实弹(490~819m/s 之间)射击下,子弹入射速度与叠层物厚度对叠层物防弹性能的影响。随子弹冲击速度提高,子弹由圆形头转换为尖形头,单位面积叠层物吸收能量下降,子弹剪切作用力对无纬布的破坏层数增多;相近冲击速度下,叠层物厚度增加,其单位面积吸收能量相应提高。50 层无纬布被 79 式狙击步枪、尖头型 53 式普通弹(815m/s)贯穿时,试样正面弹孔边界相对平整,呈现剪切破坏,弹孔呈椭圆形,且冲击面弹孔周边未受子弹冲击波的影响;试样反面弹孔边缘可见少许纤维断裂形貌。当子弹入射速度达到 527.15m/s 时,17 层无纬布被贯穿、试样正面弹孔边界清晰、面积明显大于背面、背面弹孔周围纤维有抽拉现象,这说明子弹对织物的破坏由剪切作用转变为拉伸破坏,结果如图 6-27 所示。

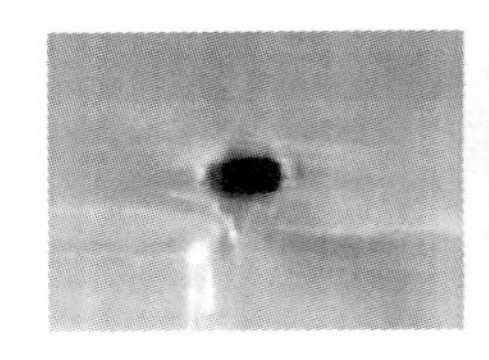
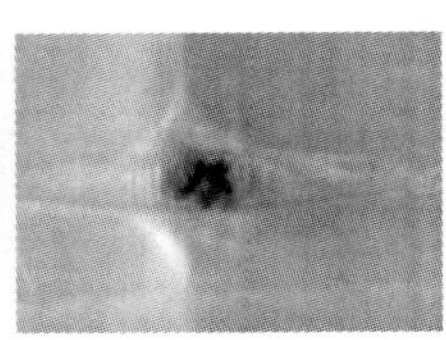
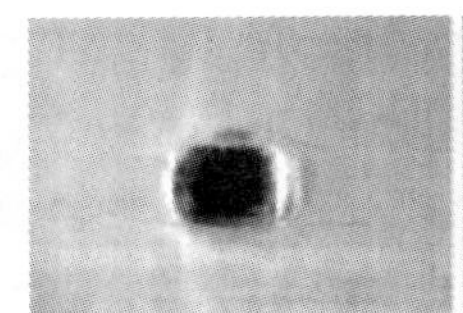
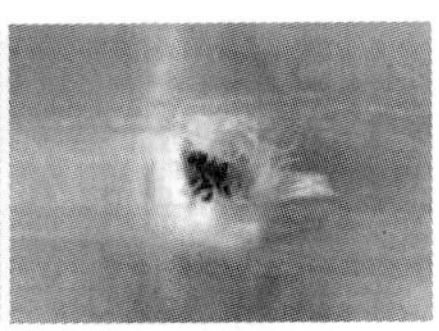

图 6-27 不同冲击速度下 UHMWPE 纤维织物弹孔表观形貌

(a)815.66m/s,50 层无纬布正面;(b)815.66m/s,50 层无纬布背面;
(c)527.15m/s,17 层无纬布正面;(d)527.15m/s,17 层无纬布背面

乔咏梅等[83]报道将芳纶纤维无纺布及 UHMWPE 纤维无纬布组合起来作为防弹材料,可提高防弹性能,表现为弹痕深度减小。李琦等[84]研究了 35 层 Kevlar129 和 5 层 Spectra1000 聚乙烯纤维叠层组合后的防弹性能,其中 Spectra1000 作为靶板的外层,该纤维叠层组合的防护能力略好于纯芳纶纤维。

以 50 层面密度为 130g/m^2 的 UHMWPE 纤维无纬布[0°/90°]按序正交叠放制成面密度为 6.5kg/m^2 的防护层,另以 35 张面密度为 130g/m^2 的无纬布和

7张130 g/m^{2}双层热压复合布按[0°/90°]叠放,制成面密度为6.50kg/m^{2}的防护层,两者均可有效防住公安部GA 141—2010警用Ⅱ级规定的54式7.62mm手枪/51式7.62mm手枪弹(铅芯)弹击,均达到标准要求(25mm),但前者的躯干模最大凹陷深度为20mm,后者为17.2mm。以37层面密度为130g/m^{2}的无纬布[0°/90°]按序正交叠放制成面密度为4.8kg/m^{2}的防护层,另以27张面密度为130g/m^{2}的单层布和5张面密度为130 g/m^{2}的双层热压复合布,按[0°/90°]叠放,制成密度4.775kg/m^{2}的防护层,两者均可有效防住美国NIJ0101.04 ⅢA级规定的9mm弹道枪/9mm巴拉贝鲁姆手枪弹弹击,均达到标准要求(44mm),但前者躯干模最大洼陷深度为40mm,后者为35.7mm。

上述研究说明,UHMWPE纤维机织物与无纬布组合形成的叠层物的防弹性能的影响因素复杂,还需深入研。

6.5.5 超高分子量聚乙烯纤维软质防弹衣的制备

高性能无纬布是高性能UHMWPE防弹制品制备的基础,软质防弹衣制备的流程主要如下:①按防弹衣防护级别和尺寸要求,将一定层数的无纬布多层正交重叠,然后进行剪裁;②把已裁剪的防弹布进行缝制;③把已缝制防弹层进行双面黏合或三面黏合;④进行修正裁切;⑤将已修正完毕的无纬布防弹层外加衬套进行缝制外套;⑥将已加衬套封口完毕的防弹层放置在防弹衣外套。UHMWPE纤维剪裁后的防弹层和防弹衣成品如图6-28所示。

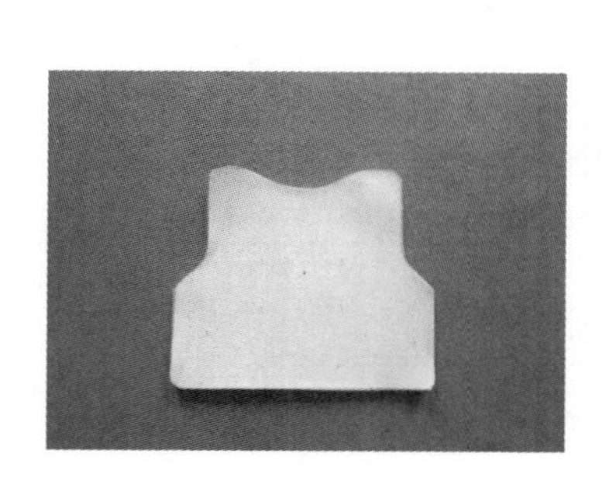

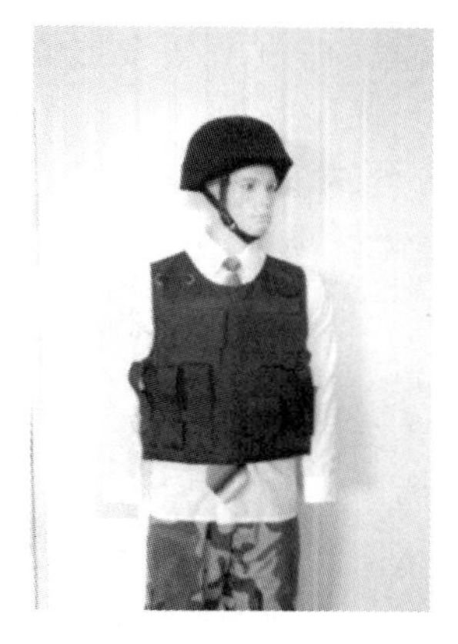

图6-28 UHMWPE纤维剪裁后的防弹层和防弹衣成品

6.5.6 硬质防弹衣防弹层的制备[1]

UHMWPE纤维复合材料层压板用于防弹衣时称为插片,可以独立使用,也可以与软质防弹衣联合使用。软质防弹衣提供对碎片和小口径子弹(如9mm子弹)的防护,防弹插片也称为轻武器防护插片(SAPI),取决于防护的等级和潜在的危险,一个防弹衣可以携带1~5片SAPI插片。单纯复合材料胸插板可以达到NIJ-0101.04,IIA,II,IIIA和III的防护要求。

UHMWPE纤维复合材料胸插板的制备采用模压成型方法。具体过程如下:确定所需无纬布的层数,将所需层数无纬布叠放好,放于加热的模具上,合模加压,冷却,开模,修理,检查外观和存在的缺陷,48h后进行防弹性能检测。

对于陶瓷板为面板的胸插板中的陶瓷板,根据重量要求可以选择氧化铝、碳化硅、碳化硼或者碳化硅硼。陶瓷板与复合材料板通过胶黏剂粘合。陶瓷板为面板的胸插板与软体防弹衣合用,用于防护高能步枪子弹。

6.6 防弹头盔

6.6.1 防弹头盔的发展历史

现代战争中防弹制品需要具有防护战场上各种子弹、炮弹碎片、炸药等威胁的能力。各种高性能纤维制造技术的发明为防弹制品提供了多种优质原料。

军用头盔是战争中防护作战人员头部免受伤害必不可少的单兵防护装备。伴随着材料制造技术的进步,军用头盔的材质也在不断演化。从冷兵器时代最初以椰子壳、大乌龟壳等为材质的胄,到后来随着冶金技术的发展和战争的需要而出现的金属头盔等都属于传统的头盔。伴随着手枪、步枪和各种火炮等武器装备的出现,战场上迫切需要能够防护作战人员头部的装备,钢质头盔的出现是重要的转折。现代战争中的钢制头盔(简称钢盔)最早出现在第一次世界大战初期,第一次世界大战中法国的亚德里安(Adrian)头盔是第一个现代意义的钢盔,之后高性能纤维制造技术问世为军用防弹头盔提供了防护性能好且轻质的材料。20世纪60年代以后,对位芳纶纤维增强复合材料头盔、UHNMWPE纤维增强复合材料头盔的相继开发成功,防弹头盔的防护性能不断提高。

现代战争或冲突中,作战人员面临来自步枪、手枪等小型手持武器的子弹射击,炸弹、地雷、炮弹的各种破片的威胁,以及爆炸冲击波、跌落、撞击等可能造成的钝伤。20世纪60年代杜邦公司发明了对位芳纶纤维(商品名Kevlar),对位芳纶的出现是一个突破,使复合材料技术产生了飞跃。Kevlar纤维的问世为防弹头盔综合性能的提升提供了重要的材料,美军在越南战争中试用了基于芳纶的轻质复合材料头盔,将弹道防护极限从钢盔的低于300m/s提高到450m/s[1]。美国政府出资经过大量研发,1980年代初期全部采用纤维增强复合材料的军用头盔开发成功,其由芳纶编织物预浸料制备,弹道极限速度提高至600m/s。采用Kevlar纤维研制的地面部队人员盔甲系统(PASGT)包括Kevlar纤维制备的背心和头盔。20世纪80年代中期开始,美军用PASGT作战头盔替代了MI型钢盔。直至2005年左右,美国特种作战司令部设计开发了模块化集成通信头盔(Modular Integrated Communications Helmet(MICH))来替代PASGT头盔。MICH头盔在几个方面进行了改进,包括采用性能改进的Kevlar纤维,提高了防护能力,佩戴性更好,集成了通信耳机(headset)。2002年美国陆军选用MICH作为基本头盔,并更名为高级作战头盔(Advanced Combat Helmet,ACH)。海军陆战队则选用了类似于PASGT设计的头盔,并将其定名为轻质头盔(Light Weight Helmet,LWH)[85]。这些现代头盔在战场上发挥了重要作用。

防弹头盔的应用领域可分为军用和警用。根据各兵种对防弹头盔的性能的不同要求,军用头盔又分为步兵头盔、航空兵头盔、空降兵头盔、装甲兵头盔[86]。除了防护功能要求(盔体重量、防护面积、防护性能)以外,防弹头盔还需兼具与其他装备品的适配性能,对战术技术动作的影响小,并具有良好的佩带稳定性。在信息化现代战争中,头盔已不仅仅具有防护作用,结合了信息化功能组件的头盔应运而生并发展成为具有各种功能的复合防护承载平台。集成多种功能,如远距离观察、夜视装置、GPS和激光范围发现器的先进头盔将显著提高士兵的战斗力。

6.6.2　国内外超高分子量聚乙烯纤维增强复合材料头盔的生产和应用情况

防弹头盔技术的进步来自于材料和制造技术的双重进步。头盔的重量是设计任何新型头盔都需要主要考虑的因素,UHMWPE纤维比强度高,这使其在头盔材料的选择上具有很好的竞争力。

随着UHMWPE纤维工业生产的成功,美国政府出资设立项目来解决技术上的差距,使得UHMWPE纤维这种热塑性高强纤维可以用来生产价格可以被接受的士兵防护系统。这些项目集中于开发新技术,设备和组合技术,使UHMWPE纤维复合材料能够用于制备复杂形状的头盔。海军陆战队、美国特种作战司令部和工业部门均参与其中。这些努力促进了FAST头盔、海事头盔以及美国海军陆战队增强型防弹头盔(Enhanced Combat Helmet,ECH)的开发。FAST头盔设计新颖,并先使用了UHMWPE纤维材料。2007年,美国陆军和海军陆战队采用Dyneema® HB80 UD复合材料来开发ECH[87],HB 80是采用碳纤维来增强UHMWPE纤维无纬布。2013年,美国陆军和海军陆战队开始小批量制造和配备ECH头盔,分别替代陆军的ACH头盔和海军陆战队的LWH头盔[88]。以热塑性树脂为基体的UHMWPE纤维无纬布的ECH头盔防护碎片的能力显著提高,超过了35%,这源于新一代适用于UHMWPE纤维的预成型体和头盔的制造方法[85]。

美国《福克斯新闻》2017年3月28日报道,美国陆军计划开发ACH II代作战头盔,计划于2020年投入使用,该新型头盔使用UHMWPE纤维,头盔减重22%,

更加轻巧但依旧硬度高，能够抵挡9mm 手枪和多种弹片的袭击，这将有助于士兵在无需缩减保护设备的情况下提高战斗效率。ACH II 代头盔的减重与具体的尺寸相关。最常见的大号头盔仅有约1.1kg，比现在美军使用的头盔减重约0.34kg，而超大号头盔减重幅度最大，减重约0.45kg。专家表示，更加轻便的头盔将降低佩戴的疲惫感，帮助士兵保持警觉，提升美军整体的作战能力和耐久性。

法国军队采用的是由 Honeywell 公司的 UHMWPE 纤维品牌 Spetra 制备的防弹头盔（CGF Gallet 作战头盔），Spectra 头盔的重量大约是1.4kg，有两种尺寸。其防护17g 模拟破片的 V_{50} 是680m/s[1]。2009年，韩国陆军决定采用 Dyneema HB26 制备的头盔，其重量比原来用芳纶制的头盔轻20%，防弹性能也得到提高（V_{50}测试）[89]。

伴随着 UHMWPE 纤维制造技术的不断进步，各生产厂商的 UHMWPE 纤维的性能和用于防弹制品的无纬布的制造技术和性能也在不断提升，同时对于 UHMWPE 纤维复合材料弹道性能及其损伤破坏和能量吸收机理的深入研究，结合头盔盔型的优化设计，UHMWPE 纤维复合材料头盔越来越多在军队和警用中得到广泛应用。

我国宁波大成公司于2000年率先实现了高强高模聚乙烯纤维的产业化生产，之后十余年间，UHMWPE 纤维产业在我国得到快速发展，宁波大成、湖南中泰、北京同益中等企业均比较注重高强聚乙烯纤维下游产品的开发，均有防弹头盔系列产品。如宁波大成生产的陆军用单兵防弹头盔，可以防住54式7.62mm 手枪51式发射的7.62mm 手枪弹，警用防弹头盔，可满足国家公安部警用标准 GA293—2012《警用防弹头盔及面罩》标准，II 级 防住54式7.62mm 手枪发射的51式7.62mm 手枪弹；空军用高跳防弹头盔，可满足国军标 GJB 1564A—2012《飞行保护头盔通用规范》中 III 类头盔要求，满足国军标 GJB 4858—2003《伞兵单兵战斗装具通用要求》防护等级64级的要求；如图6-29所示。

图6-29　警用防弹头盔、空军用高跳防弹头盔、陆军用单兵防弹头盔

6.6.3　影响头盔性能的因素

与其他的人体装甲相同，发挥防弹作用的防弹头盔都是被动的消耗能量机

制，即当质量小、高速度的子弹作用于质量大的高性能纤维复合材料后，弹速被降低同时将能量局部转移给头盔。由于受到子弹、弹片等物的冲击时，头盔的背面会发生变形，伤害，其凸出的深度要求不能超过一临界值，如果深度超过这一值，盔壳会碰击头，有可能造成脑部钝伤。对于防弹头盔性能的评估，各国有不同的测试标准，包括 V_{50} 测试和最大动态背面变形。多种因素影响作战头盔的性能，例如材料的性能、头盔的厚度和制造方法。防弹头盔容许的质量和防弹性能间需要实现平衡。

6.6.3.1 曲率的影响

大多数高性能纤维复合材料防弹性能的研究对象是平面层压物，但是利用高性能纤维片层制造头盔过程中，头盔的曲率会引起纤维的拉伸和缩短。因此，头盔对于高速冲击的防弹性能会不同于平面层压板。研究发现弹体引起头盔背面变形的程度大于相同材料制备的平板[87]。Tham 等[90]研究了曲率对于 Kevlar 纤维头盔弹道极限的影响，发现头盔的抗弹道侵彻能力高于 Kevlar 纤维层压板。减小头盔曲率半径可以提高头盔的防弹道冲击能力。由于头盔的曲面形状，平面靶板的弹道性能结果并不能直接适用于头盔的性能。目前，尚未见头盔的弹道性能如何随曲率变化的公开报道。因此，开发新的头盔材料时，平板和真正的头盔都需要进行性能测试。找到最佳曲率半径对于优化头盔的弹道性能很重要。

6.6.3.2 材料的影响

在头盔设计中抗侵彻能力和 BFD 这两个参数必须做到平衡，即除了防御碎片和小型武器，头盔必须能够抑制背面的大变形，以防止钝伤。研究者竭力在纤维和基体树脂间找最佳的平衡，以及通过无纬布的铺层设计来在提供足够的结构支撑来减小背板形变，同时不影响抗侵彻能力。UHMWPE 复合材料中应用的是热塑性基体材料，可以给纤维提供足够的支撑，但是硬度小于 ACH 系统中芳纶纤维头盔使用的 50/50PVB/酚醛环氧热固性树脂基体，不能通过基体树脂来提高刚性，减少其受到子弹或破片冲击后的变形，否则抗侵彻能力会下降。美国陆军实验室一直致力于优化 UHMWPE 头部防护体系的抗侵彻性能和背板变形。除了 UHMWPE 纤维自身的力学性能外，由单向 UHMWPE 纤维制备的层压板中，片材中纤维的排布对于复合材料的弹道极限速度的影响是第一位的，同时也会影响背板变形。Vargas – Gonzalez[53] 和 Zhang[20] 研究了大量铺层形式（正交铺层、各向同性和与其他纤维的组合铺层）和纤维类型对弹道极限和背板变形的影响。研究表明，单向片层进行铺层时，片层的布局不仅对 V_{50} 产生显著影响，而且影响背面变形。Wang[91] 研究了芳纶平纹织物多角度铺层的效果，发现多角度铺层方式可以吸收更多的能量。在大量研究基础上美国陆军实验室开发了[0/90]正交铺层和多取向层的独特组合结构，被称为“ARL X”组合。在这一组合中，前面75%（质量分数）的 UHMWPE 复合材料采用通常的正交铺层方式，后面的25%（质量分数）每两层较前两层顺时针转22.5°。在相同材料和加工参数的情况下，用 Dyneema® HB25 进行 ARL X 组合铺层设计时，层压板的抗侵彻能力下降了10%，但是 BFD 显著提高，较正交铺层层压板提高了45%还多。在用 Spectra Shield II SR－3136 进行 ARL X 组合铺层时，抗侵彻能力没有下降的同时，BFD 也减少了40%。旋转螺旋的纤维排布在给定的冲击和面密度下可以显著减少 BFD，但是 V_{50} 降低。

纳米材料引入聚合物体系可以综合提高聚合物的物理力学性能，Laurenzi[91]研究了以多壁碳纳米管增强环氧为基体树脂的 Kevlar® 29 纤维复合材料的简支梁冲击性能，含有0.1%（质量分数）MWCNTs 的复合材料的能量吸收能力提高了44%，含有0.5%（质量分数）MWCNTs 的复合材料的能量吸收能力提高了56%。

研究显示某些纳米材料引入无纬布用弹性体树脂中，可有效降低防弹头盔的背板变形。采用 UHMWPE 纤维无纬布（面密度为130 g/m²，性能达到荷兰 DSM 公司 SB－3A 技术指标），无纬布粘结材料为混合型 SIS 热塑性弹性体树脂，并添加适量纳米二氧化硅或多壁碳纳米管作为增强材料，分别制备两种轻质防弹头盔，进行防弹性能的对比研究：依照公安部警用盔型设计，52层无纬布复合而成，盔壳厚度为10～10.5mm，盔壳重量1100g，可有效防住公安部 GA293—2001 警用标准Ⅱ级规定的54式7.62mm手枪/51式7.62mm手枪弹（铅芯）弹击，弹速均超过430m/s，其中采用碳纳米管增强树脂制备的头盔的弹伤鼓包为18mm，采用纳米二氧化硅增强树脂制备的头盔的弹伤鼓包为11.6mm，远远小于测试标准弹伤鼓包25mm；依照美国军用盔型设计，40层无纬布复合而成，盔壳厚度为9.5～10mm，盔壳重量950g，能有效防住美国 NIJ0101.04 标准ⅢA 级规定的9mm弹道枪/9mm巴拉贝鲁姆手枪弹弹击，弹速均超过430m/s，其中采用碳纳米管增强树脂制备的头盔的弹伤鼓包为20mm，而采用纳米二氧化硅增强树脂制备的头盔的弹伤鼓包为11.8mm，远远小于测试标准弹伤鼓包25mm。以上研究表明，纳米二氧化硅增强弹性体树脂具有更好的防弹抗冲效果。关于纳米材料的引入降低防弹头盔背板变形的机理还有待深入研究。

6.6.4 盔壳制作工艺

芳纶防弹头盔的生产工艺包括：将芳纶纤维编织成芳纶编织物，并在芳纶编织物的单面涂覆热固性树脂基体；然后将多层涂覆有热固性树脂基体的芳纶编织物相互叠加，再放到头盔形状的模具内压制成型。UHMWPE 防弹头盔的生产工艺与芳纶防弹头盔的生产工艺基本相同。通常 UHMWPE 纤维轻质防弹头盔制备工艺可分为无纬布片排放组合成型、预压定型、主压成型几个流程。头盔模具结构设计为预排叠放模、预压成型模、主压定型模三套,每套模具均分为上模和下模,上模为冲压(即头盔内型),下模为固定座模(即头盔外型)。上下模具均包括隔层加热通道和降温冷却通水道,确保头盔制作过程中高温热压和快速冷却定型的顺利进行。

UHMWPE纤维防弹头盔的制作过程包括:①UHMWPE片材排放组合成型:按剪裁好的UHMWPE片材排放,进行分规格、分层数组合,在适当的压力和温度下组合成型;②预压定型:把预排盔壳按要求放置预压模内,在合适温度下和压力下保持一定时间;③主压成型:先把预压定型盔壳根据规定重量要求进行切边;把已切边的预压盔壳加机织布后按要求放置主压成型模内;在合适温度下和压力下保持一定时间;然后模具通水循环冷却定型,之后开模取出已成型盔壳。CN 105216192A公布了一种利用这样工艺流程的防弹头盔的制备方法:步骤一,将UHMWPE纤维无纬无纬布裁切,交叉放置于无加热系统的叠层模具中,在5~15MPa压力下,保压2~5min,形成初步叠层盔壳;步骤二,将步骤一制备的初步叠层盔壳放置于开放的预成型模具中,在温度为110~125℃、压力为10~20MPa条件下,保温保压2~8min,降温到85℃以下,取出,沿头盔边缘压痕进行裁切,制得预压制盔壳;步骤三,在步骤二制备的预压制盔壳的内、外表面整体包覆聚乙烯纤维机织布,放置于最终成型模具中,在温度为125~145℃、压力为15~30MPa条件下,保温保压10~30min后,降温到70℃以下取出;步骤四,将步骤三降温后的盔壳经喷砂打磨处理,再整体喷涂环保聚脲弹性体材料,制得防弹头盔。

也有的制备工艺不进行组合成型,直接进行预压成型,如CN 103868411A公开了一种防弹头盔的制造方法,包括如下步骤:步骤一,将28~33层UHMWPE无纬布叠合在一起,并按照防弹头盔的尺寸进行剪裁;其中,相邻两层UHMWPE无纬布纤维走向之间存在非零夹角;步骤二,采用缝合线对这些叠合在一起的UHMWPE无纬布在厚度方向上进行缝合;步骤三,将缝合好的UHMWPE无纬布放入热压预成型模具中,并且升温至90 ~100℃,升压至5~10MPa,再保温保压5~10min,即得到热塑性树脂软化的UHMWPE无纬布;步骤四,取出热塑性树脂软化的UHMWPE无纬布直接放入冷压预成型模具中,并且在5~15℃的温度以及5~10MPa的压力下,保持5~10min,即得到预成型UHMWPE防弹头盔;步骤五,在预成型UHMWPE防弹头盔的内表面和外表面铺覆加固层;步骤六,将铺覆加固层的预成型UHMWPE防弹头盔放入热压成型模具中,并且升温至120~125℃,升压至25~30MPa,再保温保压10~15min,即得到加固层硬化的UHMWPE防弹头盔;步骤七,取出加固层硬化的UHMWPE防弹头盔直接放入冷压成型模具中,并且在5~15℃的温度以及25~30MPa的压力下,保持

10～15min,即得到加固定型后的 UHMWPE 防弹头盔。经过缝合后,头盔具有良好的抗分层能力,中弹后头盔的内鼓包高度以及 UHMWPE 无纬布之间的分层面积都很小。

压制温度对头盔的防弹性能和抗鼓包能力有很大影响。温度太低,层与层之间黏合不好。温度太高又受到热塑性基体树脂和 UHMWPE 纤维自身熔点(144～147℃)的限制。压制头盔的温度在 120～125℃ 之间,一般不会超过 130℃。

叠层方法关系到防弹材料分布的均匀性[93],影响头盔的成型质量,还关系到材料的使用效率,影响生产成本。遵循用料省、层数均匀一致的原则,可采用 8 页直角风轮状裁片进行叠合,在每层裁片之间错开一定的角度放置,热压后可得到盔体结构符合造型要求和防弹性能均匀的头盔。

6.6.5　超高分子量聚乙烯纤维头盔的发展趋势

防弹头盔发展趋势是在提高防弹性能的同时轻量化、多功能化。UHMWPE 纤维因其密度低,比强度高,在轻量化中占有优势,但是 UHMWPE 纤维头盔受到弹击后变形大,如何通过盔壳的铺层设计、与其他纤维的组合使用(组合结构),在不断提高防弹性能的同时,降低头盔的质量是重要的研究课题。随着近年来地区冲突中自制爆炸装置使用的增加,士兵遭遇爆炸的情况越发普遍,爆炸引起的脑损伤是伊拉克和阿富汗战争中作战士兵的主要伤情。因此,设计防爆、轻质作战头盔也是今后头盔设计开发中的重要方面。

6.7 防弹板

除了防弹头盔、防弹背心用硬质插板以外,UHMWPE 纤维复合材料在车辆、飞机和舰船装甲等应用中也有着潜在的价值。军用装甲主要是三方面,包括地面车辆、舰船和飞机,它们对装甲的需求有所不同。装甲的防护类型和等级要求取决于其承担的任务和所处的威胁环境,战车需要防护子弹、破片、爆炸冲击、导弹和其他威胁,快速机动地面车辆更多是质轻的装甲,坦克则需要防护大口径的穿甲弹、地雷和火箭弹的袭击。基于防弹性能和减重的需求,目前轻质纤维增强复合材料在地面车辆中已得到了广泛认可。车辆常用复合材料所用的增强体包括玻璃纤维、芳纶纤维、UHMWPE 纤维和 UHMWPE 条带。UHMWPE 纤维的非极性使其涂层和印刷比较困难。复合材料需要达到的性能随着威胁的不同而变化,其中 UHMWPE 纤维可高效阻挡可变形的步枪子弹,如 UHMWPE 纤维可以以芳纶纤维和玻璃纤维的 1/2～1/3 的重量在阻挡常见突击步枪或者狙击步枪时达到相同的性能。对于破片防护,UHMWPE 纤维通常减重 20%～50% 也可以达到相同的性能。防弹用 UHMWPE 条带通常是将 UHMWPE 粉料在其熔点以下热压为片,然后进行滚压和拉伸,使分子链取向,形成条带。用于防弹时,条带十字铺层为产品,帝人公司的 Endumax 为代表产品。与冻胶纺丝 UHMWPE 纤维复合材料相比,采用这种条带模压的制品的防弹性能降低,因此需要更多的材料来达到相同的性能。[7]

6.7.1 超高分子量聚乙烯复合材料防弹板的加工成型

20 世纪 90 年代中期,UHMWPE 纤维复合材料模压成型技术开发成功。其采用高压对无纬布进行热压加工成型,使产品中纤维排列密度达到较高。基于较高的排列密度和 UHMWPE 纤维的黏弹性,面密度约 15kg/m^2,模压成型的 UHMWPE 纤维增强的复合材料可以阻挡住 M80 球形弹头[1]。由于 UHMWPE 纤维熔点低,模压温度较低,因此其加工温度窗口通常是 110 ~ 137℃。防弹板主要加工过程如下:将裁剪好的无纬布叠放好,然后放入模具中,因 UHMWPE 的表面能低,通常在 UHMWPE 板上附一层膜,以利于聚脲涂料的印刷或涂层,与 UHMWPE 纤维和板中基体树脂相容的膜在模压之前置于最外层,在一定的温度、压力和时间下进行热压,然后冷却,开模取出制品,最后按照图纸要求进行切割加工。复合材料板可以用高压磨料射流(图 6 - 30)、带锯或者钢丝锯进行切割(图 6 - 30)。由于芳纶吸水,用高压磨料射流方法切割芳纶复合材料后需要干燥处理,切割边和洞的周边需要密封起来,以防止纤维吸水。UHMWPE 纤维复合材料板不需要类似芳纶的干燥处理。尽管如此,在印刷之前,板表面也要保持干燥和清洁。对于切割面,需要覆上一层与聚乙烯相容的能提高板与涂料或者油墨黏合的材料。切割后需要对板边进行修整,应无锐角、毛边。对于可附加的装甲装备,复合材料板需要与钢板或者陶瓷板黏结起来。这时,由于钢板往往不平,需要注意黏合层的厚度,可以在黏合时施加压力,同时在复合材料和金属板之间放一个衬垫以保证达到黏合层厚度公差[1]。

图 6 - 30 高压磨料射流切割机(http://www.wardjet.com/e1515/)

6.7.2 防弹板材用于装甲的相关研究工作

UHMWPE 纤维防弹复合材料作为防弹板在坦克装甲车辆防护领域的研究

报道相对于芳纶纤维抗弹复合材料较少。

加工参数对于纤维复合材料的性能很重要，但是公开文献中很少报道[4]。随着模压压力的提高，UHMWPE 单向纤维复合材料的性能有所提高。也可以在低压力进行模压，但其需要更多的层数才能达到高压压制的复合材料的性能。对于防护某些威胁，高压下成型的 UHMWPE 纤维复合材料板可以比相同材料在低压下成型的板减重 15% 以上，但高模压压力不会对 UHMWPE 条带板防弹性能有这样的影响[1]。孙志杰等分析了不同温度对组成 Dyneema 纤维增强复合材料的 UHMWPE 纤维丝束拉伸强度的影响，并对 UD75 防弹复合材料在不同成型压力下的弹道吸能进行了研究。在对成型压力影响的研究中，对 UD75 复合材料的层间结合力、厚度和体密度进行了分析。结果表明，温度超过 123℃后拉伸强度有大幅的下降，而成型压力为 12.5MPa 时达到最大值[60]。

Zhang 等[94]研究了不同厚度的 UHMWPE 纤维无纬布、二维平纹布及三维编织布的层压复合材料，在 GA141－2010 标准规定条件下的弹道冲击性能，研究表明无纬布层压板具有最佳的防护性能，对于无纬布层压板的破坏机理，作者认为薄板以冲塞吸能为主，厚板以分层、纤维拉伸和鼓包变形吸能为主。

王晓强等[95]开展了 3.3 g 立方体高速钢质破片侵彻不同厚度的高强聚乙烯层合板的弹道试验研究，根据弹道试验结果和理论分析确定了平头弹丸侵彻纤维增强复合层合板时弹道极限速度 V_{BL} 与层合板面密度 ρ_{ad} 呈线性关系，$V_{BL} = 45.9\rho_{ad} + 279.2$。除此之外，高速破片穿透层合板后的剩余速度也是衡量靶板抗侵彻性能的一个重要指标，作者得到了弹道极限和剩余速度的经验公式，发现薄层合板在弹道极限处的吸能量为最大值，中厚层合板的吸能量存在明显的速度效应和厚度效应，随侵彻速度和面密度的增加层合板的吸能量而增大。

UHMWPE 纤维复合材料层合板具有良好的抗侵彻性能，但由于 UHMWPE 纤维熔点低，144～152℃，使得复合材料受温度影响明显，当温度接近这一温度时，复合材料的性能显著下降[96]。为了避免火灾产生的高温使 UHMWPE 纤维复合材料层合板失去抗弹性能，何翔设计了以船用钢为前/后面板，SiO_2气凝胶毡为隔热层，UHMWPE 纤维复合材料层合板为抗弹层的复合抗弹结构。在 A60 耐火等级标准条件下，对复合抗弹结构的有限元模型进行瞬态热分析，结果表明 SiO_2气凝胶毡具有良好的隔热性能，在 A60 耐火等级标准条件下，SiO_2气凝胶毡隔热层厚度至少为 20mm 时，可保持复合抗弹结构中 UFRP 层合板抗弹性能完好[97]。

朱锡等[98]采用纤维增强复合材料（FRC）板前置船体结构钢（简称 C 型钢）板模拟舰用轻型复合装甲结构，对有间隙和无间隙复合装甲结构以及不同纤维增强复合材料防弹板进行了打靶实验研究，测试了不同纤维增强复合材料防弹板以及有间隙和无间隙复合装甲结构抗弹丸穿甲的吸能量。结果表明：FRC 板较 C 型钢板有明显的抗弹优势；弹丸速度和形状对 FRC 板的抗弹性能有较大影响;纯 UHMWPE 纤维靶板及其与钢板组合靶的抗弹性能最高(单位面密度吸能量分别为 59J · m^2/kg 和 70J · m^2/kg),UHMWPE 纤维和玻璃纤维复合的靶板抗弹性能高达 60.76 J · m^2/kg。说明 UHMWPE 纤维增强复合材料具有优异的抗弹性能。

UHMWPE 纤维复合材料的高抗侵彻性能和质量轻,近年来其在复合装甲(图 6 –31)中的研究越来越多,相信随着研究的深入,会推动 UHMWPE 纤维复合材料在防弹装甲领域中的更多应用。

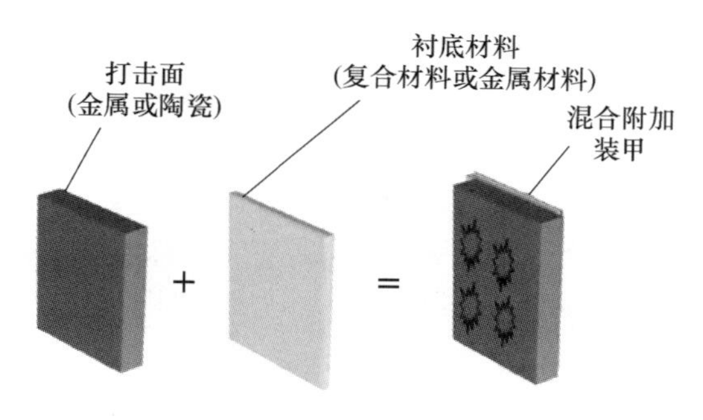

图 6 –31　复合装甲示意图

UHMWPE 纤维防弹板材(图 6 –32)密度小、抗侵彻性能高,产品可广泛应用于单兵作战防弹装甲、战车(如坦克、装甲车)、舰船、飞机和直升机要害部位的复合装甲。在军用战车方面,荷兰陆军的 Patria XA188 装甲车采用了 UHMWPE 纤维复合材料作为防碎层[96]。芬兰的轻型轮式装甲车均大量采用了 Dyneema 纤维防弹板,德国豹 2 坦克的最新车型和荷兰陆军的 XA1886 ×6 装甲输送车也采用 UHMWPE 纤维抗弹复合材料提高防护性能。[99,100]在舰船防护领域,德国的海岸巡逻舰采用 UHMWPE 纤维抗弹复合材料制备新型防护衬层[101]。在民用车辆中有美国的 VIP 防弹车,荷兰的运钞车和警车等;在飞机中应用的有美国的 V22 Osprey 军用机和军用直升机[101]。赵刚等[102]综合分析了国内外的 UHMWPE 纤维及其复合材料的市场供需趋势,认为 UHMWPE 纤维复合材料可以作为轻便船体结构件使用。

图 6 –32　UHMWPE 纤维防弹板

6.8 超高分子量聚乙烯纤维防弹产品的耐老化性

防弹衣等防弹产品是保护战斗人员免受武器伤害的有效手段,作为特种服装,防弹衣的防御性能是首先需要考虑的指标,另外,防弹衣的机动性能、穿着舒适性等同样也会影响使用者体验。与早期制作防弹衣所用的陶瓷、金属等相比,纤维复合材料具有重量轻,强度高等特点,因此被广泛应用于防弹产品中。最早被应用于防弹衣生产中的高性能纤维是芳纶 Twaron® 和 Kevlar®,两者都属于对位芳族聚酰胺。1972 年美国杜邦公司首次推出了可用作防弹材料的 Kevlar® 纤维,标志着防弹材料由硬质向软质的转变,改变了人们对防弹机理的认识,极大地拓展了防弹材料的空间。随后,UHMWPE 纤维等也被用作生产防弹产品,例如 Spectra® 纤维和 Dyneema® 纤维等,这些高性能纤维的应用促进了防弹材料向轻量化、舒适化的方向发展。

与其他聚合物产品一样,在储存及使用纤维制品的时候也需要综合考虑老化过程对其性能的影响,对于由高性能纤维制成的防弹产品来说尤其如此。防弹产品在承受长时间自然环境的影响后还能否保持其原有的性能,不仅仅涉及产品质量的问题,更与使用者的生命安全息息相关。下面将对影响 UHMWPE 纤维防弹产品耐久性的因素进行逐一分析。

6.8.1 影响超高分子量聚乙烯纤维防弹产品耐久性的因素

6.8.1.1 环境因素的影响

在使用过程中,防弹衣会受到各种环境因素的影响,使其防弹性能发生一定程度的减弱。通常来讲,聚合物材料对高温、湿度、辐射、紫外线等环境因素都比较敏感,因此在对防弹产品的耐久性和可靠性进行研究的过程中同样需要对这些因素加以考察。评估防弹产品防弹性能最常使用的参数为 V_{50} 值,即穿透防弹材料概率为 50% 时模拟破片或特定弹丸的平均着靶速度。

1985 年,杜邦公司对 79 件对位芳纶纤维织物材质的防弹背心使用了 2 至 10 年后的情况进行了测试,结果显示:经过 7 年的频繁使用之后,防弹背心 V_{50} 测试的值降低了 10%,而经过洒水测试的防弹背心的 V_{50} 测试值下降的更多,达到了 20% ~25%。Annis 等[103]研究了风化和 γ 射线辐射对 UHMWPE 复合装甲防弹性能的影响,发现将 UHMWPE 纤维暴露于环境中 4 个月会使其结晶度增加,进而导致其韧性降低脆性增加。此外,当用 25kGy 剂量的 γ 射线对复合装甲进行照射后,只有 50% 的复合板被贯穿,但如果用 250kGy 剂量的 γ 射线进行照射,所有复合板都会被贯穿,并且复合板剥落的层数直接与 γ 射线辐照时间成比例。Andreia 等[104]开展了 UHMWPE 纤维复合材料装甲在巴西里约热内卢曝晒和γ射线辐照实验，研究了老化对 UHMWPE 复合材料装甲的力学性能和防弹性能的影响。复合材料的力学性能及防弹性能的劣化与环境引起的分子链的化学结构转变有关，尤其是γ射线会使 UHMWPE 发生氧化降解，进而导致韧脆转变，明显地降低复合材料的防弹性能。同时，作者认为加速老化试验是预测环境因素对防弹装甲性能影响的一种恰当的方法。从这些实验结果中可以得出结论：自然环境和γ射线照射会使得 UHMWPE 纤维的分子结构发生变化，进而导致其老化降解，影响 UHMWPE 纤维防弹材料的防弹性能。

除了γ射线以外，高温也会对 UHMWPE 纤维及其防弹材料的性能造成明显的影响。Forster 等[105]对 UHMWPE 纤维在高温下的稳定性进行了研究，得出了以下试验结果：将 UHMWPE 纤维暴露于65℃下进行加速老化1周后，纤维的拉伸强度降低了8%，在老化94周后降低了30%以上；当加速老化温度升高到90℃后，UHMWPE 纤维在第1周内损失了初始拉伸强度的28%，在第17周后损失了初始拉伸强度的56%；当老化温度进一步升高至115℃时，UHMWPE 纤维在第1周后便损失了其初始拉伸强度的42%，17周后损失了52%。经进一步观察发现，在90℃和115℃下，UHMWPE 纤维会发生收缩和解取向，同时光谱测试也证实了高温会导致 UHMWPE 纤维的氧化并诱导其降解。王梅等[106]对 UHMWPE 纤维防弹材料在热、湿热和氙灯环境中的抗弹极限 V_{50}值的变化进行了研究，其中热老化试验所用的温度为70℃和75℃，湿热老化试验所用温度为35~65℃，氙灯辐照强度为0.5W/m^2，试验结果证明光加速老化对防弹材料性能的影响最为显著，经过氙灯辐照100h后，国产防弹材料的 V_{50}值从620m/s降低至540m/s以下，进口防弹材料的 V_{50}值甚至降低到了496m/s，除此之外，热老化对某些防弹材料的性能衰减有加速作用。

6.8.1.2 化学试剂的影响

防弹衣在使用的过程中，不可避免地会渗入人体产生的汗液，同时为了保持防弹衣的清洁，也需要对其使用清洁剂或者其他消毒喷雾等。这些化学品可能会渗入防弹衣所用的复合材料中，并对其性能造成影响。为了评估人体汗液和清洁化学品对防弹衣的性能的影响，Chin 等[107]通过周期性的浸泡-干燥循环比较了汗液和清洁剂对纤维及织物的拉伸性能、化学组成和表面形态性质的影响。在他们的研究中发现，使用普通水、人造汗液、洗涤剂、氯漂白剂和除臭剂对纤维进行浸泡-干燥循环处理后，PBO 纤维和芳香族聚酰胺纤维的拉伸强度均发生了降低，而疏水性 UHMWPE 纤维仅在浸泡氯漂白剂后表现出拉伸强度的降低，作者认为这是由于含氯漂白剂引起的 UHMWPE 纤维氧化降解所导致的。同时，对于经浸泡后的纤维的表面形貌进行观察可以发现，氯漂白剂会使 UHMWPE 纤维表面上出现凹坑，但水或者人造汗液不会对 UHMWPE 纤维的表面形貌造成明显影响。这项研究提示：在使用 UHMWPE 纤维防弹产品的过程中，应尽量避免接触含氯漂白剂，以免损害防弹产品的防弹性能。

6.8.1.3 黏合树脂的影响

树脂基体作为纤维增强复合材料中的一种重要成分，其性能和含量，与纤维形成的界面层性质等将直接影响到复合材料的最终力学性质。目前的研究认为，树脂基体必须能与纤维同步伸长、断裂，使复合材料最大限度吸收弹丸的冲击能量，才能较好地起到抗弹的作用[108]。在防弹复合材料的耐久性的研究中，所用黏结树脂本身的耐老化性能及其与纤维间的界面作用会对防弹材料的老化特性产生显著的影响。

目前，制造防弹复合材料所用的黏结树脂主要分为热固性树脂和热塑性树脂[109]。热固性树脂包括环氧树脂、聚酯树脂、乙烯基酯树脂、酚醛树脂等，热固性树脂在储存期间仍会发生连续交联反应，这一特点使得这些树脂必须在低温下储存，远离潮湿，化学品和辐照。热塑性树脂包括聚醚醚酮树脂，聚醚酰亚胺树脂，热塑性弹性体树脂，如 ABS 树脂，聚氨酯等，与热固性树脂相比，热塑性树脂不需要严格地控制储存条件，可以比较容易地在室温下存放而不影响其可加工性。另外，热固性树脂不可回收，并且使用热固性树脂基质制造的纤维增强复合材料也不容易修复。因此，就耐用性、加工成本、制造及储存的方便性而言，热塑性树脂更适合于防弹应用。

6.8.2 超高分子量聚乙烯纤维防弹产品耐久性的预测

从高性能纤维防弹产品诞生起，便有相关企业和科研机构等通过自然老化和加速老化等方法对其老化过程中的性能变化进行考察，并由此来预测产品的可用周期。例如，美国国家司法研究所曾报道过可用于防弹背心制造的 Zylon® PBO 纤维在加速老化条件下的性能劣化研究[110]。与初始 PBO 纤维相比，在温度为 50℃ 及湿度为 60% 的加速老化条件下暴露 50 d 的 PBO 纤维的拉伸强度降低了 20%。

除了开展实验研究外，还有研究人员采用理论模拟与实验测试相结合的方式，对 UHMWPE 纤维材质的防弹插板的老化情况进行了研究。Marzena Fejdyś 等[111]研究了一种由 UHMWPE 纤维高强度复合材料制成的软质防弹插板的老化情况，并提出了一种预测该种软质防弹插板的耐久性的方法。作者采用了以下三个程序，来模拟环境对防弹插板防弹性能、物理和机械性能的影响，进而预测防弹插板的耐久性：程序 1，对防弹插板施加机械载荷；程序 2，对防弹插板同时施加机械载荷和温度循环；程序 3，对防弹插板施加机械载荷，温度循环和模拟人体汗液的溶液。同时，为了验证模拟程序是否准确，作者还对自然条件下使用 5 年、7 年、9 年及 13 年的软质防弹插板进行了测试。实验结果表明，UHMWPE 纤维防弹插板的老化过程是多种因素共同作用的结果，上述的程序 3 能够相对准确地预测软质防弹插板在自然条件下的性能变化。

参考文献

[1] Bhatnagar A. Lightweight ballistic composites. Military and law – enforcement application[M]. Cambridge England: Woodhead publishing ltd,2006.

[2] Cunniff P. Dimensionless Parameters for Optimization of Textile Based Body Armor Systems[C]. Proceedings of the 18th international symposium on ballistics,1999.

[3] Bogetti T A, Walter M, Staniszewski J, et al. Interlaminar shear characterization of ultra – high molecular weight polyethylene (UHMWPE) composite laminates[J]. Composites Part A Applied Science & Manufacturing,2017,98:105 – 115.

[4] Chen X. Advanced Fibrous Composite Materials for Ballistic Protection. [M]. Cambridge England: Woodhead Publishing,2016,

[5] Dimeski D,Bogoeva Gaceva G,Srebrenkoska V. Ballistic properties of polyethylene composites based on bidirectional and unidirectional fibers[J]. Zbornik radova Technološkog fakulteta u Leskovcu,2011,20:184 – 191.

[6] 陈利民．超高分子量聚乙烯纤维在防弹材料上的应用[J]. 工程塑料应用,1995,(6): 31 – 34.

[7] Chocron S,King N,Bigger R,et al. Impacts and Waves in Dyneema® HB80 Strips and Laminates[J]. Journal of Applied Mechanics,2013,80(3):03/806.

[8] Vargas – Gonzalez L R,Gurganus J C. Hybridized composite architecture for mitigation of non – penetrating ballistic trauma[J]. International Journal of Impact Engineering,2015,86: 295 – 306.

[9] Lee B L,Song J W,Ward J E. Failure of Spectra® Polyethylene Fiber – Reinforced Composites under Ballistic Impact Loading[J]. Journal of Composite Materials,1994,(13): 1202 – 1226.

[10] Taylor S A,Carr D J. Post failure analysis of 0°/90° ultra high molecular weight polyethylene composite after ballistic testing[J]. Journal of Microscopy – Oxford,1999,196:249 – 256.

[11] Karthikeyan K,Russell B P. Polyethylene ballistic laminates: Failure mechanics and interface effect[J]. Materials & Design,2014,63: 115 – 125.

[12] Nguyen L H,Ryan S,Cimpoeru S J,et al. The effect of target thickness on the ballistic performance of ultra high molecular weight polyethylene composite[J]. International Journal of Impact Engineering,2015,75: 174 – 183.

[13] Karthikeyan K,Russell B P,Fleck N A,et al. The effect of shear strength on the ballistic response of laminated composite plates[J]. European Journal of Mechanics – A/Solids,2013,42: 35 – 53.

[14] Ćwik T K, Iannucci L, Curtis P, et al. Investigation of the ballistic performance of ultra high molecular weight polyethylene composite panels[J]. Composite Structures,2016,149:197 – 212.

[15] Yang Y F,Chen X G. Investigation of failure modes and influence on ballistic performance of Ultra – High Molecular Weight Polyethylene (UHMWPE) uni – directional laminate for hybrid design[J]. Composite Structures,2017,174:233 – 243.

[16] Prosser R A,Cohen S H,Segars R A. Heat as a factor in the penetration of cloth ballistic panels by 0. 22 caliber projectiles[J]. Textile Research Journal,2000,70(8):709 – 722.

[17] Koh C P,Shim V P W,Tan V B C,et al. Response of a high – strength flexible laminate to dynamic tension [J]. International Journal of Impact Engineering,2008,35: 559 – 568.

[18] O'Masta M R,Crayton D H,Deshpande V S,et al. Mechanisms of penetration in polyethylene reinforced

cross – ply laminates[J]. International Journal of Impact Engineering,2015,86:249 – 264.

[19] Greenhalgh E S, Bloodworth V M, Iannucci L, et al. Fractographic observations on Dyneema® composites under ballistic impact[J]. Composites Part A Applied Science & Manufacturing,2013,44:51 – 62.

[20] Zhang T G, Satapathy S S, Vargas – Gonzalez L R, et al. Ballistic impact response of Ultra – High – Molecular – Weight Polyethylene (UHMWPE)[J]. Composite Structures,2015,133:191 – 201.

[21] Attwood J P, Russell B P, Wadley H N G, et al. Mechanisms of the penetration of ultra – high molecular weight polyethylene composite beams[J]. International Journal of Impact Engineering,2016,93:153 – 165.

[22] 王晓强,朱锡,梅志远,等. 超高分子量聚乙烯纤维增强层合厚板抗弹性能实验研究[J]. 爆炸与冲击,2009(1): 29 – 34.

[23] 陈长海,朱锡,王俊森,等. 高速钝头弹侵彻中厚高强聚乙烯纤维增强塑料层合板的机制[J]. 复合材料学报,2013,(5): 226 – 235.

[24] Hazell P J, Appleby-thomas G J, Trinquant X, et al. In – fiber shock propagation in Dyneema®[J]. Journal of Applied Physics,2011,110:043504.

[25] Cantwell W J, Morton J. Impact perforation of carbon fibre reinforced plastic[J]. Composites Science & Technology,1990,38: 119 – 141.

[26] Culnane A H, Woodward R L, Egglestone G T. Failure examination of composite materials using standard metallographic techniques[J]. Journal of Materials Science Letters,1991,10: 333 – 334.

[27] Lee S W R, Sun C T. Dynamic penetration of graphite/epoxy laminates impacted by a blunt – ended projectile[J]. Composites Science & Technology,1993,49: 369 – 380.

[28] Gama B A, Gillespie Jr J W. Punch shear based penetration model of ballistic impact of thick – section composites[J]. Composite Structures,2008,86: 356 – 369.

[29] Gama B A, Gillespie Jr J W. Finite element modeling of impact, damage evolution and penetration of thick – section composites[J]. International Journal of Impact Engineering,2011,38: 181 – 197.

[30] Shaktivesh, NSN, Kumar C V S, et al. Ballistic impact performance of composite targets[J]. Materials & Design,2013,51: 833 – 846.

[31] Woodward R L, Egglestone G T, Baxter B J, et al. Resistance to penetration and compression of fibre – reinforced composite materials [J]. Composites Engineering,1994(3): 329 – 341.

[32] Attwood J P, Khaderi S N, Karthikeyan K, et al. The out – of – plane compressive response of Dyneema® composites[J]. Journal of the Mechanics & Physics of Solids,2014,70: 200 – 226.

[33] O'Masta M R, Deshpande V S, Wadley H N G. Mechanisms of projectile penetration in Dyneema® encapsulated aluminum structures[J]. International Journal of Impact Engineering,2014,74:16 – 35.

[34] Karthikeyan K, Russell B P, Fleck N A, et al. The soft impact response of composite laminate beams[J]. International Journal of Impact Engineering,2013,60: 24 – 36.

[35] O' Masta M R, Compton B G, Gamble E A, et al. Ballistic impact response of an UHMWPE fiber reinforced laminate encasing of an aluminum – alumina hybrid panel. International Journal of Impact Engineering, 2015,131 – 144.

[36] 曲英章,羡梦梅. 纤维增强复合材料板抗碎片模拟弹性能评定方法[J]. 实验力学,1998,13(2):133 – 138.

[37] 陈利民. 织物特性对防弹复合材料弹道性能的影响[J]. 纤维复合材料,1995(3): 6 – 10.

[38] Russell B P, Karthikeyan K, Deshpande V S, et al. The high strain rate response of Ultra High Molecular – weight Polyethylene: From fibre to laminate[J]. International Journal of Impact Engineering,2013,60: 1 – 9.

[39] Languerand D L, Zhang H, Murthy N S, et al. Inelastic behavior and fracture of high modulus polymeric fiber bundles at high strain – rates[J]. Materials Science and Engineering A – Structural Materials Properties Microstructure and Processing, 2009, 500: 216 – 224.

[40] 金子明, 隋金玲, 张菡英, 等. 纤维增强复合防弹板研究进展及抗弹性能研究[J]. 玻璃钢, 2001(1): 1 – 6.

[41] 郑震, 杨年慈, 施楣梧, 等. 硬质防弹纤维复合材料的研究进展[J]. 材料科学与工程学报, 2005(6): 905 – 909.

[42] Cheeseman B A, Bogetti T A. Ballistic impact into fabric and compliant composite laminates[J]. Composite Structures, 2003, 61: 161 – 173.

[43] Meshi I, Amarilio I, Benes D, et al. Delamination behavior of UHMWPE soft layered composites[J]. Composites Part B Engineering, 2016; 98: 166 – 175.

[44] Hsieh A J, Chantawansri T L, Hu WG, et al. New insight into the influence of molecular dynamics of matrix elastomers on ballistic impact deformation in UHMWPE composites[J]. Polymer, 2016, 95: 52 – 61.

[45] Faur - Csukat G. A Study on the Ballistic Performance of Composites[J]. Macromolecular Symposia, 2006, 239: 217 – 226.

[46] Wang H, Hazell P J, Shankar K, et al. Impact behaviour of Dyneema ® fabric – reinforced composites with different resin matrices[J]. Polymer Testing, 2017, 61: 17 – 26.

[47] Lee B L, Walsh T F, Won S T, et al. Penetration Failure Mechanismsof Armor – Grade FiberComposites under Impact[J]. Journal of Composite Materials, 2001, 35(18): 1605 – 1633.

[48] Karthikeyan K, Kazemahvazi S, Russell B P. Optimal fibre architecture of soft – matrix ballistic laminates [J]. International Journal of Impact Engineering, 2016, 88: 227 – 237.

[49] Wang Y, Chen XG, Young R, et al. An experimental study of ply orientation on ballistic impact performance of multi – ply fabric panels[J]. Textile Research Journal, 2016, 86(1): 34 – 43.

[50] Walter H W. Laminated armor plate structure. US. 2399184.

[51] Rose A, Merritt G J. Armor. US 2562951.

[52] Vargas – Gonzalez L, Walsh S M, Wolbert J. Impact and ballistic response of hybridized thermoplastic laminates, ARL – MR – 0769 February 2011.

[53] Vargas – Gonzalez L R, Walsh S M, Gurganus J C. Examining the relationship between ballistic and structural properties of lightweight thermoplastic unidirectional composite laminates[C]. SAMPE Proceedings Fall 2011 conference.

[54] Hazzard M K, Hallett S, Curtis P T, et al. Effect of Fibre Orientation on the Low Velocity Impact Response of Thin Dyneema ®; Composite Laminates. International Journal of Impact Engineering, 2017, 100: 35 – 45.

[55] Gellert E P, Cimpoeru S J, Woodward R L. A study of the effect of target thickness on the ballistic perforation of glass – fibre – reinforced plastic composites[J]. International Journal of Impact Engineering, 2000, 24: 445 – 456.

[56] 顾冰芳, 龚烈航, 徐国跃. UHMWPE 纤维复合材料防弹机理和性能[J]. 纤维复合材料, 2006(1): 20 – 23.

[57] Zhang Z G, Shen S G, Seng H C, et al, Ballistic penertration of Dyneema Fiber laminate, Journal of Materials Science Technology, 1998, 14: 265 – 268.

[58] Naik N K, Doshi A V. Ballistic impact behaviour of thick composites: Parametric studies[J]. Composite Structures, 2008(3): 447 – 464.

[59] 张佐光,霍刚,张大兴,等. 纤维复合材料的弹道吸能研究[J]. 复合材料学报,1998,2: 74 -81.

[60] 孙志杰,张佐光,沈建明,等. UD75 防弹板工艺参数与弹道性能的初步研究[J]. 复合材料学报,2001,(2): 46 -49.

[61] Fejdyś M,Łandwijt M,Kucharska - Jastrząbek A,et al. The Effect of Processing Conditions on the Performance of UHMWPE - Fibre Reinforced Polymer Matrix Composites[J]. Fibres & Textiles in Eastern Europe,2016,24: 112 -120.

[62] Hudspeth M,Chu J M,Jewell E,et al. Effect of projectile nose geometry on the critical velocity and failure of yarn subjected to transverse impact[J]. Textile Research Journal,2017(8):953 -972.

[63] Tan V B C,Khoo K J L. Perforation of flexible laminates by projectiles of different geometry[J]. International Journal of Impact Engineering,2005,31: 793 -810.

[64] Carr D J. Failure Mechanisms of Yarns Subjected to Ballistic Impact[J]. Journal of Materials Science Letters,1999,18(7): 585 -588.

[65] Heisserer U,Vander Werff H,Hendrix J. Ballistic depth of penetration studies in Dyneema® composites [C]. proceedings of the 27th International Symposium on Ballistics April 22 -26,2013,Freiburg,Germany,2013.

[66] Reddy T S,Reddy P R S,Madhu V. Response of E - glass/Epoxy and Dyneema ® Composite Laminates Subjected to low and High Velocity Impact[J]. Procedia Engineering,2017,173:278 -285.

[67] Prevorsek DC,Harpell GA. Ballistic armor from extended chain polyethylene fibers. Materials[C]. Proceeding of the 33rd International SAMPE Symposiam,1998.

[68] 申世光. 陶瓷/复合材料和超高分子量聚乙烯纤维复合材料弹道性能分析与研究[D]. 北京:北京航空航天大学,1997.

[69] Sapozhnikov S B,Kudryavtsev O A,Zhikharev M V. Fragment ballistic performance of homogenous and hybrid thermoplastic composites[J]. International Journal of Impact Engineering,2015,81:8 -16.

[70] Govaert L E,Peijs T. Tensile strength and work of fracture of oriented polyethylene fibre[J]. Polymer,1995,36(23): 4425 -4431.

[71] Peijs T,Smets E A M,Govaert L E. Strain rate and temperature effects on energy absorption of polyethylene fibres and composites. Applied Composite Materials,1994,1: 35 -54.

[72] Cunniff P M. An Analysis of the System Effects in Woven Fabrics Under Ballistic Impact[J]. Textile Research Journal,1992,62:495 -509.

[73] Walter H W. Laminated armor plate structure: US 2399184.

[74] 邱日祥,杨杰,文弋,等. 软质防弹材料的发展[J]. 中国个体防护装备,2013(3): 9 -11.

[75] 王礼立. 应力波基础[M]. 北京:国防工业出版社,2005.

[76] 袁承军. 高性能纤维和材料在防弹衣上的应用[J]. 中国个体防护装备,2005(3): 28 -29.

[77] Council N R. Opportunities in protection materials science and technology for future army applications[J]. National Academies Press,2011.

[78] 黄献聪. 防弹衣发展评话[J]. 中国个体防护装备,2002(5): 31 -33.

[79] Zhou Y. Development of lightweight soft body armour for ballistic protection[D]. University of Manchester,2013.

[80] 高恒,杜建华,刘艺. 超高分子量聚乙烯纤维二维织物抗弹性能研究[J]. 化工新型材料,2014,42(7): 229 -231.

[81] 顾伯洪,赵冬冬. 叠层织物弹道冲击性能研究[J]. 纺织学报,2000(4):16-17.
[82] 翁浦莹,李艳清,Hafeezullah M,等. Kevlar、UHMWPE 叠层织物防弹性能研究[J]. 现代纺织技术,2016(3):13-18.
[83] 乔咏梅,余铜辉. 软质防弹衣结构分析与性能研究[J]. 警察技术,2017(3):81-84.
[84] 李琦,龚烈航,张庚申,等. 芳纶与高强聚乙烯纤维叠层组合对弹片的防护性能[J]. 纤维复合材料,2004(3):3-5.
[85] Council N R. Review of Department of Defense Test Protocols for Combat Helmets[M]. National Academies Press,2014.
[86] 周国泰,施楣梧. 中国的军用头盔[J]. 现代军事,1999,(1):52-53.
[87] Kulkarni S,Gao X L,Horner S E,et al. Ballistic helmets - their design,materials,and performance against traumatic brain injury[J]. Composite Structures,2013,101:313-331.
[88] Vargas-Gonzalez L R,Gurganus J C. Hybridized composite architecture for mitigation of non-penetrating ballistic trauma[J]. International Journal of Impact Engineering,2015:86:295-306.
[89] 山田. 韩国采用 Dyneema 作为军用钢盔材料[J]. 合成纤维,2009(5):54-54.
[90] Tham C,Tan V,Lee H-P. Ballistic impact of a KEVLAR® helmet: Experiment and simulations[J]. International Journal of Impact Engineering,2008,35:304-318.
[91] Wang Y,Chen X,Young R,et al. An experimental study of the effect of ply orientation on ballistic impact performance of multi-ply fabric panels[J]. Textile Research Journal,2016,86(1):34-43.
[92] Laurenzi S,Pastore R,Giannini G,et al. Experimental study of impact resistance in multi-walled carbon nanotube reinforced epoxy[J]. Composite Structures,2013,99:62-68.
[93] 孙幸福. 防弹头盔研制技术及发展前景[J]. 中国个体防护装备,2009(1):14-15.
[94] Zhang DJ,Sun Y,Chen L,et al. Influence of fabric structure and thickness on the ballistic impact behavior of Ultrahigh molecular weight polyethylene composite laminate[J]. Materials & Design,2014,54:315-322.
[95] 王晓强,朱锡,梅志远. 高速钢质破片侵彻高强聚乙烯纤维增强塑料层合板试验研究[J]. 兵工学报,2009(12):1574-1578.
[96] Hazell P J. Armour: materials,theory,and design[M]. CRC Press,2015.
[97] 何翔,朱锡,李永清,等. 复合抗弹结构设计及隔热性能验证[J]. 舰船科学技术,2017,39(5):42-46.
[98] 朱锡,梅志远,刘润泉,等. 舰用轻型复合装甲结构及其抗弹实验研究[J]. 爆炸与冲击,2003(1):61-66.
[99] 王晓强,虢忠仁,宫平,等. 抗弹复合材料在舰船防护上的应用研究[J]. 工程塑料应用,2014,42(11):143-146.
[100] 邵磊,余新泉,于良. 防弹纤维复合材料在装甲防护上的应用[J]. 高科技纤维与应用,2007,32(2):31-34.
[101] 杨磊,曹明法. 防弹复合材料及其在舰船中的应用初探[J]. 船舶,2002(4):59-62.
[102] 赵刚,赵莉,谢雄军. 超高分子量聚乙烯纤维的技术与市场发展[J]. 纤维复合材料,2011(1):50-56.
[103] Annis P A. Understanding and improving the durability of textiles[M]. Elsevier,2012.
[104] Alves A L D S,Nascimento L F C,Suarez J C M. Influence of weathering and gamma irradiation on the mechanical and ballistic behavior of UHMWPE composite armor[J]. Polymer Testing,2005,24(1):104-113.
[105] Forster A L,Foster AM Chin JW,et al. Long Term Stability of UHMWPE Fibers[J]. Polymer Degradation and Stability,2015,114:45-51.
[106] 王梅,李晖. 超高分子量聚乙烯防弹材料在人工老化条件下的抗弹性能研究[J]. 警察技术,2011(2):8-11.

[107] Chin J, Petit S, Forster A, et al. Effect of artificial perspiration and cleaning chemicals on the mechanical and chemical properties of ballistic materials[J]. Journal of Applied Polymer Science, 2009(1): 567-584.

[108] 俞喜菊. 防弹纤维复合材料中树脂的性能研究[D]. 上海交通大学, 2007.

[109] 何洋, 梁国正, 吕生华, 等. 超高分子量聚乙烯纤维复合材料用树脂基体的研究进展[J]. 化工新型材料, 2002, 30(10): 29-31.

[110] Hart S V. Report to the Attorney General on Body Armor Safety Initiative Testing and Activities. 2004.

[111] Fejdyś M, Cichecka M, Łandwijt M, et al. Prediction of the Durability of Composite Soft Ballistic Inserts[J]. Fibres & Textiles in Eastern Europe, 2014(6): 81-89.

第7章

超高分子量聚乙烯纤维在绳缆领域的应用

7.1 概 述

UHMWPE 纤维绳索主要由长丝复合组成，与目前产业化较成熟的三大高性能纤维相比：弯曲寿命是芳族聚酰胺（Aramid）的2倍、是碳纤维的50倍，耐气候抗紫外线是常规 Aramid 的2～3倍；其密度小于水且耐海水最好；强度比常规化纤绳高3.5～4倍、比钢丝绳高15倍；循环载荷疲劳（TCLL）性能：UHMWPE 复合绳索5000次后强力保持100%、常规 Aramid 和聚酯（PET）绳3000次后强力保持70%、钢丝绳2000次后强力保持60%、聚酰胺和聚丙烯1000次后强力保持分别为55%和52%。

7.1.1 国外开发和应用

在20世纪70年代，国外学者开始对传统 PET 系泊绳索作为系泊材料做相关研究，检验了 PET 纤维索等在干燥以及湿润环境下的破坏强度、周期载荷疲劳特性、伸缩特性，并制定了一系列准则，对大型合成纤维绳的试验、制造、检验标准做了规定。1990年，NEL（National Engineering Laboratory）测试了多种合成纤维绳索作为深海系泊的可行性，以开发适合深海系泊用的高强度、高模量的纤维，如 Aramid、UHMWPE 等纤维绳。测试结果表明：PET 纤维虽具有高强度和模量、良好的弹性伸长及蠕变特性，适合1000～3000m 深海系泊，改变了海洋工程界对合成纤维绳索刚度不足的传统认识；但深海所需高强力的 PET 系泊绳索直径太大，操控难度大，需要使用超高强度的系泊绳。1996年，DeepStar 平台上成功安装了由 UHMWPE、Aramid、PET 三种不同材料组成的合成纤维绳，长度为945 m，采用垂直张紧系泊的方式。经过两年恶劣海况的考验，该系统被更换，在实验室中继续接受更高频率的周期载荷测试和破坏载荷测试，未发现损坏，但老化 Aramid 最差，PET 直径大而使用效果比 UHMWPE 差；从而证明了 UHMWPE

绳作为深海系泊材料的可行性。荷兰 DSM 的 Dyneema 和美国霍尼韦尔的 Spectra 先后分别使用在墨西哥湾等海洋石油移动平台(MODU)、固定平台和单点系泊工程。

柔性钢丝绳用超高分子量聚乙烯纤维、芳纶纤维、碳纤维和玻璃纤维等高强复合纤维材料和树脂复合而成的圆柱体结构的绳索;在特定场合代替钢丝绳,具有优异的性能和良好的性价比。在某些特定领域代替钢丝绳,具有优异的性能和良好地性价比,例如替代各种绞盘钢丝绳、石油和天然气钻采用抽油杆钢丝绳、矿用钢丝绳、超高层电梯钢丝绳等;具有轻量化、耐弯曲疲劳、循环疲劳、耐腐蚀性等优势。

7.1.2 国内开发和应用

国内纤维开发比国外虽晚一些,但在绳网开发应用与国际基本同步;中国水产科学研究院东海所2000年就开始与国际和国内的规模纤维生产商合作开发复合绳网产品与应用,该所具有积累60年绳网与复合研究和海洋工程应用经验;经过用国内外复合树脂在各种用途如系泊、拖缆、吊索、养殖网箱、海洋牧场、拖网等进行了18年的试验与应用;研发的多元复合树脂突破了纤维与树脂材料复合浓度与成膜性匹配技术、纤维与树脂材料复合浓度控制技术、纤维阻隔层复合树脂交联改性技术等系列关键核心技术;一些型号使用寿命达到10~20年、工艺路线与技术水平已达国际领先,不但通过了国际循环疲劳(TCLL)等性能测试,并已运用到发达国家特种船舶;优化的多元复合材料和工艺既提高了绳索抗疲劳等长期使用性能,又相当于降低了材料成本和绳索使用成本。国内研发如鲁普耐特的延时断裂复合纤维特种船缆、徐州恒辉研发装备在南通神龙的12股单芯达30t的海工复合纤维缆、湖南鑫海网线直径10mm以上的复合经编网等产品和湖南中泰、仪征化纤、北京同益中等纤维已得到国际著名使用商如特种船舶和海洋养殖平台等超大网箱使用或认可;拓展了 UHMWPE 纤维复合绳网的应用领域,为海洋工程、军民舰船、深远海、极地资源开发等领域提供复合新材料产品支持,且每使用1t本产品可替代3.5~4t普通绳网,具有节能和水域环保等社会效益,有效推动相关产业的发展进步。

7.1.3 绳索编织工艺设计

在制造不同用途绳索产品时,长丝在不同强度等级下,一般在选择纤维总线密度时还应考量单纤维线密度、耐不同环境和抗蠕变等长期应用性能与客户成本。

7.1.3.1 绳纱捻度设计

绳纱捻度 $= 1055/\sqrt{\text{绳纱线密度}}$

7.1.3.2 绳索的断裂强力设计

绳索的断裂强力与线密度呈幂函数关系，经回归分析，尾段插接眼环绳的T型和C型的断裂强力与线密度的回归方程如下：

$$\text{T型}: F = 2.03820 \times P^{0.93019}, r = 0.9996;$$

$$\text{C型}: F = 1.04099 \times P^{1.0041}, r = 0.9999。$$

式中 F——断裂强力(kN)；

P——线密度(ktex)；

r——相关系数。

试样的线密度经回归方程计算出标准与试样同代号、同线密度的断裂强力值，由此列出等线密度的断裂强力偏差率（断裂强度偏差率与其相同），优于国际标准的要求。

7.1.3.3 绳索捻距设计

T型十二股绞辫绳捻距一般设计为直径的8~10倍，L型八股绞辫绳捻距一般设计为直径的5~6倍。（直径系该绳断裂强力30%时的周长/3.14）

7.1.4 绳索树脂复合

为增强绳索耐磨、疲劳、强度等性能，用复合树脂对纤维、绳纱、绳股、绳索进行内外复合，常称为浸胶涂层；应选择经过优化的多元复合树脂黏度配方和挤压法工艺复合，只有使复合树脂在纤维表面复合均匀并具耐摩耐水等性能，才能达到增加绳索强度、循环疲劳等性能要求，使复合绳索线密度达标既少用了纤维，又降低了成本；虽纤维具有低摩擦系数的特性，但绳索复合特别是外复合较厚时绳索摩擦系数会改变。

7.1.5 复合编织层

可用各种材料组成，如聚酯、UHMWPE等。纯UHMWPE纤维和一般比例复合绳索是浮性的，复合编织结构外层材料密度较高、比例过大时绳索会不浮于水。

7.2 物理性能

7.2.1 绳索代号

相当于其以毫米计的近似直径。

7.2.2 线密度

线密度（以千特克斯计）相当于绳索单位长度的净质量，用克每米或千克每千米表示;线密度在加以 GB/T 8834 标准述及的预加张力时测量。

7.2.3 断裂强力

按国际标准,尾段未插接绳索会比尾段插接眼环绳索的断裂强力高 10%,供设计使用时参考。因未尾段插接测试方法也因基本断裂在打结部位而在国际上基本不用,所以这提高 10% 的指标只能在说明中注明,在现中大规格基本采用插接眼环测试,所以只立出尾段插接眼环绳指标为符合实际和消除供需双方对采用指标的争论;

为增强绳索性能可以给绳索进行复合;国际标准没有在线密度和断裂强力的考核指标中说明;而按常规成品绳索制造商为增强绳索性能基本都给绳索进行复合。根据累积检测结果和试验验证结果大量样品数据处理分析:给绳索进行复合增加绳索重量,即增加绳索的线密度大多为 10% 左右,所以在累积检测结果、试验验证结果基础上,有更好的考核可操作性,为了线密度与 ISO 一致而不增加 10%,改为断裂强力下浮 10% 考核,既消除了国内外很多用户对检测断裂强力时断裂在尾段插接眼环附近(则标记外)90% 合格常提出异议或不认可的矛盾,GB/T 8834 绳索 有关物理和机械性能的测定(ISO 2307 IDT 标准规定)又减少考核矛盾。

断裂强力由 GB/T 8834 指定的试验方法而得,它并非为正确地标示在其他环境和场合下于该点断裂的值。值得的关注的是,绳索尾段插接的方式和质量、加载速率、预处理和施加于绳索的预加张力等都将影响断裂强力。绳索卷绕于桩柱、绞盘、滑轮或滑车上,可能在低于此强力值时断裂;打结或扭曲的绳索将大为降低其断裂强力;与新制绳索的干态或湿态有关,经试验在防沙好的条件下一般湿态断裂强力高于干态断裂强力。可采用彩色合成纤维绳纱用于识别绳索的材料或强力。

7.2.4 纤维绳索通用技术要求

UHMWPE 纤维绳索基本结构类型:

(1)T 型十二股绞辫绳:号数(直径)4 ~ 180mm,见图 7-1。

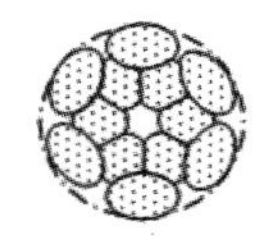

图 7-1 T 型十二股绞辫绳示意图

(2)L 型八股绞辫绳:号数(直径)4 ~ 180mm,见图 7-2。

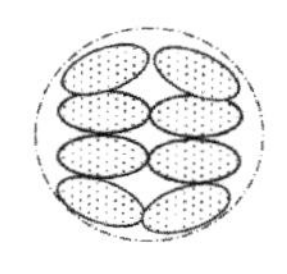
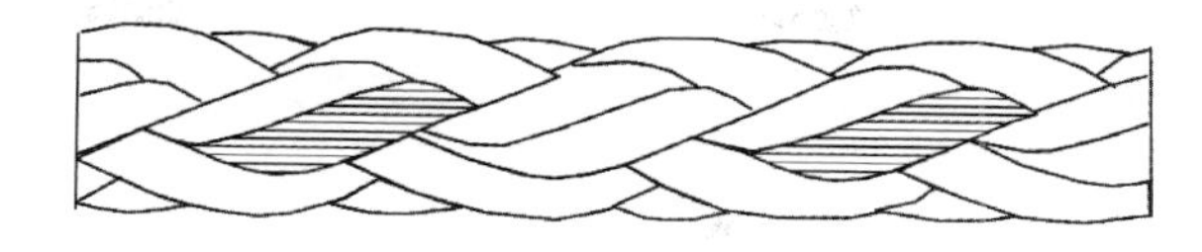

图7－2　L型八股绞辫绳示意图

(3)C型复编绳索：号数(直径)4～180mm，见图7－3。

绳纱相互交叉，用单双或多股连续与另一单双或多股沿相同途经进行交叉编织。绳索绳芯以外编织的复合编织层或其他保护层，复合编织层对绳索强力无重大贡献。

图7－3　C型复编绳索示意图

(4)系泊缆的典型结构见图7－4和图7－5所示。

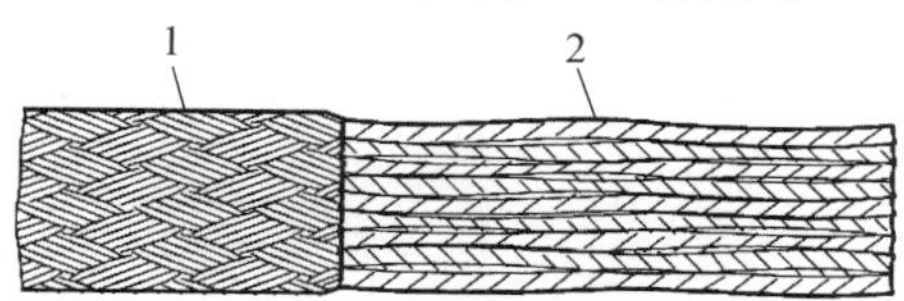

图7－4　典型的中性扭矩平行索(TF型)结构中绳芯和防护层

1—防护层；2—绳芯。

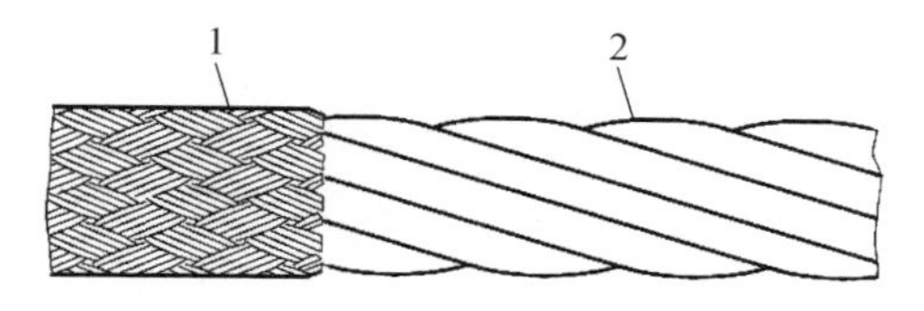

图7－5　典型的扭矩匹配钢丝绳型(TM型)结构中的绳芯和防护层

1—防护层；2—绳芯。

根据绳索的结构，绳索可具备中性扭矩或被设计成为容纳一定的转矩(扭矩匹配结构)。扭矩匹配绳索与钢丝绳一起使用。这种结构是专门设计用于降低钢丝绳的扭转疲劳。

7.2.5 影响超高分子量聚乙烯纤维绳缆使用性能因素和安装使用中注意事项

1. 总则

无论何时，操作纤维绳索时应避免下列情况：

(1)与尖锐边缘的接触(注意船上滚筒表面和艉滚轮)，如图 7－6 所示。

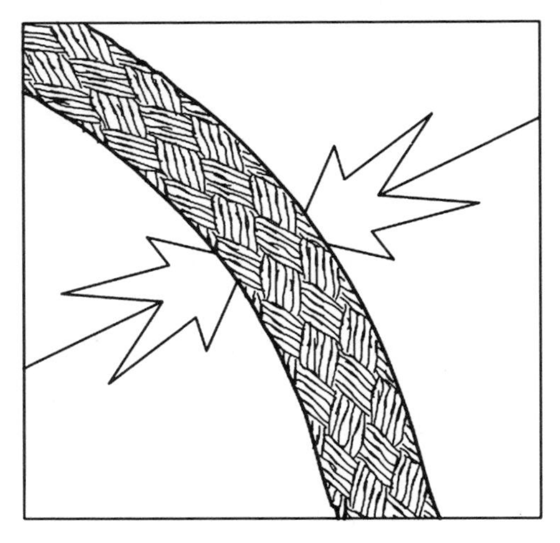

图 7－6 与尖锐边缘的接触

(2)绳索与粗糙表面的过度摩擦(注意船甲板和艉滚轮)，如图 7－7 所示。

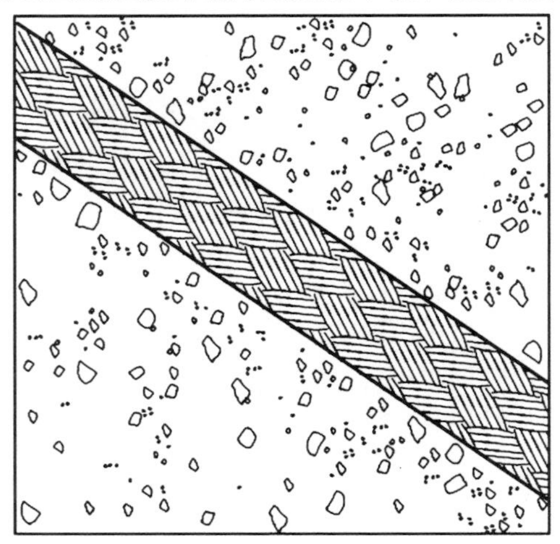

图 7－7 绳索与粗糙表面的过度摩擦

(3)使用尖锐的工具作业或操控(刀具、剪刀和钢丝绳)，如图 7－8 所示。

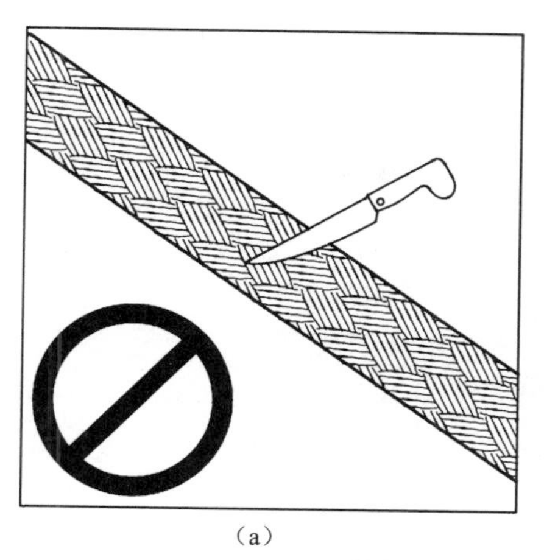

(a)

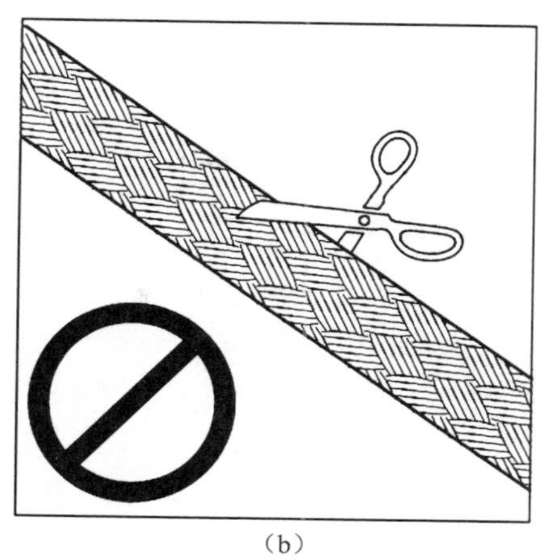

(b)

图 7-8 使用尖锐的工具作业

(4)绳索过度受污和使用场合(油、泥浆和泔脚),如图 7-9 所示。

图 7-9 绳索过度受污

(5)绳索过度扭转和挠曲,如图 7-10 所示。

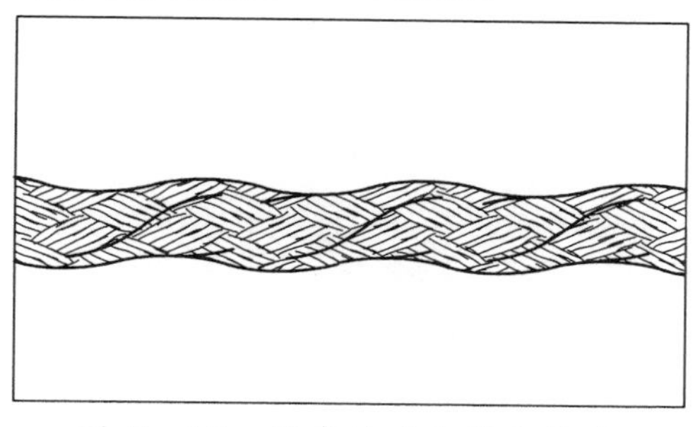

图 7-10 绳索过度扭转和挠曲

(6)接触化学试剂或长期曝露在阳光下。

2. 卷盘装绳索的外观

交货的 UHMWPE 纤维绳索通常卷绕在钢铁卷盘上。

在运输过程中,对绳索的主体应包裹防护包装材料提供保护。

要去除外部包装物应细心,不得用刀割而损害绳索。绳索外缠裹的包装是带有较大的张力而捆上的,如被割断有回弹,所以要格外小心。

中间段可装入具有相当大尺寸的包装木箱内,箱子能被适当尺寸和载重能力的叉车、合适的叉铲安全地叉起。另一种方法是可用起吊设备吊运箱子,如果吊索放在箱子下侧并能处于合理地分布载重的位置,可安全吊起。对于吊索,若可能伤害到包装箱,致使箱内的货物外露的,均不可采用。

3. 卷盘的起吊和操作

使用吊车时,用特定的升降装置将卷盘吊起。

吊装卷盘的初始加载或下降落位时,均应慢而轻柔,尽可能避免过度的用力加速或减速。

装有绳索的卷盘不能在地坪上滚动,即使是空的卷盘,除非完全必要,也不能滚动,仅在提供了充分的控制滚动的方法时,才能在平整的地面上进行。

卷盘放置在地上,不能旋转或单边移动。无论满的或空的卷盘,都不能用叉车吊起。

使用卷盘支架时,卷盘不能脱离支架,直到绳索已安装上卷绕机构。绳索储存时,使用了卷盘支架,能防止卷盘滚动,将不稳定性降到最低并确保正确的卷盘方向。

4. 卷盘的储存和维护

绳索应存放在卷盘内,卷盘放置在平地上的支架上,需要时加上合适的楔形木垫以防止任何意外的运动。卷盘不允许重叠堆高。卷盘放在室外时应加遮盖,防止长期曝露在阳光下,防止植物在绳索上生长,防止微细颗粒在遮盖物上积累或进入绳索。这些措施确保了绳索护套层保持尽可能好的状态。

绳索卷在卷盘上被储存时,钢铁的线轴和其他配件不能联结着绳索,避免擦伤绳索护套层。

5. 安装

1)从船体外放入水中的部署

(1)当新的绳索与船甲板或艉滚轮接触时,向绳索直接喷水,有助于避免外部磨损造成的损伤和减少绳索内部纤维间的磨损,如图 7 – 11 所示。

(2)安装套管时,避免过度张开绳索的眼环,它可能损坏或撕裂复合涂层,如图 7 – 12 所示。

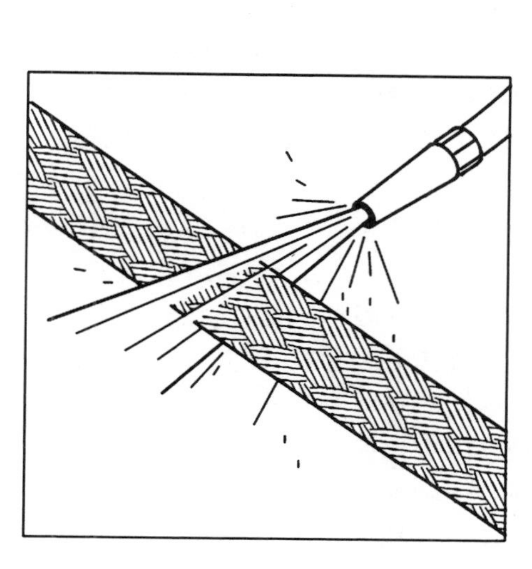

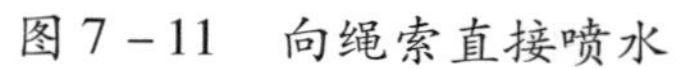

图7－11　向绳索直接喷水

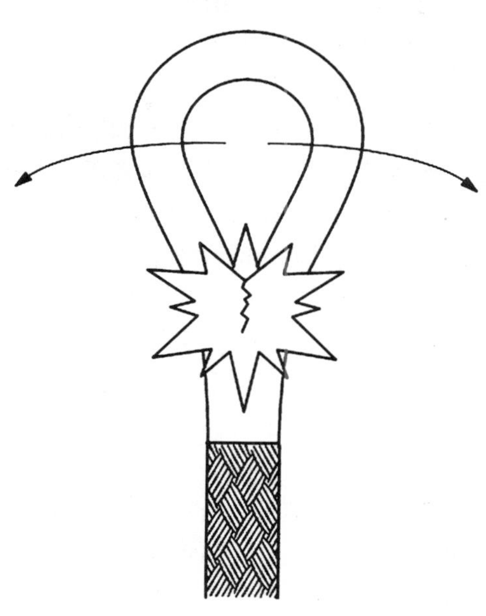

图7－12　安装套管时避免过度张开绳索的眼环

(3)避免在靠近明火、有腐蚀性的化学物品,或过热的场合使用。如果不可避免,应保护索如图7－13所示。

图7－13　避免在靠近明火、有腐蚀性的化学品,或过热的场合使用

（4）避免绳索接触海底。

2）线性张力和回卷

计算部署过程中绳索承受最大的线性张力，应设定为不超过最低断裂强力的10%。部署中可能需要重型的锚或很长的铁链。但绳索不支持这些总的重量。作为建议，它们可预先部署在水下或使用另一根绳。在后一种情况下，应留心第二根绳在部署时或断开连接时对绳索造成的损伤。这第二根工作绳应是一个理想的、扭距平衡的纤维绳。

通常运输绳索的标准卷盘难以承受好几吨的绳索线性张力。建议将绳索转移到起锚机的绞车或专用的部署卷盘上。然后绳索可以直接从绞车或从专用的部署卷盘放下去。任何用于回卷而临时连接到绳索眼环的，应使用纤维绳或编织吊带。任何与绳索连接的的载荷应保持在最低限度，避免割开绳索眼环的连接点。

为了减少绳索陷入绞车的内层致使护套内与捻绳之间相对运动机会，放绳时的张力应设计为尽可能低的。在绞车回卷或收进储存绞盘时，为避免陷入内层，应给绳索加以张力，通过一个良好的横移引导机构。作为一个指南，绳索回卷或放绳时带有低于最低断裂强力的5%的张力，不会出现包括绳索陷入等问题。

3）设备状态

所有与绳索接触的表面均应是光滑而无尖锐边缘的。在部署过程中应避免任何与绳接触的设备与绳索有相对运动。应特别注意避免绳索的聚氨酯涂覆的眼环与绞车架等金属物体的接触。

4）辊筒和绳索弯曲

在部署过程中，偶尔的绳索经过卷辊和弯曲是允许的，绳索不应在卷辊上重复循环地持续一段时间。绳索也不应在动态加载条件下长时间地弯曲和缠绕。

绞盘、滑轮和辊筒均应能自由旋转。

由运输卷盘的卷轴直径给出了储存卷盘的内外直径的最小比例值。储存长度可利用原有运输用卷盘的较小的直径比例值。

5）张力调整和连接

为了检验和消除锚链端开始的结构性伸长，可使用调整张力的程序。在系泊的初期，可能需要时不时地调整绳索的张力，需经历其第一次的风暴去消除绳索的进一步的结构性伸长。应继续监测绳索的线性张力，必要时完成张力调整。

6. 损伤识别

1）绳索护套层损伤

外部的小损伤，如灰尘和轻微的磨损，是很常见的。绳索护套层和过滤层的目的是保护内芯(图7-14)。护套层和过滤层不被认为计算绳索的有关性能,例如断裂强力和刚度。

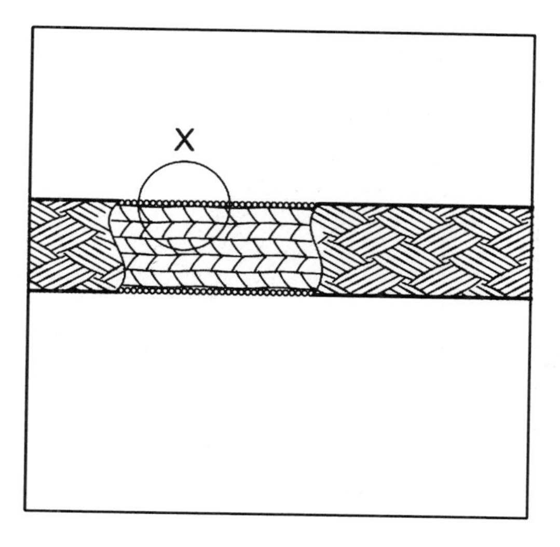

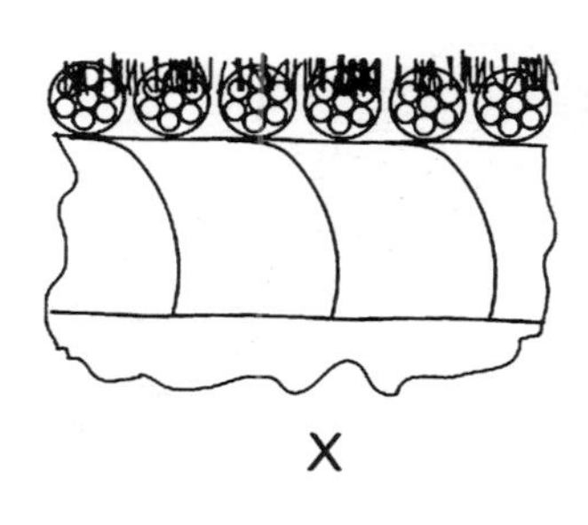

图7-14　绳索护套层

外部的损伤,可如下直观地识别:

(1)额外的污垢,这并不代表重大的损伤。护套层的目的是保护绳索的内芯。在这种情况下,用淡水冲洗该区域,如图7-15所示。

(2)护套层豁口使内芯露出。在这种情况下,如护套层上暴露的区域未显示割口或污垢迹象,可用小直径的细绳螺旋式排列盖住该区域,再用加强的胶带保护好。否则,该绳索将被拒绝使用,如图7-16所示。

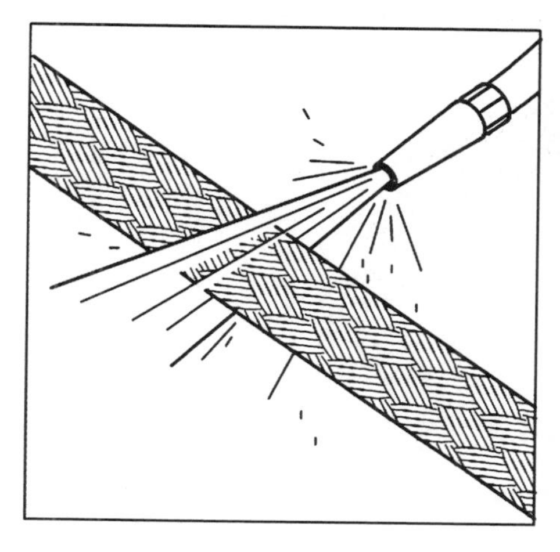

图7-15　用淡水冲洗污垢

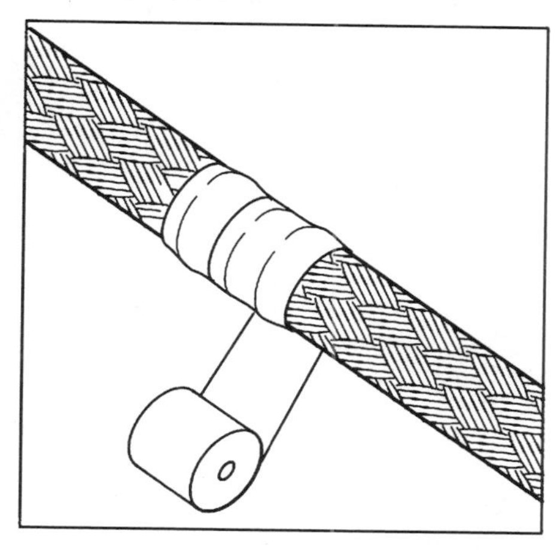

图7-16　用加强的胶带保护

(3)旧绳索的护套层被磨损,但无切口。在这种情况下,用加强的胶带覆盖该区域。如图 7-17 所示。

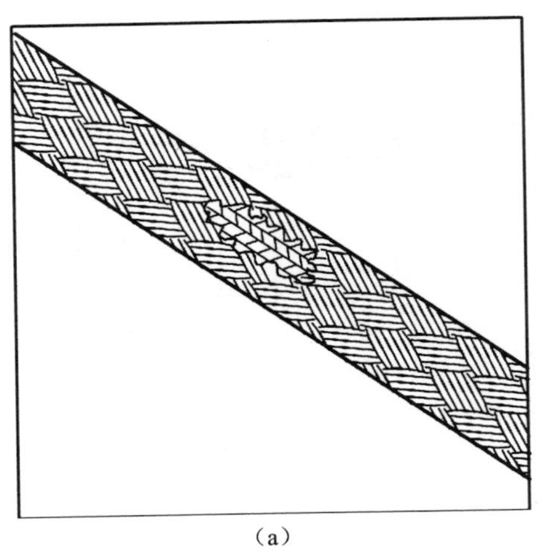

(a)

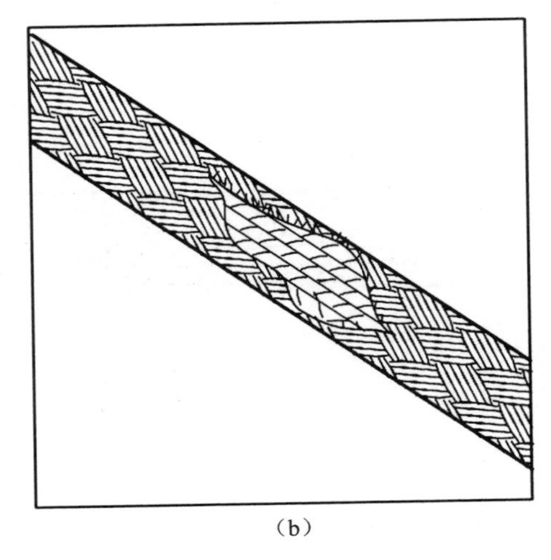

(b)

图 7-17 旧绳索的护套层被磨损

7. 绳索内芯损伤

绳索带有内芯损伤应被拒绝使用,如图 7-18 所示。

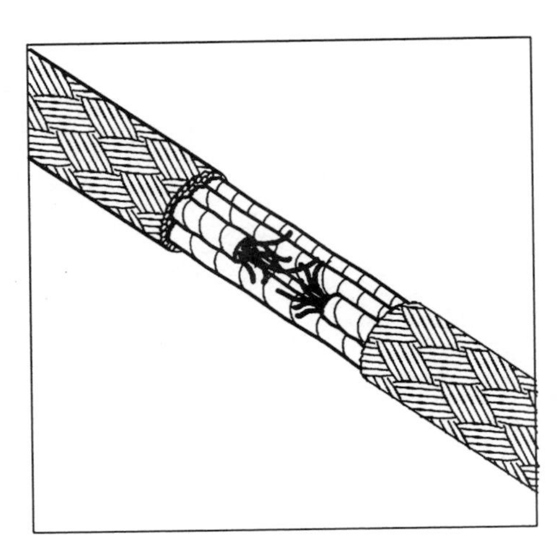

图 7-18 绳索有内芯损伤

应当指出,仅有内芯的重大损伤可以由视觉识别。绳索表面过度的非直线性可能代表了内部损伤,如图 7-19 所示。

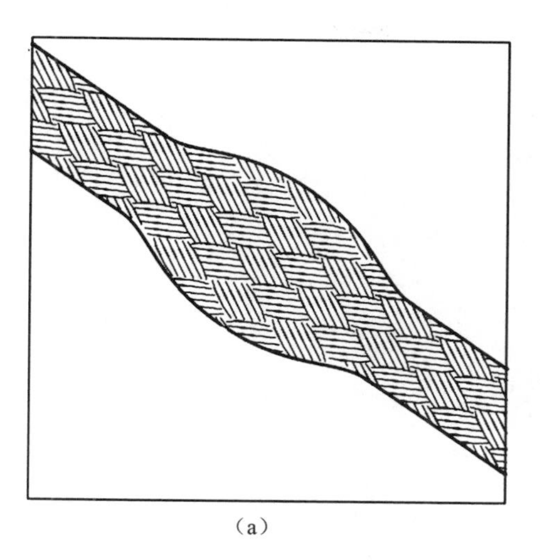

（a）

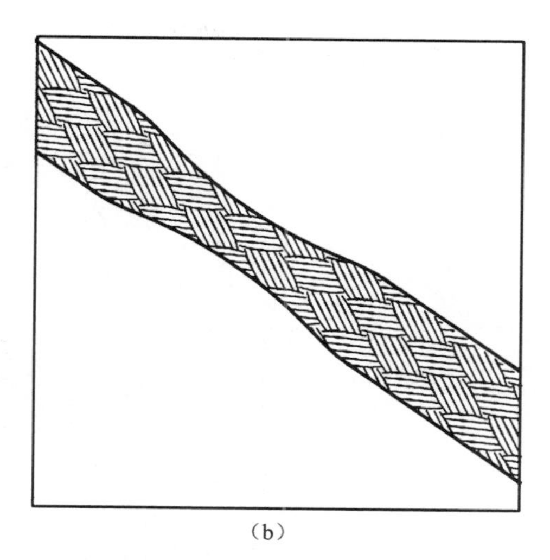

（b）

图7－19　绳索表面过度的非直线性

7.3 工业吊缆

用于起吊、捆绑和牵引等作业的吊缆索，最大优势是不会压伤被吊部件和定位准确和操作方便。

7.3.1　编织吊缆索

编织方法制造的环形或带有环眼的吊缆索，可由8股、12股、16股等编织而成，也可由单芯或多芯复编而成，多芯复编容易制造较大直径，但对接要求环眼等长的技术要求高。如图7－20所示。

图7－20　天津海洋石油海上作业

7.3.2 缠绕吊缆索

缠绕方法制造的环形的吊带索如图7－21,图7－22所示。

图7－21 巨力索具吊带索应用于三峡工程中吊装415t机组转子

图7－22 吊装800t海上钻井平台导管架

一般缠绕方法制造的环形的吊带索由保护套和承载芯两部分组成。保护套是由织机编织而成,本身不承重,主要是起保护承载芯的作用。承载芯是由平行排列的UHMWPE丝束组成。一般使用和生产范围:额载0.5～2000t,长度0.5～80m。

7.4 系泊缆和拖缆

系泊缆系海洋平台、海洋工程船等海上固定和船舶等靠于码头、浮筒、他船时所用的装备之一：缆索还包括缆桩、导缆器、导缆孔、绞缆机（或绞盘）等；拖缆是拖曳他船或浮体及被他船所拖曳时所用的缆索；在一套拖索具中，拖缆实际上由三部分组成，即主拖缆、短缆及龙须缆（链）。在沿海航区和遮蔽航区拖航时，可以不配短缆。根据不同的拖带方式拖带缆的名称可分为：傍拖的拖缆、横向顶推的拖缆和吊拖的拖缆。以前钢丝绳主要用于这个功能，在钢丝绳直径达到 25 ~30mm 时，对船员而言，绳重量让船员操作变得很困难。必要的是将绳拉离绞车，在船尾处将它穿过导缆器，返回到船首，然后穿过驳船，驳船在拖船甲板的不同水平面上。在通过水闸运输时，拖船一定要经常断开，所以可能需要日以继日相当大量的工作量。船员出现背部损伤是经常的事。将绳牵引着穿过驳船时，可使机组人员失去平衡，尤其是绳子有缺陷时。在使用中，钢丝绳中的个别钢丝开始断裂；后来许多船员开始了纤维绳的应用试验。按照钢丝绳常规使用法磨损问题较大，但是很多船长看到了利益决定让船恢复使用纤维绳；使用减少绳索磨损的方法，导缆器的加工和其他的摩擦点，加上船员的训练和合作使纤维绳得到了广泛应用。UHMWPE12 或 8 股的编织绳直径大约与钢丝绳一样，但重量是钢丝绳的 1/5。

随着海洋平台深海化、多样化和海洋油气、矿产资源开发工程的蓬勃发展，对绳缆的要求进一步的提高，钢丝绳的自重和锈蚀保养等系列问题，使传统纤维绳许多要求和性能都已不能满足海洋工程重型化与深海化的要求，迫切需要高模量、特种要求系列绳缆来弥补其不足。随海上浮动式核电站平台、深海可燃冰平台、油气开采加工平台船等能源矿产开发和深海探测、国防军工、潮汐发电、大桥防护等需求，高性能、高抗疲劳纤维系泊系统等在海洋工程和国防等领域的开发应用，其经济效益和社会效益不可估量。

超级大船多点系泊如图 7 - 23 所示，海洋养殖平台系泊如图 7 - 24 所示，海洋工程平台系泊如图 7 - 25 所示，拖带作业如图 7 - 26 所示社会效益不可估量。

图 7 - 23　超级大船多点系泊

图 7-24　海洋养殖平台系泊

图 7-25　海洋工程平台系泊

图 7-26　拖带作业

7.4.1　材料

绳芯材料:用于绳芯的纤维应是海洋用高性能的 UHMWPE 纤维,其断裂强度的平均值不小于 2.5 N/tex。

绳索表层材料:聚酯纱线用于绳索表面保护层时,该纤维的平均断裂强度应不低于 0.73 N/tex。

其他材料:在绳索中用到的其他组合性材料应在绳索的生产或制造设计文件中进行识别,对于每种材料,应作下列规定:基材、规格(线密度或单位面积的质量等)、有关力学性能(断裂强度、刚度等)。

7.4.2　主要物理性能

1. 最低断裂强力

最低断裂强力,应当符合 ISO/TS 10325(GB/T 30668)和 ISO/TS 14909 标准要求,绳索代号相当于其以毫米计的近似直径。绳索的实际直径可能与代号所表示的直径值不同。它并非为正确地标示在其它环境和场合下于该点断裂的值。值得的关注的是,绳索尾段插接的方式和质量、加载速率、预处理和施加于绳索的预加张力等都将影响断裂强力。绳索卷绕于桩柱、绞盘、滑轮或滑车上,可能在低于此强力值时断裂。打结或扭曲的绳索将大为降低其断裂强力。新制绳索经试验在防沙好的条件下一般湿态断裂强力不低于干态断裂强力。

2. 高模量绳芯的断裂强度

高模量绳芯可以为单根编绳或若干根支绳组成,按 ISO/TS 14909 标准要求其最低断裂强度应为 1.3N/tex,为增强高模量绳芯技术性能可以给绳芯进行树脂的复合。因没有在断裂强度的考核指标中说明,而按常规成品绳索制造商为增强绳芯性能基本都给绳索进行复合后的线密度。根据累积检测结果和试验验证结果样品数据处理分析:给绳芯进行复合会增加绳芯重量,即增加绳芯的线密度大多为 10% 左右,所以在累积检测结果、试验验证结果基础上,使大规格绳芯特别是单芯有更好的考核可操作性,因为线密度在质量证书上有表明;对检测绳芯特别是单芯断裂强度达到指标 90% 时候,按 ISO 2307 断裂在尾段插接眼环附近,则标记外则合格。

3. 蠕变性能

应形成纤维试样的蠕变性能试验结果文件,由纤维制造方交给绳索制造方,涵盖以下内容:

(1)在一定应力范围(N/tex)、温度范围下的蠕变率(百分率除以单位时间)、允许的延伸率(%)或允许的蠕变时间;

(2)按按 ISO/TS 14909 附录 C 规定所进行的蠕变性能试验时的温度(℃)和额定应力(N/tex)相应的张力下的蠕变率(百分率除以单位时间);

(3)纤维制造时所做蠕变性能试验的环境和蠕变率。

4. 防微粒进入绳索的保护

如有要求,绳索应加有防止直径大于 20μm 的微粒进入绳芯的结构物,采用多方同意的方法保护。对防护层的试验方法按 ISO 18692。

7.4.3 绳索的分层与结构要求

1. 通用要求

典型的高模量绳索,从横截面看,应由承担主要强度和刚度的绳芯及外层组成。

2. 结构种类

高模量绳索的结构形式由购买方确定,应是两种类型的结构种类:

中性扭转结构(TF 类型)——中性扭转型的绳索可用于与链条或中性扭转的圆股钢丝绳一起组成系泊系统。

耐扭转结构(TM 类型)——匹配扭转型的绳索可用于和 6 股钢丝绳或其他非中性扭转型钢丝绳一起组成系泊系统。

3. 绳索绳芯

高模量绳索中绳纱的数量不应少于绳索设计文件的规定。高模量绳索绳芯或者绳芯都不能有插接(末端除外)。绳股应为不间断、无插接、无错位,需要时,绳纱可以接续。

4. 防护层

防护层应该全部覆盖住绳芯,以防止其在操作和使用中的机械性损伤或磨损。防护层应是可渗水的。聚酯编织物构成的防护层,其最小厚度 t 应为:

——绳索代号 RN 大于等于 100 时,$t = 7.0$mm

——绳索代号 RN 小于 100 时,$t = 0.07 \times RN$,但不能小于 4mm。

绳纱如排列不当,一段受阻的绳纱和另一绳纱的路径连续重叠,即为错位。

当使用 HMPE 或替代材料为防护层时,其性能应相当于聚酯的编织物。编织物防护层应由着色的绳纱形成花纹,使绳索在操作和使用中能被辨识出捻转。至少有“S”向和“Z” 向的各一个着色绳纱,在绳索表面形成交叉花纹。防护层应配有轴向、对比于底色的条纹,或者用其他的方法来辩识绳索在操作和使用中的捻转。

5. 高模量绳索端部

绳索端部应插接成眼环,附加防磨损耐老化的保护材料,可以规定能防止损害绳索性能的其他端部形态。绳索端部眼环的规格应与其直径相匹配,也应与用于端部连接的嵌环(或其他连接部件)的凹槽相匹配,须做绳索连接总成的型式试验。绳索端部插接眼环部位,绳索的防护层和微粒进入防止层的应保持并恢复其完整性和连续性。绳索端部插接眼环部位,应进一步使用抗磨损的涂层,如用聚氨酯涂覆。绳索每个终端的制作,都应与端部说明文件中所叙述的一致。

6. 高模量绳索的长度

绳索的交货长度方法计算，测量时加载为最低断裂强力的20%以下，除非买卖合同中另有规定。交货绳索的计算长度应在预定长度的误差±1%以内。对于每根交货的绳索，应在报告中写明绳索在加载张力下或者是在制造过程中的长度指示值。绳索制造时增加的用于测试的样品长度，被认定是交付的一部分。

7.4.4　断裂强力和刚度试验

1. 断裂强力试验

按ISO/TS 14909：记录绳索试样在断裂点处的力值。被试验的样品均应测得最低断裂强力（MBS）。有一个试样的断裂载荷低于最低断裂强力（MBS）的要求，应使用另两个预先准备的试样进行试验。只有后续两个试样试验结果均达到最低断裂强力（MBS）时，该绳索才能被认为符合本标准中要求的断裂强力。

2. 载荷—伸长试验

按ISO/TS 14909。

3. 机械性能的计算

绳芯的断裂强度

绳芯的断裂强度按下式计算得出：

$$t = \frac{F_{BS}}{\rho_{l,c0}} \tag{7-1}$$

式中　t——绳芯的断裂强度（N/tex）；

m_T——单位为整根绳索的质量（kg）

F_{BS}——实际的断裂强力（N）；

$\rho_{l,c0}$——绳芯的线密度，在试验时加以2%的最低断裂强力（MBS）时测量得出（tex）。

4. 初始承载末期的动态刚度

根据绳索的结构特点，一根已知强力的绳索在给定的条件下可表现出很大的刚度范围，在初始承载末期的动态刚度提供了该绳索的刚度相关的指示值。因此，一个规格的绳索仅需有限数量的试验来验证其性能和调整模型绳索的轴向刚度定义为，试验过程中低应力（低谷）和高应力（高点）之间的力值对绳索最低断裂强力指标的比例除以绳索长度的应变。

$$K_r = \frac{\Delta F}{F_{MBS}} \div \frac{\Delta l}{i} \tag{7-2}$$

换算出的刚度K_r是无量纲的（%/%）。

动态刚度是在前述以代表船舶在缓慢漂移运动和波浪作用下的循环频率

时，典型的接近线性的行为。在某些案例中，可选取小于10%的加载范围，但是较小的延伸会导致测量的困难。

初始承载末期的动态刚度由所测得的张力和伸长，再加以计算而得。系列的探索和发展，研究了循环载荷疲劳作用下纤维绳索的载荷—伸长特性，提出了与刚度试验参数相关的量化模型。

该动态刚度按下式计算得出：

$$K_{\mathrm{rb}} = \frac{(F_{30} - F_{10})/F_{\mathrm{MBS}}}{(L_{30} - L_{10})/L_{10}} \tag{7-3}$$

式中 K_{rb}——初始承载末期的动态刚度；

$F_{30}-F_{10}$——在100次加载循环中载荷的变量；

F_{MBS}——绳索的额定最低断裂强力；

$L_{30}-L_{10}$——在100次加载循环中的伸长率（应变变量）。

5. 动态刚度

经由所做的载荷—伸长测量，按下式计算得到动态刚度：

$$K_{rd,x\to Y} = \frac{(F_Y - F_X)/F_{\mathrm{MBS}}}{(L_Y - L_X)/L_X} \tag{7-4}$$

式中 $K_{rd,x\to Y}$——加载循环中载荷 X 至 Y 时的动态刚度；

F_Y-F_X——末次循环时加载的增量记录值；

L_Y-L_X——末次循环时 F_X 至 F_Y 所对应的伸长率。

6. 准静态刚度

准静态刚度，例如准静态循环后的刚度的定义为：顺利完成了半个循环周期节点时的割线刚度。除了需要陈述更长持续时间后的绳索蠕变的效应超过了这一特定持续时间者（蠕变均值超过绳索的原有长度），经1h循环后的结果可被用与推算有代表性的、更长的持续时间如24h或7d的情况。

由载荷—伸长测量，按下式计算得到准静态刚度：

$$K_{rs,X\to Y;1h} = \frac{(F_Y - F_X)/F_{\mathrm{MBS}}}{(L_Y - L_X)/L_X} \tag{7-5}$$

式中 $K_{rs,X\to Y;1h}$——加载循环中载荷 X 至 Y 时，并持续时间1h后的准静态刚度；

F_Y-F_X——末次循环时加载的增量记录值；

L_Y-L_X——末次循环时 F_X 至 F_Y 所对应的伸长率。

7. 线密度测定

（1）海洋平台系泊缆按ISO/TS 14909，其他缆绳按ISO 2307。

（2）线密度计算

一般缆绳按ISO 2307；海洋平台系泊缆线密度按下式计算：

$$\rho_{l,0}=\frac{m_R}{L_{R0}}\quad \rho_{l,20}=\frac{m_R}{L_{R20}}\quad \rho_{l,2}=\frac{m_R}{L_{R2}}\quad \rho_{l,C0}=\frac{m_{RC}}{L_{R0}} \tag{7-6}$$

式中　$\rho_{l,0}$——绳索成品在 2% 的最低断裂强力(MBS)时的线密度(ktex)；

$\rho_{l,20}$——经循环加载后、在 20% 的最低断裂强力(MBS)时的绳索线密度(ktex)；

$\rho_{l,2}$——经前述步骤机械性受力后、重回 2% 的最低断裂强力(MBS)时的绳索线密度(ktex)；

$\rho_{l,C0}$——绳索成品中芯绳在 2% 的该绳索最低断裂强力(MBS)时的线密度(ktex)；

m_R——参考长度的质量(g)；

m_{RC}——绳索中芯绳的参考长度的质量(g)；

L_{R0}——在张力为该绳索最低断裂强力(MBS)的 2% 时测得的参考长度(m)；

L_{R20}——经循环加载后，在张力为该绳索最低断裂强力(MBS)的 20% 时下测得的参考长度(m)；

L_{R2}——经前述步骤机械性受力后、重回 2% 的最低断裂强力(MBS)时测得的参考长度(m)。

8. 循环载荷疲劳试验

循环载荷疲劳试验作为对典型的系泊系统的回应，在合适的加载范围内对绳索的疲劳试验，用小规格的绳索进行量化的系统性循环加载试验(见 ISO 18692:2007 的 E.7)，要远高于钢丝绳的同类试验。对 UHMWPE 纤维绳索的类似试验的有限的数据表明，UHMWPE 纤维绳索的抗疲劳性优于聚酯绳索。

绳索试验中直到最终失效是不切实际的行为，因此，循环加载疲劳试验的目的是，可以获得某根绳索与已测定过物体的耐久性相同的、预期的耐久性能，防止在设计和制造中绳索过早失效的风险。

(1)试验方案

按 ISO/T S14909，由生产方选择载荷水平 R，应为绳索最低断裂强力 40% 或 50%。

按图 7-27 所示得所对应的最少循环次数。

试验的平均载荷 F_{mean} 和最大载荷 F_{max}，最大载荷为最低断裂强力(MBS)的 52% ~55% 之间。

循环加载的范围为(F_{min-} F_{max})：

$$F_{min}=F_{mean}-\frac{R}{2} \tag{7-7}$$

$$F_{max}=F_{mean}+\frac{R}{2} \tag{7-8}$$

图 7-13 中的循环次数 N,由下式得出

$$N \cdot R^{5.05} = 166 \tag{7-9}$$

式中　R——载荷水平,除以最低断裂强力(MBS)的商;

N——当 $R=0.4$ 时,取值为 17000,当 $R=0.5$ 时,取值为 5500。

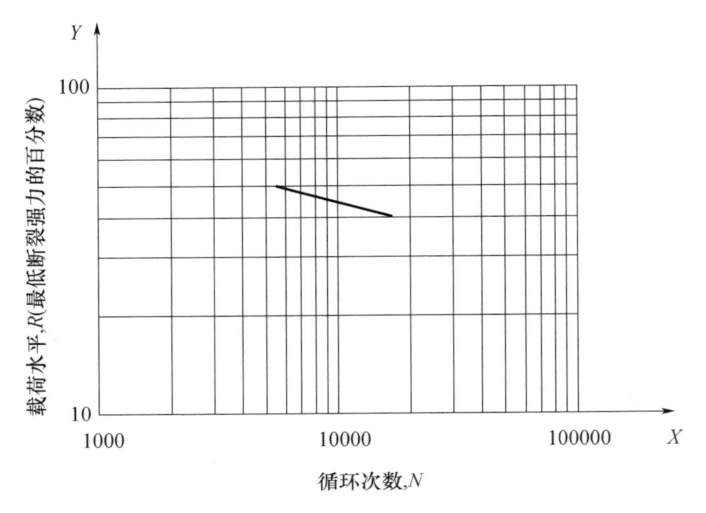

图 7-27　循环载荷疲劳试验的最低要求

(2)试验步骤。

按 ISO/TS 14909。

9. 防砂粒进入试验

按 ISO/TS 14909。

10. 蠕变性能试验

(1)HMPE 绳索蠕变性能试验的方法按 ISO/TS 14909。

(2)在试验完成后,模拟自然状态下时间所对应的延伸,获得蠕变率(单位时间内的百分率)。

蠕变试验中特定的应力 S_C,由下式计算得出:

$$S_c = \frac{T \cdot F_{\mathrm{MBS}}}{\rho_{l,c0}} \tag{7-10}$$

式中　T——张力对应于最低断裂强力的百分率;

F_{MBS}——绳索的最低断裂强力指标(N);

$\rho_{l,c0}$——在线密度测量中,加以最低断裂强力的 2% 的张力时,测得的绳芯的线密度,或在使用支绳做试验时该支绳的线密度(ktex)。

绳索用于固定或移动的海洋平台、由锚固线形成的系泊定位系统的组合件,或在类似的应用中使用。海洋平台系泊定位系统的设计标准,以及在这样的系

统中应用的纤维绳，见 ISO 19901 的第 7 章。在这样的系统中，纤维绳索通常是长期浸入水中一端和另一自由端之间的跨越。应避免绳索与海底的接触，除非在意外情况下发生（例如在向海里部署放绳的过程中）。

11. UHMWPE 纤维的蠕变

在一个恒定负荷下，纤维具有不可逆变形（蠕变）的行为，这极为依赖于载荷和温度。图 7－28 和图 7－29 显示了一个典型的纤维蠕变曲线，图示了纤维伸长作为时间的函数。三个区段可以明确区分开来，其特征在于一个不同的蠕变行为。

区段Ⅰ："初始蠕变"：在这个区段，产生了结构性的排列，最初，蠕变率很高，但很快会随着时间的推移而下降，直至达到稳定的水平，这里的伸长是可逆的。

区段Ⅱ："稳定态蠕变"：在这个区段，产生了分子链的滑动。这里的伸长是塑性变形，是不可逆的。

区段Ⅲ："第三期蠕变"：在这个区段，分子链开始断裂。高的应力造成长丝的缩颈现象，可增加局部的应力，进而加速应变直到断裂。

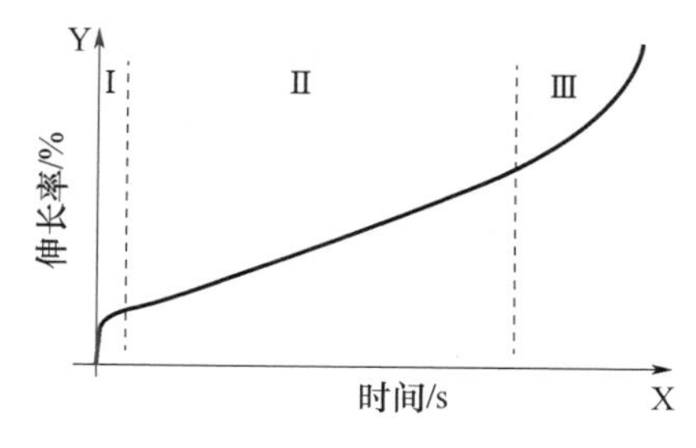

图 7－28　典型的 HMPE 纤维的蠕变曲线

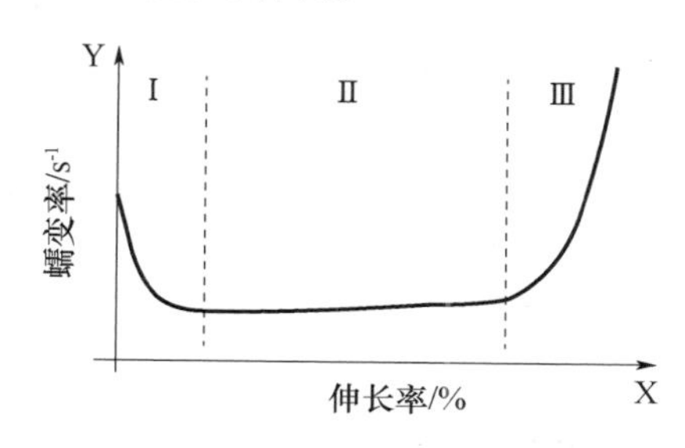

图 7－29　典型的 UHMWPE 纤维的蠕变率曲线

蠕变和蠕变率参见区段Ⅱ的"稳定态蠕变"。蠕变强烈地依赖于载荷、温度和时间。

蠕变的区段Ⅱ向区段Ⅲ的过渡，用蠕变过程中的加速度来表示，可以用来标记寿命的结束。

在区段Ⅰ中蠕变率趋于平缓，标志着该区段的结束。因此，为了推测较长时间后的蠕变，蠕变试验至少应进行到蠕变率的稳定期。

12. 预测绳索的蠕变

绳索作为一个海洋平台定位系泊系统部件，其包括下列内容的蠕变性能应做评估（参见 ISO 19901—7：2005 的 14.4 和 A.14.4）。

（1）预测一年间的预期蠕变，由此得出绳索在最主要使用场合，例如，在最高环境温度和最大张力的使用场合（绳索通常的高工况）等操作条件下的预期寿命。

(2)在需要的地方,针对海洋平台定位系泊系统的完整状态,预计整个绳索的累积蠕变伸长,预测绳索的设计使用寿命。

ISO 19901 -7:2005 的 A. 14. 4 概述了一种评估方法。它考虑了绳索长时间处于变张力的情况。绳索的蠕变性能数据是由型式试验得到的,但是要从所有尺寸的绳索试验得到那些信息既不可行,也不必要,因为对蠕变模型的评估,可以支持蠕变性能需求,限制了对所有尺寸的绳索做试验的要求。

7.5 钓鱼线

超高分子量聚乙烯纤维编织钓鱼线,美国钓具协会(AFTMA)标准按其线密度制定了对应的序号。经过实践证明,在许多生产和作业上用超高分子量聚乙烯纤维及合成材料经编织而成的编织钓鱼线,需要替代聚酰胺单丝钓鱼线有十分优越特点:编织复合线,集火线的顺滑性、耐磨性与编织线及超高强度于一体,更强、更圆、更顺滑;圆度最好的编织线,可以很规律地缠绕在线盘上,有效防止炸线;表面极其顺滑,有效增加抛投距离;特殊的材质与复合工艺,决定该产品耐磨性能优越,可以有限增加使用寿命;低延展性,可迅速传递鱼类咬钩倍号;多钓杆时可用各种鲜艳的颜色,可以轻易地识别鱼线的移动;不易识别的特殊色可以根据水色和阳光折射用作前导线;适用于竞技、船钓、拖钓等多种钓法,优先用鼓型轮与拖钓轮。

7.6 帆船绳缆

应用在航海和游艇的绳索,它们许多是用超高性能的 UHMWPE 纤维制造的;超高性能绳的选择取决于成本和性能的平衡。

绳索制造者,为他们重要的市场而竞争。为了超高性能而不是选择在绳的结构复杂性上做多种选择,而是在特殊使用要求上使用特殊生产技术。

超高性能优等产品可以在恶劣环境中证明其性能。在选择绳直径时,绳的断裂负荷和线密度,用来控制吊杆和吊索的,吊索用于升起船。对绳子的要求是:低的伸长率,高强度和长的使用寿命。聚酯纤维已被证明很好,但 UHMWPE 绳索技术上更占优势,虽价格较高,因为要进行连续性操作,所以纤维绳索经常用于绞盘上的绳的表面摩擦和磨损性能是最重要的。要求是:包覆最少时,在张力作用下绳子易操作;无张力时,可平整地滑移;有经验的航海成员马上会发现绳索操作中较小的变化,如果结果不是他想要的,就会对绳索制造商不满。

对于中等粗细 10mm 的绳子,在 50% 的断裂负荷下绳子有 2% ~10% 的伸长。所有的绳子都是用正确的方法进行连接的,绳子的不同特性,绳的颜色或是纱线上做了带颜色的标记。

为了最大程度地利用 UHMWPE 纤维的高强度,与聚芳酯(Vectran)相比,UHMWPE12 股的编织绳,用保护性涂料,不用重的套管。在面积和重量上超过了其他高性能纤维绳的强度,高达 1.7 倍,它的强度/重量是钢丝绳的 8 倍。通过配件的强度来衡量,这一点让它成为了制作赛艇的最轻的吊索材料和比赛能获胜船只的最佳选择。然而,随着温度提高,UHMWPE 强度的下降以及低的熔点意味着一定要避免由于摩擦产生的热。可以通过利用大量的水和其他液体来降低熔融摩擦。在接触区域,为了改善操作和得到理想的使用寿命,可以编上附加的外套。UHMWPE 绳索与聚芳酯纤维有着相类似的结构,12 股 UHMWPE 绳索的次外层为聚酯短纤,表面比较毛糙抱合力较好,但强力稍低。最外层为聚酯长丝。与 UHMWPE 纤维绳类似,但外包层较松从而弯曲性更好易拼接,能提高耐久性有轻微损失后的使用性。长时间做吊索用的 UHMWPE 绳索会蠕变(不可回复伸长)。而高模量意味着冲击负荷会转移到附件设施上,在设计中应考虑到并适当加强。在一些没有很大摩擦的非重要位置,可以通过去掉部分外皮层来减轻 12 编织绳索的绳芯中有 UHMWPE 和芳纶纤维的重量;据报道称可以联合发挥芳纶的抗蠕变性和超高分子量聚乙烯的抗弯曲疲劳性。应该保留有外皮层来保护芳纶免受紫外线伤害,一种低成本绳索,有聚酯外套,而芯层的 UHMWPE 较细,强力稍降低但与配件设施相匹配。

一种比较绳索的方法是在给定船帆区域内对绳索直径作比较。Gleistein 给出了以下公式:

$$船帆面积(m^2)^3 \times 风速(knots)2^3 \times 0.021 = 力(daN)^3 \times 5 = 破坏力$$

UHMWPE 绳适用于做拉索、上下拉拽绳索、收帆索、斜桁支索、下拽索。在美国等地,UHMWPE 和芳纶系泊缆绳在水手中是最受欢迎的。最容易坏掉的是配件设施,尤其是船上的导缆钳。齿轮的磨损很厉害。接触过咸的海水中,湿或干都会造成损伤。为了完成它们在现代游艇中的任务,需制造一系列的常用绳索包括制作船帆绳索,修剪线,依附线,螺旋线等,直径范围在 1~10mm 之间。这些为 8 股或 16 股,依附线用于把船帆固定在帆桁上,螺旋线用于将其缝入木板,形成楞脊状,安置于狭槽中。

7.7 其他应用

攀岩只是登山绳的一种应用。沿绳下降不能被攀岩者运用,但是可以用来从直升机、建筑物上下降。标准的下滑绳有一个平行的 UHMWPE 纤维芯,并用 16 编织成无扭矩的并用聚酯纤维包裹起来。低的伸长并要求减小扭结和快速的救助,使其可控性下降;一种用于紧急逃生系统的绳需要耐热改性是加了改性芳纶的包裹层;这些绳索有标准的代码。短纤纱聚酰胺或聚酯的使用要求使绳索中一个好的握持力和增加吸收动力载荷,从而平稳的下降。在海洋勘察等还可以用到脐带缆、智慧缆等方面。可以把绳编织成网具使用到水上重要目标的保护如海洋平台、大桥,航运节能风帆等;陆上用于高速公路护栏、山坡石块跌落、防恐车辆阻拦等。

参考文献

[1] Hckenna H A, Hearle J W S, Hear N O. Handbook of fibre rope technology. CRC Press Boca Raton Boston New York Washington, DC: WOODHEAD PUBLISHING MILITED, 2004.

[2] Fibre ropes for offshore station keeping – High modulus polyethylene (HMPE): ISO/TS 14909:2012[S]. Geneva Switzerland, 2012.

[3] 马海有,郭亦萍,等. 抗风浪网箱超高分子量聚乙烯复合的研究[J]. 海洋渔业,2005,27(2):154-158.

[4] 马海有,等. 超高分子量聚乙烯纤维 8、12 股编绳与复编绳索:GB/T 30668—2014[S]. 北京:中国标准出版社,2015.

[5] 马海有,尹延征,等. 纤维绳索强力与直径、线密度数学模型分析[J]. 海洋渔业,2015,37(4):372-377.

[6] 马海有,郭亦萍. 纤维绳索强度分析中线性回归与曲线拟合法的比较[J]. 海洋渔业,2006,28(4):304-308.

[7] Fibre ropes. Determination of certain physical and mechanical properties: ISO 2307:2012[S]. Geneva Switzerland, 2012.

第8章

超高分子量聚乙烯纤维在其他领域的应用

8.1 防切割手套

在生产安全事故中,手指是人体受伤率最高的部位,尤其是在汽车制造、金属制品处理、玻璃加工、牲畜屠宰分割等行业更是如此,使用防切割手套是这些行业从业人员避免手部割伤的重要手段。除此之外,防切割手套在军用、警用产品中也占据一席之地。传统的劳动防护手套的材质包括棉布、皮革、橡胶、金属丝等,受制于材料本身的性能,传统的劳动防护手套的防切割性能较差。随着高性能纺织纤维工业的发展,由芳纶与玻璃纤维等复合编织而成的高性能防切割手套应运而生,近年来,UHMWPE 纤维又成为了防切割手套原料的最新选择。本章将对防切割手套的国内外标准和防切割机理进行简单介绍,并对 UHMWPE 纤维在防切割手套领域的应用情况和发展前景进行深入阐述。

8.1.1 防切割手套的标准分析

目前,国际上常用的防切割手套的标准为欧洲标准委员会(CEN)于 1994 年 3 月 16 日首次通过的 EN388 标准,该标准最新的版本为 EN388:2016[1]。EN388 标准在手套通用标准 EN420 的基础上规定了劳动防护手套机械性危害防护的技术要求、试验方法、标志标识和使用说明,适用于防护由刃器切割、刺、撕、斩切等引起的物理机械伤害的手套。EN388 标准中对防切割性的测试是施加一定压力(5 N 的刃口压力)的圆刀片在材料的规定距离范围(50mm)内进行往复旋转运动,同时记录圆刀片切割材料旋转的周数,与标准材料对比后换算成防切割性能指数。评估防切割性能的另一常用标准为 ISO 13997[2],该标准是国际标准化组织于 1999 年 8 月 15 日颁布实施的防护服装的标准。它规定材料抗刃器切割的能力是由锋利刃器划过的距离(即切割距离)来决定,即施加某个力到标准刀片后,刀片从材料表面划过一定距离而出现划破穿透现象,最终的表征值即切割力，根据切割力的大小区分材料性能。该标准对适用范围、制样、测试设备及测试方法等进行了明确的规定，虽然没有按力的大小对材料进行分级，但在附录中提供了各种材料的防割性能及其用途。

2010 年 9 月 1 日起，由我国国家质检总局发布的 GB 24541—2009《手部防护 机械危害防护手套》正式实施[3]，该标准根据 EN338：2003 重新起草，防切割的标准规格也涵盖 4 种机械性风险，分别是防磨、防割、防撕及防刺，每个防护等级的性能要求如表 8 - 1 所列。符合规格的手套须标以铁匠铁锤盾牌标志，并以 1 ~4 表达防护级别，防割评级更可达最高的 5 级。

表 8 - 1　EN388 标准中手套防护性能分级标准

项目	防护等级					
	0	1	2	3	4	5
耐磨性能/圈数	<100	100	500	2000	8000	—
防割性能/指数	<1.2	1.2	2.5	5	10	20
抗撕裂性能/N	<10	10	25	50	75	—
防穿刺/N	<20	20	60	100	150	—

8.1.2　防切割过程的机理研究

织物的防切割过程实际上是其对刀刃冲击的响应过程。通过分析织物上着力点处纤维的破坏情况和观察织物背部的变形，可以将此响应过程划分为以下五个阶段：高速压缩阶段；剪切破坏阶段；拉伸破坏阶段；“背凸”形成阶段；织物的回弹阶段[4]。在以上五个过程中，纤维织物在承受冲击的区域内通过变形而吸收冲击能，吸收冲击能的多少决定了其耐切性能的好坏。研究发现，纤维的纵向拉伸断裂强度、断裂伸长率、弹性模量、耐热性和长丝粗细是影响其抗冲击性以及耐切割性的几大主要内在因素。织物所用纤维的强度越高，模量越大，弹性延伸率越小，则其在冲击区域内所形成的受力面积越大，吸收冲击能越多，耐剪切等防护性能越好；纤维的伸长率越低，受力纤维的根数越多，所吸收的冲击能也越高，使冲击物速度下降得越快，对织物造成的伤害也就越小。Hyung - Seop Shin 等[5]对比研究了不同类型纤维的防切割性能，包括有机和无机高性能纤维，其采用专门设计的夹具可以控制工业切割刀片横向切割单根纤维，切割实验过程中还能够改变刀片和纤维角度。实验发现，芳纶（Kevlar®纤维）、PBO 纤维（Zylon®纤维）和 UHMWPE 纤维（Spectra®纤维）表现出相似的防切割性能，且当切割角度增加时，防切割性能下降。同时，有机纤维的破坏主要是受纤维的各项异性结构决定，而各向同性的无机纤维对切割角度的依赖性要小，其破坏主要是局部的脆性破坏。无机纤维的防切割等级高于有机纤维，这主要是由于其硬度高和横向力学性能高的原因。Roelof Marissen 等[6]研究了 UHMWPE 纤维受到切割后的形貌变化,发现 UHMWPE 纤维长丝在被切割时可以沿纤维径向方向展开而不是被切断(图 8-1),UHMWPE 纤维的这个特性可以避免其被轻易切断。需要指出的是,图 8-1 给出的是单根纤维防切割作用的部分物理本质,在实际产品中切割机理要复杂得多。

图 8-1 Dyneema®细丝在刀片刃口发生变形的电子显微镜照片

8.1.3 超高分子量聚乙烯防切割手套的结构与性能

UHMWPE 纤维防切割手套是 UHMWPE 长丝或者其与其他纤维如涤纶、锦纶、氨纶、玻纤或钢丝等进行包覆,再经编织制成的防切割手套产品,基于产品防滑、防湿的考虑,通常还需要对编织的手套进行浸胶、定型处理。与其他材质的防切割手套相比,UHMWPE 纤维防切割手套主要有以下几点显著优势:首先,PE 的结构为化学惰性,并且纺丝过程中的高倍拉伸使得 UHMWPE 纤维的取向度和结晶度极高,因而 UHMWPE 纤维耐常见化学试剂腐蚀性的能力明显优于芳纶。其次,UHMWPE 纤维在紫外光辐照下的稳定性是所有纤维中最好的,与芳纶相比,UHMWPE 纤维的力学性能在长时间光照作用下依然有很高的保持率。荷兰帝斯曼、日本东洋纺等公司对于 UHMWPE 纤维在防切割手套中的应用有相当多的专利报道,从 2007 年到 2011 年之间帝斯曼公司就申请了超过 10 项与之相关的专利,涵盖 UHMWPE 纤维纱线的生产,纱线的复合以及防切割织物与制品的制备等各个方面[7-9],东洋纺公司也申请了多项与 UHMWPE 纤维编织物及防切割手套相关的专利[10,11]。

为了改善 UHMWPE 纤维编织物的弹性和耐磨性,并降低生产成本,在生产中通常将 UHMWPE 纤维纱线与涤纶、锦纶、氨纶、玻璃纤维等组合得到复合纱线[12]。复合纱一般是以 UHMWPE 纤维作为外层纱来提供优异的力学性能和防切割性能,氨纶作为芯纱为复合纱提供较好的弹性。对于要求高防护等级的防切割手套,通常还需要在复合纱中加入玻璃纤维或钢丝,用以增强纱线的防切割能力和耐磨性。常见的复合纱主要有包覆纱、包芯纱、合捻纱三种形式,其中包覆纱是以连续氨纶长丝为芯纱,外层以 UHMWPE 纤维以螺旋状的形式缠绕在芯丝外侧制成的;包芯纱是以具有一定弹力和强力的长丝作为芯丝,外包棉、毛等短纤维纺制而成的纱线;合捻纱为两种或多种组分纱线通过捻和的方式形成的复合纱,三种不同形式复合纱的结构如图 8 - 2 所示。合捻纱组合方便,生产工序相对简单,但受到外力拉伸时容易出现芯纱外露,且存在手感较硬等缺点。而包覆纱中氨纶不加捻,外包纤维包缠在氨纶丝的外层,纱线间存在“芯鞘”关系,这种结构克服了芯纱外露的缺陷,同时使得氨纶包覆纱在强度方面较合捻纱高,具有一定的力学优势。

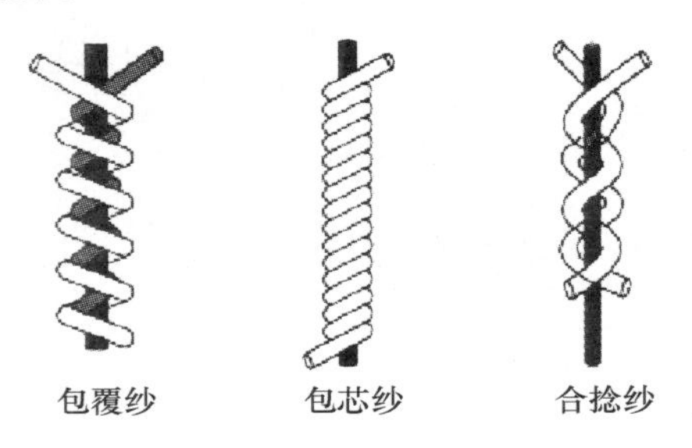

图 8 - 2　复合纱线的三种不同的形式

值得注意的是,与一般 UHMWPE 纤维防切割手套不同,帝斯曼公司开发的 Dyneema Diamond Technology®纤维编织成的防切割手套无需添加增强钢丝或玻璃纤维,但手套依然拥有优异的防切割性能。这种性能来源于 Dyneema Diamond Technology®纤维采用的独特生产工艺,即将切短的矿物纤维与 UHMWPE 共混,然后采用凝胶纺丝工艺得到了含有抗切割硬质组分的 UHMWPE 纤维,纤维中抗切割硬质组分的尺寸为 4 ~ 6μm[9]。图 8 - 3 展示了 Dyneema Diamond Technology®纤维截面的示意图。与同等防切割等级的手套相比,运用 Dyneema Diamond Technology®纤维制作的手套更为轻薄,佩戴者的舒适程度也更好。

为了提高防切割手套的表面耐磨性和防滑性,通常还需对手套进行浸胶、定型处理,浸胶层的材质一般为聚氨酯、丁腈橡胶等,浸胶层表面经过磨砂处理为糙面从而增加使用时的摩擦力,图 8 - 4 展示的是两种表面浸胶的防切割手套的实物图。近年来,也有专利报道在浸胶层中加入有机蒙脱土等纳米粒子来改善其耐磨性[13]。

8.1.4　超高分子量聚乙烯防切割手套的发展趋势

高性能防切割手套的诞生与 Kevlar 纤维的成功研发有密切关系,Robert 于 1979 年首次明确了防切割手套的概念,并在美国提出了一种防切割手套的专利

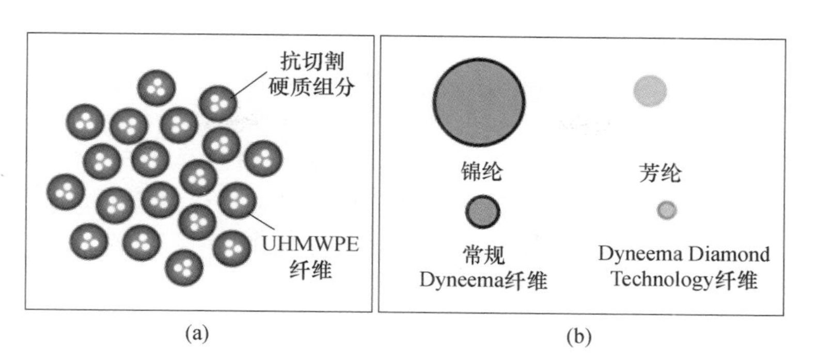

图8－3 Dyneema Diamond Technology®纤维截面的示意图

(a) Dyneema Diamond Technology®纤维截面的示意图；

(b)达到同样抗切割效果所需纤维的尺寸示意图。

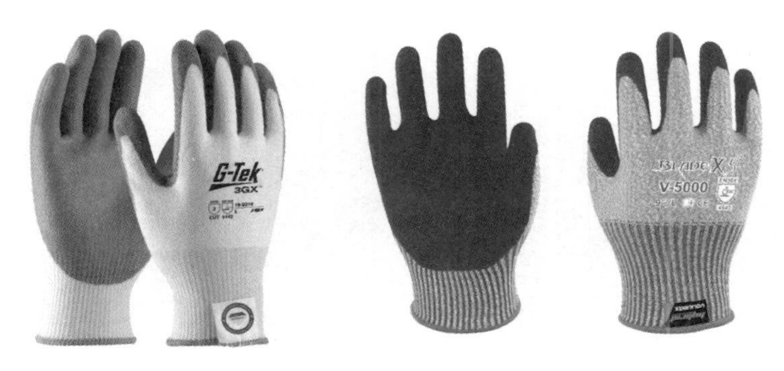

图8－4 经过表面浸胶处理的防切割手套产品

申请(申请号为US19790099092A),这种防切割手套的芯层是由不锈钢丝和Kevlar纤维组成的,外层螺旋包覆Kevlar纤维。1986年,Wincklhofer首次提出将UHMWPE用于防切割手套的制作(申请号为US19860873669A)。到1997年,MarkA. Andrews提出了UHMWPE纤维与其他防切割纤维进行混纺制备防切割手套(申请号为US19970948636A)[14]。荷兰帝斯曼公司于2000年开始研发UHMWPE纤维防切割手套,开发成功的手套在汽车制造、机械加工等行业逐渐得到了运用。同时,帝斯曼公司也授权了一些生产厂商进行合作生产,国外的如MAJESTIC公司、MCR Safety公司、Ansell公司等,国内的有南通恒辉等。日本东洋纺在购买了帝斯曼公司的专利技术后,也开发了Tsunooga™防切割专用UHMWPE纤维。2009年,北京同益中成功研发了"孚泰"防割手套用纤维,随后宁波大成、湖南中泰、仪征化纤等公司的防切割纤维产品也陆续上市,使得防切割手套的价格明显下降。但目前来看,国内UHMWPE纤维防切割手套的推广使用相对缓慢,不过国内防切割手套生产知名企业如上海赛立特等均在大力开拓国内市场,中石化等公司也已经开始在系统内推广使用UHMWPE纤维防切割手套。

随着 UHMWPE 纤维防切割手套产量的快速增长,防切割手套生产厂家之间的竞争也日趋激烈,为了应对竞争,UHMWPE 纤维生产商及防切割手套厂家均推出了大量创新性产品。目前,UHMWPE 纤维防切割手套领域的发展趋势主要有以下几点:首先是有色手套,UHMWPE 纤维不易染色,所以制得的防切割手套多为单调的白色或者麻灰色,纤维生产企业从原液着色出发开发了有色 UHMWPE 纤维,从而带动下游企业防切割手套的颜色逐渐丰富。图 8-5为湖南中泰的 ZTS 系列防割手套,除此之外,上海赛力特的 Blade 系列防切耐割手套,以及 PIP 公司与帝斯曼合作推出的防切割手套产品都有红、黄、蓝、黑等颜色可以选择。其次,为了改善防切割手套的手感,纤维生产厂家开发了细旦纤维,包括单丝细和总纤度细两种,使得手套的手感得到进一步的提升,同时针对要求手部敏感的特殊应用场合的手套也相继开发成功。例如仪征化纤开发的 400/364、400/396、200/198、100/92 等细旦纤维,满足了客户对手套的差异化要求。

图 8-5　有多种颜色可供选择的中泰 ZTS 防割手套系列

8.2 织　物

8.2.1　防刺织物

在人类的历史上,防刺材料的应用由来已久,从冷兵器时代开始,就出现了板甲、鳞甲、锁子甲等用以抵御战场上武器伤害的铠甲。由铁环"环环相扣"编织而成的锁甲与现代的防刺织物最为接近,其对劈、砍等伤害尚有一定的防御作用,但对近距离的穿刺攻击无能为力。与锁甲相比,由大块板状金属制造的板甲和由小的金属或皮质甲片组合而成的鳞甲的防刺性能要更胜一筹,不过这两种铠甲都较为笨重,使人行动不便。随着人类进入热兵器时代,由金属材料制作的铠甲也随之退出了历史舞台。现代的防刺织物主要指由高性能纤维纺织而成的，用于保护穿着者不受尖锐物体切、割、砍、刮、划等伤害的织物。由防刺织物制成的防护服适用于警察、军人等在有被割伤的危险下穿着。此外，防刺织物在民用领域也有着广泛的应用，如击剑运动员、滑冰运动员、摩托车赛车手的防护以及工业从业人员的安全防护等。

目前，在新型防刺织物的开发上，研究人员不仅要注重织物的防刺性能，更要综合考虑织物的灵活性和人员穿着的舒适性，而这些目标主要通过对织物原料的选择和结构搭配来实现。首先，用作防刺织物的纱线需要有优异的抗剪切和抗拉伸断裂性能。剪切破坏和拉伸断裂是尖刺物刺入织物时纱线最主要的破坏形式，因此防刺织物一般都采用具有优异抗拉伸断裂性能的高性能纤维来制作，如对位芳纶、PBO 纤维、UHMWPE 纤维等[15]。用于防刺织物的纤维聚集结构主要有机织物、针织物和非织造布等[16]。机织物结构紧密，锐器难以刺入，但一旦刺入并导致纱线断裂后，经纬交织的结构就会使得多根纱线接连断裂，张天阳等[17]采用有限元模拟的手段分析了机织物的防刺性能，认为一定范围内适当降低机织物经纬密度能够延缓纱线的断裂，进而提高织物的防刺性能，不过这一结论还有待验证。与机织物相比，针织物柔软的特性和线圈结构的特点，使其具有良好的吸收穿刺冲击能的特性。锐器刺入的过程中，针织物的线圈会滑移，使得纱线抽紧，织物达到“自锁状态”，从而阻碍锐器的进一步刺入。李宁等[18]测试了几种不同结构芳纶针织物的防刺性能，结果表明罗纹针织物的防刺性能最好，其次是纬平针织物，最后是畦编针织物。

在实际使用中，单一织物材料很难起到有效防刺效果，通常需将不同材质的织物多层复合，在提高防刺性能的同时，最大限度地保留织物的柔韧性、舒适性。顾肇文[19]对比研究了 UHMWPE 纤维细支平纹布、无纬布、非织造布及它们之间复合的防刺性能，结果表明提高织物防刺性能的有效途径是增加刺入点处高性能纤维的集聚。他采用 UHMWPE 细旦无捻丝织制平纹布与非织造布交替叠加制得柔性复合防刺织物，在获得满意的防刺性能的同时，质量也较轻。除了多层织物复合以外，织物表面涂敷技术也是提高其防刺性能的有效手段，织物表面涂覆主要有两个作用：一个是提高织物表层纤维纱线的紧固性；另一个作用就是利用颗粒涂层钝化作用来提高防刺效果[20]。Dongning Wang 等[21]将钢纤维加入 666 dtex 的 UHMWPE 平纹机织物中，随后对织物涂覆乙烯基树脂并进行动态防刺测试，结果表明涂覆树脂后的 UHMWPE 平纹机织物的防刺性能更好。经过树脂涂覆后，树脂充分填充进纱线的间隙，减少了在刺刀刺入过程中纱线的滑移，使纱线能够吸收更多的能量，从而提高了防刺性。

到目前为止，UHMWPE 纤维在防刺织物中的应用已经十分普遍，国内外众多 UHMWPE 纤维的生产厂家均推出了相应的产品。国内厂家中，湖南中泰以 ZTX 系列高强高模聚乙烯纤维为基础生产了 ZTC 系列防弹防刺材料及 ZTZ 系列机织布和 ZTW 系列无纺布,如图 8 -6 所示,这些防刺织物在防割手套、击剑服、防护服以及扫雷服中发挥了良好的保护作用;宁波大成以超高强高模聚乙烯纤维为基材制备了高性能纤维无纬布和防切割纺织面料。与国内厂商相比,国际厂商对 UHMWPE 纤维防刺织物在民用领域中应用的经验更为丰富。帝斯曼公司拥有独家的 Dyneema®防刺防弹技术,并依靠这些技术构建了完整的民用防护装备产品体系。除此之外,英国 PPSS 集团采用了其研制的专利防切割纤维面料 Cut - Tex® PRO 来制造防护卫衣;英国 ASEO Europe 公司采用美国 Honeywell 公司的 Spectra® UHMWPE 纤维来生产办公室人员专用隐蔽式防刺服;德国 allstar 公司和荷兰 Maple 公司也推出了使用 UHMWPE 纤维防刺织物生产的击剑服及短道速滑服和速滑护颈等产品。

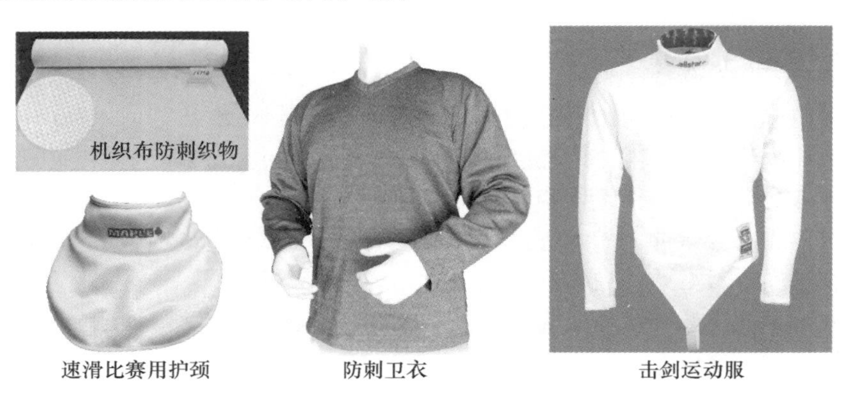

图 8 -6 防刺织物及由防刺织物生产的防护产品

8.2.2 凉感织物

织物与皮肤接触时,由于两者之间的温度不同,会存在一定程度的热交换,使得皮肤的温度发生变化,一般情况下织物要比皮肤的温度稍低,与皮肤接触后往往使皮肤温度下降,如果皮肤的温度下降在一个合适的范围内,就能让穿戴者感觉到凉感,这种织物也就称为接触凉感织物。凉感织物通过吸收热量来调节温度,持久保持织物的凉爽与舒适,非常适合用作内衣面料、衬衫面料、床上用品面料、运动服饰面料等,图 8 -7 展示了由 UHMWPE 纤维为原料生产的凉感织物和凉感床单。

目前,已有诸多文献对织物接触冷暖感的影响因素进行分析。从物理角度来看,影响织物接触冷暖感的因素主要有纤维的导热系数和比热容,其中纤维的导热系数是决定织物与皮肤接触瞬间冷暖感的主要因素,导热系数越大,瞬间接触时热流量就越大,织物凉感就越强。另一方面,纤维比热容的大小反映了其温度变化的难易程度,当比热容增大时,织物的热吸收能力增强,其接

图8-7 凉感织物及凉感床单

触冷感也随之增强。从织物结构的角度来看,织物的表面结构、组织结构以及织物的含湿量同样也对其接触的冷感有明显影响。具有一定的纹理平整度的织物可以在与人体接触时产生较大的接触面,便于热量的散失,使人获得显著的凉爽感[22]。值得一提的是,织物接触的冷暖感是一个相对主观的感觉,目前还缺乏仪器评价和人体感觉间相关性的研究,现有评估手段也并不能完全反映织物真实的感觉。

UHMWPE纤维具有非常大的轴向热导率,因而适合用来制作凉感织物。UHMWPE纤维的高热导率与它极大的拉伸倍数相关,在凝胶纺丝生产纤维的过程中,UHMWPE分子链沿拉伸方向取向排列形成伸直链结晶,这种高度取向的结构有利于轴向方向的热传递,因而UHMAPE纤维的轴向热导率会随着拉伸倍数的增加而增加。蔡忠龙等[23]研究了拉伸比高达200的UHAMWPE的导热系数,发现此时UHMWPE的轴向导热系数可以达到70W/(m·K),作者认为这种现象的原因是聚乙烯在高拉伸比时会形成的相当数量的伸展分子链,这些伸展分子链可以构成的针状晶体——晶桥。

由于成本等因素的限制,到现在为止以UHMWPE纤维为基础的凉感织物产品数量依然有限。国内企业中,湖南中泰和江阴红柳被单厂共同拥有多个与UHMWPE纤维纺织品在制造接触凉感织物上的应用相关的专利[24],并推出了凉感床单产品;仪征化纤也提供专门用于家纺、服装领域凉感面料的300D、350D、400D、600纤维长丝。另外,日本东洋纺开发了以UHMWPE纤维为基础的Icemax®织物,图8-8为采用三种不同织物的手套使用后的温度热力图,与普通的棉纺织品及聚酯纤维纺织品相比,Icemax®织物手套的温度明显更低,直观展示了Icemax®织物的接触凉感效果。

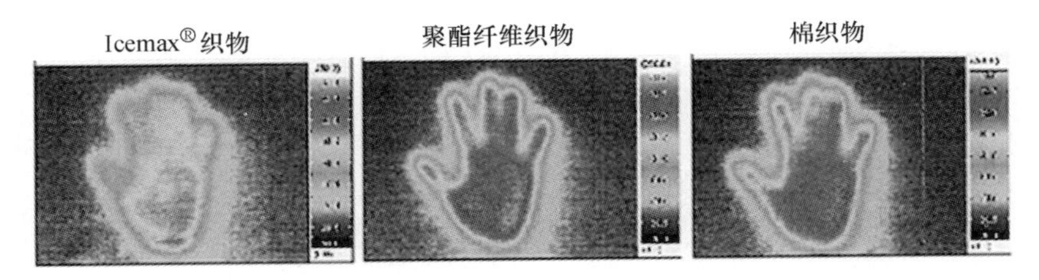

图 8 –8　采用三种不同织物的手套使用后的热力图

8.2.3　高强织物

用 UHMWPE 纤维制成的织物质量轻，具有优异的拉伸强度、撕裂强度和耐磨性，在一部分对织物的强度有要求的应用条件下也发挥了作用。

JHRG 公司采用霍尼韦尔公司提供的 Spectra®纤维生产了抗飓风窗门帘 Storm – A – Rest，如图 8 –9 所示。窗门帘的主体为采用了松散编织结构的 UHMWPE 纤维，表面为防水涂层。虽然窗门帘的重量只有几公斤，厚度为 0.6mm，但其强度要高于传统防飓风使用的胶合板和波纹铝板。在模拟试验中，研究人员使用压缩空气炮以 55 km/h 的速度向 Storm – A – Rest 护帘上一块 5cm × 10cm 的面积进行射击（强度相当于 4 级飓风），护帘完好无损。更让人欣喜的是，UHMWPE 纤维窗门帘能让 80% 的阳光通过，避免了因飓风停电后房间内的黑暗状况。除了抗飓风窗门帘以外，著名的牛仔裤品牌 Levi' s 也和帝斯曼公司合作，在牛仔裤中加入了 UHMWPE 纤维从而改善牛仔裤的耐磨性，加入 UHMWPE 纤维后的牛仔裤实物图同样在图 8 –9 中。测试发现，加入 7% 的 Dyneema®纤维，即可使得牛仔裤的强度提高 25%，耐磨性提高一倍。

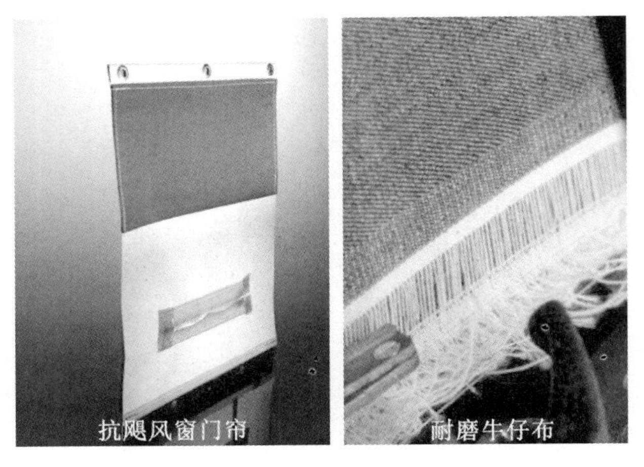

图 8 –9　抗飓风窗门帘与耐磨牛仔布的实物图

8.3 生物医用材料

目前，纤维材料在医疗领域有着非常广泛的应用，医用纤维按照来源分类可分为医用金属纤维（如不锈钢缝合线）、医用无机非金属纤维（如氧化铝纤维）和医用高分子纤维，其中以高分子纤维居多。生物医用高分子纤维包括天然高分子基生物医用纤维，如纤维素及其衍生物纤维、甲壳素及其衍生物纤维、蚕丝和骨胶原纤维等，以及合成高分子基生物医用纤维，如聚酯、聚酰胺、聚烯烃、聚丙烯腈、聚四氟乙烯纤维等。与常规的高分子纤维产品相比，医用高分子纤维有其特殊的要求：首先，医用高分子纤维需要与人体接触来起治疗作用，因此必须具有一定生物相容性和功能性；其次，医用高分子纤维产品还需要具有耐生物老化性和可消毒性；最重要的是，医用纤维材料及其制品要求特殊的生产加工条件，其对原料单体的选择、低聚物的残留量、纤维中金属离子残留量等都有严格规定。此外，用于医用高分子纤维的树脂要求纯度较高、分子量分布较窄，在加工或改性过程中尽可能采用无毒助剂，以免影响制品性能和治疗效果。

8.3.1 医用级超高分子量聚乙烯纱线的标准分析

UHMWPE 因为其巨大的分子量而具有一系列独特的性能。首先，它具有良好的力学性能、抗冲击性、耐磨性及化学稳定性；其次，它还具有优良的对化学药品稳定性、吸水性、电绝缘性以及生物惰性等；另外，UHMWPE 还具有生物无毒性的优点，且已经获得美国 FDA 批准用于人体生物材料。基于这些优异的性能，UHMWPE 在医学上获得了大量应用，对于作为医疗器械部件原料所使用的 UHMWPE 纱线，国内外也已经有了一系列的标准。美国材料与实验协会（ASTM）于 2010 年 6 月 1 日首次通过了对于医用级的 UHMWPE 缝线的标准（ASTM F2848），并于 2016 年对该标准进行了修订[25]，该标准确立了医用级 UHMWPE 纱线的具体规格要求，是检验药用设备的安全性和有效性的重要参照。表 8-2 为该标准对医用级 UHMWPE 纱线的物理性能和力学性能所提出的明确要求。

表 8-2 UHMWPE 纱线的物理性能和力学性能的要求

性能	要求
密度/(g/cm^3)	0.95 ~ 1.00
熔融温度峰值/℃	140 ~ 150
长丝线型密度/dtex（最大值）	2.7
特征黏度/(dL/g)（最小值）	15
拉伸强度/(cN/dtex)（最小值）	26
拉伸模量/(cN/dtex)（最小值）	750
断裂伸长/%	2 ~ 5
颜料含量/%（最大值）	2

此外,该标准对医用级 UHMWPE 纱线的生物相容性和生物安全性危害评估也进行了规范。在 UHMWPE 纤维的生产过程中通常需要使用溶剂,而目前有临床历史的医用 UHMWPE 纱线生产中均使用十氢化萘作为溶剂,按照标准规定,纱线中十氢化萘的最大残留量为 100mg/kg,如果在生产过程中还使用其他液体,那么便需要对残留液体的毒性危害进行评估,残留液体的最大可接受限量应与 ICH Q3C(R3)中规定的一致。同时,对于对医用级 UHMWPE 纱线还需要依照 ISO 10993 -5 标准进行细胞毒性测试,依照 ISO 10993 -4 标准进行溶血反应测试,依照 10993 -10 进行刺激和皮肤敏化试验。2016 年,我国国家食品药品监督管理总局发布了名为《外科植入物 医用级超高分子量聚乙烯纱线》的医药行业标准,标准编号为 YY/T 1431—2016[26]。与 ASTM 的标准相比,国内标准对 UHMWPE 长丝和纱线中微量元素的浓度限值做出了规定,如表 8 -3 所列,这些规定将有助于提高 UHMWPE 长丝和纱线生产的一致性和纱线的洁净度。

表 8 -3 UHMWPE 纱线微量元素的浓度限值

微量元素	要求
钛/(mg/kg)(最大值)	25
钠/(mg/kg)(最大值)	50
铬/(mg/kg)(最大值)	10
铁/(mg/kg)(最大值)	100
钙/(mg/kg)(最大值)	100

8.3.2 超高分子量聚乙烯纤维用作生物医用材料的结构形式

同其他纤维材料类似,UHMWPE 纤维也需要进一步的纺织加工才可以制成可用于临床的医疗器械产品,其纺织工艺主要有编织、针织、机织、无纺布等,几种纺织工艺得到产品的结构如图 8 -10 所示。经过纺织后,UHMWPE 纤维可制备成一维(线状)、二维(平面)或三维(管状)纺织品。在实际研发过程中,通常要根据医疗产品的需求选择一种或多种纺织工艺来对 UHMWPE 纤维进行加工。下面我们将对这几种纺织工艺进行介绍。

编织:编织是指以“五月柱”式的方法将数根纤维(通常需要至少三根纤维)捻成绳,再把绳缠绕成基本样式或自定义结构的纺织工艺。编织得到的结构具有较高的强度,而表面积则相对更小,这使得编织成为了生产关节间隙内的修复或替换材料及缝合线的常用技术[27]。得益于 UMWPE 纤维的生物相容性、高强度、可加工性和编织的简易性,其编织缝线已经在接骨术、肩袖修复术等骨科手术中得到了应用。与聚酯纤维相比,UHMWPE 纤维更薄却又更结实,大大降低了手术过程中遭遇缝合断裂的风险。同时,UHMWPE 纤维的高强度,耐磨性和

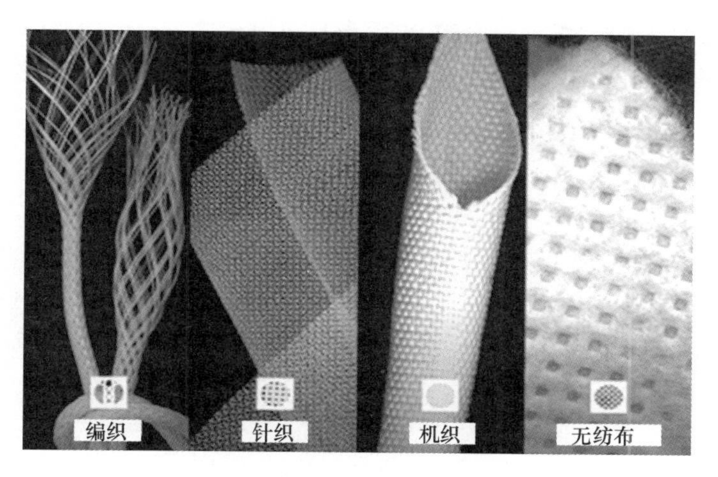

图8-10　对UHMWPE纤维进行加工的不同纺织工艺

抗切割性,使得由其编织的缝线在接近锋利器具时能够更加安全。从仿生的角度来看,柔韧的UHMWPE纤维编织结构在人体中能够更贴切地模仿身体本身的延展性,因此UHMWPE纤维医疗器械的舒适程度要胜于其他塑料或金属植入物制品。

针织:针织是一种将原料构成线圈,再经串套连接成针织物的工艺过程,也是另一种常见的纤维处理技术。通常来讲,针织结构的纤维束比编织更多,因而可以制作更复杂、更紧密的结构,使产品具有更好的延展性与韧性[28]。与编织产品相比,纤维针织产品更加适合需要配合移动的手术应用,诸如腰椎、颈椎间盘装置和疝修补网、人造血管等,图8-11展示了Secant group公司生产的手术植入网片。在针织产品中使用UHMWPE纤维,可以在不牺牲强度的前提下减少产品体积,同时保持产品高精度的形状和尺寸。更值得注意的是,得益于UHMWPE纤维超强的润滑性,在治疗腰椎、颈椎间盘的产品中使用这种特制纤维,不仅能保证产品的强韧与柔顺,还能将其对病患周边的组织结构的影响降到最低。

机织:与上述两种工艺相比,机织工艺最大的特点是它能将纤维加工成平面、管状或三维立体的结构[29],图8-11即为Secant group公司通过机织工艺生产的血管支架。这种特性意味着医疗设备研发人员可以通过纺织制造技术获得多种形状的织物,这一点对矫形外科和心血管应用设备研发人员极具吸引力,因为这些研发人员力求在不改变针织或编织纤维拉伸度的情况下生产出具有不同厚度、灵活性与强度的产品。拿血管移植研发者为例,他们需要一种兼具强韧与低膨胀的材料,从而能最大限度地保障设备完整性。骨科开发者则在寻找韧带、肌腱修复所需的材料,这种材料需要足够强韧,并且不会随着时间的流逝而变得松散,而这也正是UHMWPE纤维的特点之一。总而言之,大多数的机织技术旨在确保产品的低延伸度，而 UHMWPE 纤维则是完成这个目标的最佳选择。

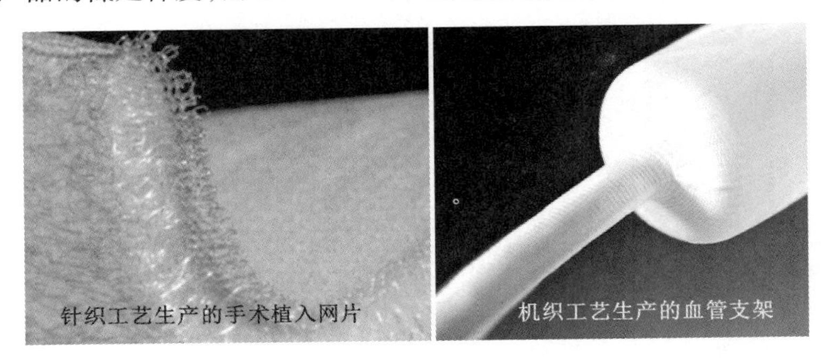

图 8－11　由针织和机织工艺生产的植入医疗器械

无纺布：无纺布加工是指将短纤维通过梳理、针刺等过程制成的毡状结构的技术。与其他技术相比，无纺布加工可以获得更大的表面积，另外它还可以在揉杂特殊纤维后生产出具有特定间距且有助于组织生长的材料，并且材料厚度可以根据应用需求的不同而变化。这些特性使得无纺布加工工艺适用于整形重建治疗及组织工程学领域。

8.3.3　超高分子量聚乙烯纤维在生物医用材料中的应用

自从 UHMWPE 纤维问世以来，关于它在医疗领域的基础和应用研究就一直没有中断，部分 UHMWPE 纤维材质的医疗器械现已在临床治疗中得到了使用，下面我们将对 UHMWPE 纤维在医疗领域的应用进行具体介绍。

1. 人工韧带

在运动医学中，前交叉韧带运动损伤是膝关节常见疾病，主要通过自体或异体的肌腱移植和人工韧带重建进行治疗，但是自体及异体肌腱移植存在术后愈合时间长、取材部位损伤等缺陷，从 20 世纪 70 年代起人工韧带开始受到关注，目前市场上的人工韧带原材料以聚对苯二甲酸乙二醇酯（PET）多见，例如法国 LARS 公司的 PET 人工韧带产品（图 8－12）。近年来，研究人员开展了 UHMWPE 纤维编织物人工韧带的研究，并取得了一定的进展。Robert Purchase 等[30]分别对使用了 UHMWPE 纤维编织的人工韧带和骨－髌腱－骨自体移植物的患者进行了 14 年的随访研究，结果表明前交叉韧带移植手术后出现的并发症与人工韧带无关，且使用人工韧带与自体移植物的患者术后主观评分与客观检测均无明显差异，证明了 UHMWPE 纤维作为人工韧带编织原料的可行性。Bach 等[31]将 UHMWPE 纤维编织成网状后包裹聚乙烯醇凝胶纤维编织成的核心，制备了结构独特的 UHMWPE/PVA 人工韧带，其结构如图 8－12 所示，UHMWPE 纤维网状结构的加入弥补了 PVA 凝胶制成的纤维制备人工韧带的刚度、极限应变、抗疲劳性和伸长率上的缺陷。

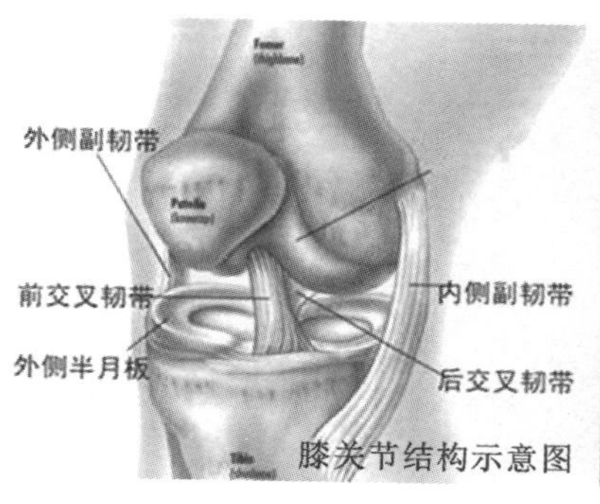

图8－12　膝关节结构示意图及人工韧带实物图

2. 缝线

UHMWPE纤维具有生物相容性好、力学性能出色、质量轻等优点，适合被用作医用缝线，尤其是骨科手术中所用的缝线[32]。目前，UHMWPE纤维缝线已在半月板撕裂伤缝、肩袖修复术、接骨术中得到了应用，其产品包括美国Arthrex公司的FiberWire®和TigerWire®缝线、Teleflex公司的Force Fiber®缝线及CP Medical公司的PowerFiber®等。图8－13展示的是美国Arthrex公司生产的UHMWPE纤维缝线在肩袖修复术和脚踵修复术中应用的示意图，缝线连接了肌肉和固定螺栓，将撕裂的肌腱和骨骼牢固缝合，保证了手术的效果。另外，UHMWPE纤维作为缝线的优越性也已在许多实验中得到证实。Kenichi Oe等[33]通过拔出试验和比格犬接骨实验比较了UHMWPE纤维缝线与软钢索的效果，图8－14展示了手术后的X光照片，结果表明手术6个月后两组的骨折愈合效果相似，且UHMWPE纤维缝线引起的炎症反应要比软钢索更少。Onur Hapa等[34]使用体外牛内侧半月板作为模型对几种不同的缝线进行了比较，作者首先在半月板上做了前后垂直的2 cm切口，随后使用不同的2号缝线水平缝合并进行生物力学测试，所用4种缝线分别为纯UHMWPE、UHMWPE＋聚酯、UHMWPE＋PDS和单纯聚酯，结果发现纯UHMWPE和UHMWPE＋PDS的最大破坏载荷要高于UHMWPE＋聚酯和单纯聚酯。

3. 口腔科材料

UHMWPE纤维在口腔医学领域也有一定的应用。在口腔医学中，根管治疗术是治疗牙髓坏死和牙根感染的一种手术，经过根管治疗后的患牙则常伴有牙冠的大面积缺损，因而需要对患牙进行桩核修复以增加牙冠修复体的固位和支持。与传统的金属桩核材料相比，纤维桩核的弹性模量与天然牙齿更为接近，能有效降低应力集中导致牙根劈裂的可能性，另外纤维桩核还具有美观、耐腐蚀、可取出等优点[35]。聚乙烯纤维桩核便是近年来逐渐发展起来的纤维桩核中的一种，这种桩核的特点是在光固化环氧树脂基质中加入了UHMWPE纤维来增

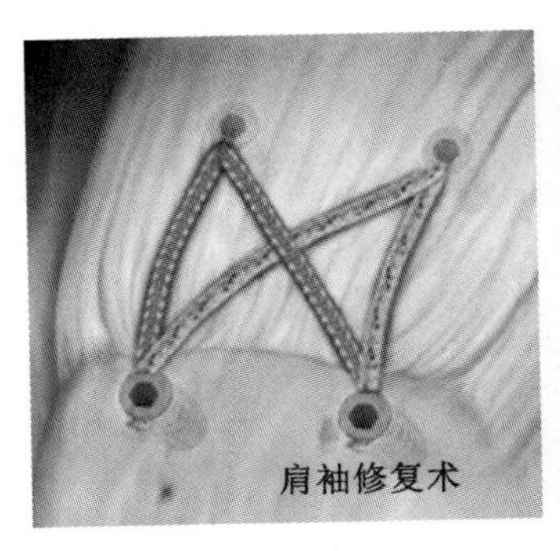

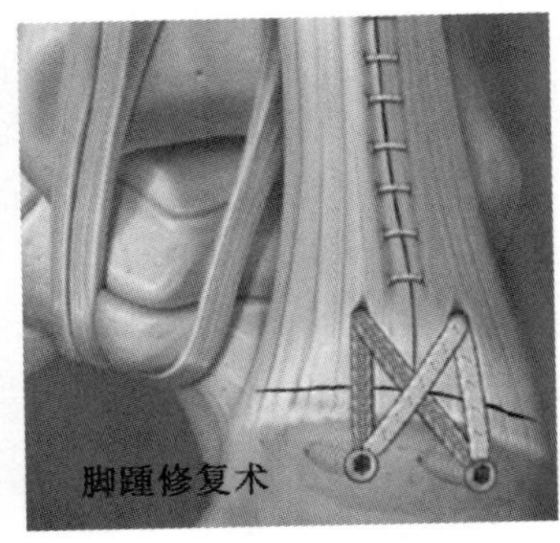

图 8－13　使用 FiberWire®缝线进行肩袖修复术和脚踵修复术的示意图

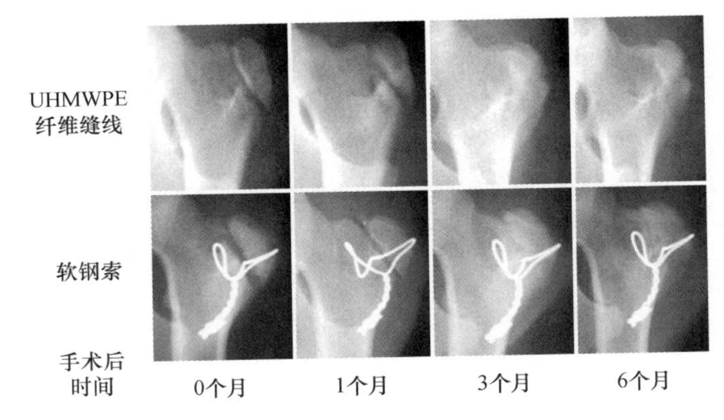

图 8－14　对比格犬使用不同缝线进行接骨手术后不同时间的 X 光照片

加基质强度、韧性、硬度及抗疲劳能力。聚乙烯纤维桩核的代表性产品是美国的 Ribbond®公司的桩核系统，图 8－15 展示了使用 Ribbond®聚乙烯纤维桩核进行治疗的过程。与预成型桩核不同，这种桩核是临床上直接制作的，医生通过专用工具将浸渍光固化树脂的 UHMWPE 织物塞入根管内，光固化后进行核堆塑，随后安装人工牙冠。使用聚乙烯纤维桩可减少根管预备量，更大限度地保留牙体组织，所以适用于根管粗大，根管壁薄弱的患牙。值得一提的是，UHMWPE 纤维的惰性使其难以与树脂形成良好的结合[36]。因此在使用过程中，通常需要对 UHMWPE 纤维进行表面改性，提高与树脂的结合性能，其中最常用的改性方法为等离子体蚀刻技术。Kamile Tosun 等[37]采用低频冷等离子体对 UHMWPE 纤维进行了处理，使纤维暴露于氩和氧气氛环境中，纤维表面经等离子体处理后变粗糙，同时表面的化学组成和润湿性也得到了改善。并且恰当的离子处理条件能改变纤维增强复合材料的断裂行为，使得断裂呈多向性。

4. 心血管疾病治疗

目前的心血管疾病治疗大量使用了介入疗法和内窥镜手术从而减轻病人痛

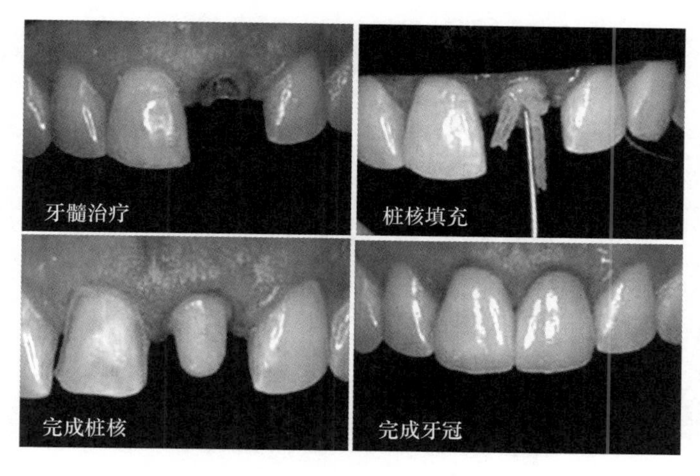

图 8 – 15　采用 Ribbond®聚乙烯纤维桩核进行治疗的过程

苦，降低手术费用，在这方面，UHMWPE 纤维器械大有用场。介入疗法等外科手术要求医疗器械坚固耐用，足以承受机械负荷，但又足够小且足够灵活以允许植入血管内并进行操纵，得益于 UHMWPE 纤维的高强度，由它做成的医疗器械的尺寸可以大大缩小。以治疗阵发性室上性心动过速的射频消融技术为例，这种手术是一种心脏介入疗法，它使用几根导管，通过血管插入心脏，在可视仪器的监视下找到靶点，进行放电治疗，UHMWPE 纤维材质的导管尺寸可以做到更细，患者的伤口小创伤轻，恢复也相对更快。另外，帝斯曼公司与荷兰乌得勒支大学医疗中心合作，采用 Dyneema Purity®纤维来设计心脏膜瓣和血管伤口闭合装置，目前也已经取得了一些进展[38]。

8.3.4　超高分子量聚乙烯纤维生物医用材料产品介绍

近年来，UHMWPE 纤维的生产技术发展迅速，已有多种医用级 UHMWPE 纤维产品面市，下面将对这几种产品进行简单介绍。

Dyneema Purity®纤维为荷兰帝斯曼（DSM）公司采用凝胶纺丝工艺生产出的医用级 UHMWPE 纤维，图 8 – 16 为 Dyneema Purity®纤维纱线及其产品的实物图。根据纤维的直径和强度，Dyneema Purity®纤维可以分为 SGX、TG 和 UG 三个等级，另外还有黑色纤维（Dyneema Purity® Black fiber）和不透射线纤维（Dyneema Purity® Radiopaque fiber）。表 8 – 4 展示了 Dyneema Purity®纤维几种不同的规格及其用途。2016 年，帝斯曼生物医疗公司宣布它的 Dyneema Purity®纤维完全符合新修订的美国试验材料学会 ASTM F2848 – 16 医用级 UHMWPE 纱线材料标准。

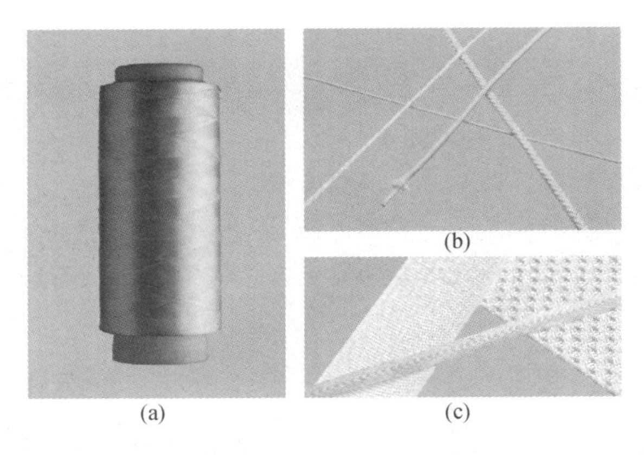

图 8－16　Dyneema Purity®纤维几种不同的规格及其用途

(a)医用级 UHMWPE 纤维;(b)编织缝线;(c) 二维织物。

表 8－4　Dyneema Purity®纤维的牌号、规格及应用

纤维牌号	模量/(cN/dtex)	应用
Dyneema Purity® SGX	1300	高强度矫形缝合线、关节修复
Dyneema Purity® TG	1400	导管、支架、心脏膜瓣
Dyneema Purity® UG/VG	1450	长期植入物、脊柱修复、膝关节修复
Dyneema Purity® Black fiber	—	需要复杂缝合的手术
Dyneema Purity® Radiopaque fiber	—	需要 X 射线下可见性的应用

除了医用级 UHMWPE 纤维原料以外,以纤维为基础生产的手术缝线产品也层出不穷。例如美国 Teleflex 公司研发的 Force Fiber®缝线,其采用无芯编织技术增强了缝合线的性能,与聚酯及复合缝合线相比,Force Fiber®缝线具有更高的拉伸强度和更好的缝合效果。而美国 Arthrex 公司的 FiberWire®和 TigerWire®缝合线则是一种新型的不吸收混合编织缝线,其以多股 UHMWPE 纤维的编织物为核心,外包编织聚酯纤维并涂有己内酯和硬脂酸盐的共聚物涂层,在骨科手术特别是关节镜手术中得到了广泛的使用。图 8－17 即为 Force Fiber®缝线的实物图及 FiberWire®缝线的结构示意图。

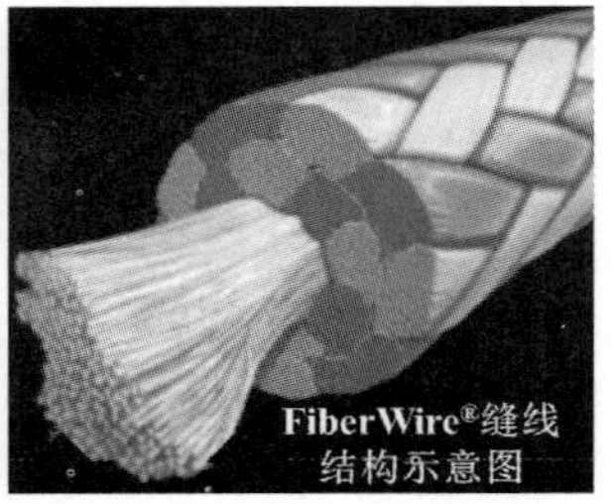

图 8－17　Force Fiber®缝线的实物图及 FiberWire®缝线的结构示意图

8.4 网 具

网具是人类最古老的生产工具之一，最初用于狩猎、捕鱼。随着工业的发展，网具在更多领域获得应用，衍生出运输吊装网、建筑防护网、体育运动网、军事伪装网等种类。我国是网具制造大国。据统计[39]，2006年我国网具材料年产量已达到25万t，产值约50亿元，其中85%为渔用。在渔用网具中，养殖用约占60%，捕捞用约占40%。

网具材料在数千年里均采用棉、毛、丝、麻等天然纤维。随着第二次世界大战后高分子材料的工业化，特别是化学纤维的迅猛发展，使网具材料在短短几十年内发生了革命性的变化。目前，化学纤维在网具材料中的份额已远超天然纤维或金属纤维。同时，绝大多数已工业化的化学纤维品种，如聚乙烯(PE)、聚丙烯(PP)、聚酰胺或尼龙(PA)、聚酯(PET、PES)等，都曾经或正在用于制作网具。

网具材料的革新步伐仍在继续。20世纪80年代，荷兰DSM公司率先推出UHMWPE纤维[42]，为网具的高性能化和更新换代创造了新的机会。UHMWPE纤维与碳纤维、芳纶并称世界三大高性能纤维，物理、化学性能优异。如表8-5所列，UHMWPE纤维相对密度仅为0.97g/cm^3，比水轻；拉伸强度可达40g/d，甚至更高，是现有纤维品种中最高的；同时具有优异的抗老化、抗弯曲疲劳、耐磨损等性能[40]。表8-6列出了荷兰DSM公司用于网具的UHMWPE纤维(牌号为Dyneema® SK75)与尼龙的网用性能对比[41]。可见，UHMWPE纤维在强度、伸长率、回潮率、吸水率、耐磨性等方面全面超越尼龙，而且在湿态条件下优势更突出，是制作渔业用网的最佳材料之一。

表8-5 常用化学纤维的物理性能[40]

纤维种类	相对密度/(g/cm^3)	拉伸强度/(g/den)	抗老化①/%	抗弯曲疲劳/(10^4次)	耐磨性/(10^4次)	伸长率/%
UHMWPE	0.97	40	65	100	60	3.8
芳纶	1.54	29	20	8	1	3.6
聚酰胺或尼龙	1.14	9	40	600	100	20
聚酯	1.38	9	50	700	100	13
常规聚乙烯	0.96	6	40	100	10	20
注:①室外暴露24个月后材料的强度保持率						

表8-6 UHMWPE纤维与尼龙的网用性能对比[41]

网用性能	Dyneema® SK75①	尼龙
干态强度/(cN/dtex)	35	6~8

（续）

网用性能	Dyneema® SK75①	尼龙
湿态强度/(cN/dtex)	35	5～7
干态伸长率/%	3.5	16～25
湿态伸长率/%	3.5	20～30
回潮率②/%	0	4.5
吸水率/%	0	10
干态耐磨次数	5927	3835
湿态耐磨次数③	15636	130

注：① Dyneema® SK75 为荷兰 DSM 公司 UHMWPE 纤维产品牌号；
② 在温度为 22℃、湿度为 65% 的条件下测试；
③ 在载荷为 5.5N 的条件下测试

国际上对于 UHMWPE 纤维网具的研发已有 20 多年历史，我国从 1999 年开始进行了 UHMWPE 纤维渔网的应用研究工作。目前，UHMWPE 纤维已成功应用于渔业捕捞用网、养殖网箱、空运托盘网、挡球网等多个网具领域（表 8－7），在提高效益、保障安全、节能减碳、改善用户体验等方面显示出卓越的优势。同时，网具的主要构成部分——绳缆和网片也成为 UHMWPE 纤维的主要应用形式之一，为 UHMWPE 纤维拓展应用出口、扩大产业规模创造了良机。

表 8－7　UHMWPE 纤维在网具领域的应用概况

应用领域	网具类型	应用效果	利用纤维性能
渔业	拖网、围网等捕捞网具	提高捕捞效率；降低能耗和碳排放；延长使用寿命	密度低；强度高；网线细；不吸水；耐腐蚀；耐磨损；抗紫外辐照；防撕咬
	养殖网箱	扩大养殖规模；提高养殖效益；保障养殖安全；实现生态健康养殖	
交通运输	空运托盘网	增加货物运输量；降低能耗和碳排放；提高安全性；延长使用寿命；用于军事领域时具有伪装性能	密度低；强度高；耐磨损；耐化学腐蚀；耐弯折性能好；红外可见度低
体育休闲	挡球网	轻质、超薄，减少对视野的阻隔，改善观看体验；防护性能可靠	密度低；强度高；网线细；弹性好

8.4.1　渔网

渔网是 UHMWPE 纤维最早的应用领域之一。1986 年，国际网业巨头冰岛 Hampidjan 公司与荷兰 DSM 公司合作，开始了有史以来第一个 UHMWPE 纤维拖网研发项目。随后，多家公司加入研发队列，加快了 UHMWPE 纤维在网具领域的应用与推广。目前，已开发出采用 UHMWPE 纤维为网衣或拖缆的多种渔网产品，包括中层拖网、浮拖网、底拖网、桁拖网、围网等，在世界各地获得广泛应用和好评（表8－8，图8－18）[40,43]。

表8－8 UHMWPE纤维应用于渔网的实例[40,44－50]

年份	实施者	实施情况	取得的效果
1989	荷兰渔业研究所	以Dyneema®替代尼龙制作试验船“TRIDENS”的中层拖网	网线直径减小25%，拖网阻力下降15%，在相同拖力和拖速条件下，网口直径增大，捕捞效率提高80%
1989至今	冰岛 Hampidjan公司	采用Dyneema®制作Gloria®中层拖网，在多个年度成为世界最大拖网	网口周长和面积分别从1989年的1152m、7300m^2增加到1997年的3584m、超过50000m^2，大幅提高捕捞效率
1990	美国得克萨斯大学	采用Spectra®代替尼龙制作捕虾拖网	网线直径减小30%，生产耗油量减少25%，平均每艘捕虾拖船省油约70t/年
1992	美国 NET Systems公司	采用Spectra®制作Ultra Cross无结节拖网	世界强度最大的网衣
1995	荷兰网具制造商	采用Dyneema®制作背网和侧网，开发出高性能底拖网、桁拖网	相同节结强力条件下，网线直径减小50%，网具阻力下降10%，拖速提高0.5节～1节，装备更多的惊吓链，提高捕捞效率
1999	中国水产科学研究院东海水产所；荷兰DSM公司	采用Dyneema®制作拖网并在东海进行海上捕捞试验	网口高度提高66%，网具阻力下降25%，网口面积增大121%，网具能耗系数减小66%，平均产量和产值分别比同规格普通聚乙烯网增加24.6%和25.7%
2003	中国水产科学研究院东海水产所；中国海洋大学	采用Dyneema®制作虾拖网，进行海上捕捞试验	网口周长扩大31.5%，水平扩张及网口高度分别提高10.45%和32%，扫海面积增加45.57%，拖速提高0.3节左右，单位滤水体积提高60.64%，能耗系数下降28.7%，渔获总产量提高11.15%
2007	意大利国家研究委员会海洋所；丹麦SINTEF渔业与养殖所	采用Dyneema®制作底拖网并在地中海进行捕捞试验	网口高度增加40%，拖动阻力下降，能耗降低30%，结节稳定性有待进一步提高
2009	荷兰Van Beelen网业公司；新西兰Motueka Nets公司	采用Dyneema®制作底拖网并在新西兰海域投入捕捞作业	网线直径减小62.5%，拖动阻力下降，能耗降低30%～35%，拖网耐磨性改善，更易于操作并适应恶劣海况
2009	英国Jackson拖网公司；美国NET Systems公司	采用Dyneema®制作Ultra Cross无结节底拖网和桁拖网，在北海进行捕捞试验	网口面积增加40%～56%，在同样拖速下阻力降低9%～17%；有效节约能耗

（续）

年份	实施者	实施情况	取得的效果
2014	荷兰 Cornelis Vrolijk 公司	采用 Dyneema®替代尼龙制作浮拖网并投入使用	节能减碳，符合联合国粮农组织可持续渔业行为守则（FAO code of conduct for sustainable fisheries）；使用、维护更加便利和安全
不详	不详	采用 Dyneema®制作围网	与聚酯和尼龙相比，网线直径减小 50%，网重分别减少 83% 和 79%，所需浮子数分别减少 2/3 和 1/2；减少网具的甲板占用空间，放网操作更便利
注：Dyneema®为荷兰 DSM 公司 UHMWPE 纤维产品商标			

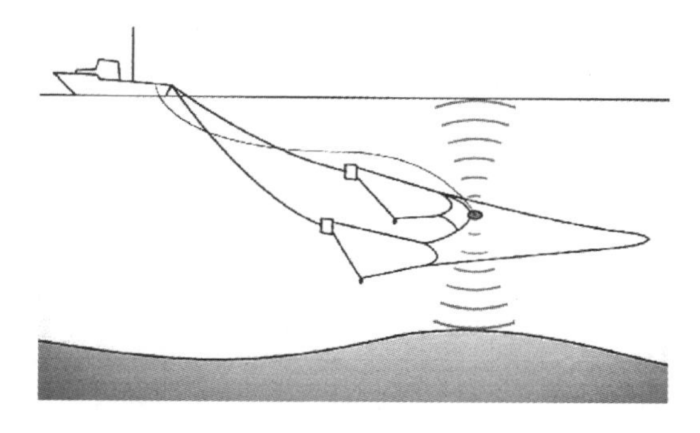

图 8－18　拖网示意图[43]

UHMWPE 纤维在渔网领域的成功应用推广有其巨大的动力。一方面，世界渔业尤其是海洋捕捞产业为实现可持续发展，迫切需要提高捕捞效率并降低能耗和碳排放，这离不开渔业装备的优化升级，而网具材料革新至关重要；另一方面，UHMWPE 纤维在低密度、高强度、耐腐蚀等方面优势突出，是制作渔网网线公认的最佳材料之一。

具体来说，UHMWPE 纤维在渔网领域的应用优势主要体现在以下几个方面：

（1）UHMWPE 纤维密度低、强度高，能够在同样网口尺寸的条件下减小网重，或者在相同重量条件下增大网口尺寸，有利于实现网具的轻量化、大型化，大幅提升网具的捕捞效率；

（2）UHMWPE 纤维伸长率低、收缩小、不吸水，与传统尼龙网线相比尺寸稳定性更好，湿强度更高，使网具的综合性能提高、操作维护性能改善；

（3）在保持同样结节强力的条件下，UHMWPE 纤维网线更细，从而减小水流阻力，这一方面可增大拖速，提高捕捞效率，而且有效降低了捕捞作业的能耗和碳排放；

（4）UHMWPE 纤维具有优异的耐海水腐蚀、抗紫外辐照、耐磨损和抗切割性能，显著延长了网具的服役寿命，从而获得更优的投入产出比。

采用 UHMWPE 纤维制作高性能网具至今仍是研究开发的热点。在纤维材料方面，希望通过生产工艺革新进一步降低 UHMWPE 纤维生产成本，同时开发有色 UHMWPE 纤维制备技术，使其更好地满足渔网应用领域的使用要求；在网具开发方面，需要针对 UHMWPE 纤维的特性，如表面摩擦系数小、易打滑等，优化设计网片结节形式和网具整体构造，进一步提高纤维的强度利用率和结节尺寸稳定性，形成与 UHMWPE 纤维相匹配的网具制作技术。

8.4.2 网箱

UHMWPE 纤维作为渔网材料的杰出表现，使之迅速推广到养殖网箱领域。从 2003 年到 2012 年十年间，多家国际知名网箱制造商与海水养殖企业参与到 UHMWPE 纤维网箱的研发、试验与应用中，试验海域北起挪威最北端的芬马克（位于北极圈内），南至地中海和巴哈马群岛，适应鱼种包括三文鱼、鳕鱼、海鲷、军曹鱼、金枪鱼等（表 8－9，图 8－19），试验和应用结果充分肯定了 UHMWPE 纤维网箱的综合性能优势和巨大应用前景。

表 8－9 UHMWPE 纤维应用于网箱的实例[51－56]

年份	实施者	实施情况	取得的效果
2003	西班牙 MøreNot 公司	采用 Dyneema®制作高性能网箱，用于养殖鳕鱼	有效防止网箱受鱼类撕咬而破损并导致逃逸；网箱制作成本较高，但操作、维护费用低，服役寿命长；有利于实现健康、安全养殖，获得最优的投入产出比
2006	挪威 Mainstream 公司	在挪威海域使用 Dyneema® 网箱养殖三文鱼	网箱更大但更轻，可采用原有设备安装更大的网箱，安装和维护更便捷、更安全；防污费用比尼龙网箱下降 50%；网眼更大，水阻减小，利于网箱保持形状；水流更通畅，含氧量提高，鱼群更健康；耐磨损，抗紫外辐照，预期使用寿命达到 10 年，为尼龙网箱的 2 倍；抗撕咬，适应于不良海况，养殖更安全
2007	希腊 Andromeda 公司	在地中海使用 Dyneema® 网箱养殖海鲷	网箱更大、更轻；操作更安全，维护更简便；比尼龙网箱少用 40% 防污剂，清洗次数减少一半；饵料转化效率提高 3% ~5%，养殖成本节约 10% ~15%；抗撕咬，养殖更安全

（续）

年份	实施者	实施情况	取得的效果
2007	加拿大 Cooke 水产公司	在纽芬兰海域使用 Dyneema® 网箱三文鱼	比相同容积的尼龙网箱轻 2/3，可采用原有设备安装更大的网箱，安装、维护更便捷；网线更细，水阻降低，利于网箱保持形状；改善含氧量，利于鱼群健康；减少防污剂用量，环保且节省开支；耐磨损，使用寿命延长；抗撕咬，养殖安全性提高
2010	加拿大 Marine Harvest 公司	在加拿大海域比较了 Dyneema® 和尼龙网箱的防污性能	UHMWPE 纤维网箱具有更细的网线，防污效果优于尼龙网箱，可减少清洗次数，节省维护费用
2011	丹麦 Hvalpsund 网业公司	制作周长为 160m 的 Dyneema® 网箱，并进行对比试验	网箱重量减轻，可选用直径更细的浮筒；水阻减小，锚泊张力比尼龙网箱下降 72% ~ 78%；在流速为 0.7m/s 时，体积保持率比尼龙网箱高 20%；能有效防止鱼类撕咬
2012	美国 NET Systems 公司；CEI 研究所	研制出“PREDATOR - X”防鲨网箱，在巴哈马群岛进行军曹鱼养殖试验	适应于温带或热带海域，不额外安装防鲨网也能有效防止鲨鱼、海豹、海狮等撕咬；水流通畅，含氧量提高；防污效果好；安装、维护便捷
注：Dyneema® 为荷兰 DSM 公司 UHMWPE 纤维产品商标			

图 8-19　UHMWPE 纤维养殖网箱[51]

UHMWPE 纤维网箱的成功应用推广与海水养殖业的最新发展趋势紧密相关。随着世界人口持续增长和耕地匮乏，渔业特别是海水养殖将在食物供给方面发挥越来越重要的作用。发达国家为提高养殖效益、缓解近海污染，近年来积极发展离岸养殖，其基本模式一是扩大养殖规模，增加单箱产量，二是提升渔产品质，并侧重发展三文鱼、金枪鱼等高附加值品种。UHMWPE 纤维网箱作为新型高性能网具，在离岸养殖方面优势突出，具体体现在以下几个方面：

（1）网具大型化、轻量化。UHMWPE 纤维网箱在同等重量下比尼龙网箱更大，目前最大周长已超过 200m，因而单箱产量高；在同等体积下更轻，通常重量仅有尼龙网箱的 1/3，为大型网箱的安装、操作和维护带来极大便利。

（2）防污效果好。UHMWPE 纤维网线更细、更光滑，能有效减少浮游生物的附着生长，比尼龙网箱少用 40%~50% 的防污剂，同样时间内清洗次数下降一半，是环保和节省开支一举两得的范例。

（3）使用寿命长。UHMWPE 纤维在耐磨损、耐腐蚀、抗紫外辐照等方面性能卓越，能避免尼龙网箱在使用几年后性能急剧下降的问题，使用寿命比尼龙网箱至少延长 1 倍。

（4）安全系数高。UHMWPE 纤维的高强、耐磨性能使之广泛用于防弹、防切割手套等安全防护领域，用于网箱时也表现出不俗的抗撕咬性能，既适合于海鲷等利齿鱼类的养殖，防止其逃逸，也可抵御鲨鱼、海豹等掠食性动物的攻击，另一方面，由于 UHMWPE 纤维网线更细、更光滑，水阻较小，因此在抗风浪方面也优于尼龙网箱。

（5）养殖健康化。UHMWPE 纤维网线更细、更光滑，促进水流通畅，保持较高的含氧量和清洁度，因而有利于鱼群健康，减少鱼病，甚至能够节省饲料消耗，提高养殖产出比。

抗风浪网箱系统组成包括框架、网囊、固定。该系统具有以下特点：

（1）网箱框架采用海洋专用聚乙烯材料制造，充分利用材料的强度和弹性、抗流、抗冲击能力强，网箱框架连接采用特殊的焊接技术，从工艺上最大限度保证主构架整体的柔性及强度。

（2）圆台形网衣使用 HMPE 经编或绞捻无结网编制而成，抗附着和老化能力强，较其他网衣更具抗流性。圆台形网衣经计算机模拟受力分析和波浪动水槽试验，以及海上工况实物测试，流速在 1m/s 的作业工况下，养殖容积保持率在 95% 以上。

（3）由无滑动三角锚、锚链和 HMPE 绳组成的抗风浪锚泊系统，最大限度地保证在台风和洋流正面冲击下，网箱整体不位移。网箱海上安装方法采用 DGPS（差分式全球卫星定位系统）预定位，锚位准确误差值在 2m 以内。

（4）网箱平稳沉浮设计，使网箱可有效地避开台风的袭击和赤潮的危害，大幅度提高养殖成活率，并且操作简单。

（5）网箱系统构件全部采用国产化材料，全套系统价格仅为国外同类产品的 1/3 以下，特别适合在沿海养殖地区广泛推广应用。

抗风浪网箱系统的技术指标：抗风能力为 12 级；抗浪能力为 6m；抗流能力小于 1M/SEC；防污有效期正常情况 6 个月；网目规格根据用户要求提供。

综上所述，UHMWPE 纤维网箱在扩大养殖规模、提高养殖效益、保障养殖安全乃至实现生态健康养殖等方面具有突出的优势，是发展离岸养殖、深海养殖的优选装备之一。目前，荷兰 DSM 公司已推出 Dyneema® SK75 系列纤维，主要用于网箱的锚缆、网衣等。与之相关的研发工作方兴未艾。在纤维材料方面，UHMWPE 纤维的生产成本仍需进一步降低，在购置成本上拉近与尼龙、聚酯、普通聚乙烯等常规纤维之间的距离；在网箱方面，急需从 UHMWPE 纤维的性能特点出发，形成与之相匹配的从设计、编织到后处理的整套专用技术，此外，网箱的防污性能仍需进一步提高。

8.4.3 其他类型网

UHMWPE 纤维网具在交通运输、体育休闲等行业的应用方兴未艾。特别是航空运输业，对轻质、高强材料的追求是永恒主题。德国 Hoffmann ACE 公司是较早研发 UHMWPE 纤维空运托盘网的企业，2008 年其与荷兰 DSM 公司联合开发的第三代 UHMWPE 纤维空运托盘网荣获德国黑森州发明奖[57]。在此之前，Hoffmann ACE 公司已成功开发出两代产品，均成为当时世界上最轻的空运托盘网。航空设备业巨头美国 AmSafe 公司也在同时期推出了旨在减轻机舱重量的轻量级货运托盘网[58]（图 8－20），并于 2010 年完成对 Hoffmann ACE 公司的并购，进一步强化了 UHMWPE 纤维空运托盘网的研发和推广力度。

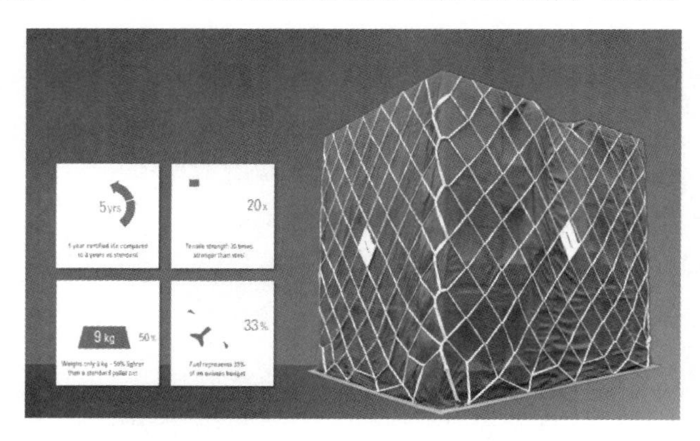

图 8－20　UHMWPE 纤维空运托盘网[58]

目前，已有日本货运航空公司、法航荷航集团马丁航空货运公司等企业采用 UHMWPE 纤维空运托盘网全面替代传统的聚酯、尼龙产品（表 8－10）。UHMWPE 纤维在空运托盘网的应用优势可概括为以下几个方面：

（1）轻质、高强，同等规格的 UHMWPE 纤维空运托盘网比传统聚酯或尼龙网减重 50% 以上，在增加货物运输量的同时节省燃油并减少 CO_2 排放，帮助航空公司实现节能减碳目标，而且操作更简便、更安全，缩短装卸货物的周转时间；

（2）吸水率低、耐磨损、耐化学腐蚀、抗弯折性能优异，维护次数减少，维护成本降低，使用寿命比传统聚酯或尼龙网延长 60% 左右；

（3）红外可见度低，伪装性能好，适宜于军用空运托盘网。

UHMWPE 纤维在体育休闲领域主要应用于棒球场挡球网（图 8－21），具有装卸方便、防护性能好、视野通透等优点，已在美国、日本等地推广普及多年（表 8－10）。

图 8－21　UHMWPE 纤维棒球场挡球网[59]

表 8－10　UHMWPE 纤维应用于货运托盘网和棒球挡球网的实例[59－65]

年份	实施者	实施情况	取得的效果
2008	美国 Capewell Components 公司；德国 Hoffmann ACE 公司；荷兰 DSM 公司	采用 Dyneema® 制作当时世界上最轻的军用空运托盘网	新的军用空运托盘系统比常规产品减重近 50%，同时增加 38% 的运输量；增加航程，节省燃油；吸水率降低，耐化学腐蚀，抗弯折性能好，耐磨性提高，寿命延长；安装、维护更简便；红外可见度极低，伪装性能好
2009	日本货运航空公司	采用 AmSafe Bridport 公司研制的 UHMWPE 纤维超轻货运托盘网	网重仅 7.8kg，比传统托盘网减轻 56.7%；每架次航班减重约 400kg，每年可节约燃油 370 桶，减少 CO_2 排放 345t；使用寿命从传统托盘网的 3 年延长至 5 年
2013	法航荷航集团马丁航空货运公司；AmSafe Bridport 公司；荷兰 DSM 公司	采用 AmSafe Bridport 公司研制的 UHMWPE 纤维超轻货运托盘网，全面替代传统聚酯纤维托盘网	网重仅 9kg，比传统聚酯纤维托盘网减轻约 50%；每只网每年可节省航空燃油 210 加仑（795L），减少 CO_2 排放超过 2.5t；使用寿命至少 5 年，比传统聚酯纤维网延长 60%；维护次数减少，节约成本；工人操作更安全、便捷，加快货物装卸速度

（续）

年份	实施者	实施情况	取得的效果
1996	美国 C&H Baseball 公司	设计、制作了世界上第一个 Spectra®/ Dyneema® 棒球场挡球网，并安装在亚特兰大 Turner 球场，随后普及到全美多个球场	轻质，便于安装、拆卸和维护；高强、高弹，防护性能好；超薄，减少网对视野的阻隔，减少压抑感，改善观看体验
2009	日本东洋纺	大阪京瓷巨蛋棒球场安装了由 Dyneema® 制作而成的挡球网	
注：Spectra® 和 Dyneema® 分别为美国 Honeywell 公司和荷兰 DSM 公司的超高分子量聚乙烯（UHMWPE）纤维产品商标			

UHMWPE 纤维以其轻质、高强、耐磨损、耐腐蚀等性能优势，自诞生以来迅速进入渔网、网箱、空运托盘网、棒球场挡球网等领域，获得了市场的广泛认可和高度评价，成为迄今在网具领域应用最成功的高性能纤维之一。随着网具的更新换代，特别是产品全寿命周期概念的引入，以及对于产品碳足迹的考虑，UHMWPE 纤维对常规聚乙烯、聚酯或尼龙等纤维的相对优势将更加显著。另一方面，得益于 UHMWPE 纤维领域的技术进步，其成本将逐渐下降。不难预计，UHMWPE 纤维将成为继天然纤维、金属纤维、普通化纤之后的新一代主流网具材料。

8.5 雷达罩及航空集装箱

8.5.1 超高分子量聚乙烯纤维在雷达罩中的应用

随着雷达被大量应用于陆、海、空三军及民航、气象等领域，人们对雷达天线罩的需求也在日益增长，设计并制备适用于雷达天线罩的复合材料逐渐成为研究热点。目前，对于雷达罩所用复合材料的研究目前大多集中在其力学性能和介电性能两个方面，其中力学性能的研究主要考察复合材料的弯曲性能和抗冲击性能，这两种性能越好，机载雷达罩承载空气载荷的能力就越强，更有利于抵抗飞行过程中的异物冲击，而介电性能则是影响复合材料透波性能的主要因素，复合材料的介电常数（ε）和介电损耗角正切值（$\tan\delta$）越低，雷达罩的介电性能越好[66]，进而具有更好的透波性能。为满足现代机载雷达天线罩高频、宽频透波性能的要求，通常将罩壁设计成夹层结构，如图 8－22 所示，其中夹层结构复合材料由增强纤维、树脂基体和夹芯材料复合而成[67]。增强纤维为纤维增强树脂基复合材料的主要承力者，在复合材料中有较高体积含量，并且其介电常数一般高于树脂基体，因此是决定复合材料力学性能和介电性能的主要因素。目前，常用的增强纤维主要有玻璃纤维、石英纤维、芳纶纤维等，而 UHMWPE 纤维则是一种新型的增强纤维材料。

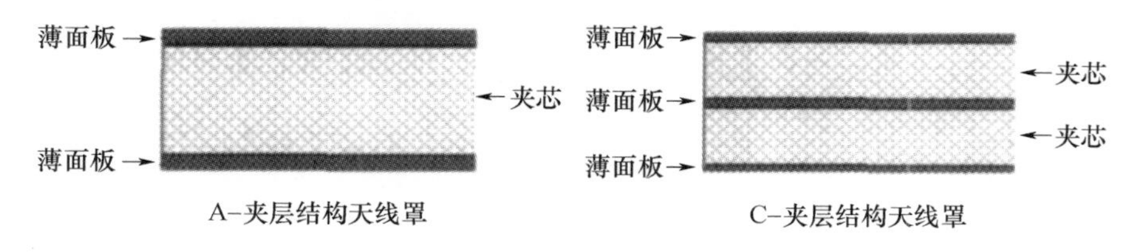

图 8-22 两种雷达天线罩常用的夹层结构

UHMWPE 纤维具有很高的比强度和比模量，优异的抗冲击和阻尼性能，耐环境性能好，并且在各种频率下均表现出优异的介电性能（$\varepsilon \leqslant 3.0$，$\tan\delta = 10^{-4}$）。基于 UHMWPE 纤维的优异性能，帝斯曼公司开发了型号为 Dyneema® Crystal Technology 的雷达天线罩专用纤维，并且已通过与其他公司合作的方式，将产品应用于了军事及通信领域。据报道，Dyneema® Crystal Technology 纤维具有波段范围宽，透过性好等优点。除此之外，东华大学王依民教授与郑州安泰防护科技有限公司合作，提出了一种 UHMWPE 增强雷达罩的制备方法并对其应用进行了研究[68]，该雷达罩可以通过 UHMWPE 织物增强的复合材料制得，也可以通过以 UHMWPE 增强复合材料为表层材料，低密度、低介电性的材料为夹芯材料，两者之间通过胶黏剂粘结在一起而制成。王依民教授的研究表明，UHMWPE 纤维增强复合材料制备的雷达罩透波率高，同时还具有良好的力学性能和耐候性，能够在恶劣的环境下对雷达天线提供保护，但目前还未见关于该种雷达罩实际应用的相关报道。

8.5.2 超高分子量聚乙烯纤维在航空集装箱中的应用

随着国际航空运输业，特别货运航空运输竞争的日益激烈，采用高分子复合材料航空集装箱来替代传统铝制集装箱的趋势愈发明显，其中 UHMWPE 纤维复合材料航空集装箱产品便是替代铝制集装箱的选择之一。与碳纤维、芳纶纤维、玻璃纤维等常用的复合材料增强体相比，UHMWPE 纤维存在刚度低、耐蠕变性能差等缺点，因而在结构复合材料（如飞机机身）增强方面不如碳纤维和玻璃纤维，但将其应用于航空集装箱时，静载荷主要集中于航空集装箱的框架部分（仍为铝质合金），框架中的复合材料箱体不会因过高的静载荷而变形、破坏，此时 UHMWPE 纤维所具备的高抗冲击性能则能够有效避免集装箱在装卸过程中由频繁碰撞导致的箱体损伤，从而大幅提高集装箱的使用寿命，并确保货物安全。

目前,商品化的 UHMWPE 纤维复合材料航空集装箱均为帝斯曼公司的产品,他们以 Aeronite®不饱和聚酯树脂和 Dyneema® UHMWPE 纤维为基础开发出了新型高强度航空货运集装箱板 RP10 板材,并将该项专利技术授权给空运设备制造商 DoKaSch 公司进行商业化生产,图 8 – 23 即为由 UHMWPE 纤维增强的复合材料制备的航空集装箱的实物图。与铝制集装箱相比,UHMWPE 纤维复合材料航空集装箱具有更优异的性能,以锤击实验为例,图 8 – 23 中的铝质集装箱箱体发生凹陷变形,而同等尺寸规格的复合材料箱体将击锤弹回,本身未发生任何变形或破坏。同时,该复合材料航空集装箱比同等规格的铝质集装箱重量减轻约 30% 以上,其重量甚至低于 65kg,能够使单次航班载重减少 200kg,燃油和碳排放同比下降 20% 以上,同时产品服役寿命延长 1 倍。德国汉莎航空 2015 年全部换装 UHMWPE 纤维复合材料航空集装箱,此举每年可节约燃油 2180t,减少 CO_2 排放 6867t,因而被国际航空运输协会(IATA)誉为航空运输业在节能减碳方面所做的里程碑式的举措之一,而 UHMWPE 纤维复合材料航空集装箱也荣获环境领域的国际 AVK 创新大奖。

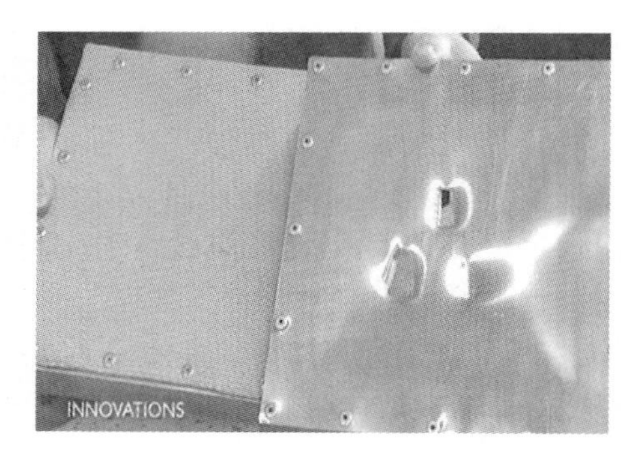

图 8 – 23　由 UHMWPE 纤维增强的复合材料制备的航空集装箱的实物图及 UHMWPE 纤维复合材料箱体与传统铝质箱体锤击实验对比图

参考文献

[1] Protective gloves against mechanical risks. European Committee for Standardization. 2016.

[2] Protective clothing – Mechanical properties – Determination of resistance to cutting by sharp objects. International Standards Organization. 1999.

[3] 手部防护 机械危害防护手套[M]. 北京:中国标准出版社,2009.

[4] 黄浚峰. 高强聚乙烯防切割手套织物工艺与性能的研究[D]. 杭州:浙江理工大学,2016.

[5] Shin H – S, Erlich D C, Simons J W, et al. Cut Resistance of High – strength Yarns[J]. Textile Research

Journal,2016,8:607 - 613.

[6] Marissen R. Design with Ultra Strong Polyethylene Fibers[J]. Materials Sciences and Applications,2011,05:319 - 330.

[7] 伊丽莎白·沐勒,鲁洛夫·马里萨恩. 耐切割纱线、制造该纱线的方法以及含有该纱线的产品:CN200780038875[P]. 2011.

[8] 佳瓦尼·约瑟夫·艾达·汉森. 调温、耐切割纱线和织物:CN200980147288[P]. 2011.

[9] 佳瓦尼·约瑟夫·艾达·汉森,皮特·维达斯多克. 耐切割制品:CN201180028365[P]. 2015.

[10] 增田实福小. 高性能聚乙烯纤维及使用了该纤维的编织物以及其手套:CN200980118866[P]. 2011.

[11] 西冈国夫,福小增滨. 高功能聚乙烯纤维、编织物及耐切伤性手套:CN201080003120[P]. 2010.

[12] 方园,李新阳,黄浚峰. 高强聚乙烯/锦纶/氨纶手套防切割性能的研究[J]. 浙江理工大学学报,2015,2:156 - 159.

[13] 缪建良. 一种耐磨防切割手套:CN201611011620[P]. 2016.

[14] 何奕虹,薛亚莉. 防切割手套的专利技术改进[J]. 科技传播,2016,14:

[15] 田笑,孙润军,王秋实. 防刺机织物的设计与研究进展[J]. 合成纤维,2016,11:36 - 39.

[16] 吴道正. 柔性复合防刺材料的研制[J]. 合成纤维,2011,8:32 - 34.

[17] 张天阳. 机织物防刺性能的有限元分析[J]. 上海:东华大学,2011.

[18] 李宁,宋广礼,刘梁森. 芳纶针织物的防刺性能[J]. 纺织学报,2014,12:31 - 35.

[19] 顾肇文. 柔性复合防刺服机理研究[J]. 纺织学报,2006,8:80 - 84.

[20] 练滢. 织物/树脂复合柔性防刺材料的设计与穿刺性能研究[D]. 东华大学,2016.

[21] Wang D N,Li J L,Jiao Y N. Stab Resistance of Thermoset - Impregnated UHMWPE Fabrics[J]. Advanced Materials Research,2010,133 - 136.

[22] 孙玉钗. 织物接触冷感与影响因素分析[J]. 棉纺织技术,2009,10:594 - 597.

[23] 杨光武,蔡黄. 超拉伸聚乙烯的弹性模量和导热性能[J]. 高分子学报,1997,3:331 - 342.

[24] 高波,肖黄施. 超高分子量聚乙烯(UHMWPE)纤维纺织品及其制造方法与在制造接触凉感织物上的应用:CN 105350145 A[P]. 2016.

[25] Standard Specification for Medical - Grade Ultra - High Molecular Weight Polyethylene Yarns. West Conshohocken;ASTM International. 2016.

[26] 外科植入物 医用级超高分子量聚乙烯纱线[M]. 北京:中国标准出版社,2016.

[27] 隋纹龙,陈南梁. 编织型医用管腔内支架的编织工艺研究[J]. 产业用纺织品,2013,10:15 - 18.

[28] 张艳明. 针织技术在医用纺织品领域的应用与研究[J]. 纺织导报,2014,11:72 - 77.

[29] 庄华炜. 医用纺织品的应用进展[J]. 印染,2017,5:54 - 56.

[30] Purchase R,Mason R,Hsu V,et al. Fourteen - year prospective results of a high - density polyethylene prosthetic anterior cruciate ligament reconstruction[J]. J Long Term Eff Med Implants,2007,1:13 - 19.

[31] Bach J S,Detrez F,Cherkaoui M,et al. Hydrogel fibers for ACL prosthesis:design and mechanical evaluation of PVA and PVA/UHMWPE fiber constructs[J]. Journal of biomechanics,2013,8:1463 - 1470.

[32] Grafton D R, Schmieding R, Lyon L D, et al. High strength UHMWPE - based suture: EP1293218B1[P]. 2005.

[33] Oe K,Jingushi S,Iida H,et al. Evaluation of the clinical performance of ultrahigh molecular weight polyethylene fiber cable using a dog osteosynthesis model[J]. Bio - medical materials and engineering,2013,5:329 - 338.

[34] Hapa O,Aksahin E,Erduran M,et al. The influence of suture material on the strength of horizontal mattress suture configuration for meniscus repair[J]. The Knee,2013,6:577 - 580.

[35] Soares C J,Valdivia A D,Da S G,et al. Longitudinal clinical evaluation of post systems:a literature review

[J]. Brazilian Dental Journal,2012,2:135 – 740.
[36] 吴悦梅,张富强. 纤维/树脂桩核的粘接与固位[J]. 国际口腔医学杂志,2006,1:75 – 76.
[37] Tosun K,Felekoğlu B,Baradan B. Multiple cracking response of plasma treated polyethylene fiber reinforced cementitious composites under flexural loading[J]. Cement and Concrete Composites,2012,4:508 – 520.
[38] Basir A,Gründeman P,Moll F,et al. Adherence of Staphylococcus aureusto Dyneema Purity® Patches and to Clinically Used Cardiovascular Prostheses. Plos One,2016,9:e0162216.
[39] 刘丽珍. 我国绳网具、绳网机械产业现状及发展前景[J]. 中国渔业经济,2006,5:55 – 59.
[40] 王鲁民. 超强纤维材料的试验研究及其在渔业中的应用前景[J]. 水产学报,2000,24(5):480 – 484.
[41] Technical brochure:Dyneema® in marine and industrial applications. http://www. dyneema. com.
[42] 杨年慈. 超高分子量聚乙烯纤维 第一讲 超高分子量聚乙烯纤维发展概况[J]. 合成纤维工业,1991,14(2):48 – 55.
[43] Midwater trawls. http://www. fao. org/fishery/geartype/207/en.
[44] 郁岳峰,黄六一. 超强纤维 – Dyneema 在中国远洋拖虾渔业上的应用[J]. 现代渔业信息,2006,21(11):10 – 12.
[45] 杨吝. 国外海洋捕捞业发展趋势[J]. 现代渔业信息,1998,13(5):1 – 4,9.
[46] 郭亦萍,马海有,乐伟章,等. 超高强纤维在渔业发展中的应用[J]. 中国水产科学,2001,8(1):94 – 96.
[47] Dutch companies opt for Dyneema®. http://www. worldfishing. net/news101/products/fish – catching/netting/dutch – companies – opt – for – dyneema. 2014.
[48] Sala A,Lucchetti A,Palumbo V,et al. Energy saving trawl in mediterranean demersal fisheries. Proceedings of the 12th international congress of the international maritime association of the mediterranean[J]. Taylor & Francis Group. Varna. Bulgaria. 2007,2:961 – 964.
[49] Trawlers switch to Dyneema® D – Netting. http://www. worldfishing. net/news101/fish – catching/trawling/trawlers – switch – to – dyneema – d – netting. 2009.
[50] Montgomerie M. Jackson low drag trawl sea trials – Trial 1 MFV Harvest Hope. http://www. seafish. org/media/Publications/SR625_JacksonLowDragTrawl_Final. pdf. 2009.
[51] Greek aquaculture company Andromeda chooses cage nets made with Dyneema®. http://www. dyneema. com/apac/applications/nets/commercial – fishing/aquaculture/case – study – andromeda – with – dyneema. aspx. 2012.
[52] Alternative fish cage nets for improved biofouling,durability,and fish growth. Aquaculture Innovation and Market Access Program – Final Report. http://www. dfo – mpo. gc. ca/aquaculture/sustainable – durable/rapports – reports/2010 – P10 – eng. htm. 2011.
[53] Major Canadian aquaculture thinks big with larger,more productive cage nets. http://www. dyneema. com/americas/applications/nets/commercial – fishing/aquaculture/case – study – cooke – with – dyneema. aspx. 2012.
[54] Norwegian aquaculture company sees a healthy future with cage nets made with Dyneema®. http://www. dyneema. com/~/media/Downloads/Case%20Studies/Case%20Study%20Cooke%20with%. 2012.
[55] Hvalpsund net profile brochure. http://hvalpsund – net. dk/fileadmin/Brugerfiler/Billeder/Download/Hvalpsund_Net_profile_lowres. pdf. 2013.
[56] Frinton,S. New shark – resistant net introduced to further open – ocean fish farming. http://www. net – sys. com/pdf/NET%20Systems – 022912 – Product. pdf. 2012.
[57] Hoffmann Ace develops light weight air cargo net with Dyneema®. http://www. fibre2fashion. com/news/

textile - news/newsdetails. aspx? news_id = 71808. 2009.

[58] Lightweight pallet net. https://amsafebridport. com/wp - content/uploads/2014/02/Pallet - Nets. pdf. 2014.

[59] Dyneema® in use: the backstop net at the Kyocera Dome Osaka. http://www. toyobo - global. com/seihin/dn/dyneema/topics/02. htm. 2009.

[60] NCA to be first Japanese cargo airline to adopt light but strong pallet net made of new material. http://www. nca. aero/e/news/2009/news_20090529. htm. 2009.

[61] Revolutionary lightweight cargo nets made with Dyneema® will slash AIR FRANCE - KLM greenhouse gas emissions. http://www. dyneema. com/apac/about - dyneema/news - and - events/news - 2013/revolutionary - lightweight - cargo - nets. aspx. 2013.

[62] Dyneema® fiber enables Capewell to develop the world's lightest military air cargo pallet and net system. http://newmaker. com/nmsc/en/newsdetail. asp? id = 54097. 2008.

[63] Capewell launches the Advanced Logisitics Cargo System. http://www. airframer. com/news_story. html?release = 2742. 2008.

[64] About C&H basaeball. http://www. chbaseball. com/about - us.

[65] New Dyneema® backstop makes viewing more enjoyable. http://www. milb. com/news/article. jsp? ymd = 20120405&content_id = 27954980&vkey = pr_t422&fext = . jsp&sid = t422. 2012.

[66] 郭笑坤,殷立新,詹茂盛. 低介质损耗雷达罩用复合材料的研究进展[J]. 高科技纤维与应用,2003,6:29 - 33.

[67] 宫兆合,梁国正,王旭东. 高性能机载雷达罩材料的研究进展[J]. 工程塑料应用,2002,12:54 - 56.

[68] 刘术佳,王佳,王依民,等. 超高分子量聚乙烯增强的雷达罩、其制备方法及应用:CN101364669[P]. 2009 - 02 - 11.

第 9 章

超高分子量聚乙烯纤维应用技术进展及专利分析

9.1 概　述

UHMWPE 纤维的研究经历了漫长的过程，自 1979 年荷兰科学家 P. Smith 和 P. Lemstra 发明了 UHMWPE 纤维的冻胶纺丝方法后，美国 Allied Signal（现 Honeywell），荷兰 DSM、日本 Toyobo、日本 Mitusi 先后于 20 世纪 80 年代实现了产业化。我国在世纪之交首先由宁波大成实现了产业化，成为世界上第四个掌握全套生产技术的国家，由此开始了 UHMWPE 纤维产业在我国得到迅猛发展，由最初的 3 家（宁波大成、湖南中泰、北京同益中）发展到现在的 20 家以上，溶剂体系也涵盖了白油和十氢萘，已建和在建的产能突破万吨，纤维产品在防弹材料、防切割穿刺制品、功能纺织品等领域得到广泛应用，成为世界上最大的 UHMWPE 纤维和制品生产国。国内外 UHMWPE 纤维技术发展历程如图 9－1 所示。

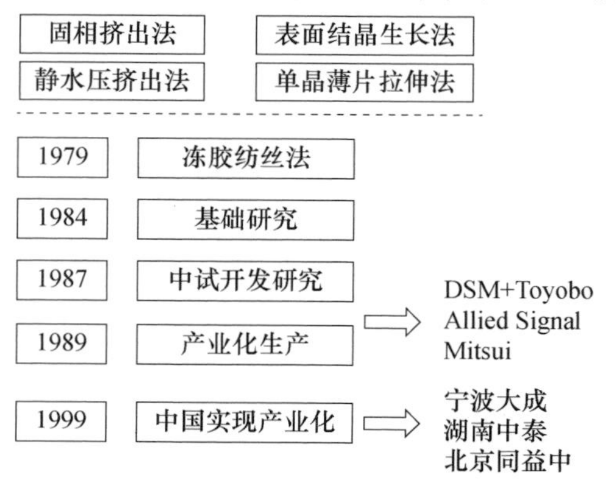

图 9－1　国内外 UHMWPE 纤维技术发展历程

在全球30年以上的技术发展，形成了以纤维成型技术为核心，涵盖纺丝级树脂合成、纤维制品加工和复合材料制造的专利技术群。以下将按照 UHMWPE 纤维的技术链（图9-2），主要对国内外已授权或申请的发明专利进行简要的分析。

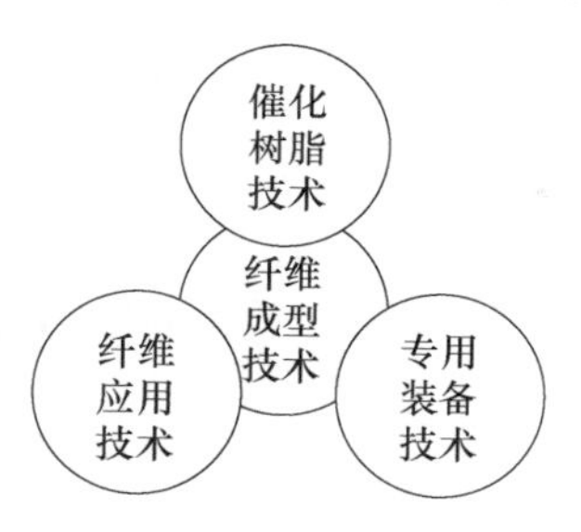

图9-2 UHMWPE 纤维技术链

9.2 超高分子量聚乙烯纤维冻胶纺丝工艺路线概论

荷兰 Stamicarbon 公司在专利 US 4344908 中对 UHMWPE 纤维的流程做了简单描述（图9-3）[1]。UHMWPE 的十氢萘溶液在经喷丝板挤出后，经水浴或气体甬道降温至 UHMWPE 的溶胀和溶解温度之下形成冻胶纤维，然后冻胶纤维在气体介质中经受高倍热拉伸，拉伸温度控制在溶胀温度和熔点之间，在此过程中冻胶纤维中残余的大量溶剂经气体介质脱除，最终获得高性能的 UHMWPE 纤维。

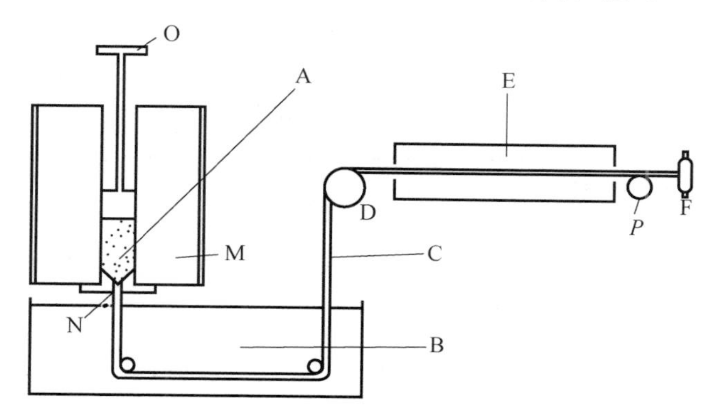

图9-3 UHMWPE 纤维纺丝工艺原理图

A—纺丝液；N—纺丝组件；B—冷却浴；C—冻胶纤维；E—拉伸甬道；F—卷绕机。

与荷兰 DSM 公司的一步法工艺不同，美国 Bridgestone 公司在 US 5286435 中同样以十氢萘为溶剂[2]，首先在冻胶纤维制备后卷绕，退绕后再进行连续的气体介质脱除溶剂和热拉伸，由此形成了两步法工艺，制备了拉伸强度 30g/den 以上的高性能聚乙烯纤维（图9-4）。

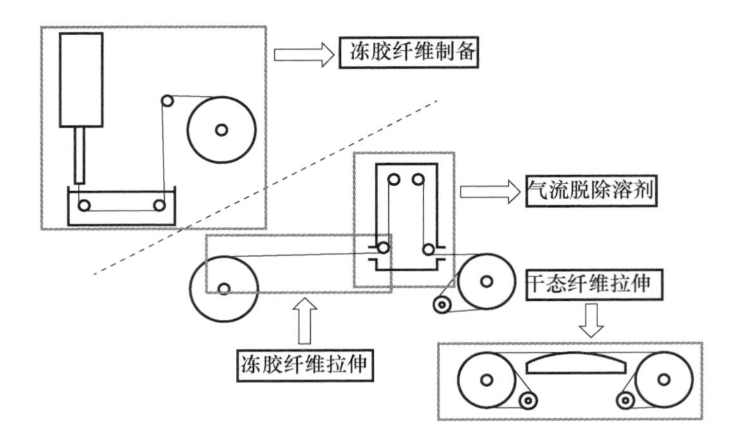

图 9-4　Bridgestone 公司的 UHMWPE 纤维成型工艺流程图

其后,美国 Allied Signal 公司以高沸点的白油为溶剂,以氟利昂-113 为萃取剂,形成了新的工艺流程,在专利 US 4413110、US 4551296 中进行了详细的描述(图 9-5(a)(b)和(c))[3,4]。与采用低沸点的十氢萘作溶剂相比,增加了专门的萃取与干燥工艺,分别进行纺丝溶剂和萃取剂的脱除,主要通过对两级热拉伸的合理配置,形成了连续法工艺(图 9-5(c))和以干态丝为断点的两步法工艺(图 9-5(a)和(b))。近年来为了持续提高 UHMWPE 纤维的力学性能,Honeywell 公司在 US7 846363B2 中披露[5],以图 9-5(a)所示工艺为蓝本,对干态丝断点的两步法工艺进行了改进,首先在干燥工艺后增加了干态丝的热拉伸和定型工艺,获得了预取向纤维(POY),然后经卷绕、退绕后再进行第二阶段的热拉伸,得到强度为 34~63cN/dtex、模量大于 1400cN/dtex 的高性能纤维。

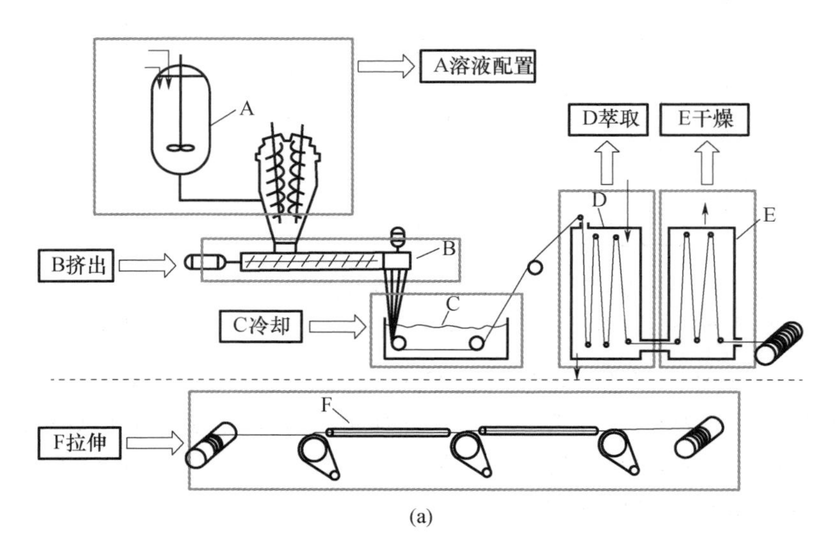

(a)

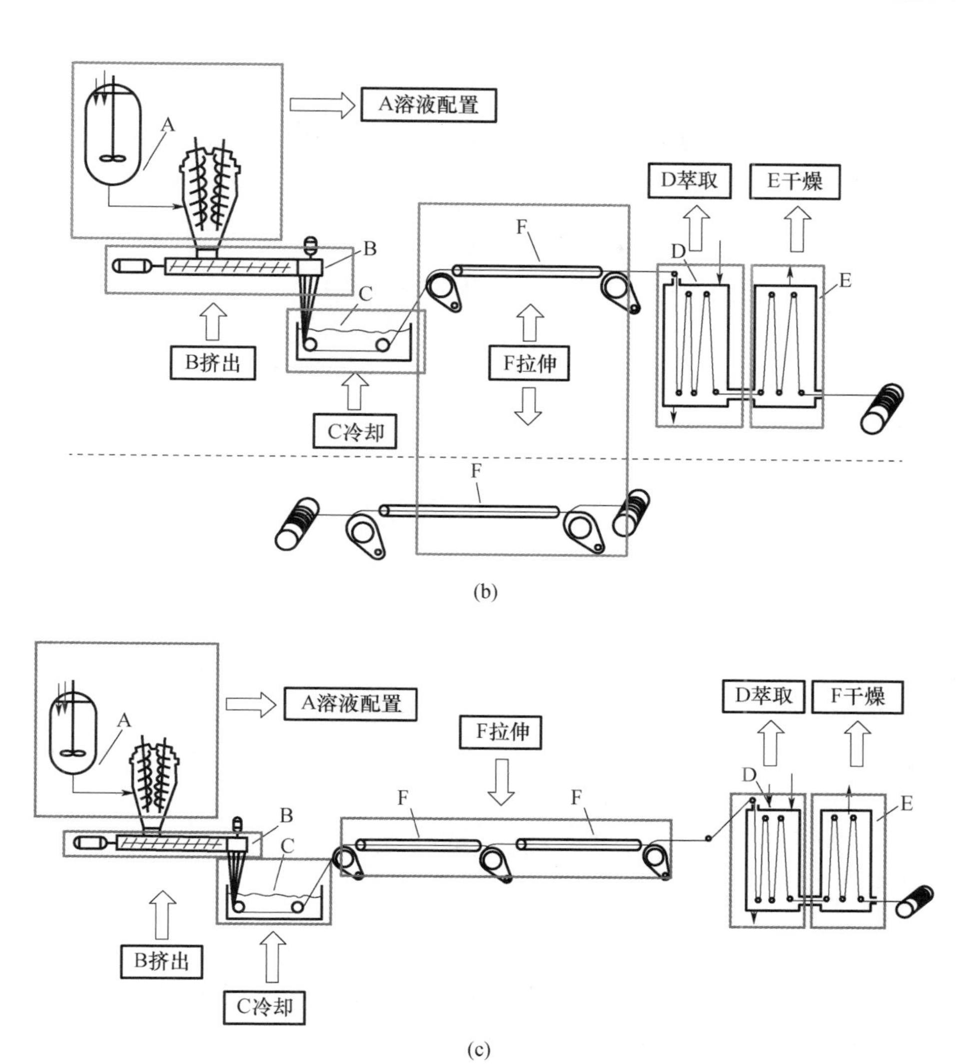

图9-5 Allied Signal公司的UHMWPE纤维成型工艺流程图

总之,UHMWPE纤维冻胶纺丝技术经过近四十余年的发展,工艺路线已基本成型,形成了以十氢萘和白油为溶剂的两大技术流派,由于纺丝溶剂具有不同的挥发特性,又引导了不同的溶剂脱除的工艺与装备技术的发展。但从冻胶纤维结构形成的热力学过程、伸直链结构的演变来看,两种技术路线并没有本质的区别,因此如图9-6所示,可将UHMWPE纤维冻胶纺丝技术予以概括。

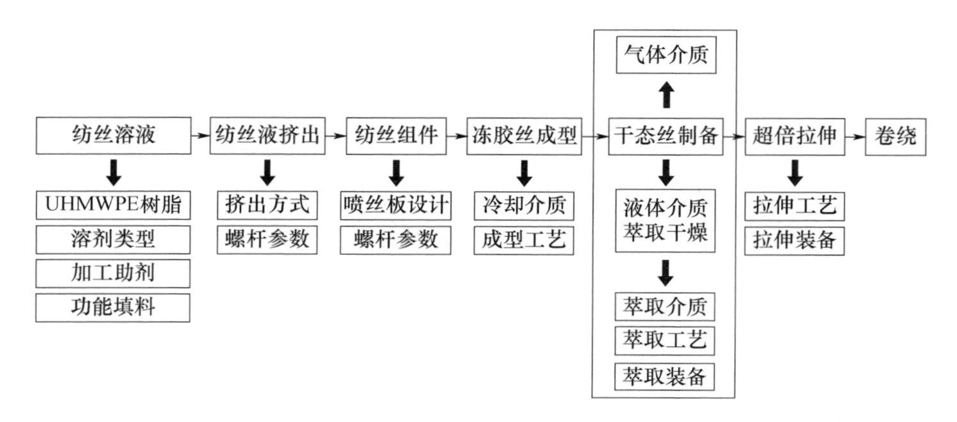

图 9-6 UHMWPE 纤维成型工艺流程图

9.2.1 UHMWPE 树脂

选择具有合适分子量的 UHMWPE 树脂是获得高性能纤维的基础,因此在早期的专利中对选用树脂的最小 M_w 分子量均提出了不同的要求,如在 US 4436689 中为 4×10^5[6],US 4413110 和 US 4455273 均为 5×10^5[3,7],在 US 4422993 和 US 4430383 中为 8×10^5[8,9],而在 US 4551296 和 US 4617233 则分别提高至 $1\times10^6\sim1\times10^7$ 和 $3\times10^6\sim1\times10^7$[4,10]。其中专利 US 4422993、US 4411854和 US 4430383 中均提及纤维的最小可拉伸倍数 λ_{min} 与树脂的 M_w 存在以下关系[8,9,11]:

$$\lambda_{min}\backsim\frac{12\times10^6}{\bar{M}_w}+1 \quad (9-1)$$

同时研究者以十氢萘为溶剂时,选择具有不同 M_w 的 UHMWPE 树脂时发现,纤维的力学性能强烈地依赖于原料树脂的分子量(图 9-7)。

众所周知,聚合物的分子量分布(PDI)对于纤维成型及其力学性能有重要的影响,但现有专利文件中对于 UHMWPE 树脂的 PDI 却存在着迥然不同的要求。US 4436689 中要求 UHMWPE 树脂的 PDI 一般应小于 5[6],最好小于 4,同时给出了 PDI 与纤维最小可拉伸比之间的关系:

$$\lambda_{min}\backsim\frac{\sqrt{\bar{M}_w/\bar{M}_n}\times4\times10^6}{\bar{M}_w}+1 \quad (9-2)$$

同时比较了具有相似分子量但不同分子量分布明显不同的样品在相近纺丝条件下的力学性能,如表 9-1 所列,相近分子量相同拉伸比下,窄分布样品具有较好的力学性能。

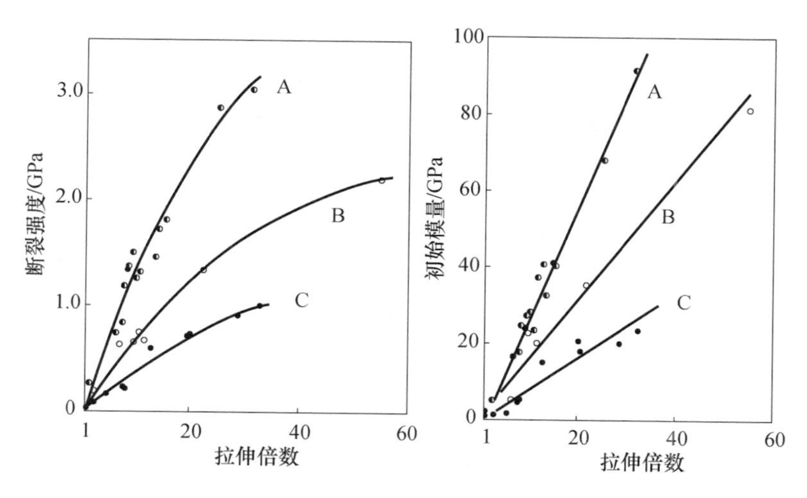

图9-7　以十氢萘为溶剂时UHMWPE树脂的$\overline{M}_w$对纤维力学性能的影响

A—1.5×10^6;B—8×10^5;C—6×10^5。

表9-1　UHMWPE纤维力学性能与分子量分布的关系

样品	拉伸倍数	拉伸强度/GPa	初始模量/GPa
A	18	1.6	35
A	25	2.4	60
A	45	3.0	91
B	25	1.8	52
B	40	2.5	80
B	45	2.7	90
A:M_w,1.1×10^6,$M_w/M_n=3.5$			
B:M_w,1.0×10^6,$M_w/M_n=7.5$			

Pennings在US 5068073中提出,为了开发UHMWPE纤维的高速纺丝技术,PDI应不大于5,最好不大于3。Toyobo公司在US 7056579中要求PDI至少为4[13],而Allied Signal公司在US 5972498则要求树脂的PDI至少为5[14],并且最好为双峰分布。无独有偶,在专利申请文件US 2008/0290550 A1中[15],Braskem公司也提出了通过聚合或物理共混获得PDI具有双峰甚至多峰分布特征且为5~8的树脂,不但有利于纤维性能的提升,而且有助于纺丝浓度的提高(图9-7、图9-8)。Toyobo公司认为,PDI小的树脂在冻胶丝制备上存在成型难、不耐拉伸的缺陷,因此在US 2001/0038913 A1中提出[16],当以窄分布树脂(PDI≤4)为主时,需要添加宽分布树脂(PDI>5)来改善树脂的可纺性。

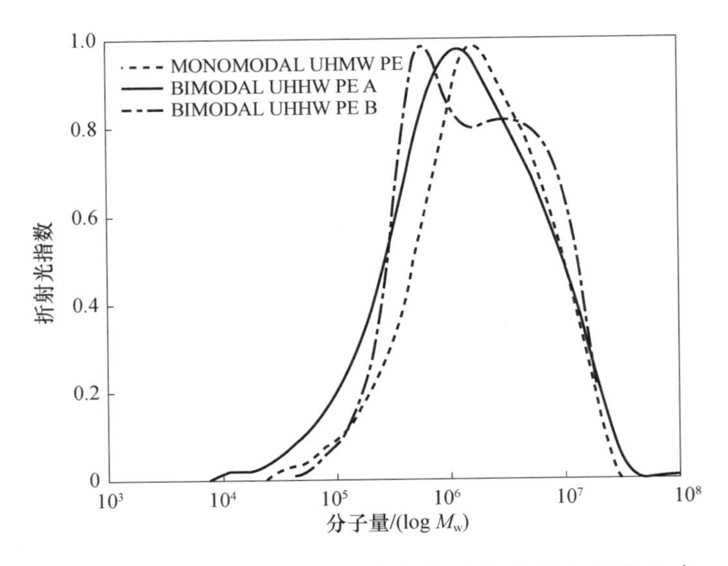

图 9-8 通过 GPC 测定的树脂分子量及其分子量分布

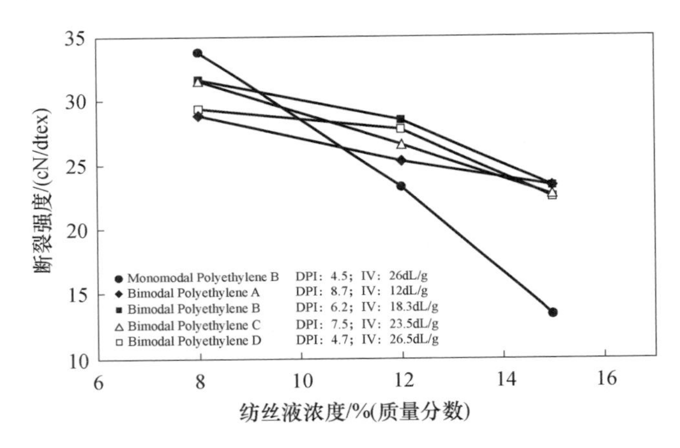

图 9-9 UHMWPE 纤维力学性能与 PDI、溶液浓度的关系

为了改善 UHMWPE 树脂分子量分布较宽对纤维高倍拉伸稳定性、耐蠕变性的不利影响，CN 101153079B 披露了通过溶解-洗脱工艺脱除树脂中低分子量组分[17]，不但使树脂分子量分布变窄，同时有利于纤维强度、模量、耐蠕变性能的提高。

一般认为 UHMWPE 树脂的链结构规整性是制备高性能纤维的又一关键。在 US 4344908 中指出[1]，聚乙烯、聚丙烯、乙烯-丙烯共聚物均可采用冻胶纺丝技术制备纤维；在 US 443038 和 US 4436689 中对链结构的要求又进一步明确[6,9]，需控制分子链的支化度，即小于 1/100 碳，最好能控制在小于 1/300 碳；

而与乙烯共聚的单体含量应控制在5%（质量分数）以内。Honeywell公司在US 6448350和US6448359又中提出[18,19]，可选择乙烯与α烯烃如丙烯、己烯的共聚物，但以甲基计算的侧链数量为小于0.5/1000碳为优。在WO2005/066401中认为短侧链数应小于0.2～0.3/1000C时则更优[20]。

短支链的数量对纤维成型的影响已引起了广泛的关注，DSM在US 9534066中提出长度为2～6个C的短支链且比值$\left(\frac{OB/1000C}{ES}\right)$至少大于0.2时有利于制备耐蠕变型UHMWPE纤维[21]。其中，$OB/1000C$为每1000个C原子具有的支链数；ES（N/mm^2）为UHMWPE树脂按标准ISO 11542－2A测试得到的拉伸熔体强度。此外在WO2011/137093 A2中发明人选取了UHMWPE10%的白油溶液在250℃下的Cogswell拉伸黏度作为评价UHMWPE树脂可纺性的重要指标[22]，认为：当$\dot{\varepsilon} \geqslant 5917(\mathrm{IV})^{0.8}$，且$\dot{\varepsilon}$为剪切黏度的3倍以上时有利于纤维的成型和力学性能的提高（图9－10和图9－11）。

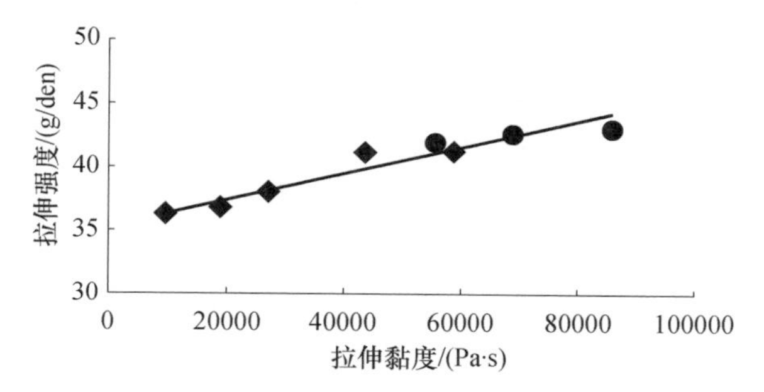

图9－10　拉伸黏度与纤维拉伸强度的关系

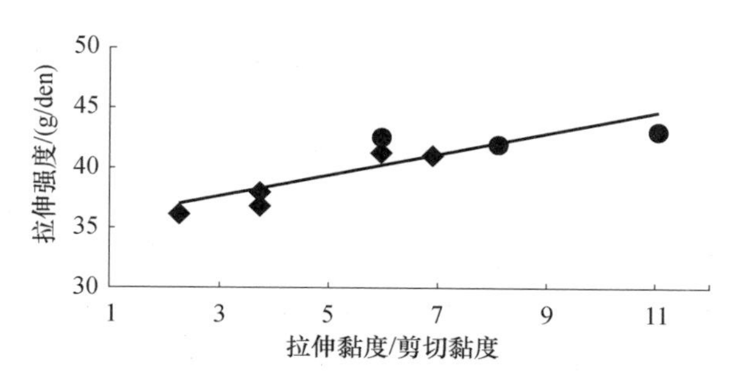

图9－11　拉伸黏度/剪切黏度比与拉伸强度的关系

研究表明，UHMWPE树脂粒径及其分布对其在溶剂中的溶解过程有重大影响，因而在US 5032338中提出[23]，采用粒径在100～400μm范围内，且粒径中心值在120～200μm，并呈高斯分布的树脂原料能获得稳定均一的纺丝溶液。

9.2.2 纺丝溶剂

可以作为UHMWPE纺丝溶剂的化合物主要有,脂肪族烃如辛烷、壬烷、癸烷、石蜡、石油馏分、矿物油、煤油;芳香烃如甲苯、二甲苯、萘及其加氢衍生物十氢萘、四氢萘等,此外还有卤代烃、环烷烃、环烯烃等。在实际的选择过程中,通常按照常温不挥发和可挥发两类,前者以石蜡油为代表,后者主要为十氢萘、四氢萘和煤油,但以选择十氢萘更佳。

十氢萘作为UHMWPE的良溶剂在纤维制备领域得到广泛应用,为了获得更高的生产效率提高纤维的可拉伸性,减少拉伸工艺的断头率就显得尤为重要,因此通过溶剂作用控制纺丝溶液中UHMWPE的解缠结程度将为后续的纤维可拉伸性与能承受的拉伸应变速率产生重大影响。依据聚合物溶液黏度和分子量间的幂率关系,即,$[\eta] \propto M^{\alpha}$,选择对UHMWPE具有不同相互作用参数的溶剂,调控指数α,使分子链线团在溶液中呈现出舒展或塌缩的状态,从而实现对缠结点数量的调控。Toboyo在US 2007/0237951 A1、US 2009/0269581 A1中采用十氢萘/高级醇(己醇、辛醇、癸醇、十二烷醇)以及DSM在CN 101421444B、CN 102304784B中采用良溶剂/不良溶剂/非溶剂的复合溶剂都进行了纺丝研究[24-27]。其中前者通过具有不同溶解性溶剂之间比例的调节,制备出了强度大于40cN/dtex、模量超过1100cN/dtex的高性能纤维,最大可拉伸倍数比纯十氢萘下至少提高20%。

9.2.3 添加剂

UHMWPE在纺丝过程中的添加剂主要有加工助剂如抗氧剂、流动改善剂和功能填料等。UHMWPE长时间高温溶解或经双螺杆挤出会发生剧烈的热氧降解,导致树脂分子量的下降从而严重影响纤维强度的保持与提高。US 4551296、US 4663101、US 5068073、US 5286435、US 7638191 B2中对常用的抗氧剂类型及用量均予以描述[2,4,12,28,29]。常用的抗热氧降解剂主要是受阻酚类、亚磷酸芳香酯、受阻胺类及其混合物,如:2,6-二叔丁基-4-甲基苯酚、四[甲基-(3,5-二叔丁基-4-羟基苯基)丙酸]季戊四醇酯、三(2,4-二叔丁基苯基)亚磷酸酯、1,3,5-三(3,5-二叔丁基-4-羟基苄基)异氰尿酸、维生素E等。抗氧剂添加量一般为以UHMWPE树脂和溶剂总重量计的0.5%(质量分数)左右。

但值得注意的是,Toyobo在US 5443904中指出[30],在不加入抗氧剂的条件下有意识地促使降解,当纤维的特性黏度$[\eta_f]$和原料的特性黏度$[\eta_0]$满足$0.75 \times [\eta_0] \leqslant [\eta_f] \leqslant 0.85 \times [\eta_0]$时,可以实现分子量分布变窄,纤维的可拉伸性和低温条件下的抗冲击性能的提高。

高效率地生产高性能的UHMWPE纤维是实现其经济性的主要途径之一,

高效率地生产意味着在保持较高纺丝液浓度的前提下，实现高速的超倍拉伸。为此，DSM公司在US 2009/0117805 A1中提出[31]，在UHMWPE的十氢萘溶液加入0.35%（质量分数）（按UHMWPE树脂重量计）的大豆油脂衍生物，能实现的总拉伸倍数 $DR_{overall}$ 达到2160，且纤维的拉伸强度为4GPa，断裂伸长率3.28%。

贺鹏等在CN 102534838B中提出[32]，在UHMWPE纺丝液中添加成核剂，有利于UHMWPE溶液在通过喷丝板骤冷成型时形成shish结构，并以此为晶核引发shish－kebab结构的生成，从而有利于获得高模高强的纤维产品。王宗宝、陈鹏等分别在CN 102383213、CN 103243404B中提出将经表面改性或未改性的生物基纤维状纳米晶须与UHMWPE纺丝溶液共混[33,34]，在纤维成型过程中具有纳米尺寸的刚性纤维状填料可以起到形成shishi结构前驱体的作用，在其表面由于拉伸流场的局部强化和附生结晶过程，诱导shish－kekab结构的形成，为高性能纤维的制备奠定良好的结构基础。

随着通用型UHMWPE纤维成型技术的成熟，采用物理共混或填充成为开发功能性UHMWPE纤维技术的重要方向之一。

US 4411854披露了采用溶液共混、原位聚合共混的方式[11]，在UHMWPE中混入体积含量为5%～60%的经表面处理的球状、片状、纤维状、针状的填料，用于改善纤维的性能。所用填料的种类包括纤维石膏、玻璃球、气相二氧化硅、高岭土、云母等。Toyobo在WO 2010/006011、US 20090269581A1和US 2010/0010186 A1中采用C18的硬脂酸与表面氧化后的CNF（Carbon Nanofiber）反应[25,35,36]，得到烷基化接枝率为8%～20%（质量分数）的改性CNF，然后按0.05%～10%（质量分数）（以UHMWPE重量计）的比例得到UHMWPE/改性CNF混合溶液，再按照十氢萘路线制备了UHMWPE/CNF复合纤维。专利申请书中声称，CNF可以作为拉伸过程中应力的承载体，因此提高了纤维的可拉伸性，表现为拉伸倍率上升、断头率降低，并使成品纤维的模量得以提升。Yeh等在US2011/0082262 A1中将凹凸棒、CNT、海泡石、蒙脱土具有纳米尺寸的材料经表面接枝改性后与UHMWPE的十氢萘溶液共混形成混合溶液，混合溶液按照十氢萘路线进行纺丝[37]。通过纳米复合技术使纤维的强度、模量、耐蠕变、透光率等性能得到大幅度改善。王依民等在CN 1431342中在纺丝溶液添加了含量为0.01%～5%（质量分数）的CNT用于提高UHMWPE纤维的耐热性[38]，改善蠕变性。CN 103572396 B中提出了以单壁碳纳米管和纳米级二氧化硅为增强改性剂[39]，改善UHMWPE纤维的耐磨性、抗冲击性与耐蠕变性。CN 102618955B制备了UHMWPE/石墨烯复合纤维[40]，所采用的石墨烯的直径为0.6～1.8μm，厚度为0.5～5nm。复合纤维最主要的特征为在氮气氛中的分解温度高于390℃。CN 104233497B中将纳米级的铝、钛、硅、硼、锆氧化物、碳化物、氮化物添加到UHMWPE纺丝液中用于提升纤维的耐切割性能[41]。

CN 102586927B披露了将粒径为20~100nm的二氧化钨分散到UHMWPE纺丝液中[42]，通过冻胶纺丝工艺制备UHMWPE/二氧化钨复合纤维。二氧化钨具有球形的嵌套中空结构，外表光滑的球形可使应力更均匀地沿颗粒表面分布，同时嵌套中空结构也可以大量地吸收冲击能力，因此复合纤维具有极好的抗冲击与减振性能。

随着UHMWPE纤维在防切割手套、绳缆、渔用网具领域的广泛应用，采用原液染色法成为制备UHMWPE有色纤维的主要技术路径。Toyobo在US5613987中描述到[43]，将可溶于纺丝溶剂（十氢萘）的蒽醌类染料，含量为0.05%（质量分数）左右（以溶剂重量计）与UHMWPE树脂、溶剂一起配置成纺丝溶液，经过后续步骤，制备出强度和模量分别大于28g/den和700g/den的UHMWPE有色纤维。山东爱地在EP 2154274 B1中披露[44]，将最高耐300℃、颗粒直径小于1μm的无机颜料，按1%~3.0%（按UHMWPE树脂重量计）的比例与UHMWPE树脂、溶剂共混形成纺丝溶液，按照白油路线，制备出强度为10~50g/den的UHMWPE纤维。专利所述及的无机颜料包括群青、酞菁蓝、氧化铬绿、铅铬绿、氧化铁、钒酸铋、钼酸铋黄、易分散铁蓝、锌钡黄、锌钡红、钛锰棕等。许海霞等在CN 102199805 B中则首先将纳米级有机杂环类颜料与UHMWPE共混得到有色体[45]，然后再按照CN 101787576 B所描述的方法制备有色纤维[46]。沈文东等在CN 104164791B中披露了采用具有特定HBL值的平面型蒽醌类染料作为着色剂通过原液染色方法制备有色UHMWPE纤维[47]。该发明主要利用了UHMWPE分子链能够在平面型染料分子形成的介晶相表面通过相互作用或外延生长构成新的二维纳米片晶相，从而获得固色率、光泽度与力学性能均理想的有色纤维。

9.2.4 纺丝溶液制备

连续稳定地制备UHMWPE纺丝溶液是实现高性能纤维制备的基础之一。在US 4440711、US 4551296和US 5032338中都首先将UHMWPE树脂和溶剂形成悬浮液[4,23,48]，然后使悬浮液经强力混合装置在一定搅拌速度、停留时间和温度的作用下转变为纺丝溶液，纺丝溶液再经挤出设备进入计量泵和喷丝板组件。贺鹏等在CN 101956238B中采用预先配制的UHMWPE溶液与溶胀液相混合的方法进行纺丝液的制备[49]。预先配制的UHMWPE溶液对溶胀液起到较好的增塑作用，因而赋予纺丝溶液较好的流动性与流动稳定性。

由于UHMWPE的分子量巨大，溶液制备采用搅拌法时，首先需克服分子链在搅拌过程中受到拉伸而产生恢复力，其次聚合物将围绕搅拌杆聚集，出现爬杆现象。此外搅拌法还存在制备方法存在周期长、分子量降解严重，制备高浓度纺丝溶液困难的缺陷，为了解决此难题，Lemstra 等在 US 4668717 中提出[50]，采用具有输送段和混合段的螺杆挤出机实现 UHMWPE 溶液的均匀连续制备。输送段和混合段最好应间隔排列，螺杆转速为 30～300r/min，在螺杆内的停留时间为螺杆直径的 0.3D，螺杆温度的设置不超过溶剂的沸点（对应于挤出压力下的沸点温度），剪切速率为 30～2000s^{-1}。US 4784820 也提出了相类似纺丝溶液制备方法[51]，即：将悬浮液通过泵送至螺杆挤出机，保持在挤出机中的停留时间即可获得均匀的纺丝溶液，纺丝溶液再由挤出机的机头压力进入计量泵。通过此工艺方法，实现了 6%（26IV）和 20%（9.7IV）纺丝液的制备。为了进一步强化 UHMWPE 树脂在双螺杆挤出机中的分散、塑化与溶解过程，CN 101787576B 描述了在 UHMWPE/白油悬浮液体系进入双螺杆之前[46]，增加两段高剪切乳化工艺的方法。其中，第一段乳化工艺的剪切速率达到 1000s^{-1}左右。而丁亦平在 ZL 97101010.2 中[52]，则将 UHMWPE 树脂和十氢萘经混合和预溶胀后，由计量泵输送到同向双螺杆挤出机中，并在双螺杆中变为均质溶液。宁波大成在 ZL 99111581.3 中[53]，采用先溶胀再采用具有特殊结构的双螺杆挤出机液实现了纺丝溶液的连续制备。此外，ZL 2004100960761.5 还提出了采用静态混合器和短长径比螺杆连续配置混合 UHMWPE 溶液的方法[54]。

在相互啮合同向双螺杆挤出机中，UHMWPE/白油悬浮体系首先形成熔体和溶剂的紧密达到微观尺度的混合物，其次由于剪切作用发生热－机械和热氧降解使溶液黏度降低。研究发现热氧降解的机理复杂，伴随着断链和交联因此其对溶液黏度降低的规律较难把握，US 7638191 B2 和 US 7736561 B2 由此提出了与 US 5443904 不同的 UHMWPE 分子量受控降解方案[29,30,55]。在悬浮体系中加入适量抗氧剂，抑制热氧降解，重点通过螺杆的设计通过热－机械降解法使分子量降低到原有树脂的 20%～70%，同时使 M_z/M_w 为 2.0～3.5。为了达到此目的，必需螺杆设计和螺杆运转速度进行优化。发明者给出了相应的条件，即

$$\omega D_0\left(\frac{(1+R)}{(1-R)}\right)\geqslant 70000\text{mm/min};0.84\geqslant R\geqslant 0.55$$

其中，ω 为螺杆每分钟转数；D_0为螺杆外径；R 为 D_r/D_0（D_r为螺杆根径）。

近年来为了改善双螺杆纺丝效率低、成本高的缺陷，王依民等在 CN 101775666B 中采用了两步法制备 UHMWPE 纺丝溶液的技术[56]。首先采用搅拌釜制备高浓度的 UHMWPE 冻胶，再将冻胶粉碎后通过单螺杆挤出机完成后续的冻胶纤维制备。沈文东则在 CN 102277632B 中披露了采用双螺杆－单螺杆接力的挤出方式[57]，减少了树脂分子量降解的程度，从而有利于高性能 UHMWPE 纤维的制备。

9.2.5　冻胶纤维制备

UHMWPE 纺丝溶液经计量泵后进入喷丝板组件，出喷丝板后经过空气浴和

冷却浴，经由结晶驱动的相分离形成冻胶纤维。通过对上述工艺过程的控制、纤维成型核心部件的优化设计将有利于提升冻胶纤维的品质，在形态和凝聚态结构上为后续工艺的进行奠定良好的基础。

Smith 和 Lemstra 在 US 4344908 中指出[1]，将高分子溶液降温至溶解温度乃至溶胀温度以下时，聚合物从溶液中沉淀出，形成冻胶。冻胶中存在有序结构区如结晶和无定形区，其中有序区起到物理交联点作用，使冻胶保持形状的稳定性和具备一定的力学性能，因此在溶胀温度和熔点之间进行拉伸可以制备出高性能纤维。因此在纤维的冷却至溶解乃至溶胀温度以下的过程中并不鼓励溶剂的挥发。可以使纤维通过水浴、无或很弱空气流动的甬道。在此过程中的溶剂挥发不可避免，只要其溶剂相对与聚合物的重量比不小于 25% 即可，更佳的条件是重量比不小于 1。而普通干法纺丝在纤维拉伸时需要已完全脱除溶剂。因此可以看出，采用十氢萘为溶剂制备 UHMWPE 冻胶纤维的过程与传统意义上的干法纺丝具有明显的区别。为了说明冻胶纤维溶剂残余量对后续拉伸后纤维性能的重要性，上述发明者在 US 4422993 中对此问题又进行了更深入的比较[8]。选用的 UHMWPE 分子量为 1.5×10^6，配置成 2%（质量分数）的十氢萘溶液，在冻胶纤维制备中采用的三种不同方法控制纤维中的溶剂残余量，即 A：无气氛甬道，溶剂含量 90%（质量分数）；B：60℃热空气吹拂甬道，溶剂含量 6%（质量分数）；C：经过 60℃热空气吹拂甬道后，再用甲醇萃取，几乎为溶剂。上述三种经过 1m 长的热拉伸箱后的纤维力学性能如图 9－12 所示。

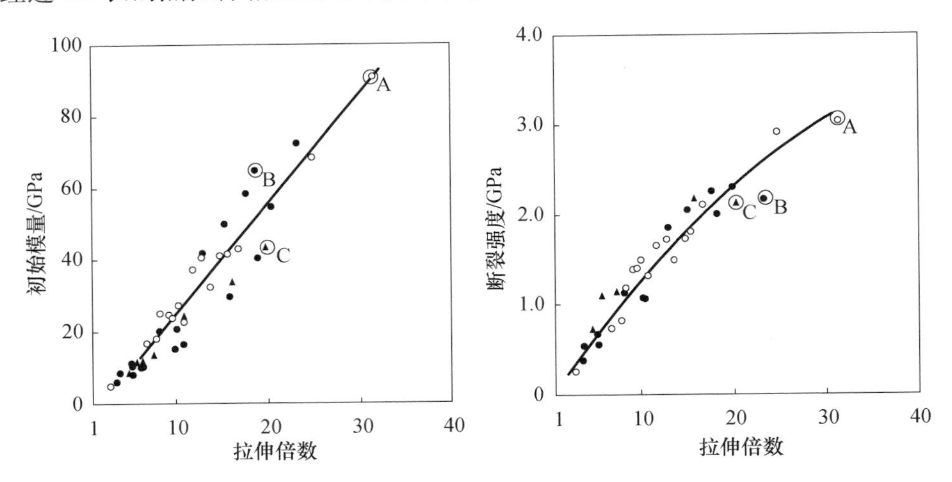

图 9－12　冻胶纤维十氢萘含量与纤维力学性能的关系

US 4344908 还指出[1]：传统干法纺丝用喷丝板孔径为 0.02～1.0mm，而冻胶纺丝用的孔径为 0.5～2.0mm 或更大，这样有利于获得更大的可拉伸比。

在提高 UHMWPE 纤维性能的均匀性，对工艺过程的全程精细化控制成为必需,对于冻胶纤维成型来说,Toyobo公司在US 7811673 B2中指出[58],需对冻胶纤维挤出中的吹风组件进行优化,首先将风速控制在1m/s以下,避免十氢萘挥发速度过快,导致沿纤维直径方向不均匀结构的形成;其次惰性气体的温度分布需控制在±5℃的范围内,使每根纤维的降温条件相同;此外为了获得可控的降温速度并保持一致性,首先使降温速度控制在不小于3000℃/min,其次使冷媒和丝条速度间的积分差不超过15m/min。控制冷却条件除了能提高纤维的均匀性外,Ohta等提出通过改变风速和风温[59],控制冻胶纤维表面溶剂的挥发速度,增大纤维表层与内部的结构差异,形成皮芯结构,使纤维表层的结构规整度较高,从而提高纤维的耐弯折和耐磨特性。

孙玉山等在CN 1221690C中提出[60],当以十氢萘为纺丝溶剂时,在喷丝板下方增加可以在120~320℃范围内进行调节的温度控制区,控制UHMWPE丝条的拉伸流变行为,从而达到理想的大分子解缠结程度,同时实现纤度的细化。在此基础上发明者在CN 1300395C中又提出了在上述温度控制区下增加了第二温控区[61],使在拉伸流变作用形成的解缠结程度得以保持,同时又得以将纤维中残余的十氢萘降低到5%左右,解决了后续高倍热拉伸工艺中溶剂的挥发,降低了生产成本。

为了获得低CV值的复丝和单丝,即单丝间CV_{inter}小于50%,单丝内CV_{intra}小于30%,DSM在US 8137809 B2中提出通过对喷丝板组件的溶液分配系统进行改进[62]。在组件内设计溶液腔(图9-13),使溶液在腔内的停留时间为800~1800s;同时使溶液在腔内的剪切速率为$10^{-2}\sim1s^{-1}$。在体积流量不变的前提下,通过腔内剪切速率的改变实现对纤维直径的调控。在这里剪切速率也可以理解为腔内溶液流速和流尽速率的比值。

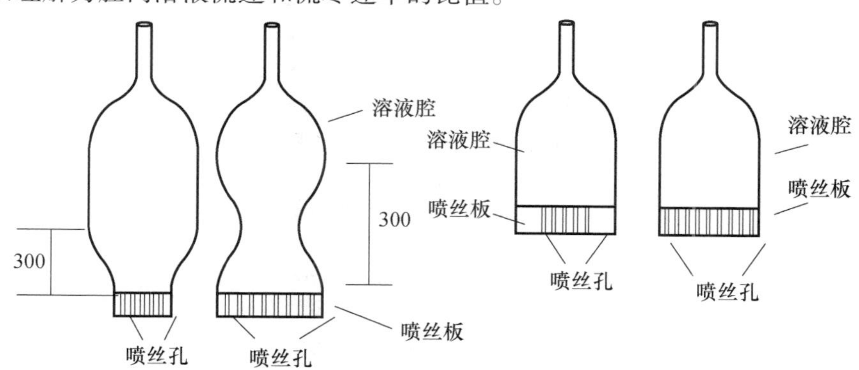

图9-13 UHMWPE纤维喷丝板组件内溶液腔设计示意图

Allied Signal公司选择了室温不挥发的白油作为溶剂,其在US 4413110提出[3],纺丝液的挤出温度为180~250℃,最好为200~240℃,纺丝溶液在挤出后,首先经过一段空气浴,然后在进入水浴冷却得到冻胶纤维。采用白油时,

UHMWPE 的冻胶化温度为 100 ~ 130℃，为了保证冻胶状态下的溶剂含量与溶液中的相似，降温速度最低为 50℃/min，水浴的温度不超过 40℃。为了降低 UHMWPE 在降温过程中的降解，空气浴最好由惰性气体保护，空气浴的长度为 5 ~ 40cm。该专利认为：冻胶丝成型用喷丝板的孔径大小不是非常重要，可以在 0.25 ~ 5mm 范围内选择，但孔径的长径比 *L/D* 至少应大于 10，最好能大于 20；在喷丝孔为矩形时，高与宽的尺寸也不是关键的，但孔深与高度的比例也应至少大于 10，最好大于 20。近来，为了配合 UHMWPE 白油流体在空气间隙中的高倍和高速拉伸，US 6448359B1 提出 *L/D* 应大于 10[19]，较佳的为大于 25，最好能大于 40；而喷丝板直径较佳的范围也调整为 0.5 ~ 1.5mm。

US 4413110 还初步总结了冻胶丝制备工艺影响纤维力学性能的主要参数[3]，如选用高分子量树脂，适当增加溶液浓度，升高纺丝温度，降低喷丝孔直径，减小溶液进入喷丝孔的导角角度以及减少空气浴长度等。

9.2.6 萃取与干燥

以十氢萘等低沸点溶剂为纺丝溶剂时，冻胶纤维在经过一个或多个甬道时，溶剂挥发到在甬道中流动的热空气或惰性气体中，含有溶剂的气体在流出甬道后经过溶剂回收单元，通过化学吸附或冷凝实现回收，或者不回用，直接氧化或燃烧。图 9 - 14 为 US 7147807 给出的分别采用气体浴和水浴冷却时[63]，UHMWPE 十氢萘溶液纺丝与溶剂脱除、回用工艺简图，经此溶剂回收与再生系统，纺丝溶剂的再生利用率可达 99% 左右。

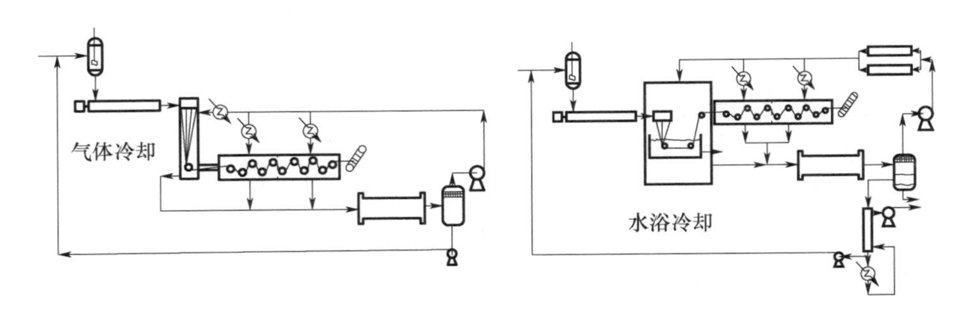

图 9 - 14 UHMWPE 十氢萘溶液纺丝与溶剂脱除、回用工艺简图

以白油为溶剂时，萃取主要在室温下进行，可供选择的萃取剂主要有：二氯甲烷、氟利昂、正戊烷、正己烷、正庚烷、高级烷烃、甲苯、二乙基乙醚、二氧六环等。纤维经过萃取槽后，纤维内残留的纺丝溶剂含量一般在 1% 以下，但在其表面和内部还残留了大量的萃取剂，因此需要通过干燥工艺予以去除，干燥温度一般 20 ~ 50℃。常用萃取剂沸点一览表如表 9 - 2 所列。

表9-2 常用萃取剂沸点一览表

萃取剂	沸点/℃
二乙醚	34.5
正戊烷	36.1
二氯甲烷	39.8
三氟三氯乙烷	47.5
正己烷	68.7
四氯化碳	76.8
正庚烷	98.4
二氧六环	101.4
甲苯	110.6

US 4413110 认为[3],优选的萃取剂应具有沸点低于50℃、不易燃、萃取效率高(纺丝溶剂残余率小于1%)的特性,因此二氯甲烷和氟利昂是值得优选的萃取剂。研究表明,在萃取的沸点高低对萃取过程中纤维的表面形貌和纤维截面形状有重大影响,随着萃取剂沸点的升高,纤维表面粗糙、纤维原有的圆形截面发生不对称收缩,例如采用二乙醚时,纤维截面保持为圆形,而采用甲苯时则变形为C形;此外纤维的最大可拉伸倍数也随萃取剂沸点的升高而降低,如纤维的最大可拉伸比由三氟三氯乙烷时的49倍降低到甲苯时的33倍。

与十氢萘路线相比,采用白油路线时,UHMWPE 冻胶纤维经萃取干燥后呈现多孔状结构,为干态胶状(Xersol)。其具有结晶取向度小于0.1,结晶度小于75%,单斜晶含量极低等特点,有利于后续伸直链晶体结构的形成。其中通过萃取干燥工艺的控制,降低干态丝的孔隙率,避免大尺度孔径是制备高性能纤维的关键之一。

UHMWPE 冻胶纤维萃取效果的优劣除与萃取剂的选择密切相关外,萃取装备的设计也一直是研究开发的重点。Allied Signal 公司在 US 5230854 中详细描述了萃取—干燥及纺丝溶剂、萃取剂分离再生的连续化工艺过程[64](图9-15)。

宁波大成发明了封闭式逆向走动萃取装置,通过冻胶纤维在萃取槽中行进方向与萃取液流动方向相逆,实现了冻胶纤维的高效连续萃取(ZL 99111581.3)[53]。当萃取工艺连续进行时,纤维必然经受轴向和扭转应力,导致纤维纤度的变化,增加加工的不稳定性。为此,北京特斯顿在 ZL 200410096619.3 中则将传统的分步进行的萃取与干燥工艺合二为一[65],提出了在同一台密闭的装置中连续交替进行的新工艺;而 Braskem 在 US 2008/0290550 A1 中也提出间歇萃取的工艺方

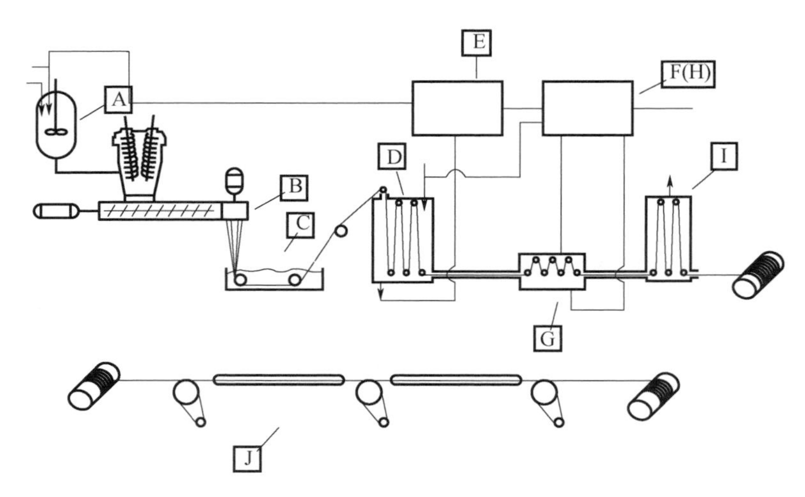

图9-15 Allied Signal公司的萃取-干燥-分离-再生连续工艺示意图
A—纺丝溶液配制；B—挤出；C—冷却；D—萃取；E—纺丝溶剂/萃取剂分离；
F—萃取剂/清洗剂分离；G—清洗；H—清洗剂/萃取再生；I—干燥；J—拉伸。

法[15]。先将冻胶纤维卷绕于具有穿孔结构的筒管上，放置并固定在萃取釜中，萃取剂经筒管上的开孔流过纤维，实现高效萃取，避免纤度的波动。

现有工业化的连续萃取装置多采用多级多槽、侧向换液、定量补液排液的方式。但侧向换液在各槽内形成由高到低的浓度差的同时，不但使各槽在横向方向形成浓度，而且形成不均匀的紊流，造成了不同丝束间萃取效果的差异。因此，冯向阳等在CN 101275306B中提出了根据连续萃取过程中萃取剂/白油混合溶液密度不同导致的压强差[66]，形成萃取液沿丝束运动方向在各相邻萃取槽连续稳定的上下流动，实现多级萃取液无垂直丝束方向流动，保证各槽浓度梯度均匀。

9.2.7 拉伸工艺

9.2.7.1 十氢萘路线

Toyobo公司在US 4617233中提出了UHMWPE纤维的四级拉伸技术[10]，并以纤维结晶结构的长周期的消失作为评价拉伸工艺优劣的表征方法；同时拟定了四级拉伸工艺的温度区间与拉伸倍率分配原则。四级拉伸工艺可以连续或分步进行(表9-3)。采用高分子量的UHMWPE树脂，以十氢萘为溶剂，通过四级拉伸工艺获得高性能的纤维产品(表9-4)。

表9-3 UHMWPE纤维四级拉伸工艺一览表

拉伸工艺	拉伸温度/℃	拉伸倍率
第一级拉伸	50~90 (最优:70~90)	<10 (最优:4~6)

（续）

拉伸工艺	拉伸温度/℃	拉伸倍率
第二级拉伸	80 ~ 130 （最优:90 ~ 120）	< 10 （最优:4 ~ 6）
第三级拉伸	110 ~ 140 （最优:120 ~ 135）	< 5 （最优:1.5 ~ 3.0）
第四级拉伸	135 ~ 155 （最优:135 ~ 150）	< 5 （最优:1.5 ~ 2.0）

表 9 – 4　UHMWPE 纤维四级拉伸工艺参数及纤维性能

	样品 1	样品 2	样品 3	样品 4
平均分子量	4×10^6	4×10^6	3.5×10^6	3.5×10^6
十氢萘溶液浓度/%	1.2	0.9	1.2	0.9
纺丝温度/℃	130	130	130	130
拉伸倍数@拉伸温度/℃				
第一级	5.0@80	5.0@70	5.0@80	5.0@70
第二级	5.0@120	5.0@90	4.4@120	4.9@90
第三级	2.6@135	2.4@120	2.4@135	2.1@120
第四级	2.0@148	1.8@148	1.8@148	2.0@148
总拉伸倍数	130	108	95	103
拉伸强度/(g/den)	68	65	52	57
初始模量/(g/den)	2500	2100	1700	1900
长周期	无	无	无	无

Toyobo 公司在 US 5443904 中又提出了新的纤维拉伸技术[30]，将拉伸分为预拉伸、第一和第二共三个拉伸阶段，其中预拉伸在冻胶纤维制备后进行，拉伸倍数控制在 2 倍以内，而拉伸温度不高于损耗模量在 α 转变区的峰值温度。发明者认为，设定预拉伸区形成的取向有助于高分子量部分形成的链缠结在进入拉伸区前由于张力的作用而得以松弛，从而使后续的晶体生长的无序度降低，最终导致成品纤维的晶体结构获得在 α 和 γ 转变中的某些特性，并使纤维表现出在低温条件下的耐冲击特性。

DSM 公司近来在 US 8137809 B2 和 US 9005753 B2 中也对拉伸工艺进行新的描述[62,67]。认为纤维的总拉伸倍数 $DR_{overall}=DR_{fluid}\times DR_{gel}\times DR_{solid}$，其中 $DR_{fluid}=DR_{sp}\times DR_{ag}$，而 DR_{sp} 为喷丝孔拉伸比，DR_{ag} 为空气浴拉伸比，DR_{gel} 为含

溶剂时的纤维拉伸比，DR_{solid}为溶剂脱除后或脱除过程中的拉伸比。通过对纤维成型整个过程拉伸比的分配，以及设定相对应的拉伸温度和速率，制备出了具有兼具高强高模和低蠕变特性的新型 UHMWPE 纤维，实验过程参数与性能见表 9－5。

表 9－5　不同拉伸条件下 UHMWPE 纤维的力学性能与蠕变速率

实验编号	纤维根数	拉伸比						强度/GPa	模量/GPa	蠕变速率/(10^{-7}/s)
		DR_{sp}	DR_{ag}	DR_{fluid}	DR_{gel}	DR_{solid}	$DR_{overall}$			
1	390	12.25	22.6	277	1	26.8	7424	4.35	172	4.1
2	390	12.25	28.2	345	1	26	8970	4.5	175	2.1
3	390	12.25	28.5	350	1	33	11550	4.85	189	0.8
4	390	19.1	28.5	544	1	36	19584	5.1	205	0.56
5	390	19.1	29.6	615	1	32	19680	5.3	208	0.13
6	390	19.1	39.4	753	1	32	24096	5.35	208	0.091
UHMWPE：Ticona GUR 4170；纺丝液浓度：5%（质量分数）十氢萘溶液 蠕变速率测试条件：600MPa@ 70℃										

一般认为在 UHMWPE 纤维的制备过程中，随着喷丝板孔数、单丝纤度的增加纤维的力学呈下降趋势，可用如下经验式表达：

$$\mathrm{Ten}(\mathrm{cN/dtex}) = f \times n^{-0.05} \times \mathrm{dpf}^{-0.05} \tag{9-3}$$

其中 f 为经验系数，至少为 58，n 为纤维数，dpf 为单丝纤度。

因此为了解决具有单丝纤度高，纤维数多的大纤度复丝实际使用过程中力学性能不能完全满足使用要求的局面，DSM 公司在 WO 2013/087827 A1 中[68]，采用其拉伸技术，在板孔数为 780 的条件下，制备出了强度为 45.4cN/dtex，模量达 1772cN/dtex 的 UHMWPE 复丝产品。

与民用纤维一样，实现 UHMWPE 纤维的超细化是纺丝技术进步的方向之一。DSM 公司在申请专利 US 2013/0241104 A1 中描述[69]，主要通过强化各阶段的拉伸比，特别是将 DR_{ag} 提高 30 以上，获得高强度的 UHMWPE 超细纤维，其纤维成型主要参数及纤维性能见表 9－6。

表 9－6　高强度超细 UHMWPE 纤维成型参数及性能

实验编号	纤维根数	浓度/%	拉伸比					强度/GPa	模量/GPa	纤度/dtex
			DR_{ag}	DR_{fluid}	DR_{solid1}	DR_{solid2}	$DR_{overall}$			
1	64	5	50.2	452	4	5	9944	4.6	137.9	0.26
2	64	5	62.7	565	5	6	18645	4.6	159.5	0.22
3	64	7	62.7	565	4	5.5	13673	4.2	119.1	0.4

（续）

实验编号	纤维根数	浓度/%	拉伸比					强度/GPa	模量/GPa	纤度/dtex
			DR_{ag}	DR_{fluid}	DR_{solid1}	DR_{solid2}	$DR_{overall}$			
4	64	7	62.7	565	4	6	14916	4.1	130	0.32
5	64	9	83.6	753	4	8	26505	4.5	133.9	0.39
6	64	5	83.6	753	4	6.5	21535	5.2	190.7	0.14
7	64	5	62.7	565	4	10	24860	5.3	188.4	0.11
UHMWPE:IV 15.2dL/g;1/1000 碳； DR_{sp}:9； 喷丝板直径:1mm										

9.2.7.2　白油路线

与十氢萘路线相比，白油路线增加了萃取和干燥两个工艺过程，因此 UHMWPE 纤维在整个工艺工程的总拉伸比可用下式表示：

$$DR_{overall} = DR_{fluid} \times DR_{gel} \times DR_{extract} \times DR_{drying} \times DR_{xersol} \tag{9-4}$$

其中：$DR_{fluid} = DR_{sp} \times DR_{ag}$；$DR_{gel}$为冻胶纤维成型至进入萃取槽间的拉伸比；$DR_{extract}$和 DR_{drying}分别为萃取和干燥过程中的拉伸比；DR_{xersol}为完全脱除纺丝溶剂和萃取剂后的干态 UHMWPE 纤维所经受的拉伸作用。白油路线经过多年的发展已形成了多种工艺路线版本，主要可以连续法和两步法来区分，而两步法又发展出了以冻胶纤维制备、干态纤维制备与部分取向纤维为工艺断点的纤维成型工艺路线。因此上述拉伸工艺可以连续或分段实施，每一拉伸段又可分为单级、两级或更高。

与十氢萘路线相比，涉及白油路线的专利对喷丝头拉伸比 DR_{sp}涉及较少，如贺鹏等在 CN 102433597 B 中将 DR_{sp}控制在 5 ~ 20 倍[70]，不仅促进冻胶纤维中 shish 结构的形成，同时也有利于细旦化高性能纤维的制备。刘兆峰等为了获得细旦化纤维并降低后续萃取工艺的负荷，在 CN 101768786B 中着重优化了冻胶丝在萃取前的预拉伸工艺（DR_{gel}）[71]。将 DR_{gel}分为两段进行，且第一段的拉伸比大于第二段，两段的总拉伸比设定为 2.2 ~ 24 倍。通过本技术改进，避免了以较大的喷丝头拉伸比制备细旦纤维时对冻胶丝结构的破坏。通常为了萃取干燥工艺的平稳进行，$DR_{extract}$一般为 1.1 ~ 2，而 DR_{drying}一般为 1.05 ~ 1.8 左右。

US 4413110 和 US 4551296 以干态纤维的制备为断点[3,4]，发展出了多种拉伸工艺，主要有：萃取干燥→拉伸、拉伸→萃取干燥、冻胶纤维两步拉伸→萃取干燥、冻胶纤维拉伸→萃取干燥→干态拉伸、三级干态拉伸技术（室温拉伸 +2 级热拉伸）。值得注意的是在此专利文件中提出，UHMWPE 溶液在经历空气段时，拉伸是允许的，但 DR_{ag}最大不超过 2，但最好小于 1.5。冻胶纤维成型阶段的适当拉伸主要是有利于形成连续均匀的冻胶体，避免出现 500nm 以上的聚合物贫相区域;而对冻胶纤维的拉伸有所述及,拉伸温度为120℃,拉伸倍数为12。同时由于白油路线中出现了干态纤维这种中间状态,因此后续的干态纤维拉伸温度较十氢萘路线的有所提高,最高拉伸温度可以高至150℃。

为了获得高强度、高模量、低蠕变、高温度稳定性的UHMWPE纤维,Allied Signal公司在US 5741451中[72],首先以US4413110中描述的方法为基本[3],以干燥→干态拉伸→收卷连续工艺获得UHMWPE拉伸纤维,然后拉伸纤维经历后拉伸工艺段:①紧张热定型→②高取向纤维→③紧张冷却→④加捻→⑤后拉伸→⑥紧张冷却收卷。其中紧张热定型的温度为110~150℃,定型时间不小于0.2min,丝条为最小2g/den;然后在紧张状态下降温至80℃以下使纤维的取向结构得以保留。后拉伸的温度以UHMWPE拉伸纤维的熔点为中心的上下5℃为佳,拉伸速率为拉伸纤维的0.1~0.6倍,拉伸倍数为2.4左右。在上述后拉伸工艺中的④和⑤步骤按照纤维性能的要求可以重复。经过上述后拉伸工艺的UHMWPE纤维的最主要特点为模量超过2000g/den,室温至135℃的收缩率小于2.5%,纤维耐温性提高15~25℃。特别地,纤维在71.1℃@270MPa时的蠕变率较未经历后拉伸的纤维降低至少25%。该专利文件还根据实验数据,拟合出了纤维蠕变率与UHMWPE树脂特性黏度、纤维模量之间的关系式为:蠕变率(%/h)$=1.11\times10^{10}\times(\text{IV})^{-2.78}\times(\text{模量})^{-2.11}$。

对US 4413110的分析可以看出[3],DR_{ag}值与前述的十氢萘路线相比有较大的区别,拉伸比较小。为此US 5972498在白油路线制备MWPE(中分子量聚乙烯)和UHMWPE纤维的研究中首先实施了具有较大DR_{ag}倍数的新技术[14]。DR_{ag}由先前的小于2倍变为3~50倍。专利研究了DR_{ag}与纤维最大可拉伸比以及强度之间的关系(图9-16和图9-17)。

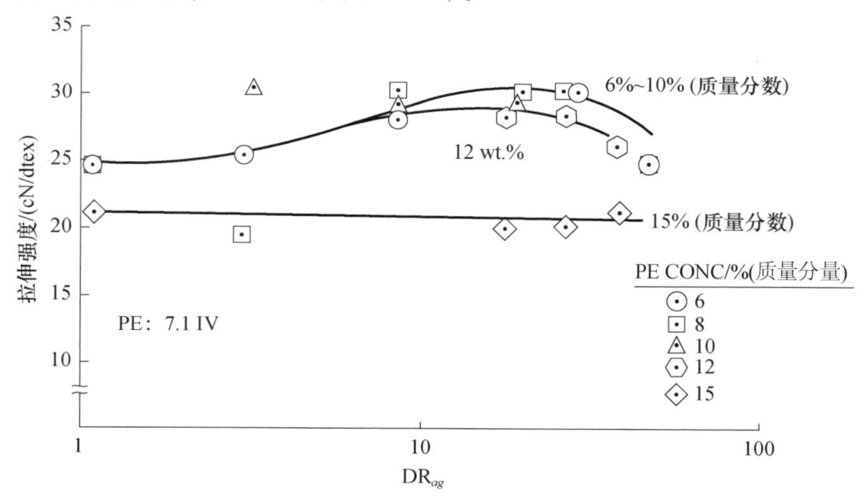

图9-16 DR_{ag}与纤维拉伸强度间的关系

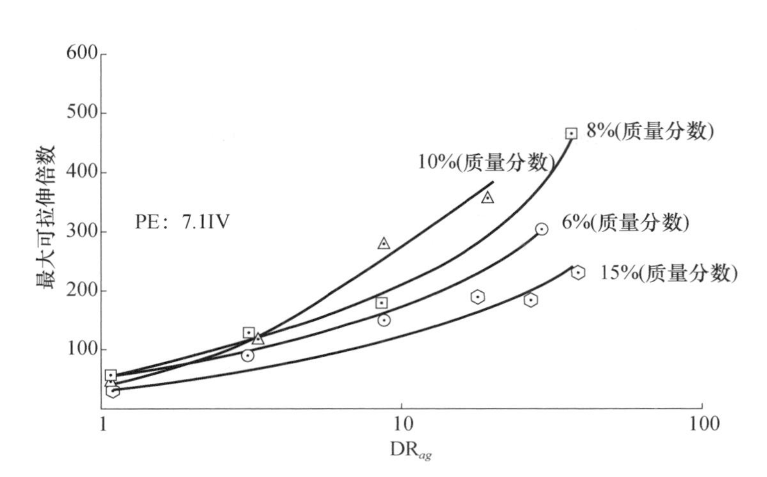

图 9 - 17 DR_{ag}对纤维最大可拉伸比的影响

为了提高 UHMWPE 纤维防弹材料的防弹水平，赋予纤维某种特定的微观结构，US 6448359 B1 主要通过提高 DR_{ag} 倍数得以实现[19]。DR_{ag} 较之 US 5972498 又有所提高[14]，最小为 5 倍以上，最佳为至少 12 倍以上，拉伸变形速率为至少 $500min^{-1}$，最佳为 $1000min^{-1}$以上；空气间隙的最佳长度也缩小到 3mm。通过上述工艺的实施，纤维的拉伸强度和模量分别提高到 45g/den 和 2200g/den，单丝纤度最小可达 0.7dtex；并且发现强度和模量的提高是由于具有耐应变特性的正交晶的含量超过 60%，同时单斜晶的含量也大于 2%。采用改进后的纤维，使复合材料对口径 0.38 比能量吸收超过 $300J \cdot m^2/kg$。

为了持续提高纤维的力学性能，Honeywell 在 US 7846363 中对高性能纤维的成型工艺进行了进一步的改进[5]，总体上可分为 POY 的制备和 HOY 制备两步，详细的工艺流程如图 9 - 18 所示。

避免纤维成型过程中折叠链片晶的生长是制备高性能纤维的基础，但在实际的成型中呈锯齿型构象的分子链间的扭结将形成呈旁氏构象的链段，导致了正交晶的位错。US 6969553 B1、US 7115318 B2 采用红外和拉曼光谱测定了纤维中伸直链构象的序列长度[73,74]，建立了有序序列长度与干态纤维拉伸段拉伸速率的关系（见式（9 - 5）~ 式（9 - 7）），提高了纤维的力学与防弹性能。

$$0.25 \leqslant L/V_1, \min \tag{9-5}$$

$$3 \leqslant V_2/V_1 \leqslant 20 \tag{9-6}$$

$$1.7 \leqslant (V_2 - V_1)/L \leqslant 60, \min \tag{9-7}$$

$$0.20 \leqslant 2L/(V_2 + V_1) \leqslant 10, \min \tag{9-8}$$

其中，L 为干态纤维拉伸区长度；V_1、V_2 分别为拉伸区进口和入口的速度。

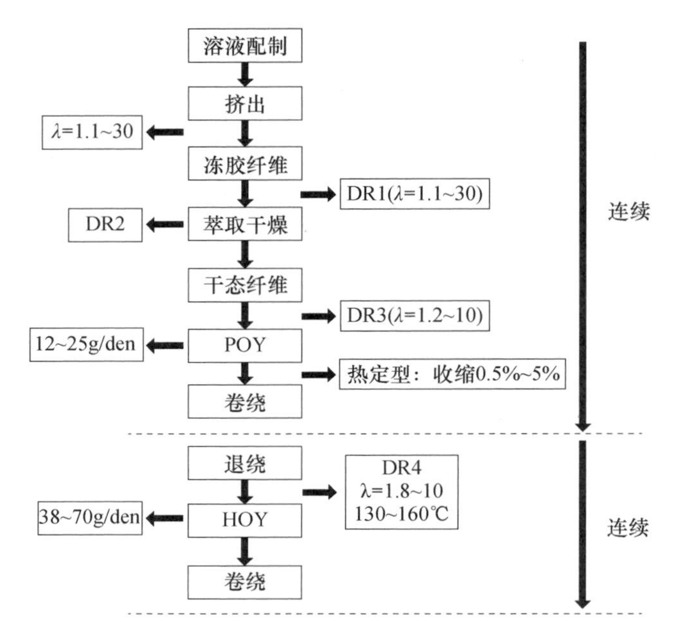

图 9－18　Honeywell 公司高性能 UHMWPE 纤维制备工艺流程图

UHMWPE 纤维在进行动态扫描时呈现出多个松弛转变区域，其中 －70 ~ －120℃范围内为 γ 松弛，损耗模量的 γ 松弛的减小或缺失反应了分子链的规整度；－70 ~ 5℃范围内为 β 松弛，反应了分子链在晶片联结区域的运动状况。β 松弛峰数量的多少反映了具有正交晶之间具有不同的联结方式，而损耗模量 β 松弛峰的积分强度则反映了分子链排列和晶区的规整度。US 7223470 B2、US 7384691B2 按照如式（9－5）~ 式（9－8）所示的原则[75,76]，进行拉伸工艺的调整，制备出的防弹复合材料与 Spectra 1000 的比较见表 9－7。

表 9－7　新型防弹纤维与 Spectra 1000 的防弹性能比较

防弹测试结果								
射弹	17g Frag. Simulator		17g Frag. Simulator		9 mm FMJ		7.62 × 51mm M 80 Ball	
防弹板构造	PCR		LCR		LCR		PCR	
纤维	S 1000	发明	S 1000	发明	S 1000	发明	S 1000	发明
面密度	1.03	1.02	n. d	0.784	0.769	0.769	3.54	3.48
V_{50}/(m/s)	553	584	n. d	575	453	490	681	854
SEAC /(J · m^2/g)	30	38	n. d	47.5	219	255	128	204
n. d：没有测试								

传统上拉伸装备是由5辊或7辊拉伸机为联结的多个热箱串联组成,在实际生产中存在被拉伸纤维由于在不同的热箱间运行导致其温度存在由热→冷→热的交替现象,不利于纤维品质的稳定和运转速度的提高,US 7370395 B2提出取消不同热箱间的多辊拉伸机[77],首先将多个热箱进行串联,只在纤维的进入和离开拉伸区的位置各设置一台多辊拉伸机,其设备布置见图9-19。进口处各辊均为主动辊,只有接近拉伸热箱的各辊可以为热辊,而出口处的均为冷辊。加热空气在热箱呈湍流状态,空气流速为5~100m/min,热箱内的温度精度最好为±1℃。

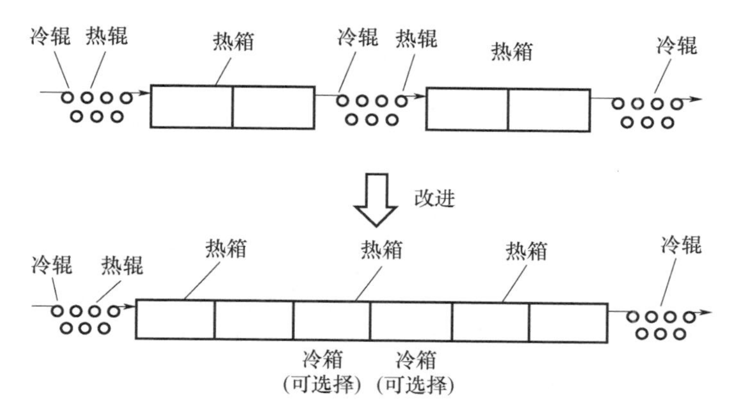

图9-19 新型多温区拉伸热箱示意图

9.2.8 超高分子量聚乙烯纤维表面改性技术

UHMWPE纤维目前已被广泛应用于防弹复合材料、防切割手套、绳缆等多个领域,作为增强体需要与热塑性弹性体、丁腈橡胶、聚氨酯、环氧树脂等进行复合。复合材料性能在很大程度决定于纤维与基体树脂间界面的黏结强度。但UHMWPE纤维的完全非极性和较光滑的纤维表面导致界面黏结性差,因而提高纤维与基体树脂间的界面黏结强度成为UHMWPE纤维应用技术开发的重点之一。目前此领域的技术主要包括纤维组分改性、纤维表面化学改性与表面涂敷等。

Allied Signal为了提高UHMWPE纤维与热固性基体如环氧树脂、不饱和聚酯的黏结性,在US 4455273中描述了通过在UHMWPE液中混入3%~15%(质量分数)(以UHMWPE树脂重量计)的含有乙烯单体单元的共聚物、氧化聚烯烃、接枝聚烯烃以及聚氧乙烯等[7]。在保证纤维强度和模量的条件下,使复合材料中纤维的破坏形式由层间剥离转变为纤维断裂,因而提高复合材料的界面黏合。CN 102505474B也提出了UHMWPE纤维表面经辐照后接枝乙烯基单体提高纤维黏结强度的方法[78]。CN 101831802 B 发明了一种紫外辐照二步接枝法[79]。UHMWPE 纤维经预处理后涂敷光敏剂，经第一接枝单体溶液浸泡后采用紫外线辐照后形成表面休眠基团，或者直接照射同样可以形成表面休眠基团后，再将其浸泡于第二接枝单体溶液中并经紫外或热引发进行单体的二次表面自由基接枝反应。该方法具有反应可控，接枝效率与接枝率高的特点。

胡盼盼等在 EP 2080824 B1 中提出[80]，将分子量为 100 万～600 万的 UHMWPE 与极性聚合物配置混合乳液，采用冻胶纺丝法制备出了高性能高黏结性 UHMWPE 纤维。极性聚合物相对于 UHMWPE 的重量比为 2%～8%。可供选择的极性聚合物为含有酯基、羰基、醚基的 EVA、聚丙烯酸酯类、不同 K 值的 PVP/EVA 共聚物、聚氧乙烯以及它们的共混物。

US 5039549、US 5755913、US 6846758、ZL 03115300.3 提出了采用等离子体、臭氧、电晕放电、紫外辐照等表面氧化技术使纤维表面产生极性基团提高纤维的黏结性[81-84]。US 9023451 B2 采用电晕、等离子体对纤维进行处理后[85]，提高了纤维与热塑性弹性体树脂的黏合力，表现为在受到冲击时发生层间剥离的可能性大大降低，在保证 V50 性能的同时使 BFS 也大幅度提高。

同样为了提高纤维增强复合材料的界面黏合性，Allied Signal 在 US 4563392 中又提出了纤维表面在线涂敷的方法[86]。经萃取干燥后的 UHMWPE 干态纤维，先进入涂层聚合物溶液，然后进行二次萃取，最好再经过热拉伸而得到成品纤维。可用于涂层的聚合物主要有：乙烯－苯乙烯嵌段和接枝共聚物、乙烯－丙烯酸共聚物、乙烯－氯乙烯共聚物、磺化聚乙烯等，涂敷量控制 5%～50%。

WO 2007/101032[87]提出用液体状的含氨基的有机硅树脂和中性的低分子量的聚乙烯蜡混合和涂敷于 UHMWPE 绳缆表面用于绞缆车用 UHMWPE 绳缆的耐磨性；但为了克服有机硅树脂在受力和温度升高时易脱落的缺陷，DSM 在 WO 2011/015485 A1[88]中提出，采用在 120～150℃固化的交联型有机硅树脂对纤维表面进行涂敷，涂敷量为纤维重量的 2%～15%，通过控制温度和时间使交联密度大于 30%。

乌学东等在 CN 101988266B 中提出了先对 UHMWPE 纤维表面进行受控溶胀形成结构疏松的过渡层后再浸入与纤维本体具有良好相容性的极性材料[89]，以此大幅度提高纤维的黏结性能。

为了提高 UHMWPE 纤维的耐蠕变性能，采用表面浸制可交联组分从而在纤维表面或内部形成交联体系也引起了足够的重视。于俊荣等在 CN 103993479B 提出[90]，将 UHMWPE 纤维萃取和干燥单元操作之间使冻胶纤维置于含有硅烷交联改性剂的溶液中，在超声波作用下加速改性剂向冻胶纤维内部的渗透，然后再进行后续的热拉伸工艺，从而实现 UHMWPE 纤维耐蠕变性和表面黏结性能的提高。赵国樑等在 CN 102493168B 中披露了先将 UHMWPE 用正庚烷溶胀[91]，经丙酮清洗后再浸泡于含光敏剂和热引发剂的改性剂中，浸泡一定时间后再经紫外辐照交联和热处理在纤维内形成交联结构以改善纤维的耐蠕变性。

9.2.9　防弹复合材料的制备

一般认为，作为防弹材料需具备高模量、高强度、高熔点、高断裂功、耐切割和耐剪切的特性。UHMWPE 纤维虽然熔点较低，但其优越的防弹性能很早就引起了人们的注意(US 4403012)[92]。US 4681792 指出了影响层状复合防弹材料性能的主要因素有[93]：纤维截面形状、纤度、纤维力学性能、化学性质、基体性质与含量、织物结构、层间相互作用等。排除纤维因素，基体树脂与复合材料的性能密切相关。基体采用弹性体树脂较好，但其弹性模量最好高于7MPa，填充量以能包埋住纤维即可。层中纤维的排布方式对防弹性能也作用显著，主要需考虑：是否固化、热定型、纤维是否加捻、织物与非织造、织物类型与密度、纤维密度等。层间的相互作用程度也是需要考虑的因素，可以通过缝制、不同纤维层的交替排列(如对位芳纶与 UHMWPE 纤维)、纤维表面涂敷等技术来加以改善。

US 4737401 提出以 SIS 三元嵌段共聚物溶液涂敷纤维层[94]，纤维层构造有平纹、斜纹、非卷曲织物等，考察了具有不同苯乙烯含量的共聚物，认为选用低模量的组分更佳，且低模量组分在纤维层中的体积含量应小于10%。此外研究了纳米二氧化硅溶胶、电子束照射、辐照等手段改性纤维层对防弹性能的影响。US 6841492 B2 发现以双向和多向由 UHMWPE 纤维构成的织物基底，与强度小但伸长率大的普通纤维形成的交错花样能有效提高制品的防弹性能[95]。

US 4819458、US 4876774 对 UHMWPE 纤维的针织物、编织物及其加捻纱进行了紧张热定型处理[96,97]。织物的处理温度为120~145℃，加捻纱为100~130℃。防弹性能测试表明，热定型有助于提高防弹性能。

US 4916000、US 5552208 详细描述了 UHMWPE 纤维单向布制备工艺流程[98,99]，主要包括：纤维→展纱→涂胶→压光→干燥→(热定型)→(复合)→收卷(图9-20)。工艺流程中比较关键的是展纱工艺，使纤维束紧密的展平铺开，最佳的厚度即为纤维的直径。展平效果的控制主要依赖于展纱张力、纤维与展平辊间的夹角。

UHMWPE 单向布的制备完成后，将单层单向布按照+45°→-45°→90°→0°或0→90°的顺序叠放后，在一定的压力和温度下将多层单向布压制得到防弹板材。

采用低模量弹性体树脂虽然能提高复合材料的防弹性能，但也使材料的刚度下降，因此 US 6642159 B1 对单向布的工艺又进行了改进[100]，增加了高模量树脂的涂敷工艺，同时为了保证防弹复合材料的性能，采用点状喷射工艺（图 9－21）。

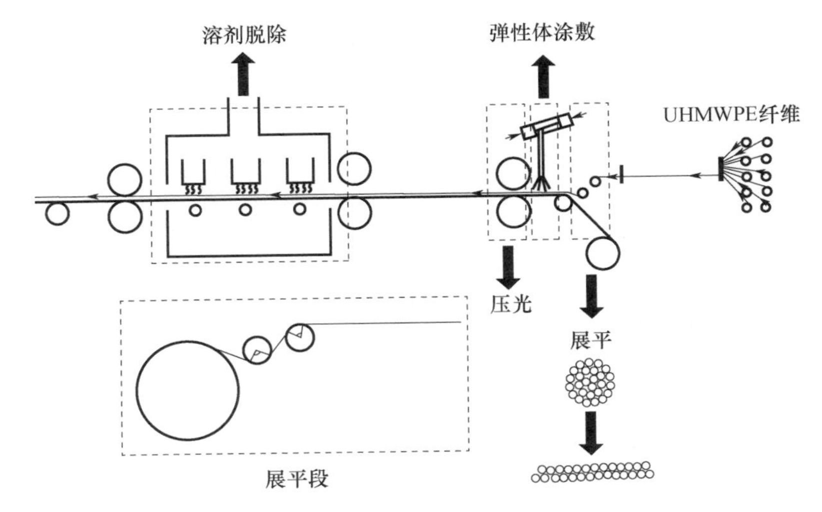

图 9－20　UHMWPE 纤维单向布制造流程图

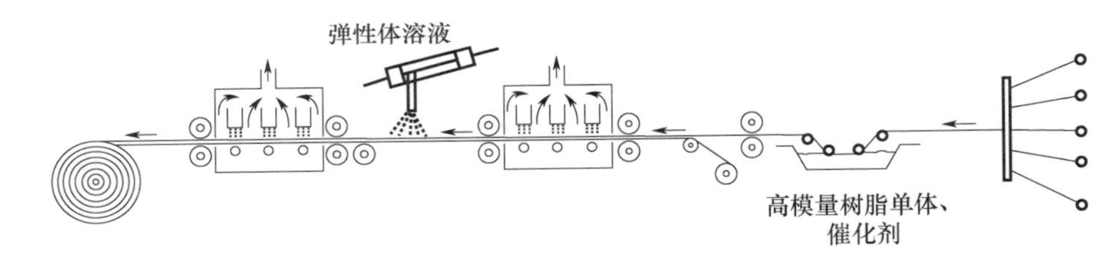

图 9－21　高刚性高韧性 UHMWPE 单向布生产示意图

为了进一步提高纤维展平后片层厚度、纤维力学性能的一致性，避免纤维在展平过程中发生的扭结与加捻现象，Honeywell 公司将其 UHMWPE 纤维的后拉伸技术与纤维展平工序进行了结合，在 US 7674409 B1 中提出了新的纤维展平方法与装置[101]。首先在纤维的退绕过程中保持丝架上每个筒管的退绕扭矩和退绕张力，保证纤维所受张力的一致性，从而避免在铺展过程中产生不可控的捻度。纤维展平后在热箱中经历热拉伸，使模量和强度进一步提高，同时由于纤维所受张力均匀，因此也使纤维力学性能的均匀性大幅度提高，经拉伸后纤维依旧保持平铺状态，此时再和后继的上胶工艺结合就可以制备出高性能与高均匀性的单向布，其工艺过程见图 9－22。

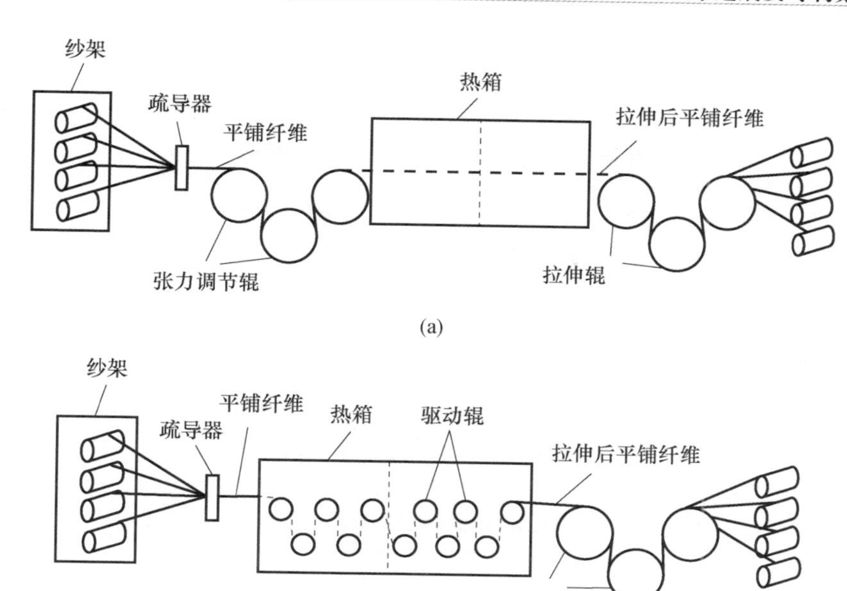

图 9－22　高均匀性 UHMWPE 平铺纤维生产装置

参 考 文 献

[1] Smith P, Lemstra P J. Process for making polymer filaments which have a high tensile strength and a high modulus：US 4344908[P]. 1979－02－08.

[2] Slutsker L I, Lucas K R, Bohm G G. Process for forming high strength, high modulus polymer fibers：US 5286435[P]. 1986－02－06.

[3] Kavesh S, Cprevorsek D. High tenacity, high moduluspolyethylene and polypropylene fibers and intermediates therefore：US 4413110[P]. 1981－04－30.

[4] Kavesh S, Prevorsek D C. Producing high tenacity, high modulus crystalline article such as fiber or film：US 4551296[P]. 1982－03－19.

[5] Tam T Y T, Zhou Q, Young J A, et al. Process for the preparation of UHMW multi－filament poly（alpha－olefin）yarns：US 7846363B2[P]. 2006－08－23.

[6] Smith P, Lemstra P J, Kirschbaum R, et al. Process for the production of polymer filaments having high tensile strength：US 4436689[P]. 1981－10－17.

[7] Harpell G A, Kavesh S, Palley I, et al. Producing modified high performance polyolefin fiber：US 4455273[P]. 1982－09－30.

[8] Smith P, Lemstra P J. Process for the preparation of filaments of high tensile strength and modulus：US 4422993[P]. 1979－06－27.

[9] Smith P, Lemstra P J. Filaments of high tensile strength and modulus：US 4430383[P]. 1979－06－27.

[10] Ohta T, Okada F, Okumoto K. Stretched polyethylene filaments of high strength and high modulus, and their production: US 4617233[P]. 1983 - 05 - 20.

[11] Maurer F H, Pijpers J P, Smith P. Process for the production of filaments with high tensile strength and modulus: US 4411854[P]. 1980 - 12 - 23.

[12] Pennings A J, Roukema M. Method of manufacturing polyethylene fibers by high speed spinning of ultra - high - molecular - weight polyethylene: US 5068073[P]. 1989 - 07 - 13.

[13] Sakamoto G, Oda S, Teramoto Y. High - strength polyethylene fiber: US 7056579[P]. 2001 - 08 - 08.

[14] Kavesh S, Prevorsek D C. Shaped polyethylene articles of intermediate molecular weight and high modulus: US 5972498[P]. 1985 - 01 - 11.

[15] Da Cunha, FOV, Do Nascimento A K, B De La Rue,. Beckedorf MDLR. Process for the preparation of polymer yarns from ultra high molecular weight homopolymers or copolymers, polymer yarns, molded polymer parts and the use of polymer yarns: US 2008/0290550 A1[P]. 2007 - 05 - 24.

[16] Ohta Y, Sakamoto G. High strength polyethylene fibers and processing for producing: US 2001/0038913 A1 [P]. 1998 - 06 - 04.

[17] 徐静安,吴向阳,张炜,等. 一种纺丝用超高分子量聚乙烯的预处理方法: CN 101153079B[P]. 2006 - 09 - 29.

[18] Dall' Occo T, Resconi L. Process for the preparation of copolymers of ethylene with alpha - olefins: US 6448350[P]. 1998 - 04 - 21.

[19] Kavesh S. High tenacity, high modulus filament: US 6448359[P]. 2000 - 03 - 27.

[20] Simmelink J A P M, Mencke J J, Marissen R, et al. Process for making high - performance polyethylene multifilament yarn: WO 2005/066401[P]. 2004 - 01 - 01.

[21] Boesten J, Vlasblom M P, Matloka P, et al. Creep - optimized UHMWPE fiber: US 9534066[P]. 2011 - 04 - 13.

[22] Tam T Y, Young J A, Zhou Q, et al. Process and product of high strength uhmw pe fibers: WO 2011137093A2[P]. 2010 - 04 - 30.

[23] Weedon G C, Tam T Y, Sun J C. Method to prepare high strength ultrahigh molecular weight polyolefin articles by dissolving particles and shaping the solution: US 5032338[P]. 1985 - 08 - 19.

[24] Sakamoto G, Fukushima Y. High strength polyethylene fiber: US 2007/0237951A1[P]. 2006 - 04 - 07.

[25] Fukushima Y, Sakamoto G, Iba I. High strength polyethylene fiber and method for producing the same: US20090269581A1[P]. 2006 - 04 - 07.

[26] 伊庭伊八郎,福岛靖宪,阪本悟堂. 高强度聚乙烯纤维及其制造方法: CN 101421444B[P]. 2007 - 03 - 22.

[27] 福岛靖宪,阪本悟堂,伊庭伊八郎. 高强度聚乙烯纤维及其制造方法: CN 102304784B[P]. 2007 - 03 - 22.

[28] Kavesh S, Prevorsek D C. Shaped polyethylene articles of intermediate molecular weight and high modulus: US 4663101[P]. 1985 - 01 - 11.

[29] Tam T Y, Zhou Q, Young J A, et al. High tenacity polyethylene yarn: US 7638191B2[P]. 2007 - 06 - 08.

[30] Ohta Y, Kuroki T, Oie Y. High - tenacity polyethylene fiber: US 5443904[P]. 1993 - 12 - 16.

[31] Simmelink J A P M J, Marissen R R. Polyethylene Multi - Filament Yarn: US 2009/0117805A1[P]. 2005 - 07 - 18.

[32] 贺鹏,黄兴良,牛艳丰,等. 一种超高分子量聚乙烯纤维纺丝原液及其制备方法: CN 102534838B [P]. 2010 - 12 - 07.

[33] 洪亮,王兵杰,王宗宝,等. 超高分子量聚乙烯/生物质纳米晶复合纤维的制备方法: CN 102383213

[P]. 2011 - 10 - 25.

[34] 陈鹏,沈素丹,洪亮,等. 一种超高分子量聚乙烯纳米复合材料的制备方法: CN 103243404B[P]. 2013 - 05 - 03.

[35] Taniguchi N, Ohta Y, Chu B, et al. Method for Producing High Strength Polyethylene Fiber and High Strength Polyethylene Fiber: WO 2010/006011[P]. 2008 - 07 - 08.

[36] Taniguchi N, Ohta Y, Chu B, et al. High Strength Polyethylene Fiber: US 2010/0010186A1[P]. 2008 - 07 - 08.

[37] Yeh J T, Fang - Juei C, Yu L C, et al. Ultra - High Molecular Weight Polyethylene (UHMWPE) Inorganic Nanocomposite Material and High Performance Fiber Manufacturing Method Thereof: US 2011/0082262A1 [P]. 2009 - 10 - 07.

[38] 王依民,倪建华,潘湘庆,等. 冻胶纺超高分子质量聚乙烯/碳纳米管复合纤维及其制备: CN 1431342[P]. 2003 - 01 - 28.

[39] 王景景,包剑峰,刘耀信. 共混改性超高分子量聚乙烯纤维的制备方法: CN 103572396B[P]. 2013 - 10 - 11.

[40] 马天,张建春,张涛,等. 超高分子量聚乙烯/石墨烯复合纤维制备方法及其应用: CN 102618955B [P]. 2012 - 03 - 22.

[41] 沈文东,朱清仁,陈清清. 一种高耐切割超高分子量聚乙烯纤维制备方法及其应用: CN 104233497B [P]. 2014 - 09 - 17.

[42] 马天,张建春,张涛,等. 超高分子质量聚乙烯/纳米二硫化钨复合纤维及其制备方法与应用: CN 102586927B[P]. 2012 - 03 - 01.

[43] Kuroki T, Ota Y. Colored high - tenacity filaments of polyethylene and process for their production: US 5613987[P]. 1992 - 07 - 10.

[44] Ren, Y. Colored High Strength Polyethylene Fiber and Preparation Method Thereof: EP 2154274 B1[P]. 2008 - 02 - 26.

[45] 许海霞,刘兆峰,李振国,等. 一种超高分子量聚乙烯有色纤维的制备方法: CN 102199805B[P]. 2011 - 04 - 12.

[46] 刘兆峰,胡盼盼,许海霞. 一种连续冻胶纺丝法制备超高分子量聚乙烯纤维的方法及超高分子量聚乙烯纤维: CN 101787576B[P]. 2010 - 03 - 10.

[47] 沈文东,朱清仁,陈清清. 超高强高模聚乙烯纤维同浴一步法凝胶化结晶染色方法: CN 104164791B [P]. 2014 - 06 - 04.

[48] Kwon Y D, Kavesh S, Prevorsek D C. Method of preparing high strength and modulus polyvinyl alcohol fibers: US 4440711A[P]. 1982 - 09 - 30.

[49] 刘清华,林凤崎,牛艳丰,等. 一种超高分子量聚乙烯纤维纺丝溶液的制备方法: CN 101956238B [P]. 2010 - 08 - 24.

[50] Lemstra P J, Meijer H E, Van Unen L H. Process for the continuous preparation of homogeneous solutions of high molecular polymers: US 4668717[P]. 1984 - 09 - 28.

[51] Kavesh S. Preparation of solution of high molecular weight polymers: US 4784820[P]. 1986 - 08 - 11.

[52] 丁亦平. 超高分子量聚乙烯纤维连续制备方法和设备: CN 1160093A[P]. 1997 - 01 - 02.

[53] 陈成泗. 高强高模聚乙烯纤维的生产工艺: ZL 99111581.3[P]. 1999 - 08 - 19.

[54] 时寅,尹晔东,谭琳. 超高分子量聚乙烯溶液的连续配制混合方法: ZL 2004100960761.5[P]. 2004 - 11 - 29.

[55] Tam T Y, Zhou Q, Young J A, et al. High tenacity polyethylene yarn: US 7736561B2[P]. 2007 - 06 - 08.

[56] 倪建华,彭刚,文珍稀,等. 一种高强高模聚乙烯纤维的制备方法: CN 101775666B[P]. 2010-01-22.

[57] 沈文东,任富忠,聂海东,等. 一种制造超高分子量聚乙烯纤维凝胶纺丝的方法: CN 102277632B[P]. 2011-08-05.

[58] Sakamoto G, Kitagawa T, Ohta Y, et al. High strength polyethylene fiber: US 7811673B2[P]. 2003-12-12.

[59] Ohta Y, Sakamoto G, Miyasaka T, et al. High strength polyethylene fibers and their applications: US 2003/0211321 A1[P]. 1999-08-11.

[60] 孙玉山,金小芳,孔令熙,等. 高强聚乙烯纤维的制造方法及纤维: CN 1221690C[P]. 2001-07-30.

[61] 金小芳,张琦,张彩霞,等. 一种高强聚乙烯纤维的制造方法: CN 1300395C[P]. 2003-09-03.

[62] Marissen R, Van Der Werff H, Simmelink J A P M, et al. Ultra high molecular weight polyethylene multifilament yarns, and process for producing thereof: US 8137809B2[P]. 2008-04-11.

[63] Kavesh S. Solution spinning of UHMW Poly (alpha-olefin) with recovery and recycling of volatile spinning solvent: US 7147807[P]. 2005-01-03.

[64] Izod T P, Hacker S M, Bose A. Method for removal of spinning solvent from spun fiber: US 5230854[P]. 1991-12-09.

[65] 时寅,尹晔东,谭琳. 超高分子量聚乙烯纤维制备过程中的萃取干燥方法及装置: ZL 200410096619.3[P]. 2004-12-03.

[66] 冯向阳,沈文东,谢云翔,等. 一种超高分子量聚乙烯冻胶丝连续高效萃取装置: CN 101275306B[P]. 2008-05-14.

[67] Simmelink J A P M, Steeman P A M. Fibers of UHMWPE and a process for producing thereof: US 9005753B2[P]. 2004-01-01.

[68] Mencke J J, Heijnen J H M, Van Der Werff H. Ultra high molecular weight polyethylene multifilament yarn: WO 2013/087827A1[P]. 2011-12-14.

[69] Simmelink J A P M, Marissen R. Process for spinning uhmwpe, uhmwpe multifilament yarns produced thereof and their use: US 2013/0241104A1[P]. 2007-12-17.

[70] 贺鹏,黄兴良,林凤琦,等. 凝胶化预取向丝及其制备方法和超高分子量聚乙烯纤维及其制备方法: CN 102433597B[P]. 2011-10-11.

[71] 许海霞,胡盼盼,刘兆峰. 一种超高分子量聚乙烯纤维的制备方法: CN 101768786B[P]. 2010-03-10.

[72] Dunbar J J, Kavesh S, Prevorsek D C, et al. Method of making a high molecular weight polyolefin article: US 5741451[P]. 1985-06-17.

[73] Tam T Y T, Tan C B, Arnett Jr C R, et al. Drawn gel-spun polyethylene yarns and process for drawing: US 6969553B1[P]. 2004-09-03.

[74] Tam T Y T, Tan C B, Arnett C R, et al. Drawn gel-spun polyethylene yarns and process for drawing: US 7115318B2[P]. 2004-09-03.

[75] Twomey C, Tam T Y, Moore R A. Drawn gel-spun polyethylene yarns: US 7223470B2[P]. 2005-08-19.

[76] Twomey C, Tam T Y, Moore R A. Drawn gel-spun polyethylene yarns: US 7384691B2[P]. 2005-08-19.

[77] Tam T Y T. Heating apparatus and process for drawing polyolefin fibers: US 7370395B2[P]. 2005-12-20.

[78] 王谋华,吴国忠,邢哲,等. 一种改性超高分子量聚乙烯纤维及其制备方法: CN 102505474B[P]. 2011-11-29.

[79] 吴向阳,张炜,李志,等. 一种超高分子量聚乙烯纤维表面紫外辐照二步接枝法: CN 101831802B[P]. 2010-05-10.

[80] Hu P, You X, Liu Z. Process for producing fiber of ultra high molecular weight polyethylene: EP 2080824B1[P]. 2006-11-08.

[81] Nguyen H X, Poursartip A, Riahi G, et al. Treatment of ultrahigh molecular weight polyolefin to improve adhesion to a resin: US 5039549[P]. 1989 - 10 - 17.

[82] Liaw D J, Huang C C, Kang E T, et al. Adhesive - free adhesion between polymer surfaces: US 5755913 [P]. 1996 - 12 - 06.

[83] A Bhatnagar, Tan C B C. Ballistic fabric laminates: US 6846758[P]. 2002 - 04 - 19.

[84] 于俊荣, 胡祖明, 刘兆峰, 等. 同时提高高强聚乙烯纤维耐热、抗蠕变和粘接性的方法: ZL 03115300.3[P]. 2003 - 01 - 30.

[85] Tam T Y T, Waring B, Ardiff H G, et al. Rigid structure UHMWPE UD and composite and the process of making: US 9023451B2[P]. 2011 - 09 - 06.

[86] Harpell G A, Kavesh S, Palley I, et al. Coated extended chain polyolefin fiber: US 4563392[P]. 1982 - 03 - 19.

[87] Davis G, Costain B, Klein R. High tenacity polyolefin ropes having improved cyclic bend over sheave performance: WO 2007/101032[P]. 2006 - 06 - 24.

[88] Bosman R, Aben G, Schneiders H. Coated high strength fibers: WO 2011/015485 A1[P]. 2009 - 08 - 04.

[89] 乌学东, 戴丹, 顾群, 等. 一种提高超高分子量聚乙烯纤维表面粘接强度的方法: CN 101988266B [P]. 2009 - 08 - 06.

[90] 于俊荣, 彭宏, 胡祖明. 一种硅烷交联改性超高分子量聚乙烯纤维的制备方法: CN 103993479B[P]. 2014 - 04 - 10.

[91] 赵国樑, 徐明忠, 贾清秀, 等. 改善超高分子量聚乙烯纤维抗蠕变性能的方法: CN 102493168B[P]. 2011 - 12 - 22.

[92] Harpell G A, Kavesh S, Palley I, et al. Ballistic - resistant article: US 4403012[P]. 1982 - 03 - 19.

[93] Harpell G A, Palley I, Prevorsek D C. Multi - layered flexible fiber - containing articles: US 4681792[P]. 1985 - 12 - 09.

[94] Harpell G A, Palley I, Kavesh S, et al. Ballistic - resistant fine weave fabric article: US 4737401[P]. 1985 - 03 - 11.

[95] Bhatnagar A, Parrish E S. Bi - directional and multi - axial fabrics and fabric composites: US 6841492B2 [P]. 2002 - 06 - 07.

[96] Kavesh S, Prevorsek D C, Harpell G A. Heat shrunk fabrics provided from ultra - high tenacity and modulus fibers and methods for producing same: US 4819458[P]. 1982 - 09 - 30.

[97] Kavesh S, Prevorsek D C, Harpell G A. Method for preparing heat set fabrics: US 4876774[P]. 1982 - 09 - 30.

[98] Li H L, Prevorsek D C, Harpell G A, et al. Ballistic - resistant composite article: US 4916000[P]. 1987 - 07 - 13.

[99] Lin L C T, Wilson L G, Bhatnagar A, et al. High strength composite: US 5587230[P]. 1993 - 10 - 29.

[100] Bhatnagar A, Arvidson B D. Impact resistant rigid composite and method for manufacture: US 6642159B1 [P]. 2000 - 08 - 16.

[101] Tam T Y, Tan C B, Arvidson B D. Process for making uniform high strength yarns and fibrous sheets: US 7674409B1[P]. 2006 - 09 - 25.

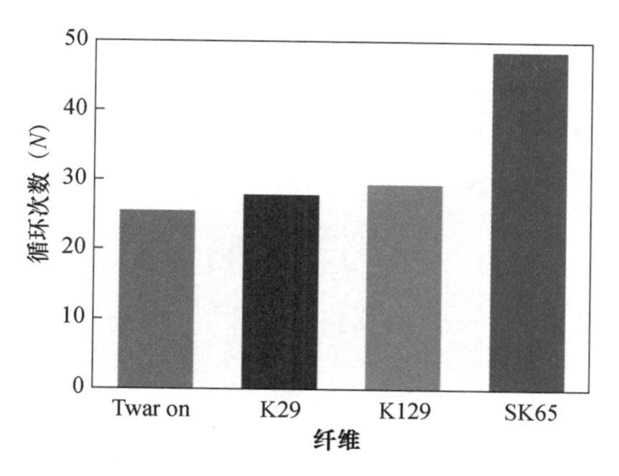

图 4-12　不同高性能纤维扭曲疲劳的寿命

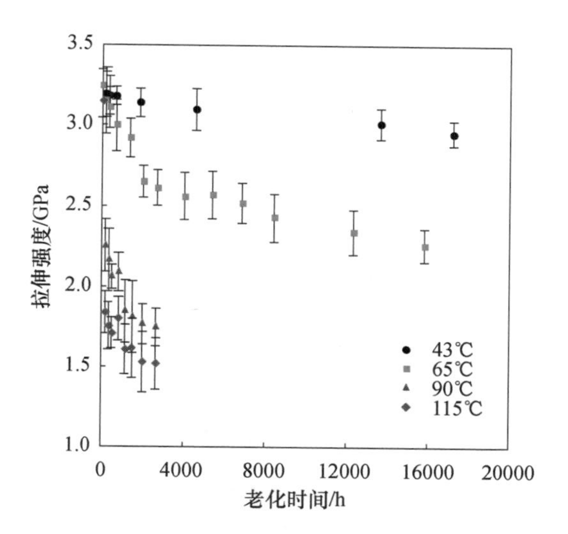

图 4-18　UHMWPE 纤维在不同温度人工加速老化时，
拉伸强度随老化时间的变化

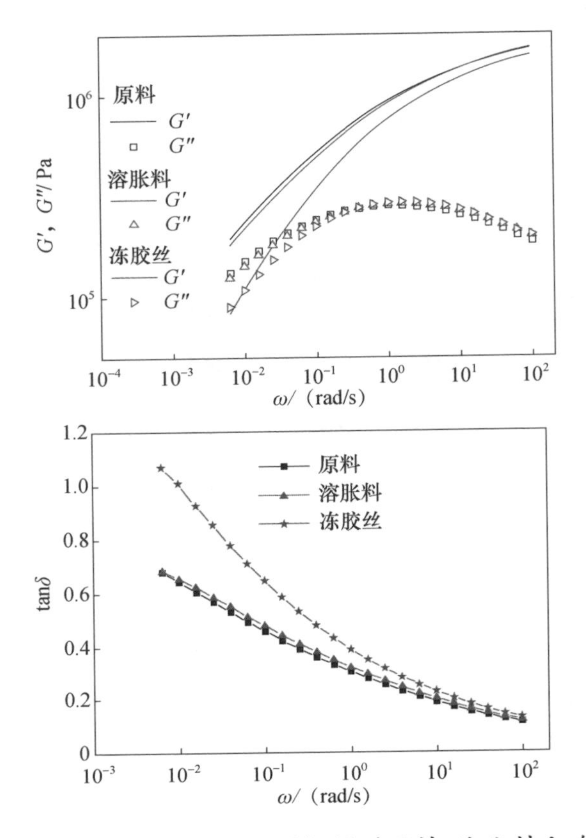

图 5－1　工业纺丝线上分段取样,得到原料、溶胀料和冻胶丝等三个样品对应的动态扫描流变测试曲线

（G',G'' ~ω 和 tanδ~ ω）

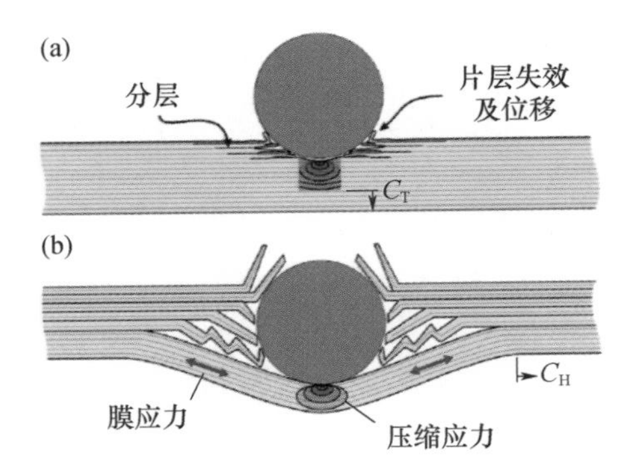

图 6－9　周边固定的 UHMWPE 纤维复合材料层压板的侵彻机理

(a)冲击初始,冲击波还未从靶板后面发射回来;(b)冲击波穿过层压板后,未被侵彻层板部分产生面外变形,被膜拉伸应力所抵抗。

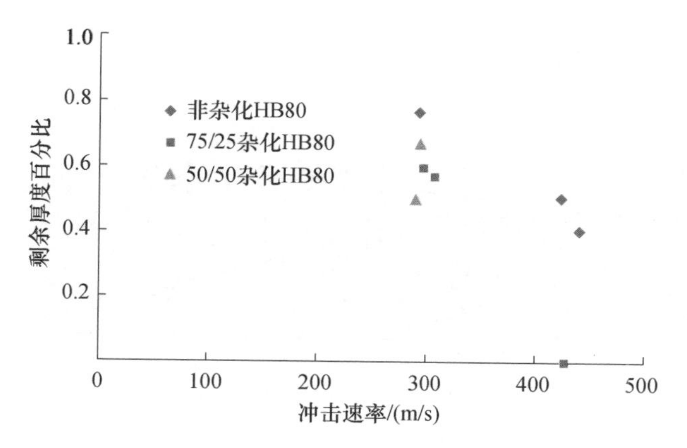

图 6-14　HB80 以正交铺层和组合铺层两种方式制备层压板在 1.1g 模拟破片冲击下未被侵彻厚度的比例随冲击速率的变化

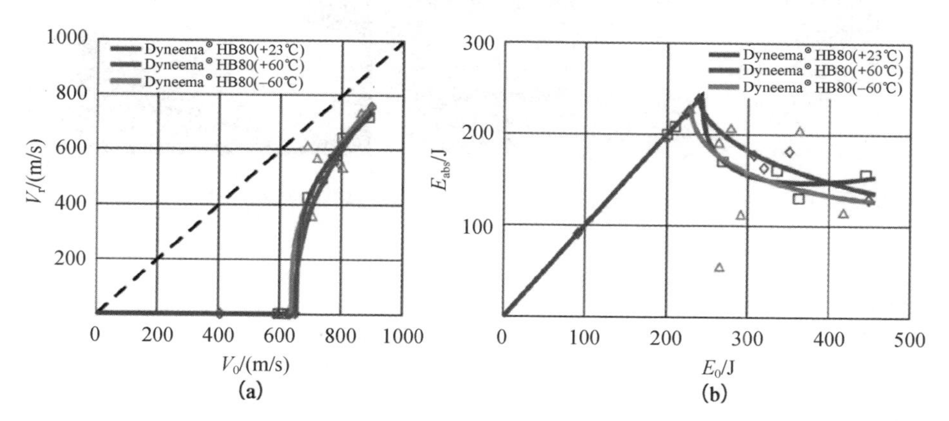

图 6-22　不同温度下 HB80 层压板入射速度和出射速度的关系以及冲击能量和吸收能量的关系

(a)入射速度与出射速度的关系;(b)冲击能量和吸收能量的关系。

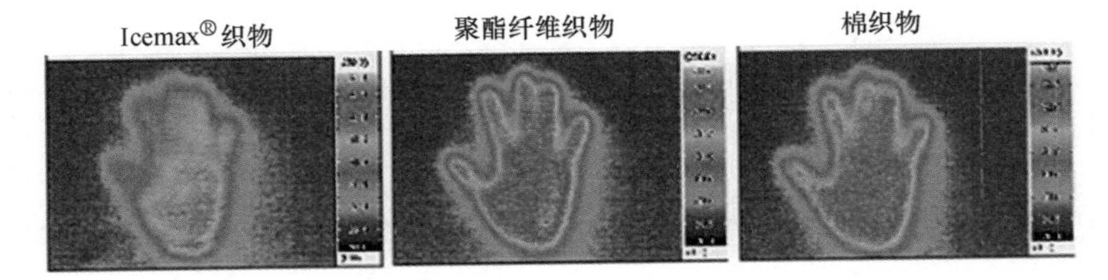

图 8－8　采用三种不同织物的手套使用后的热力图

图 8－17　Force Fiber®缝线的实物图及 FiberWire®缝线的结构示意图